普通高等院校"十四五"规划机械类专业精品教材

先进制造技术
（第四版）

主　编　任小中　赵让乾
副主编　李五田　王洪福
参　编　贾晨辉　杜少杰
　　　　苏建新　张东明
主　审　宾鸿赞

华中科技大学出版社
中国·武汉

内 容 简 介

本书是普通高等学校“十四五”规划机械类专业精品教材(由普通高等院校机械类精品教材更新而来),也是面向应用型大学机械学科本科专业的立体化精品系列教材之一。

本书是在综合国内外最新研究成果和相关参考文献的基础上,结合作者在先进制造技术领域多年的教学和科研实践经验编写而成的。本书从科学思维、学科综合和技术集成的角度,系统介绍了各种先进制造技术的理念、基本内容、关键技术和最新成果,旨在使读者了解国内外先进制造前沿技术,拓宽知识面,掌握先进制造技术的理念和方法,培养科学创新和工程实践的能力。全书除绪论外共6章,内容包括先进制造技术概论、先进设计技术、先进制造工艺、制造自动化技术、现代制造企业的信息管理技术和先进制造模式,各章后均附有一定量的思考题与习题。此外,本书还以二维码形式提供了数字资源(二维码资源使用说明见书末)。

本书体系完整、内容新颖、知识面宽,既可作为高等院校机械工程、工业工程、管理工程、车辆工程等各类与制造技术有关的学科及专业的本科生和研究生教材或参考书,也可作为高等职业学校、成人高校相关专业的教材或参考书,并可供制造业工程技术人员参考。

图书在版编目(CIP)数据

先进制造技术/任小中,赵让乾主编. —4版. —武汉:华中科技大学出版社,2021.11(2024.1重印)
ISBN 978-7-5680-7683-8

Ⅰ.①先… Ⅱ.①任… ②赵… Ⅲ.①机械制造工艺 Ⅳ.①TH16

中国版本图书馆CIP数据核字(2021)第221319号

先进制造技术(第四版)
Xianjin Zhizao Jishu(Di-si Ban)

任小中 赵让乾 主编

策划编辑:胡周昊
责任编辑:姚同梅
封面设计:原色设计
责任校对:吴 晗
责任监印:周治超
出版发行:华中科技大学出版社(中国·武汉) 电话:(027)81321913
武汉市东湖新技术开发区华工科技园 邮编:430223
录 排:武汉市洪山区佳年华文印部
印 刷:武汉开心印印刷有限公司
开 本:787mm×1092mm 1/16
印 张:19.25
字 数:482千字
版 次:2024年1月第4版第3次印刷
定 价:49.80元

·编审委员会·

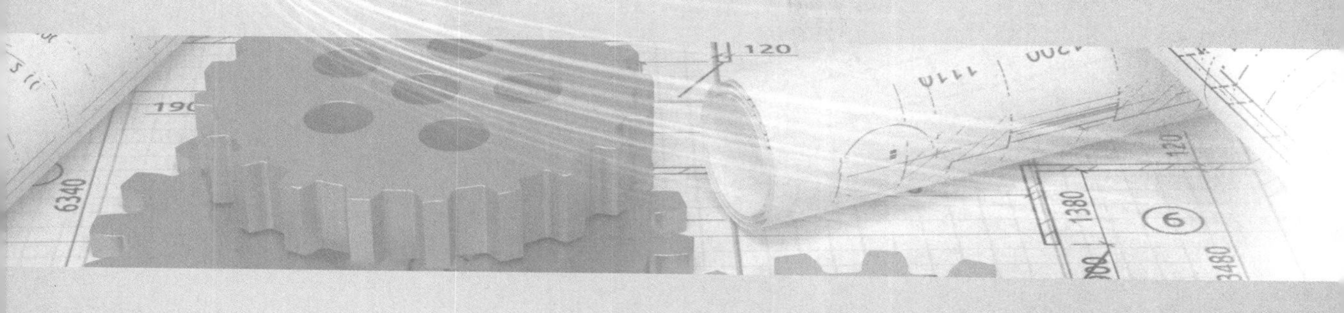

序

“爆竹一声除旧，桃符万户更新。”在新年伊始，春节伊始，“十一五”规划伊始，来为“普通高等院校机械类精品教材”这套丛书写这个序，我感到很有意义。

近十年来，我国高等教育取得了历史性的突破，实现了跨越式的发展，毛入学率由低于10%达到了高于20%，高等教育由精英教育跨入了大众化教育。显然，教育观念必须与时俱进而更新，教育质量观也必须与时俱进而改变，从而教育模式也必须与时俱进而多样化。

以国家需求与社会发展为导向，走多样化人才培养之路是今后高等教育教学改革的一项重要任务。在前几年，教育部高等学校机械学科教学指导委员会对全国高校机械专业提出了机械专业人才培养模式的多样化原则，各有关高校的机械专业都在积极探索适应国家需求与社会发展的办学途径，有的已制定了新的人才培养计划，有的正在考虑深刻变革的培养方案，人才培养模式已呈现百花齐放、各得其所的繁荣局面。精英教育时代规划教材、一致模式、雷同要求的一统天下的局面，显然无法适应大众化教育形势的发展。事实上，多年来许多普通院校采用规划教材就十分勉强，而又苦于无合适教材可用。

“百年大计，教育为本；教育大计，教师为本；教师大计，教学为本；教学大计，教材为本。”有好的教材，就有章可循、有规可依、有鉴可借、有道可走。师资、设备、资料（首先是教材）是高校的三大教学基本建设。

“山不在高，有仙则名。水不在深，有龙则灵。”教材不在厚薄，内容不在深浅，能切合学生培养目标，能抓住学生应掌握的要言，能做到彼此呼应、相互配套就行，此即教材要精、课程要精，能精则名、能精则灵、能精则行。

华中科技大学出版社主动邀请了一大批专家，联合了全国几十个没有应用型机械专业的院校，在教育部高等学校机械学科教学指导委员会的指导下，保证了当前形势下机械学科教学改革的发展方向，交流了各校的教改经验与教材建设计划，确定了一批面向普通高等院校机械学科精品课程的教材编写计划。特别要提出的是，教育质量观、教材质量观必须随高等教育大众化而更新。大众化、多样化绝不是降低质量,而是要面向、适应与满足人才市场的多样化需求,面向、符合、激活学生个性与能力的多样化特点。"和而不同",才能生动活泼地繁荣与发展。脱离市场实际的、脱离学生实际的一刀切的质量不仅不是"万应灵丹",而是"千篇一律"的桎梏。正因为如此,为了真正确保高等教育大众化时代的教学质量,教育主管部门正在对高校进行教学质量评估,各高校正在积极进行教材建设,特别是精品课程、精品教材建设。也因为如此,华中科技大学出版社组织出版普通高等院校应用型机械学科的精品教材,可谓正得其时。

我感谢参与这批精品教材编写的专家们!我感谢出版这批精品教材的华中科技大学出版社的有关同志!我感谢关心、支持与帮助这批精品教材编写与出版的单位与同志们!我深信编写者与出版者一定会同使用者沟通,听取他们的意见与建议,不断提高教材的水平!

特为之序。

中国科学院院士

教育部高等学校机械学科教学指导委员会主任

杨叔子

2006.1

第四版前言

本书是一本体系完整、内容新颖、知识面宽泛、实践性强的先进制造技术教材，此前已出版了三版，被十几所院校机械类专业选用，深受任课教师和学生们的欢迎。许多教师和读者也通过各种途径给我们提出了一些宝贵的意见和建议，在此，向热心支持和帮助我们的兄弟院校的教师和读者表示衷心感谢。

为促进人才培养质量的持续提高，服务“中国制造 2025”，将深化教学改革落实到教材建设上，我们在多轮教学实践的基础上，汇集兄弟院校和广大读者的意见和建议，对《先进制造技术》(第三版)进行了修订。此次修订仍沿用第三版教材的体系架构，章节名称基本上没有改变，以保持原有教材的特色。

在内容上，除了对“绪论”做了较大的改动外，其余各章的名称和内容与第三版教材基本相同，只是有些章增加了章后习题数量。为了突出感知性学习，本着以学习者为中心的原则，本书修订充分利用虚拟现实(VR)技术，通过二维码链接微视频或动画，体现三维可视化以及互动学习的特点，变抽象、模糊为具体、直观，变单调乏味为丰富多彩、极富趣味，使常规不可观察处近在眼前、触手可及。将难于感知和理解的知识点以 3D 教学资源的形式进行演示，力图达到“教师易教、学生易学”的目的。

参加本次教材修订的编者既有来自高等院校的教师，也有来自科研单位的研究员。他们是：黄河交通学院任小中、张东明、杜少杰，郑州高端装备与信息产业技术研究院有限公司李五田，河南工程学院赵让乾，中北大学王洪福，河南科技大学苏建新、贾晨辉。具体分工为：绪论、第 1 章、第 2 章的 2.5 节和第 5 章由任小中修订；第 2 章的 2.1～2.4 节和 2.6～2.7 节由赵让乾修订；第 2 章的 2.8 节、第 3 章的 3.1～3.3 节由苏建新修订；第 3 章的 3.4～3.7 节由张东明修订；第 3 章的 3.8～3.9 节、第 6 章的 6.8 节由王洪福修订；第 4 章的 4.1～4.2 节、第 6 章的 6.6 节由贾晨辉修订；第 4 章的 4.3～4.5 节由李五田修订；第 6 章的 6.1～6.5 节和 6.7 节由杜少杰修订。全书由任小中和赵让乾担任主编，李五田和王洪福担任副主编。任小中负责全书的统稿工作。

在修订本书的过程中我们参阅了同行专家、学者的著作和文献资料，在此表示诚挚的谢意。

本书承蒙华中科技大学宾鸿赞教授主审。在审阅过程中，宾教授提出了很多珍贵的建议和意见，在此表示由衷的感谢。

由于先进制造技术是一门处于不断发展之中的综合性交叉学科，涉及的学科多、知识面广，非编者等少数几个人的知识、能力所能覆盖，加之编者所积资料和水平有限，不妥之处在所难免，恳请广大师生与读者不吝赐教。

编　者

2021 年 6 月

第三版前言

本书是一本体系完整、内容新颖、知识面宽、实践性强的先进制造技术教材。第一、二版自出版以来，已被全国十几所院校选用，深受任课教师、学生以及其他读者的欢迎。许多教师和读者也通过各种途径给我们提出了一些宝贵的意见和建议，在此，向热心支持和帮助我们的教师和读者表示衷心感谢。

作为"先进制造技术"课程的教材，本书要保持其先进性，必须与时俱进，不断更新、扩展内容。根据选用该教材的任课教师的建议，结合近几年国内外制造业的发展，我们对本书的第三版做了较大幅度的修订。从章节安排上，增加了"绪论"，其余各章名称基本上与第二版教材对应，但各章内容都有不同程度的增、删，具体如下：第 1 章内容做了大的调整，补充介绍了世界经济强国发展先进制造技术的概况；第 2 章增加了"计算机辅助工程分析"和"全生命周期设计"两节内容，对"计算机辅助设计技术"一节做了改编；第 3 章增加了"近净成形工艺"和"生物加工制造技术"两节内容，改编了其余多个小节中的内容；第 4 章主要改编了"现代数控加工技术"和"工业机器人技术"两节内容；第 5 章更名为"现代制造企业的信息管理技术"，并重新进行了编写；第 6 章删除了"并行工程"一节，增加了"大批量定制"和"网络化制造"两节内容，改编了"智能制造"一节的内容。其余未提及的章节也从内容或文字上做了必要的修订。另外，删除了第二版每章开头的一段引述。

参加本次修订的教师主要来自主编单位和一些曾经选用该教材的高等院校，包括：河南科技大学任小中、贾晨辉、苏建新、于俊娣，中北大学王宗彦，河南工程学院赵让乾，黄河交通学院杜少杰，湖南工业大学何国旗，湖北文理学院熊伟，贵州师范大学谢志平。具体分工为：绪论，第 1 章，第 2 章的 2.5 节，第 3 章的 3.5 节、3.8 节，第 5 章的 5.1 节和 5.4 节由任小中修订；第 2 章的 2.1～2.4 节和 2.6 节由赵让乾修订；第 2 章的 2.7 节、2.8 节，第 4 章的 4.4 节，第 6 章的 6.2 节由王宗彦修订；第 3 章的 3.1～3.3 节和 3.9 节由苏建新修订；第 3 章的 3.4 节由谢志平修订；第 3 章的 3.6 节、3.7 节由熊伟修订；第 4 章的 4.1～4.3 节、4.5 节和第 6 章的 6.6 节由贾晨辉修订；第 5 章的 5.2 节、5.3 节和 5.5 节由于俊娣修订；第 6 章的 6.1 节、6.3 节、6.4 节、6.7 节、6.8 节由杜少杰修订，6.5 节由何国旗修订。本书由任小中和贾晨辉担任主编，王宗彦和赵让乾担任副主编。任小中负责全书的统稿工作。

本书在修订过程中参阅了同行专家、学者的著作和文献资料，在此表示诚挚的谢意。

本书承蒙华中科技大学宾鸿赞教授主审。在审阅过程中，宾教授对本书提出了很多珍贵的建议和意见，在此表示由衷的感谢。

由于先进制造技术是一门处在不断发展中的综合性交叉学科，涉及的学科多、知识面广，非编者等少数几个人的知识、能力所能覆盖，加之编者所积累资料和水平有限，不妥之处在所难免，恳请广大师生与读者不吝赐教。

编　者

2017 年 2 月

第二版前言

本书是一本综合性强、内容新颖、覆盖范围广的先进制造技术教材。第一版自出版以来，已被全国十几所院校选用，深受任课教师、学生以及其他读者的欢迎。许多教师和读者也通过各种途径给我们提出了一些宝贵的意见和建议，在此，向热心支持和帮助我们的兄弟院校的教师和读者表示衷心感谢。

要保持"先进制造技术"课程教材的先进性，就必须与时俱进，不断更新、扩展其内容。根据一些读者的建议，结合近几年的教学实践，我们对本书的第一版进行了修订。此次修订仍沿用第一版教材的体系架构，章节名称未变，以保持其原有特色。主要对第1章和第5章进行了较大的修订，增加了一些新的内容，删除了过时或不合适的内容。其余各章内容主要从文字上做了必要的修订。此外，根据现实情况对某些数据进行了更新。

本书修订工作是由第一版教材的主要作者完成的。具体分工为：第1章由任小中修订；第2章由苏建新（主要执笔人）、任小中修订；第3章由任小中（主要执笔人）、李晓冬修订；第4章由贾晨辉（主要执笔人）、吴斌方修订；第5章由韩彦军修订；第6章由何国旗（主要执笔人）、贾晨辉修订。全书由任小中教授担任主编并统稿。

在本书修订过程中参阅了同行专家、学者的著作和文献资料，在此表示诚挚的谢意。

本书承蒙华中科技大学宾鸿赞教授主审。在审阅过程中，宾教授提出了很多珍贵的建议和意见，在此表示由衷的感谢。

由于先进制造技术是一门处于不断发展中的综合性交叉学科，涉及的学科多、知识面广，非编者等少数几个人的知识、能力所能覆盖，加之编者所积资料和水平有限，不妥之处在所难免，恳请广大师生与读者不吝赐教。

编　　者

2013年1月

第一版前言

制造业是国民经济的支柱产业和经济增长的发动机，是高新技术产业化的基本载体，是社会可持续发展的基石，是国家安全的重要保障。制造技术是制造业为国民经济建设和人民生活生产各类必需物资所使用的一切生产技术的总称，是制造业的技术支撑和可持续性发展的根本动力。当前，在经济全球化的进程中，制造技术不断汲取计算机、信息、自动化、材料、生物及现代管理技术的研究与应用成果并与之融合，使传统意义上的制造技术有了质的飞跃，形成了先进制造技术的新体系，有利于从总体上提升制造企业对动态和不可预测市场环境的适应能力和竞争能力，实现优质、高效、低耗、敏捷和绿色制造。因此，我国制造业要想在激烈的国际市场竞争中求得生存和发展，必须掌握和科学运用最先进的制造技术，这就要求培养一大批满足制造业发展需要、掌握先进制造技术、具有科学思维和创新意识以及工程实践能力的高素质专业人才。

为了拓宽学生的知识面，掌握先进制造技术的理念和内涵，了解先进制造技术的最新发展，培养学生的创新思维与工程实践能力，促进先进制造技术在我国的研究和应用，全国众多工科院校纷纷开设了“先进制造技术”必修或选修课程。本书是多位编者在各自教学和研究的基础上共同编写完成的。全书共分 6 章。第 1 章先进制造技术概论，概述了制造业与制造技术的发展，介绍了先进制造技术的内涵、特征、体系结构及分类；第 2 章先进工程设计技术，主要介绍了计算机辅助设计技术、模块化设计、逆向工程以及其他一些先进设计方法；第 3 章先进制造工艺，在总体概括先进制造工艺内容的基础上，主要介绍了超精密加工技术、微细/纳米加工技术、高速加工技术、现代特种加工技术、快速原型制造技术、绿色制造技术等，这些都是先进制造技术的核心技术；第 4 章制造自动化技术，在概述制造自动化的发展历程和趋势的基础上，介绍了现代数控加工技术、工业机器人技术、柔性制造技术和自动检测与监控技术；第 5 章先进生产管理技术，主要介绍了先进生产管理信息系统、产品数据管理技术、准时制生产技术等；第 6 章先进制造模式，概述了制造模式的发展和先进制造模式的类型，主要介绍了计算机集成制造系统、并行工程、精益生产、敏捷制造、虚拟制造、智能制造等几种先进制造的理念和模式。

本书是普通高等院校“十一五”规划教材和机械类精品教材，具有以下几个特色。①内容全面，综合性强。囊括了先进工程设计技术、先进制造工艺、制造自动化技术、先进生产管理技术和先进制造模式等各种先进制造技术的主要方面。②体系新颖，启迪性强。每章均以“引入案例”开头，引人入胜，章后设置有“本章重点、难点以及知识拓展”板块，并附有一定量的习题，有助于学生抓住重点、深化学习。③重点突出，详略得当。先进工程设计技术、先进制造工艺和制造自动化技术一起构成先进制造技术的主体，先进生产管理技术和先进制造模式是先进制造技术的软环境，而先进制造工艺技术又是先进制造技术的核心。④在突出技术“先进性”的同时，更注重其在工程上的应用。本书介绍了国内外机械工程领域进行科学研究的制造技术，并汇集了编者在多年科研工作中的实践成果。⑤注重介绍先进制造的理念和科学方法，培养学生的科学思维和技术创新能力。

本书是在任小中教授为本科生开设的“先进制造技术”和为硕士研究生开设的“先进制造

工程”讲义的基础上，联合多所高等院校中任教该门课程的教师，经过认真讨论、确定编写大纲后共同编写完成的。全书由河南科技大学任小中担任主编并统稿，湖南工业大学何国旗、湖北工业大学吴斌方任副主编。参加编写的还有长春工程学院李晓冬，石家庄铁道学院韩彦军，南京工程学院葛英飞，安徽工程科技学院于华，成都理工大学孙未，河南工业大学陈兴州，河南科技大学贾晨辉、苏建新、段明德、杨晓英等老师。具体编写分工是：任小中编写前言、第 1 章、第 2 章的 2.1 节～2.5 节、第 3 章的 3.7 节以及各章的“引入案例”和“本章重点、难点以及知识拓展”；何国旗编写第 6 章的 6.2 节～6.5 节；吴斌方编写第 4 章的 4.1 节和 4.2 节；贾晨辉编写第 4 章的 4.3 节～4.5 节、第 6 章的 6.6 节和6.7节；韩彦军编写第 5 章的 5.1 节～5.3 节；李晓冬编写第 3 章的 3.4 节～3.6 节；葛英飞编写第 3 章的 3.2 节和 3.3 节；苏建新编写第 2 章的 2.6 节；孙未编写第 3 章的 3.1 节；陈兴州编写第 5 章的 5.4 节；于华编写第 6 章的 6.1 节；段明德、杨晓英等老师参与了本书编写大纲的制订以及部分章节的审校工作。

在编写本书的过程中，得到了多所高等院校老师的鼎力协助，以及华中科技大学出版社的大力支持和帮助，在此谨向有关人士表示诚挚的谢意。

本书承蒙华中科技大学宾鸿赞教授主审，在审阅过程中，宾鸿赞教授提出了很多珍贵的建议和意见，在此表示由衷的感谢。

由于先进制造技术是一门处于不断发展中的综合性交叉学科，涉及的学科多、知识面广，非编者等少数几个人的知识、能力所能覆盖，加之资料和编者水平有限，不妥之处在所难免，恳请广大师生与读者不吝赐教。

编　者

2009 年 2 月

目　录

第0章 绪 论

0.1 制造技术与制造系统

0.1.1 制造与制造技术

1. 制造的含义

制造(manufacturing)一词来源于拉丁语词根 manu(手)和 facere(做),这说明制造一开始是靠手工完成的(18 世纪之前一直是这样)。自第一次工业革命以来,手工劳动逐渐被机器生产所代替,制造技术实现了机械化。

制造的含义有广义和狭义之分。狭义制造仅指生产车间内与物流有关的加工和装配过程,而广义制造不仅包括具体的工艺过程,还包括市场分析、产品设计、质量控制、生产过程管理、营销、售后服务及产品报废处理等在内的整个产品寿命周期的全过程。国际生产工程学会(CIRP)1983 年将制造定义为:制造是制造企业中涉及产品设计、物料选择、生产计划、生产、质量保证、经营管理、市场营销和服务等一系列相关活动和工作的总称。目前,广义制造已为越来越多的人所接受。

制造的功能是通过制造工艺过程、物料流动过程和信息流动过程来实现的。制造工艺过程指直接改变被制造对象的形状、尺寸、性能的行为活动。物料流动过程指被制造对象在制造过程中的运输、存储、装夹等活动。信息流动过程指被制造对象在制造过程中的信息获取、分析处理、监控等活动。

2. 制造技术

制造技术是制造业为满足国民经济建设和人民生活需求而生产各类必需物资所使用的一切生产技术的总称,是将原材料和其他生产要素经济合理地转化为可直接使用的具有较高附加值的成品/半成品和技术服务的技术群。这些技术包括知识和技能的运用,物质、工具的利用,各种有效的策略、方法的应用等。

0.1.2 制造系统与制造工程

1. 制造系统

制造系统是指由制造过程及其所涉及的硬件、软件和人员所组成的一个将制造资源转变为产品或半成品的输入/输出系统,它涉及产品全生命周期中,包括市场分析、产品设计、工艺规划、加工、装配、运输、产品销售、售后服务及回收处理等在内的全部或部分环节。其中:硬件包括厂房、生产设备、工具、刀具、计算机及网络等;软件包括制造理论、制造技术(制造工艺和制造方法等)、管理方法、制造信息及其有关的软件系统等;制造资源包括狭义制造资源和广义制造资源,狭义制造资源主要指物能资源,如原材料、坯件、半成品、能源等,广义制造资源还包括硬件、软件和人员等。制造系统的功能结构如图 0-1 所示。

以某轿车为例,其制造系统物流布局如图 0-2 所示。从狭义制造的观点来看,该制造系统

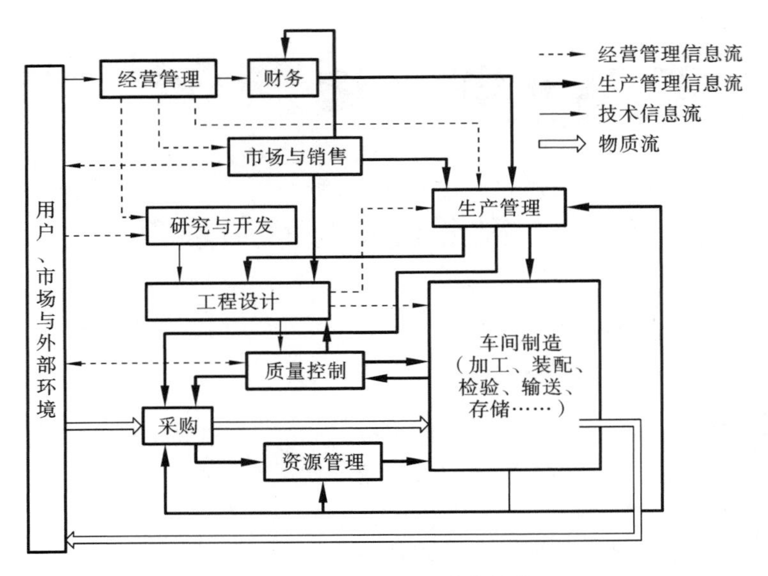

图 0-1　制造系统的功能结构

主要由毛坯生产、机械加工、装配与调试三大环节组成。从广义制造的观点来看，该制造系统涵盖了从原材料到成品的整个过程，大致分为三个阶段。第一阶段为获取阶段，包含原材料的获取、库存和初步加工；第二阶段为转变阶段，包含零件加工、零件库存、装配与调试；第三阶段为分配阶段，包含成品库存、销售和售后服务。

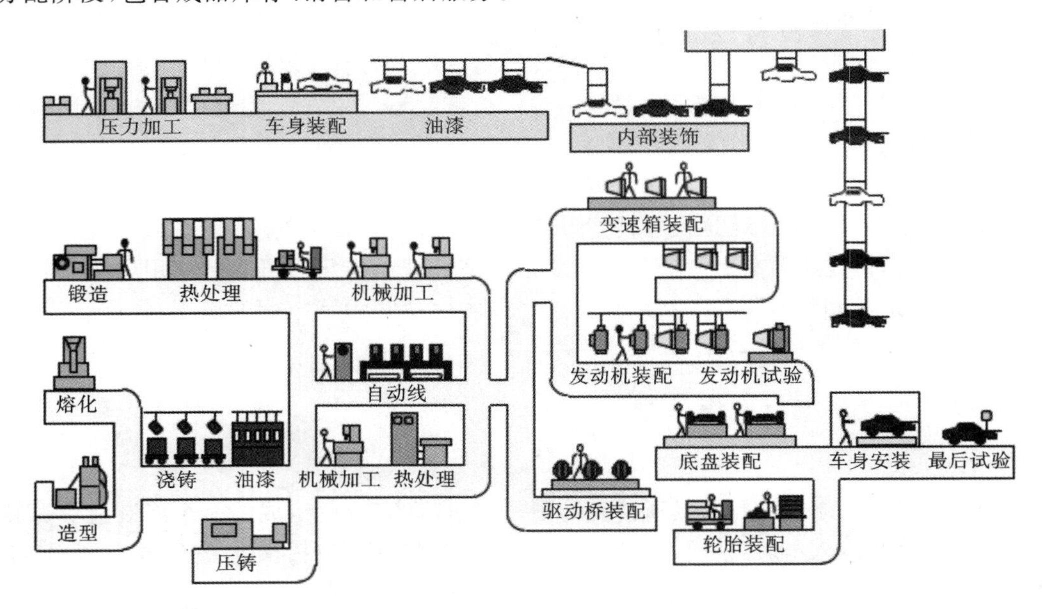

图 0-2　轿车制造系统物流示意图

2. 制造工程

制造工程是一个以制造科学为基础、由制造模式和制造技术构成的、对制造资源和制造信息进行加工处理的有机整体。它是传统制造工程与计算机技术、数控技术、信息技术、控制论及系统科学等学科相结合的产物。制造工程的功能最初仅限于使用工具制造物品，而后逐渐将制造过程同与其有关的因素作为一个整体来考虑。随着科学技术的进步，制造工程概念有了新的含义。除了设计和生产以外，现代制造工程的功能还包括企业活动的其他方面，如产品的研究与开发、市场和销售服务等。制造工程学科的研究对象除了工程材料、成形技术、加工工艺外，还包含制造自动化及相应的传感测试和监控技术等。机械工程、电子工程、化学工程等均属于制造工程。制造工程随着国民经济的发展及多学科的交叉渗透在不断地发展，主要表现在将制造技术应用于生产实践之中这一方面。

0.2 制造业的发展与作用

0.2.1 制造业的概念及其分类

制造业是将制造资源通过制造过程转化为可供人和社会使用或利用的工业产品或生活消费品的行业。制造业是所有与制造有关的行业群体的总称。根据国家标准《国民经济行业分类》(GB/T 4754—2017)可知，制造业涵盖多达30个行业，如表0-1所示。由于不同制造行业的加工对象不同，因此制造技术差异很大。本书主要涉及机械制造领域的制造问题。

表0-1 我国制造业的细分

序号	行业名称	序号	行业名称
13	农副食品加工业	29	橡胶和塑料制品业
14	食品制造业	30	非金属矿物制品业
15	酒、饮料、精制茶制造业	31	黑色金属冶炼和压延加工业
16	烟草制品业	32	有色金属冶炼和压延加工业
17	纺织业	33	金属制品业
18	纺织服装、服饰业	34	通用设备制造业
19	皮革、毛皮、羽毛及其制品和制鞋业	35	专用设备制造业
20	木材加工和木、竹、藤、棕、草制品业	36	汽车制造业
21	家具制造业	37	铁路、船舶、航空航天和其他运输设备制造业
22	造纸及纸制品业	38	电气机械和器材制造业
23	印刷和记录媒介复制业	39	计算机、通信和其他电子设备制造业
24	文教、工美、体育和娱乐用品制造业	40	仪器仪表制造业
25	石油、煤炭及其他燃料加工业	41	其他制造业
26	化学原料和化学制品制造业	42	废弃资源综合利用业
27	医药制造业	43	金属制品、机械和设备修理业
28	化学纤维制造业		

0.2.2 制造业的发展历程

在古代，人们利用原始工具(如石刀、石斧、石锤)进行有组织的石料开采和加工，形成了原始制造业。到了5000多年前的青铜器时代和之后的铁器时代,制造以手工作坊的形式出现,主要是利用人力进行纺织、冶炼、铸造各种农耕器具等原始制造活动。

工业革命是现代文明的起点,人类生产方式从此发生了根本性变革。回顾人类工业发展史,科学和技术的每一次革新,都首先体现在制造业上,并极大地促进了人类生产方式的改变和创新。自18世纪以来,制造业经历了三个发展阶段。

工业1.0阶段:18世纪末的第一次工业革命创造了机器工厂的"蒸汽时代",蒸汽动力实现了生产制造的机械化。

工业2.0阶段:20世纪初的第二次工业革命将人类带入大量生产的"电气时代",电力的广泛运用推动了生产流水线的出现。福特汽车装配生产线,实现了以刚性自动化制造技术为特征的大规模生产方式。

工业3.0阶段:20世纪中期计算机的发明、可编程控制器的应用不仅延伸了人的体力,而且延伸了人的脑力,开创了数字控制机器的新时代,使人、机在空间和时间上可以分离,人不再是机器的附属品,而真正成为机器的主人。机械自动化生产制造逐步取代了人类作业,这正是当下工业3.0时代的典型特征。

当前,互联网、新能源、新材料和生物技术正在以极快的速度形成巨大的产业能力和市场,将使整个工业生产水平提升到一个新的台阶,从而推动一场新的工业革命。德国国家科学与工程院(ACATECH)等机构联合提出了"工业4.0"战略规划,旨在确保德国制造业未来具备较强竞争力,能引领世界工业发展潮流。ACATECH划分的四次工业革命的特征如图0-3所示。由图0-3可见,第四次工业革命与前三次工业革命的本质区别在于具有人机、机机通信能力的信息物理系统(cyber physics system,CPS)。由此推断,未来的制造业将是没有围墙的"智能工厂"。

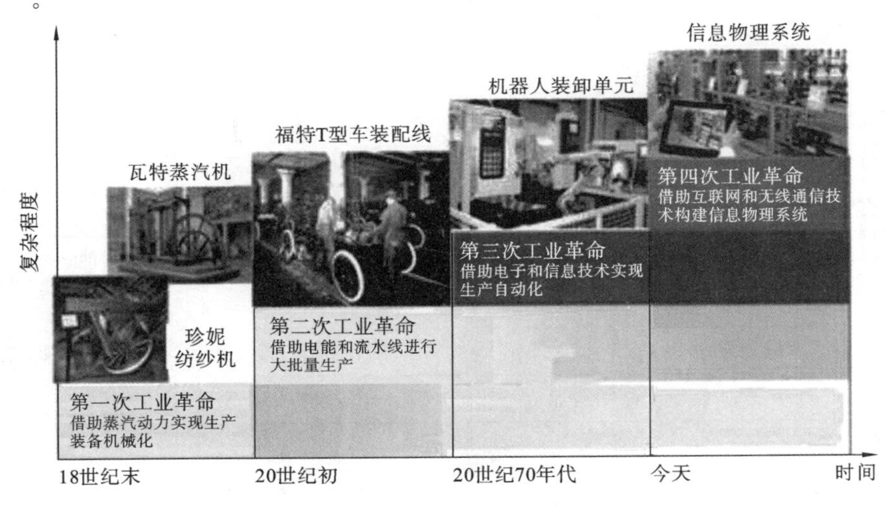

图0-3 四次工业革命的特征

0.2.3 制造业在国民经济中的地位和作用

制造业是国民经济的主体,是立国之本、兴国之器、强国之基。自18世纪中叶工业文明开创以来,制造业始终处于经济发展的核心地位。世界强国的兴衰史和中华民族的奋斗史一再证明,没有强大的制造业,就没有国家和民族的强盛。许多国家经济腾飞,制造业都功不可没。

制造业的作用具体表现在以下几个方面：

(1) 制造业是国民经济的支柱产业和经济增长的发动机。在发达国家中，制造业创造了约60%的社会财富、约45%的国民经济收入。改革开放40多年以来我国的经济增长一半以上来自制造业。据统计，2016—2019年，我国工业增加值年均增长5.9%，远高于同期世界工业2.9%的年均增速。2019年，我国制造业增加值达26.9万亿元，占全球制造业增加值的比重为28.1%。我国连续十年都保持了世界第一制造大国地位。

(2) 制造业是高技术产业化的基本载体。纵观人类的工业化历史，可以发现，众多科技成果都孕育在制造业的发展之中。制造业也是科技手段的提供者，科学技术与制造业相伴成长。如20世纪兴起的核技术、空间技术、信息技术、生物医学技术等高新技术无一不是通过制造业的发展而产生并转化为规模生产力的。其直接结果是导致诸如集成电路、计算机、移动通信设备、国际互联网、机器人、核电站、航天飞机等产品相继问世，并由此形成了制造业中的高新技术产业。

(3) 制造业仍是吸纳劳动力就业的重要部门。在工业国家中，约有1/4的人口从事各种形式的制造活动。在我国，虽然目前制造业转型升级减少了对普工的招聘量，但保持制造业就业稳定仍是我国当前稳定就业的重要内容。对普工进行培训，使他们具有一技之长，仍然可以在制造业找到一份适合自己的工作。制造业不仅吸纳了一半的城市就业人口，也吸引了近一半的农村剩余劳动力流入。

(4) 制造业也是国际经贸关系的“压舱石”，是促进国家间经济合作、人员往来和各国共同发展的桥梁和纽带。

(5) 制造业是国家安全的重要保障。现代战争已进入“高技术战争”的时代，武器装备的较量在某种意义上就是制造技术水平的较量。没有精良的装备，没有强大的装备制造业，一个国家不仅不会有军事和政治上的安全，就连经济和文化上的安全也会受到威胁。

0.3 我国制造业的成就、现状和发展方向

0.3.1 我国制造业的成就

我国坚定不移走工业化道路，致力于建设完备发达的工业体系，是我们党在进入社会主义建设和改革开放时期切实践行“初心使命”的集中体现。而在建设中国特色社会主义的新时代，坚持走中国特色新型工业化道路，加快制造强国建设，加快发展先进制造业，对于实现中华民族伟大复兴的中国梦具有特殊且重要的意义。

从鸦片战争到民国时期，中国长期处于遭受列强霸凌、落后挨打的悲惨境地，这让一些仁人志士萌发“实业兴国”的理想并着手工业化尝试，但这种尝试在萌芽阶段就面临内忧外患的恶劣生存环境，磨难重重，步履维艰，只是在冶铁、造船、轻工纺织等领域形成了一些零星且低端的制造能力，中国最终与以机械化为基本特征的第一次工业革命和以电气化、自动化为基本特征的第二次工业革命擦肩而过，始终未能摆脱农业占主导地位、工业基础十分薄弱、工业化水平极低的局面。

新中国成立伊始，以毛泽东为首的老一辈领导人高瞻远瞩，面对西方国家严密的经济技术围困和封锁，毅然决然地确定了我国走工业化道路的方向和目标。从“一五”“二五”时期156

个重点项目的建成投产，到“两弹一星”试制成功，再到后来的大规模“三线建设”，全国人民上下同心，矢志不渝，艰苦奋斗，全力投入工业化建设，使中国首次拥有了在世界上比较独特、相对完整的工业体系，艰难地补上了第一次工业革命和第二次工业革命的功课。这个时期，中国虽然不得不在计划经济时代关起门来搞工业化，但中国制造实现了从无到有、由全球工业化的“落后者”成为“追赶者”的第一次伟大转变。

中国制造真正驶入发展快车道并融入全球化分工体系始于改革开放初期。彼时，欧洲各国及美、日等发达国家掀起“去工业化”浪潮，而中国大力实施改革开放政策，打开国门，让境外资本、装备、技术和管理等生产要素与国内相对丰富的劳动力、土地和自然资源结合起来，以中外合资、外商独资、“三来一补”以及代工生产等多种方式，迅速在沿海地区形成大规模制造产能和产业集群。与此同时，国内民营工业也异军突起。特别是2002年加入WTO后，中国为适应国际贸易规则，空前加大改革开放力度，不断优化投资和营商环境，吸引全球跨国巨头纷纷落户中国，中国制造行销全球，制造业取得了举世瞩目的成就。

1. 被誉为“世界工厂”

2009年，我国进出口贸易总额达到2.2万亿美元，国内生产总值达到4.9万亿美元，我国由此而成为世界第一大货物出口国和世界第二大经济体。2012年我国制造业增加值为2.08万亿美元，在全球制造业中占比约为20%，我国由此而成为世界上名副其实的“制造大国”。2013年我国装备制造业产值规模突破20万亿元，占全球装备制造业总产值的三分之一以上，稳居世界首位。我国凭借巨大的制造业总量成为“世界工厂”。2018年，我国工业增加值首次超过30万亿元，占全球比重超过四分之一。在500余种主要工业品中，我国有220多种产量位居世界第一，其中，汽车产量超过2780万辆，占全球的30%，新能源汽车产销量连续5年位居世界首位，动力电池技术处于全球领先水平，累计推广量超450万辆，占全球的50%以上。中国凭借巨大的制造业总量成为名副其实的“世界工厂”。

2. “国之重器”“国家名片”闪亮面世

中国在轨道交通（包括高铁）、超临界燃煤发电、特高压输变电、超级计算机、核聚变装置、民用无人机等领域居于世界领先水平；在全球导航定位系统、载人深潜、深地探测、5G移动通信、语音人脸识别、工程机械、大型震动平台、可再生能源、新能源汽车、第三代核电、港口装备、载人航天装备、人工智能、3D打印、可燃冰试采、量子技术、纳米材料等领域整体进入世界先进行列；在集成电路、大型客机、高档数控机床、大型船舶制造、碳硅材料、节能环保技术等领域追赶世界先进水平的步伐加快。近些年，12 m卧式双五轴镜像铣机床、1.5万吨航天构件充液拉深装备、8万吨模锻压力机、深海石油钻井平台、绞吸式挖泥船等重大装备的入役，填补了国内空白，解决了一些“卡脖子”难题。

3. 各具特色的装备制造业聚集地逐渐形成

目前，我国有77个装备制造领域国家级新型工业化产业示范基地已获工业和信息化部授牌，占我国示范基地总量的29%。若干具有重要影响力的产业聚集区初步形成。高端装备形成以上海临港、沈阳铁西、辽宁大连湾、四川德阳等为代表的产业示范基地；船舶和海洋工程装备形成以环渤海地区、长三角地区和珠三角地区为中心的产业聚集区；工程机械主要品牌企业集中在徐州、长沙、柳州、临沂等地区；沈阳、芜湖、上海、哈尔滨、广州等地建立了工业机器人产业园。

4. 战略性新兴产业蓬勃发展

战略性新兴产业是以重大技术突破和重大发展需求为基础，对经济社会全局和长远发展具有重大引领带动作用，知识技术密集、物质资源消耗少、成长潜力大、综合效益好的产业。2018年11月国家统计局公布的《战略性新兴产业分类(2018)》列出了九大战略性新兴产业，包括新一代信息技术产业、高端装备制造产业、新材料产业、生物产业、新能源汽车产业、新能源产业、节能环保产业、数字创意产业、相关服务业，如图0-4所示。

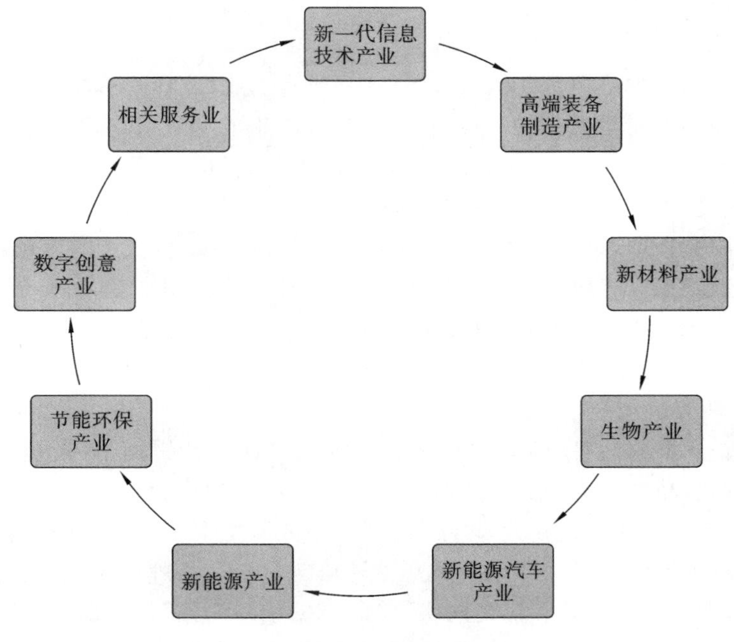

图0-4 九大战略性新兴产业

“十三五”以来，我国战略性新兴产业总体实现持续快速增长，经济增长新动能作用不断增强。在工业方面，2016—2020年上半年，我国战略性新兴产业规模以上工业增加值增速始终高于全国工业总体增速。2020年上半年，我国战略性新兴产业规模以上工业增加值同比增长2.9%，高出全国工业总体增速4.2个百分点，如图0-5所示。

图0-5 我国战略性新兴产业工业增加值增速与全国工业总体增速对比

0.3.2 我国制造业的现状

中国制造业目前已取得了举世瞩目的成就，从落后挨打，到现在巨龙腾飞，中国制造人付出了巨大心血和努力。然而不可否认的是，中国目前许多产品仍然高度依赖进口，中国制造在这些领域的研发和生产方面依然存在难以攻破的技术难关。这其中有关乎中国工业命脉的核心产品，也有和我们生活息息相关的工业零部件。我国制造业与先进国家的差距主要表现在以下方面。

1. 自主研发能力薄弱

我国制造业整体自主研发设计能力薄弱，几乎所有工业行业的关键核心技术都受制于人。例如，我国 IT 产业的产量虽然处在全球前列，可是核心集成电路国产芯片占有率多项为 0，芯片技术高度依赖于国外。2018 年中国芯片市场规模超过 4000 亿美元，然而贸易逆差高达 1657 亿美元，芯片之痛是中国制造难以抹去的阴影。

中国的火箭能去月球，第四代战机能自主研发，但航空发动机依然高度依赖进口。目前在世界航空发动机领域，美、英航空发动机的霸主地位难以撼动，国产航空发动机市场占有率不足 1%。航空发动机的缺失不仅仅关乎我国民航事业的发展，更是制约我国空军战力的一个重要因素。可以说，没有国产航空发动机的突破，就没有我国空军的未来。

2. 自主营销品牌缺乏

树立良好的企业形象、创立驰名的品牌和掌控战略性的营销网络，是提高企业利润的关键。我国制造业知名品牌企业的数量及影响力与发达国家相比存在较大差距，市场营销和战略管理能力薄弱，缺乏全球营销经验，过于依赖“价格战”，主要依靠国外分销商或合作伙伴的营销网络开拓国际市场。相当一部分中国企业只是国际知名品牌的加工厂，为外资做零配件加工和代工生产，没有自主品牌和供销网络。“世界机械 500 强”是目前世界上第一个对世界机械企业进行综合比较的榜单。据悉，2015 年中国大陆共有 92 家企业入选，其中上汽集团、一汽集团和东风汽车有限公司分别排在 500 强的第 4 位、第 21 位和第 22 位。大部分入选企业都排在 200 名开外。虽然中国已经进入全球三大制造强国行列，但是，与美国和日本相比，中国的知名品牌却屈指可数。

3. 产品质量问题突出

产品质量和技术标准整体水平不高，质量安全事件时有发生。质量直接损失每年在 1700 亿元以上，间接损失超过万亿元。食品安全事故也时有发生，危及人民生命健康和损害国家形象。

4. 高水平人力资本匮乏

进入 21 世纪以来，中国研发人员总量的年均增长率高于世界多数国家，这说明中国在科技人力投入方面具有长期增长潜力。但是与发达国家相比，科技人力投入强度不高。2014 年，我国研发人员总量占到世界研发人员总量的 25.3%，超过美国研发人员总量占世界研发人员的比例（17%），居世界第一。但是，人均产出效率远落后于发达国家，高端的创新型人才仍非常稀缺。

0.3.3 我国制造业的发展方向

“没有互联网，你会明珠暗淡。”“没有先进制造业，你是空中楼阁。”在“互联网＋”旋风下，

“互联网+先进制造”被视为传统工业转型升级的下一个突破口。2015年两会期间，国务院总理李克强在《2015年国务院政府工作报告》中明确提出要实施“中国制造2025”，坚持创新驱动、智能转型、强化基础、绿色发展，加快从制造大国向制造强国转变。“互联网+”行动计划也写入了《2015年国务院政府工作报告》中，其核心就是推动移动互联网、云计算、大数据、物联网等与现代制造业相结合，这意味着“中国制造2025”和“互联网+”都是国家的核心战略。我国是制造业大国，也是互联网大国，互联网与制造业融合空间广阔，潜力巨大。实施“互联网+”行动计划，推进互联网和制造业深度融合发展，是建设制造强国的关键之举。

我国制造业的劳动力红利时代即将结束，很多发展中国家已接纳了不少转移的国际产业，这对我国制造业形成了挑战。美国及其他工业发达国家若引领新一轮产业革命，将使其重获制造业优势。为使我国制造业不致落入“前有围堵后有追兵”的局面，加快发展先进制造业刻不容缓。

《中国制造2025》提出，坚持“创新驱动、质量为先、绿色发展、结构优化、人才为本”的基本方针，坚持“市场主导、政府引导，立足当前、着眼长远，整体推进、重点突破，自主发展、开放合作”的基本原则，通过“三步走”实现制造强国的战略目标，如图0-6所示。

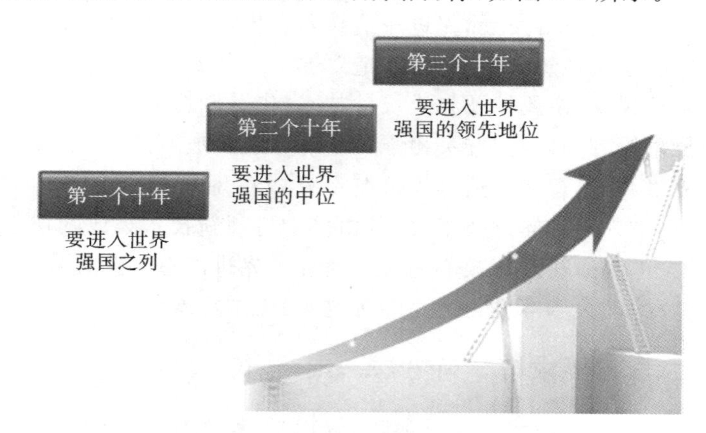

图0-6　制造强国建设的“三步走”战略

第一步：到2020年，基本实现工业化，制造业大国地位进一步巩固，制造业信息化水平大幅提升。掌握一批重点领域关键核心技术，优势领域竞争力进一步增强，产品质量有较大提高。制造业数字化、网络化、智能化取得明显进展，重点行业单位工业增加值能耗、物耗及污染物排放量明显下降。到2025年，制造业整体素质大幅提升，创新能力显著增强，全员劳动生产率明显提高，两化(工业化和信息化)融合迈上新台阶。重点行业单位工业增加值能耗、物耗及污染物排放量达到世界先进水平。形成一批具有较强国际竞争力的跨国公司和产业集群，在全球产业分工和价值链中的地位明显提升。

第二步：到2035年，我国制造业整体达到世界制造强国中等水平。创新能力大幅度提升，重点领域发展取得重大突破，整体竞争力明显增强，优势行业形成全球创新引领能力，全面实现工业化。

第三步：到新中国成立一百年时，我国制造业大国地位更加巩固，综合实力进入世界制造强国前列。制造业主要领域具有创新引领能力和明显竞争优势，建成全球领先的技术体系和产业体系。

当然,制造业"拥抱"互联网,光靠制造企业单方面的努力是远远不够的。企业要告别过去制造业的辉煌历史,敞开胸怀,迎接新的技术、新的人才,寻求创新合作,在互联网这个海量数据金矿之中,寻找适合自身的互联网化之路。同时,政府也要积极出台相关鼓励政策,帮助制造业重振旗鼓,让其利用互联网在平稳发展中固本强基。虽然和其他任何行业一样,制造业的互联网化之路也可能是漫长而艰辛的,但只要政府、企业和各类组织各司其职,联动互通,让制造业转型为"智造业",中国必然会由基于廉价劳动力的"制造大国"变身为"制造强国",居世界领先地位。

0.4 本书的主要内容和学习要求

0.4.1 本书的主要内容

"先进制造技术"是高等院校机械设计制造及其自动化、机械工程、机械电子工程、车辆工程、飞行器制造工程和工业工程等专业的选修(限选)课以及很多院校机械工程硕士研究生的学位课。随着我国制造业的迅猛发展,先进制造技术在生产实践中的应用越来越广,充分反映了先进制造技术课程的重要性。本书从"大制造"的角度,介绍了机械制造业的前沿技术及现代制造企业的信息管理技术,主要涉及先进设计技术、先进制造工艺、制造自动化技术、现代制造企业的信息管理技术等方面内容,并突出强调了计算机集成制造、大批量定制、精益生产、敏捷制造、虚拟制造、网络制造、智能制造等先进制造模式在现代制造企业中的推广应用。由此可见,先进制造技术不是一项具体的技术,而是由多学科高新技术集成的技术群。应当强调的是,先进制造工艺是先进制造技术的核心内容。离开了先进制造工艺技术,与之集成的计算机辅助技术、信息技术及管理技术等都将成为无源之水、无本之木。

0.4.2 本书的学习要求与学习方法

先进制造技术是传统制造技术与基础科学、管理学、人文社会学和工程技术等领域的最新成果、理论、方法有机结合而产生的适应未来制造业发展的前沿技术的总称,是集机械、电子、信息、材料和管理等学科于一体的新兴交叉学科。这对当前高等工科院校的课程教学内容、人才培养体系及专业和学科间的交叉渗透提出了新的挑战。要求学生在扎实掌握全面的自然科学知识和宽广的人文社会科学知识的基础上,学好铸造、锻压、焊接、热处理、表面保护、机械加工等方面的基础工艺,因为这些基础工艺经过优化而形成的优质、高效、低耗、清洁的基础制造技术是先进制造技术的核心部分。要掌握数控技术及装备知识,同时要学习计算机辅助设计(CAD)与计算机辅助制造(CAM)、现代设计方法、特种加工工艺、企业经营管理等相关课程,从而培养广泛收集与处理信息的能力、获取新知识的能力、分析与解决问题的能力、组织管理能力、综合协同能力、表达沟通能力和社会活动能力等,尤其是不断增强创新能力和工程实践能力。

第1章 先进制造技术概论

1.1 先进制造技术的产生

1.1.1 先进制造技术的产生背景

先进制造技术是相对传统制造技术而言的，而“先进制造技术”(advanced manufacturing technology，AMT)这一概念是美国于20世纪80年代末首次明确提出来的。美国制造业在第二次世界大战及稍后一段时期得到空前发展，具备了强大的研究开发力量而成为当时世界制造业的霸主。此后，国际环境发生了变化，美国开始强调基础研究、卫生健康和国防建设，而忽视了制造业的发展。20世纪70年代，一批美国学者不断鼓吹美国已进入“后工业化社会”，认为制造业为“夕阳工业”，主张经济中心由制造业转向高科技产业和第三产业，许多学者只重视理论成果，不重视实际应用，造成所谓“美国发明，日本发财”的局面。再加上美国政府长期以来对产业技术不予支持，使美国制造业产生衰退，产品的市场竞争力下降，贸易逆差剧增，许多原来美国占优势的汽车、家用电器、机床、半导体等产品在市场竞争中也纷纷败北。“东芝事件”的出现使美国政府开始认识到问题的严重性(白宫一份报告称“美国经济衰退已威胁到国家安全”)，于是，花费数百万美元，组织了大量专家、学者开展调查研究。美国麻省理工学院(MIT)的一份调查报告中写道：“一个国家要生活得好，必须生产好”，“振兴美国经济的出路在于振兴美国的制造业”。学术界、企业界和政府之间达成了共识，即“经济的竞争归根到底是制造技术和制造能力的竞争”。1988年，美国政府制订并实施了先进制造技术计划(ATP)和制造技术中心计划(MTC)，取得了显著的效果。可见，美国实施先进制造技术的目的就是增强美国制造业的竞争力，夺回美国在制造业方面的优势，促进其国家的经济发展。

1.1.2 世界经济强国发展先进制造技术的概况

“先进制造技术”概念提出后，美国、德国、日本等经济强国和国际经济组织相继展开各自国家先进制造技术的理论和应用研究，由此拉开了先进制造技术发展的帷幕。

1. 美国

今日全球制造业的翘楚，依然是头号经济大国——美国。在以新一代信息技术为核心的新科技革命引领下，美国制造业呈现多路演进的新趋势。值得指出的是，美国国家级的制造业战略，不是人们谈论得最多的工业互联网，而是先进制造伙伴关系计划(advanced manufacturing partnership，AMP)。

全球金融危机之后，美国政府开始重新关注制造业问题。美国总统科技顾问委员会(PCAST)于2011年、2012年先后提出《保障美国在先进制造业的领导地位》报告和第一份AMP报告《获取先进制造业国内竞争优势》。到2014年10月，该委员会又发布了《加速美国先进制造业发展》报告，该报告俗称AMP2.0。

美国在前后两份AMP制造业报告中，都明确提出了加强先进制造业布局的理由，那就是通过规划AMP系列计划,保障美国在未来的全球竞争力。美国AMP系列计划分别对发展先进制造业的战略目标、蓝图和行动计划及保障措施进行了详细的说明,如表1-1所示。

表1-1 美国AMP系列计划支持先进制造业的领域、内容和保障措施

战略目标	领域		
	先进传感、控制平台系统	可视化、信息化和数字化制造	先进材料制造
支持创新研发基础设施	建立制造技术测试平台,展示包括“智能制造业”新技术的商业案例	建立卓越制造业中心,主要用于技术研发、早期的基础研究以及数字化的研究	建立材料卓越制造业中心,支持制造业创新研究和其他制造技术的研发
国家制造创新网络	在能源密集型和数字信息密集型制造业中,建立一家专门研究先进传感、控制平台系统的研究机构	建立一家大数据制造业创新研究院,专门研究如何利用制造业大数据进行安全分析和决策	利用国防设备的供应链管理,促进关键材料的再加工技术的创新和研发
政企合作,建立技术标准	制定新的产业标准,包括关键系统和制造企业支持的数据互用标准	起草并部署制造业网络及设备安全、数据交换和储存标准	设计材料属性的数据标准,帮助制造企业快速采用新材料和制造工艺
其他战略目标		鼓励其他制造业系统提供商、服务提供商及系统整合机构的建立和商业化	在生物制造业等先进材料制造的关键领域,为博士设立制造业创新奖学金

美国实施AMP有着明确的目的。一是促进经济增长,缓解就业压力;二是促进创新,重新夺回全球制造业的领导地位,巩固自身的国际竞争力;三是维护国家安全。

近年来,美国政府对“制造业回归”的强力推动正在改写全球制造业格局。奥巴马政府先后推出了“购买美国货”“内保就业促进”等倡议活动,同时在宏观层面制定了多项法案、规划,为美国制造业智能化升级提供助力。美国再工业化的本质是产业升级,高端制造是其战略核心。美国已经正式启动高端制造计划,积极在纳米技术、高端电池、能源材料、生物制造、新一代微电子研发、高端机器人等领域加强攻关,以期保持美国在高端制造领域的研发领先、技术领先和制造领先地位。美国制造业智能化升级促进法案与计划主要内容如表1-2所示。另外,由于美国工业用地成本相对较低,而人工成本过高,美国企业有充足的动力研发智能制造技术,以最大限度地降低对人工的依赖程度。伴随超高度自动化工厂、3D打印技术等先进技术的应用,美国智能制造产业得到了极大的发展。

2. 德国

德国对制造产业的智能化极为重视,早在20世纪90年代初期,德国政府面对制造业竞争实力下滑的窘境,就制定了名为“生产2000”的产业计划,以帮助德国制造业实现智能化。德国政府力求通过这一计划从多方面来促进德国制造业发展,其中包括:增强德国制造业研究水平;确保并提高德国制造业在国际市场竞争中的地位;提高德国制造企业对市场的适应能力;通过新兴的信息及通信技术促进德国制造业的现代化;采用充分考虑人的需求和能力的生产方式;促进环境友好型制造业发展,大力推动清洁制造,改善制造业对环境的影响;帮助提升中小企业竞争实力。为了推动这一产业计划的进行,德国政府特别加大了某些对产业升级影响深远的研究领域的投资,比如缩短产品开发和产品制造的周期,以便对新的市场需求做出快速

表 1-2　美国制造业智能化升级促进法案与计划主要内容

政　　策	政策主要内容
《制造业促进法案》	法案规模约为170亿美元，通过暂时取消或削减美国制造业在进口原材料过程中需付的关税来重振制造业竞争力并恢复在过去10年中失去的560万个就业岗位
先进制造伙伴关系计划	聚合工业界、高校和联邦政府为可创造高品质制造业工作机会，以及提高美国全球竞争力的新兴技术进行投资，这些技术（如信息技术、生物技术、纳米技术）将帮助美国的制造商降低成本、提高品质、加快产品研发速度，从而为民众提供良好的就业机会。计划利用了现有的项目和议案，将投资5亿多美元推动这项工作。投资将用于达到以下目的：打造关键国家安全工业的国内制造能力；缩短研制先进材料（用于制造产品）所需的时间；确立美国在下一代机器人技术领域的领导地位；提高生产过程中的能源效率；研发可大幅度缩短产品设计、制造与试验所需时间的新技术
先进制造业国家战略计划	明确美国先进制造业促进的三大原则：① 完善先进制造业创新政策；② 加强“产业公地”建设；③ 优化政府投资。提出五大目标：① 加快中小企业投资；② 提高劳动力技能；③ 建立健全伙伴关系；④ 调整优化政府投资；⑤ 加大研发投资力度

响应；开发可重复利用的材料和可重复利用的产品；开发能进行“清洁制造”的制造工艺；开发加速产品制造过程和减少运输费用的技术及系统；开发面向制造的信息技术及面向制造的高效、可控的系统；研究可提高对市场变化响应速度的开放的、具有学习能力的生产组织结构等。

2013年，欧债危机下的欧洲哀鸿遍野，唯有德国一家成为欧元区屹立不倒的“定海神针”。制造业的长盛稳定，无疑使其成为德国抵御欧债危机的铜墙铁壁。德国制造业出口贡献了国家经济增长的2/3，拉动人均GDP的速度比其他任何发达国家都要快，德国被公认为欧洲四大经济体当中最为优秀的国家，经济实力居欧洲首位，是当今欧洲乃至世界一流的强国。作为全球工业实力最为强劲的国家之一，德国在新时代发展压力下，为进一步增强国际竞争力，提出了“工业4.0”概念（见图1-1）。

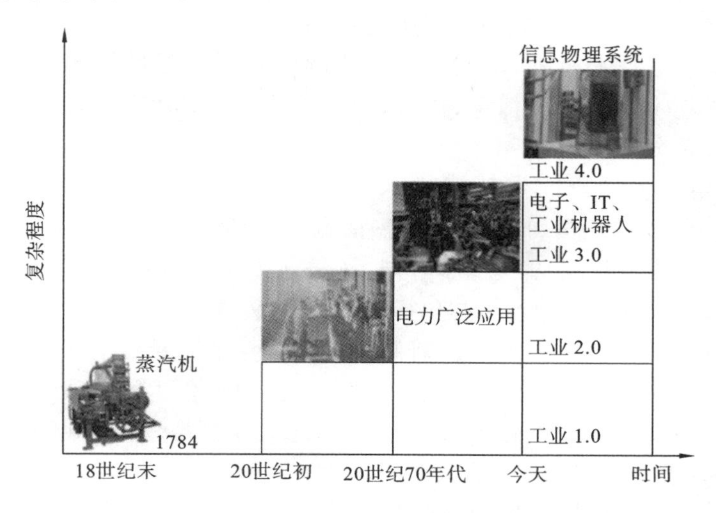

图 1-1　德国制造业发展进程

“工业4.0”研究项目由德国联邦教研部与联邦经济技术部联手资助，在德国学术界和产业界的建议和推动下形成，之后“工业4.0”战略上升为国家级战略。德国联邦政府为推广“工业4.0”战略投入达2亿欧元,以提高德国工业的竞争力,在新一轮工业革命中占领先机。德国学术界和产业界认为,“工业4.0”概念对应的即是以智能制造为主导的第四次工业革命,或革命性的生产方法。该战略旨在通过充分利用将信息通信技术和网络空间虚拟系统——信息物理系统相结合这一手段,推动制造业向智能化转型。

3. 日本

日本是世界上重要的先进制造业出口国之一。长期以来,一直坚持“新技术立国”的理念。日本的研发中心位居全球先进制造业产业链的最顶端。从20世纪80年代末开始,日本政府相继出台了四项重大的先进制造技术计划,即智能制造系统(intelligent manufacturing system, IMS)计划、未来计划、风险企业型实验室计划和新兴工业创新型技术研究开发促进计划。其中影响最大的就是IMS计划。IMS计划是1989年由日本通产省发起的一项国际合作研究计划。其目标是:全面展望21世纪先进制造技术的发展趋势,超前开发下一代制造技术,解决全球制造业面临的共同问题,如在提高产品质量和性能、促进科技成果转化、改善地球生态环境、推动全球制造信息与制造技术的体系化和标准化、快速响应制造业全球化等方面的问题。该计划分成可行性研究(1992—1994)和全面实施(1995—2005)两个阶段。到1998年8月为止,共批准了12个项目,如21世纪的全球化制造、下一代制造系统、全能制造系统、变结构物料储运系统、快速产品开发、创新型和智能型现场工厂建设的研究、数字化模具设计系统、智能综合生产等。IMS计划充分反映了21世纪先进制造技术研究的三大特点——国际化、面向市场和企业参与,涉及当今先进制造技术领域的许多重大技术,已受到世界各国的广泛关注。

1999年3月,日本政府又颁布了《制造基础技术振兴基本法》。日本政府认为,即使在未来的信息社会,制造业也始终是基础战略性产业,必须持续加强和促进制造业基础技术的发展。

4. 欧共体

欧共体每年要出资几十亿元进行技术研究,其中很大一部分资金投入到设计、制造及对其起支持作用的有关信息技术和基础理论研究领域,希望以此加强欧洲的经济和技术实力。其中尤里卡(EURECA)计划和欧洲信息、技术研究发展战略(ESPRIT)计划是欧共体总体研究开发计划中的主要部分。

1) 尤里卡计划

20世纪80年代,面对美国、日本日益激烈的竞争,西欧国家制定了一项在尖端科学领域内开展联合研究与开发的计划,即尤里卡计划。它的目标主要是提高欧洲企业的竞争能力,进一步开拓国际市场。具体合作内容最初包括五个方面:① 计算机,建立欧洲软件工程中心,发展高级微型信息处理机等;② 自动装置,研制民用安全自动装置和全部自动化工厂等;③ 通信联络,发展为科研服务的信息网,研制大型数据交换机等;④ 生物工程,研究人造种子、控制工程等;⑤ 新材料,研究新型材料结构,发展高效涡轮机等。尤里卡计划的实施,不仅对欧洲,对整个世界的经济、政治也都产生了重大影响。

2) 欧洲信息、技术研究发展战略计划

ESPRIT计划是欧共体为了集中成员国的财力、物力、人力,迎头赶上美国、日本,夺取在信息领域的霸主地位而制定的一项竞争前的技术研究与发展战略计划。该计划为期十年,共筹资金47亿欧元。它使欧共体在信息领域取得了很大进步,某些项目已达到世界先进水平。

ESPRIT 计划选择了信息技术的五个方面(先进的微电子技术、软件技术、先进的信息处理技术、办公自动化和计算机综合制造技术),并把它作为整个信息、技术领域的突破口。

5. 韩国

1991 年底,韩国政府提出了“高级先进技术国家计划”(HANP),由韩国科技部、工商部、能源部和交通部联合实施。其目标是把韩国的技术实力提高到世界一流工业发达国家的水平。这一计划涉及先进制造系统、新能源、电气车辆、人机接口技术等七大项目。

进入 21 世纪以来,制造业面临着全球产业结构调整带来的全新机遇和挑战。德国“工业 4.0”的提出,立即引发了各国的广泛关注,美国、日本、英国等发达经济体也推出了类似的制造业转型升级战略。2014 年 6 月,韩国正式推出了被誉为韩国版“工业 4.0”的制造业创新 3.0 战略。2015 年 3 月,韩国政府又公布了经过进一步补充和完善后的《制造业创新 3.0 战略行动方案》,这标志着韩国版“工业 4.0”战略的正式确立。

韩国版“工业 4.0”战略的产生并不令人意外。众所周知,韩国是全球制造业较为发达的国家之一,其产业门类齐全、技术较为先进,尤其是造船、汽车、电子、化工、钢铁等部分产业在全球占有重要地位。但近年来,随着国际分工体系的变化,尤其是在来自不断崛起的中国制造业以及逐渐复苏的日本制造业的“夹击”下,韩国制造业增长乏力,面临着竞争力下滑的局面,迫切需要建立新的发展战略。而“工业 4.0”概念的出世,恰恰为韩国制造业的转型升级提供了绝佳的方向。

韩国制造业创新 3.0 战略有不少独特看点:一是韩国拒绝百分百“拿来主义”。在战略执行上,充分考虑到韩国中小企业生产效率相对较低、技术研发实力不足的特点,采取了由大企业带动中小企业,由试点地区逐渐向全国扩散的“渐进式”推广策略。二是政府搭台,企业成为“主力军”。值得注意的是,韩国将扶持和培育相对处于弱势地位的中小企业作为重点之一。三是韩国高度重视提升制造业的“软实力”,《制造业创新 3.0 战略行动方案》提出,要对当前韩国制造业在工程工艺、设计、软件服务、关键材料和零部件研发、人员储备等领域的薄弱环节予以大力投入,以取得重要突破。

1.1.3　先进制造技术的内涵和特征

1. 先进制造技术的内涵

先进制造技术是为了适应时代要求,提高竞争力,对制造技术不断进行优化而形成的。目前,关于先进制造技术尚没有一个明确的、一致公认的定义。经过近年来在发展先进制造技术方面开展的工作,以及对其特征的分析研究,可以认为,先进制造技术是制造业不断吸收机械、电子、信息、材料、能源和现代管理技术等方面的成果,将其综合应用于产品设计、加工、检测、管理、销售、使用、服务乃至回收的制造全过程,以实现优质、高效、低耗、清洁、灵活生产,提高对动态多变市场的适应能力和竞争力的制造技术的总称。其要点在于:① 目标是提高制造企业对市场的适应能力和竞争力;② 强调信息技术、现代管理技术与制造技术的有机结合;③ 注重信息技术、现代管理技术在整个制造过程中的综合应用。

2. 先进制造技术的特征

(1) 先进制造技术是一项综合性技术。先进制造技术不是一项具体的技术,而是利用系统工程的思想和方法,将各种与制造相关的技术集合成一个整体,并贯穿到从市场分析、产品设计、加工制造、生产管理、市场营销、维修服务至产品报废处理、回收再生的生产全过程的一项综合性技术。先进制造技术特别强调计算机技术、信息技术和现代管理技术在制造中的综合应用，特别强调人的主体作用，强调人、技术、管理的有机结合。

（2）先进制造技术是一项动态发展技术。先进制造技术没有一个固定的模式，先进制造技术的实现规模、实现程度、实现方法，以及实现过程中的侧重点要视企业的具体情况而定，并与企业的周边环境相适应。同时先进制造技术也不是一成不变的，而是动态发展的，它要不断地吸收和利用各种高新技术成果，并将其渗透到制造系统的各个部分和制造活动的整个过程中，在发展中不断完善。

（3）先进制造技术是面向工业应用的技术。先进制造技术有明显的需求导向特征，不以追求技术高新度为目的，重在全面提高企业的竞争力。先进制造技术坚持以顾客为核心，强调系统集成和整体优化，提倡合理竞争与相互信任，这些都是制造企业生存和发展的重要条件。

（4）先进制造技术是面向全球竞争的技术。当前，由于信息技术的飞速发展，每个国家每个企业都处在全球市场中。企业为了参与国际市场竞争，必须提高综合效益（包括经济效益、社会效益和环境生态效益）及对市场的快速反应能力，而采用先进制造技术是达到这一目标的重要途径。

（5）先进制造技术是面向21世纪的技术。先进制造技术是制造技术发展到新阶段的成果，它保留了传统制造技术中的有效因素，吸收并充分利用了一切高新技术，使制造技术产生了质的飞跃。先进制造技术强调环保技术，注重能源效益，重视产品的回收和再利用，符合可持续发展的战略。

1.2 先进制造技术的体系结构和分类

1.2.1 先进制造技术的体系结构

先进制造技术所涉及的学科门类繁多，包含的技术内容十分广泛。在不同的国家、不同的发展阶段，先进制造技术具有不同的内容和体系。这里介绍两种具有代表性的先进制造技术体系结构以供参考。

1. 先进制造技术体系结构

图1-2所示为美国联邦科学、工程和技术协调委员会（FCCSET）下属的工业和技术委员会先进制造技术工作组提出的一种三位一体的先进制造技术体系结构图。该结构强调，主体技术群、支撑技术群和制造技术基础设施三部分只有相互联系、相互促进，才能发挥整体的功能效益。其中：主体技术群是先进制造技术的核心；支撑技术群包括支持设计和制造工艺两方面取得进步的一系列基础性技术；制造技术基础设施则包括使先进制造技术适用于具体企业应用环境，充分发挥其功能，取得最佳效益的一系列措施，是先进制造技术生长的机制和土壤。这种体系并不是从技术学科内涵的层面来描述先进制造技术的，而是着重从宏观的角度描述先进制造技术的组成及其各组成部分在制造过程中的作用。

（1）主体技术群　主体技术群包括产品的设计技术和制造工艺技术。

① 设计技术群主要包括产品、工艺过程和工厂设计（如CAD、计算机辅助工程分析、面向加工和装配的设计、模块化设计、工艺过程建模和仿真、计算机辅助工艺过程设计、工作环境设计、符合环保的设计等），快速原型制造技术，并行工程和其他技术。

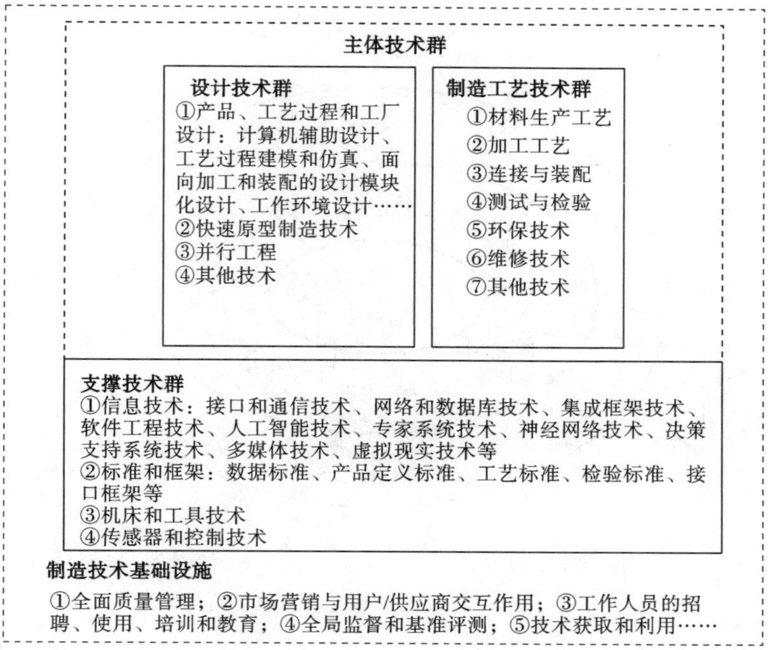

主体技术群

设计技术群
①产品、工艺过程和工厂设计：计算机辅助设计、工艺过程建模和仿真、面向加工和装配的设计模块化设计、工作环境设计……
②快速原型制造技术
③并行工程
④其他技术

制造工艺技术群
①材料生产工艺
②加工工艺
③连接与装配
④测试与检验
⑤环保技术
⑥维修技术
⑦其他技术

支撑技术群
①信息技术：接口和通信技术、网络和数据库技术、集成框架技术、软件工程技术、人工智能技术、专家系统技术、神经网络技术、决策支持系统技术、多媒体技术、虚拟现实技术等
②标准和框架：数据标准、产品定义标准、工艺标准、检验标准、接口框架等
③机床和工具技术
④传感器和控制技术

制造技术基础设施
①全面质量管理；②市场营销与用户/供应商交互作用；③工作人员的招聘、使用、培训和教育；④全局监督和基准评测；⑤技术获取和利用……

图 1-2　先进制造技术的体系结构

② 制造工艺技术群涉及用于物质产品生产的过程和设备。先进制造工艺技术群主要包括以下内容：材料生产工艺，如冶炼、轧制、压铸、烧结等；加工工艺，如切削与磨削加工、特种加工、铸造、锻造、压力加工、模塑成形、材料热处理、表面涂层与改性、精密与超精密加工、光刻/沉积，以及复合材料加工工艺等；连接与装配，如焊接、铆接、粘接、装配、电子封装等；测试与检验；环保（节能与清洁化生产）技术；维修技术和其他技术。

（2）支撑技术群　支撑技术是指支持设计和制造过程取得实效的基础技术。支撑技术群包括以下内容：信息技术，如接口和通信、网络和数据库、集成框架、软件工程、人工智能、专家系统、神经网络、决策支持系统、多媒体、虚拟现实等技术；标准（如数据标准、产品定义标准、工艺标准、检验标准等）和框架（如接口框架等）；机床和工具技术；传感器和控制技术；等等。

（3）制造技术基础设施　这是制造技术在企业的应用环境，主要涉及新型企业组织形式与科学管理，准时信息系统，市场营销与用户/供应商交互作用，工作人员的招聘、使用、培训和教育，全面质量管理，全局监督和基准评测，技术获取和利用等。

2. 我国三层次先进制造技术体系结构

图 1-3 所示为国内学者根据美国机械科学研究院（AMST）提出的先进制造技术体系图改进而成的三层次先进制造技术体系结构图。

（1）基础技术　基础技术是指优质、高效、低耗、清洁的基础制造技术。铸造、锻压、焊接、热处理、表面保护、机械加工等基础工艺至今仍是生产中大量采用、经济实用的技术，这些基础工艺经过优化而形成的基础制造技术是先进制造技术的核心部分，这些基础技术主要包括精密下料、精密塑性成形、精密铸造、精密加工、精密测量、毛坯强韧化、精密热处理、优质高效连接技术、功能性防护涂层技术，以及各种与设计有关的基础技术和现代管理技术。

（2）新型制造单元技术　新型制造单元技术是在市场需求及新兴产业的带动下，将制造

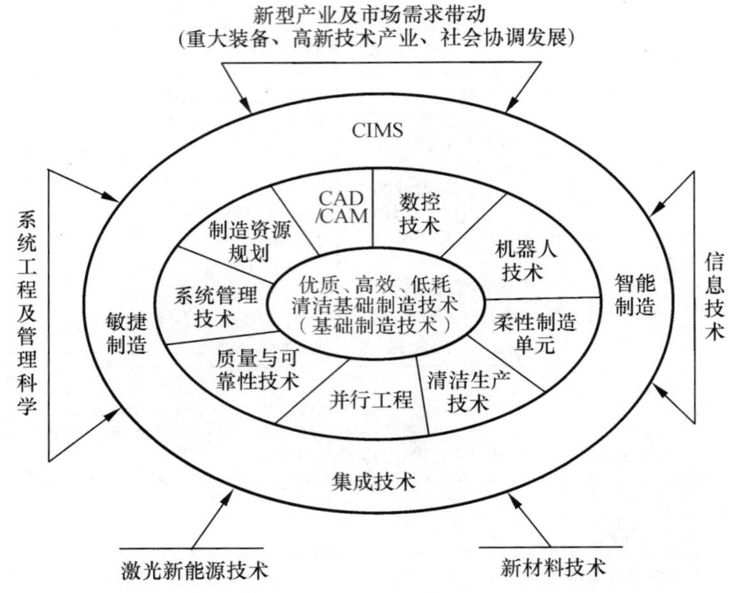

图 1-3　三层次先进制造技术体系结构

技术与电子、信息、新材料、新能源、环境科学、系统工程、现代管理等相关高新技术结合起来而形成的新型制造技术，如制造业自动化单元技术、极限加工技术、质量与可靠性技术、系统管理技术、CAD/CAM 技术、清洁生产技术、新材料成形加工技术、激光与高密度能源加工技术、工艺模拟及工艺设计优化技术等。

(3) 系统集成技术　这是应用信息技术和系统管理技术，通过网络与数据库对上述两个层次的技术进行集成而形成的，如计算机集成制造(computer integrated manufacturing，CIM)、敏捷制造、智能制造等方面技术。

以上三个层次都是先进制造技术的组成部分，但其中每一个层次都不等于先进制造技术的全部。

1.2.2　先进制造技术的分类

从图 1-2 和图 1-3 可以看出，先进制造技术涉及的技术领域广泛，它是由多学科高新技术集成的制造工程学。根据先进制造技术的功能和研究对象，可将先进制造技术归纳为五大类。

1. 现代设计技术

现代设计技术是根据产品功能要求，应用现代技术和科学知识，制订设计方案并将方案付诸实施的技术，其重要性在于使产品设计建立在科学的基础上，促使产品由低级向高级转化，促进产品功能不断完善，产品质量不断提高。现代设计技术包含如下内容。

(1) 现代设计方法　现代设计方法包括模块化设计、系统化设计、价值工程、模糊设计、面向对象的设计、反求工程、并行设计、绿色设计、工业设计等设计方法。

(2) 产品可信性设计　产品的可信性是产品质量的重要内涵，是产品的可用性、可靠性和维修保障性的综合体现。可信性设计包括可靠性设计、安全性设计、动态分析与设计、防断裂设计、防疲劳设计、耐环境设计、健壮设计、维修设计和维修保障设计等。

(3) 设计自动化技术　设计自动化技术是指用计算机软、硬件辅助完成设计任务和过程的技术，它包括产品的造型设计、工艺设计、工程图生成、有限元分析、优化设计、模拟仿真虚拟设计、工程数据库建立等内容。

2. 先进制造工艺

先进制造工艺是先进制造技术的核心和基础，涉及使各种原材料、半成品成为产品的方法和过程。先进制造工艺包括高效精密成形工艺、高精度切削加工工艺、特种加工工艺及表面改性加工工艺等内容。

(1) 高效精密成形工艺　它是生产局部或全部无余量半成品工艺的统称，包括精密近净铸造成形工艺、精确高效塑性成形工艺、优质高效焊接及切割技术、优质低耗洁净热处理技术、快速原型制造技术等。

(2) 高精度切削加工工艺　它包括精密和超精密加工、高速切削和磨削、复杂型面的数控加工、游离磨粒的高效加工等。

(3) 特种加工工艺　它是指那些不属于常规加工范畴的加工工艺，如高能束(如电子束、离子束、激光束等)加工、电加工(如电解和电火花加工等)、超声波加工、高压水射流加工、多种能源的复合加工、纳米技术及微细加工等。

3. 制造自动化技术

制造自动化技术是用机电设备工具取代或放大人的体力，甚至取代和延伸人的部分智力，自动完成特定的作业，包括物料的存储、运输、加工、装配和检验等各个生产环节的自动化技术，涉及数控技术、工业机器人技术、柔性制造技术、传感技术、自动检测技术、信号处理和识别技术等内容。实现制造过程的自动化的目的在于减轻操作者的劳动强度，提高生产效率，减少在制品数量，节省能源及降低生产成本。

4. 现代生产管理技术

现代生产管理技术是指制造型企业在从市场开发、产品设计、生产制造、质量控制到销售服务等一系列的生产经营活动中，为了使制造资源(如材料、设备、能源、技术、信息以及人力资源等)得到优化配置和充分利用，使企业的综合效益(涉及质量、成本、交货期等)得到提高而采取的各种计划、组织、控制及协调的方法和技术的总称。它是先进制造技术体系的重要组成部分，包括现代信息管理、物流管理、工作流管理、产品数据管理、质量保障等相关技术。

5. 先进制造生产模式

先进制造生产模式是面向企业生产全过程，将先进的信息技术与生产技术相结合而产生的一种生产模式，其功能覆盖企业的生产预测、产品设计开发、加工装配、信息与资源管理、产品营销和售后服务的各项生产活动，是制造业综合自动化的新模式。它包括计算机集成制造、并行工程、敏捷制造、智能制造、精益生产等先进的生产组织管理模式和控制方法。

1.3　先进制造技术的发展趋势

进入21世纪后，制造业面临新的挑战和机遇，先进制造技术也处在不断变化和完善之中。随着以信息技术为代表的高新技术的持续发展，为适应市场需求的多变性与多样化，先进制造技术正朝着数字化、集成化、精密化、极端化、柔性化、网络化、全球化、虚拟化、智能化、绿色化和管理技术现代化的方向发展。

1. 数字化

数字化制造是先进制造技术发展的核心,它包含以设计为中心的数字化制造、以控制为中心的数字化制造和以管理为中心的数字化制造。对制造设备而言,其控制参数为数字信号。对制造企业而言,是使各种信息均以数字形式通过网络在企业内传递,以便根据市场情况迅速收集信息,并对产品信息、工艺信息与资源信息进行分析、规划与重组,实现对产品设计、加工过程与生产组织过程的仿真,或完成原型制造,从而实现生产过程的快速重组与对市场的快速响应,满足客户的要求。对全球制造业而言,用户借助网络发布信息,各类企业根据需求、通过网络形成动态联盟,实现优势互补、资源共享,迅速协同设计并制造出相应的产品,均与数字信号息息相关。这样,在数字化制造环境下,在广泛领域乃至跨地区、跨国界形成一个数字化网络。在研究、设计、制造、销售和服务的过程中,围绕产品而形成的数字信息,已成为驱动制造业活动的最活跃的因素。

2. 集成化

集成化体现在三个方面:技术的集成,管理的集成,技术与管理的集成。先进制造技术就是制造技术、信息技术、管理科学与有关科学技术的集成。集成化的发展将使制造企业各部门之间以及制造活动各阶段之间的界限逐渐淡化,并最终向一体化的目标迈进。CAD/CAM 系统及计算机辅助工艺规程设计系统的出现,使设计、制造不再是截然分开的两个阶段;柔性制造单元、柔性制造系统的发展,使加工过程、检测过程、控制过程、物流过程融为一体;而计算机集成制造更是通过信息集成,使一个个自动化孤岛有机地联系在一起,创造出更大的效益;并行工程则强调产品及其相关过程设计的集成,这实际上是在一个更深层次上的集成。企业间的动态集成通过敏捷制造模式建立动态联盟,从而迅速开发出新产品,达到提升市场竞争力的目的。

3. 精密化

精密化表现为对产品、零件的加工精度要求越来越高。目前,加工的极限精度正向纳米级、亚纳米级精度发展。精密加工与超精密加工技术的发展程度是衡量一个国家制造业水平的重要标志,它不仅为其他高新技术产业提供精密装备,同时其本身也是高新技术的一个重要生长点。目前,超精密加工的尺寸误差已达到 0.025 μm,表面粗糙度达到 Ra 0.005 μm,所用机床定位精度达到 0.01 μm,纳米级加工技术已接近实现。精密与超精密加工技术进一步的发展趋势是:向更高精度、更高效率方向发展;向大型化、微型化方向发展;向加工检测一体化方向发展。同时,超精密加工机理与应用的研究向更广泛、更深入的方向发展。

微细加工是精密化加工的发展趋势。微细加工通常指 1 mm 以下微小尺寸零件的加工,超微细加工通常指 1 μm 以下超微细尺寸零件的加工。目前,微细与超微细加工的精度已达到纳米级(0.1~100 nm)。从下面一组数据可以看到微电子产品对加工精度的依赖程度。电子元件制造误差:一般晶体管为 50 μm,磁盘为 5 μm,磁头、磁鼓为 0.5 μm,集成电路为 0.05 μm,超大型集成电路达 0.005 μm,而合成半导体为 1 nm。现代超精密机械对精度的要求极高,如人造卫星的仪表轴承,其圆度、圆柱度、表面粗糙度等均已达纳米级。

在达到纳米层次后,加工技术所面临的绝非几何上的“相似缩小”问题,而是一系列新的现象和规律,量子效应、波动特性、微观涨落等不可忽略,甚至成为主导因素。在这种情况下,必须从机械、电子、材料、物理、化学、生物、医学等多方面进行综合研究,其中主要的研究内容包括纳米级精度表面形貌测量及表面层物理、化学性能检测,纳米级加工,纳米材料,纳米级传感与控制技术，微型与超微型机械等。

4. 极端化

“极端”指条件极端，或者说要求很苛刻。如要求某种装置能在高温、高压、高湿、强磁场、强腐蚀等条件下正常工作，或要求某种材料（或构件）具有极高硬度、极高弹性等，或要求某种装置（或零件）在几何尺度上极大、极小，甚至奇形怪状等。例如，原子存储器、芯片加工设备、微型飞机、微型卫星、微型机器人等都是“极小”产品的代表，而大飞机、航空母舰等属于“极大”产品。显然，这些产品都是科技前沿的产品。其中不得不提及的就是“微机电系统(MEMS)”。它可以完成特种动作与实现特种功能，甚至可以沟通微观世界与宏观世界，发展微机电技术的深远意义难以估量。

极端制造(extreme manufacturing)是指在极端条件下，制造极端尺度或极高功能的器件和功能系统。“极端制造”就是要求制造上的极端化、精细化。极端制造产品从表面上看，是机床尺度的变化，实质上则集中了众多的高新技术。极端制造是机床先进制造技术的发展趋势，它综合体现了机床设计与制造技术的创新能力。极端制造技术涉及现代设计、智能控制、超精密加工等多项高科技，需要发挥多学科优势进行联合攻关。

5. 柔性化

制造柔性化要求制造企业具有对市场多样化需求的快速响应能力，也即制造系统能够根据顾客的需求快速生产多样化新产品。制造自动化系统从刚性自动化系统发展到可编程自动化系统，再发展到综合自动化系统，柔性越来越好。模块化技术是提高制造自动化系统柔性的重要策略和方法。硬件和软件的模块化设计，不仅可以有效地降低生产成本，而且可以大大提高自动化系统的柔性。模块化产品设计可以有效改善设计工作的柔性，从而可以显著缩短新产品的研制与开发周期；模块化制造系统可以极大地提升制造系统的柔性，并可根据需要迅速实现制造系统的重组。并行工程和大规模定制(mass customization，MC)的出现，为制造系统柔性化提供了新的发展空间。

6. 网络化和全球化

制造网络化体现在以下几个方面：① 制造环境内部的网络化，实现制造过程的集成；② 整个制造企业的网络化，实现企业中工程设计、制造过程、经营管理的网络化及其集成；③ 企业与企业间的网络化，实现企业间的资源共享、组合与优化利用；④ 通过网络，实现异地制造；⑤ 网络化市场系统，包括网络广告、网络销售、网络服务等。Internet 和 Intranet 的出现，使企业之间的信息传输与信息集成及异地制造成为可能。

计算机网络的问世和发展为制造全球化奠定了基础。随着经济全球化的出现，对全球化制造的研究和应用迅速发展。制造全球化除了产品的跨国生产外，还包括产品设计与开发的国际化、制造产品与市场的分布与协调、市场营销的国际化、制造企业在全球范围内的重组与整合、制造技术/信息和知识的全球共享、制造资源的跨国采购与利用等。制造全球化有利于生产要素在全球范围内快速流动，有利于最大规模地合理配置资源，追求最佳经济效益。

7. 虚拟化

虚拟制造以系统建模技术和计算机仿真技术为基础，集现代制造工艺技术、计算机图形技术、信息技术、并行工程技术、人工智能技术、多媒体技术等高新技术为一体，是一项由多学科知识形成的综合性系统技术。虚拟制造将现实制造环境及制造过程，通过建立系统模型映射到计算机及相关技术所支持的虚拟环境中，在虚拟环境中模拟现实制造环境和制造过程的一切活动及产品制造全过程，从而对产品设计、制造过程及制造系统进行预测和评价。虚拟制造技术可以缩短产品设计与制造周期，提高产品设计成功率，降低产品开发成本，提高系统快速响应市场变化的能力。虚拟制造技术在制造自动化中将获得越来越多的应用。

8. 智能化

智能化是制造系统在柔性化和集成化基础上的进一步发展与延伸。智能制造技术是指在制造系统和制造过程的各个环节，通过计算机来实现人类专家的制造智能活动（如分析、判断、推理、构思、决策等）的各种制造技术的总称。智能制造系统要求在整个制造过程中贯彻智能活动，将系统以柔性的方式集成起来，从而在多品种、中小批量生产条件下，实现“完善生产”。智能制造系统具有极强的适应性和友好性：对制造过程要求实现柔性化和模块化，对人强调安全性和友好性，对环境要做到无污染、省能源，并要求注重资源回收和再利用，对社会则提倡合理的协作与竞争。当前的研究和应用进展集中在基于神经网络的智能检测、故障诊断、设计和优化，基于遗传算法的优化设计，基于框架的专家系统，基于 Agent（代理）技术的智能制造系统等方面。由于在知识的表达与获取、人类学习、进化、自组织与创新机制等方面的研究还有待深入，目前智能制造的应用水平与人们的期望还相差甚远。

9. 绿色化

现代社会在将微电子技术、大规模集成电子技术和机械工业相结合，使古老的机械工业蓬勃发展的同时，造成了对能源和原材料的巨大消耗和浪费，以及对生态环境的严重破坏。这种情况促使综合考虑环境因素和资源利用效率的现代制造模式出现，制造技术从而走向绿色化。

先进制造技术的绿色化体现在制造过程和产品两个方面。对制造过程而言，要求将环保意识渗透到从原材料投入到产出成品的全过程，其具体内容包括节约原材料和能源，替代有毒原材料，将一切排放物的数量与毒性削减在离开生产过程之前。对产品而言，绿色化覆盖构成产品整个寿命周期的各个阶段，即从原材料提取到产品的最终处置，包括产品的设计、生产、包装、运输、流通、消费及报废等都要求环保，以减少对人类和环境的不利影响。

10. 管理技术现代化

当前，全世界都在经历着一个从前福特主义向后福特主义的转化过程：生产由大规模批量生产转向大规模定制，由大企业垂直型的管理组织形式转向在生产过程中通过网络与其他企业相互协调的水平型组织形式，由死板封闭的刚性生产转向寻求其他企业创新合作的弹性生产，由寡头垄断型的市场结构转向竞争合作型的市场结构。

从前的那种“金字塔式”的管理结构过于官僚化，层级多，决策慢，员工没有横向的合作意识，缺少交流和分享。而在互联网时代，企业的组织架构应该是扁平精简的，使决策能够迅速得以实施，员工之间有更多交流、创新合作。所以，在组织结构上，企业应不遗余力地打破内部的壁垒，去除中间级层，推进企业各部门的横向协作，缩短市场反馈链和加大执行力。

通过利用互联网，工业企业生产分工更加专业和深入，协同制造成为重要的生产组织方式，只有运营总部而没有生产车间的网络企业或虚拟企业开始出现。网络众包平台改变了企业的发包模式，发包和承包企业呈现网络虚拟化特征，承包企业得到了精准遴选，分包项目管理更加精准。电子商务的发展使得企业营销渠道被搬到了网上，产品销售渠道更加丰富，销售市场得以拓展，营销成本降低。供应链集成创新应用，使每个企业都演化成信息物理系统的一个端点，不同企业的原材料供应、机器运行、产品生产都由网络化系统统一调度和分派，产业链上下游协作日益网络化、实时化。

思考题与习题

1-1　简述先进制造技术提出的背景。

1-2　何谓先进制造技术？它有哪些特征？

1-3　先进制造技术的主体技术群包括哪些内容？

1-4　先进制造技术的支撑技术群包括哪些内容？

1-5　先进制造技术的制造基础设施主要涉及哪些内容？

1-6　设计技术群主要包括哪些内容？

1-7　先进制造工艺技术群主要包括哪些内容？

1-8　从广义制造角度简述先进制造技术的组成。

1-9　简述先进制造技术的发展趋势。

1-10　企业信息化指的是什么？企业信息化系统由哪几部分组成？

1-11　数字化制造的内涵是什么？

1-12　集成化体现在哪几个方面？

1-13　何谓极端化制造？试举例说明。

1-14　制造网络化包括哪几个方面？

1-15　何谓虚拟制造？为什么要采用虚拟制造？

1-16　何谓智能制造技术？为什么要大力推行智能制造？

第2章　先进设计技术

2.1　先进设计技术概述

2.1.1　先进设计技术的内涵

产品设计是以社会需求为目标，在一定设计原则的约束下，利用设计方法和手段创造出产品结构的过程。产品设计是产品全生命周期中的关键环节，它决定了产品的“先天质量”。设计不合理引起的产品技术性和经济性的先天不足，是难以用生产过程中的质量控制和成本控制措施挽回的。产品的质量事故中有75%是设计失误造成的，设计中的预防是最重要、最有效的预防。因此，产品设计的水平直接关系到企业的前途和命运。

设计技术是指在设计过程中解决具体设计问题的各种方法和手段。随着社会的进步，人类的设计活动也经历了“直觉设计阶段→经验设计阶段→半理论半经验设计（传统设计）阶段”的过程。自20世纪中期以来，随着科学技术的发展和各种新材料、新工艺、新技术的出现，产品的功能与结构日趋复杂，市场竞争日益激烈，传统的产品开发方法和手段已难以满足市场需求和产品设计的要求。计算机科学及应用技术的发展，促使工程设计领域涌现出了一系列先进的设计技术。

先进设计技术是先进制造技术的基础。它是以实现产品的质量、性能、时间、成本/价格综合效益最优为目的，以CAD技术为主体，以多种科学方法及技术为手段，在研究、改进、创造产品的活动过程中所用到的技术群体的总称。其内涵就是以市场为驱动，以知识获取为中心，以产品全生命周期为对象，人、机、环境相容的设计理念。创新设计、生态化设计、智能设计、保质设计、组合化与系列化设计，以及文化与情感创意设计是先进设计技术的重要组成部分。它们各有适用范围和重点，但又密切相关，常常会被综合应用于某一个产品的设计过程。

2.1.2　先进设计技术的体系结构

先进设计技术分支学科很多，其基本体系结构及其与相关学科的关系如图2-1所示。

1. 基础技术

基础技术是指传统的设计理论与方法，包括运动学、静力学、动力学、材料力学、热力学、电磁学、工程数学等。这些基础技术为现代设计技术提供了坚实的理论基础，是现代设计技术发展的源泉。

2. 主体技术

主体技术是指计算机辅助技术，如计算机辅助X（X指产品设计、工艺设计、数控编程、工装设计等）、优化设计、有限元分析、模拟仿真、虚拟设计、工程数据库技术等，因其对数值计算和对信息与知识的独特处理能力，这些技术正在成为先进设计技术群体的主干。

3. 支撑技术

支撑技术为设计信息的处理、加工、推理与验证提供多种理论、方法和手段的支撑，主要包

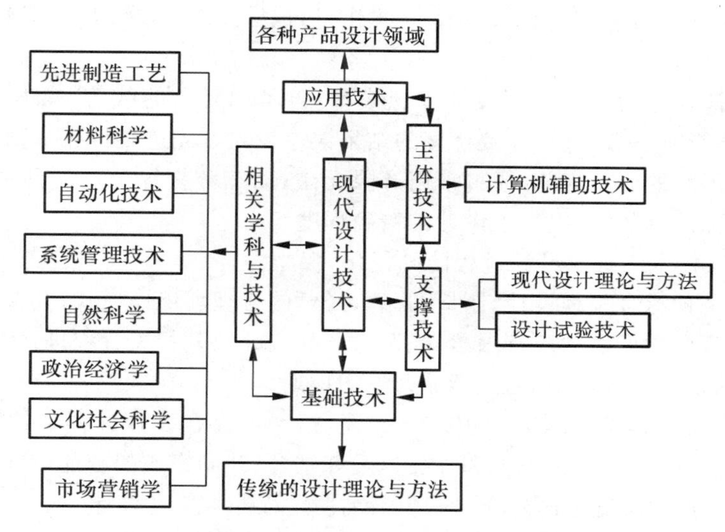

图 2-1　先进设计技术的体系结构及其与相关学科的关系

括：① 现代设计理论与方法，如模块化设计、价值工程、逆向工程、绿色设计、面向对象的设计、工业设计、动态设计、防断裂设计、疲劳设计、耐腐蚀设计、摩擦学设计、人机工程设计、可靠性设计等；② 设计试验技术，如产品性能试验、可靠性试验、环保性能试验、数字仿真试验和虚拟试验等相关技术。

4. 应用技术

应用技术是针对实用目的解决各类具体产品（如机床、汽车、工程机械、精密机械等）设计领域问题的技术。

2.1.3　先进设计技术的特征

先进设计技术具有以下特征。

（1）先进设计技术是对传统设计理论与方法的继承、延伸与扩展。

先进设计技术对传统设计理论与方法的继承、延伸与扩展不仅表现为由静态设计原理向动态设计原理的延伸，由经验的、类比的设计方法向精确的、优化的设计方法的延伸，由确定的设计模型向随机的模糊模型的延伸，由单维思维模式向多维思维模式的延伸，而且表现为设计范畴的不断扩大。如传统的设计通常只限于方案设计、技术设计，而先进制造技术中的面向X的设计（X可以是装配、制造、拆卸、回收等）、并行设计、虚拟设计、绿色设计、维修性设计、健壮设计等便是工程设计范畴扩大的集中体现。

（2）先进设计技术是多种设计技术、理论与方法的交叉与综合。

现代的机械产品，如数控机床、加工中心、工业机器人等，正朝着机电一体化，物质、能量、信息一体化，集成化，模块化方向发展，从而对产品的质量、可靠性、稳健性及效益等提出了更为严格的要求。因此，先进设计技术必须实现多学科的融合交叉，多种设计理论、设计方法、设计手段的综合运用，必须能用来根据系统的、集成的设计概念设计出符合时代特征与综合效益最佳的产品。

（3）先进设计技术实现了设计手段的计算机化与设计结果的精确化。

计算机替代传统的手工设计，已从计算机辅助计算和绘图发展到优化设计、并行设计、三维特征建模、面向制造与装配的设计制造一体化，形成了 CAD、CAPP、CAM 技术的集成化、网络化和可视化。

传统设计方法往往是先建立假设的理想模型，再考虑复杂的载荷、应力和环境等影响因素，最后考虑一些影响系数，这样导致计算的结果误差较大。先进设计技术则采用可靠性设计描述载荷等随机因素的分布规律，通过采用有限元法、动态分析等分析工具和建模手段，得到比较符合实际工况的真实解，提高了设计的精确程度。

（4）先进设计技术实现了设计过程的并行化、智能化。

并行设计是一种综合工程设计、制造、管理、经营的哲理和工作模式，其核心是在产品设计阶段就考虑产品寿命周期中的所有因素，强调对产品设计及其相关过程进行并行的、集成的一体化设计，使产品开发一次成功，缩短产品开发的周期。

智能 CAD 系统可模拟人脑对知识进行处理，拓展了人在设计过程中的智能活动。原来由人完成的设计过程，已转变为由人和计算机友好结合、共同完成的智能设计活动。

（5）先进设计技术实现了面向产品全生命周期过程的可信性设计。

除了要求其具有一定的功能之外，人们还对产品的安全性、可靠性、寿命、使用的方便性和维护保养条件与方式提出了更高的要求，并要求其符合有关标准、法律和生态环境方面的规定。这就需要对产品进行动态的、多变量的、全方位的可信性设计，以满足市场与用户对产品质量的要求。

（6）先进设计技术是对多种设计试验技术的综合运用。

为了有效地验证是否达到设计目标和检验设计、制造过程的技术措施是否适宜，全面把握产品的质量信息，就需要在产品设计过程中根据不同产品的特点和要求，进行物理模型试验、动态试验、可靠性试验、产品环保性能试验与控制等，并由此获取相应的产品参数和数据，为评定设计方案的优劣和对几种方案的比较提供一定的依据，也为开发新产品提供有效的基础数据。另外，人们还可以借助功能强大的计算机，在建立数学模型的基础上，对产品进行数字仿真试验和虚拟现实试验，预测产品的性能；也可运用快速原型制造技术，直接利用 CAD 数据，将材料快速成形为三维实体模型，直接用于设计外观评审和装配试验，或将模型转化为由工程材料制成的功能零件后再进行性能测试，以便确定和改进设计。

2.2 计算机辅助设计技术

2.2.1 计算机辅助设计的内容和特征

计算机辅助设计是 20 世纪 50 年代发展起来的计算机应用技术，是指工程技术人员在工程和产品设计活动中，以计算机为工具，快速、高效、高质量处理产品设计过程中的图形和数据信息，完成产品设计任务的先进设计技术。

CAD 包含的主要内容有：①利用计算机进行产品的造型、装配、工程图绘制以及相关文档的设计；②通过软件环境中的产品渲染、动态显示等技术进行产品设计结果的展示和体验；③对产品进行工程分析，以便对设计结果进行改进和优化，如有限元分析、运动学及动力学仿真、优化设计、可靠性设计等。

图 2-2 所示为 CAD 过程与采用的手段。从设计过程看，CAD 过程与传统的设计方法和

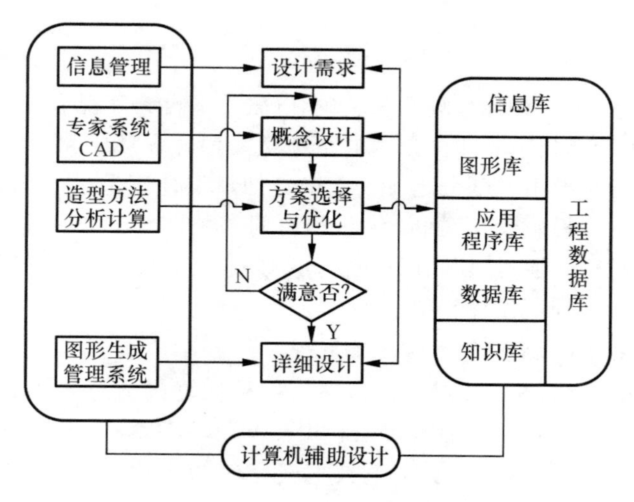

图 2-2　CAD 过程

思路是相仿的，但在设计周期和质量方面，CAD 技术具有以下鲜明特点：

(1) CAD 技术充分利用了计算机强大的信息存储能力、逻辑推理能力、快速精确的计算能力以及方便快捷的修改编辑能力，从而可极大地提高产品设计的效率和质量。

(2) 有助于缩短产品开发周期。例如美国的波音 777 客机被称为无图纸设计的典范，其全部设计工作都借助于 CAD 系统完成，设计周期由原来的 9～10 年缩短为 4～5 年。

(3) 有利于提高设计质量。计算机系统提供了内容丰富的各种设计数据，同时存储了前人大量的设计经验，这为产品设计提供了科学基础。计算机和设计者的交互作用，有利于发挥人、机各自的特长，使设计更加合理；CAD 系统提供的优化设计模块、工程分析模块、运动仿真模块更有助于产品结构和工艺参数的优化。

(4) 可将设计人员从重复、繁杂的劳动中解脱出来，将更多精力投入更具创造性的设计工作。

2.2.2　CAD 技术的主要研究内容

CAD 技术的研究领域十分广泛，研究的主要内容涵盖以下几个方面。

1. 计算机辅助概念设计

概念设计的好坏对产品的设计质量起着决定性的作用。概念设计的过程主要是评价和决策的过程，它涉及产品的基本功能、动作原理和结构要素，对产品的价格、性能、可靠性、安全性等均有重要影响。概念设计所涉及的设计需求和各种约束的不确定性，给计算机辅助概念设计带来了很大的难度。为了使计算机有效地支持概念设计，需要解决好建模和推理两大技术难题。

2. CAD 建模技术

建模技术是 CAD 系统的核心技术，其建模过程就是对被设计对象进行描述，并用合适的数据结构存储在计算机内，以建立计算机内部模型的过程。CAD 建模技术历经了从二维图形到三维模型的发展；三维模型又经历了由线框模型、曲面模型、实体模型、特征参数化模型到变量化模型等的发展。这一系列发展使产品造型建模更加快捷方便，更容易表达设计思想，也更便于编辑和修改。

3. 智能 CAD 技术

进入信息时代以来,以设计标准规范为基础,以软件平台为表现形式,在信息技术、计算机技术、知识工程和人工智能技术等相关技术的不断交叉融合中形成和发展的智能 CAD 技术,已成为现代设计技术的重要组成部分之一。无论是创新设计还是生态化设计,抑或是保质设计、工业设计等,都包括建模、综合、分析、优化和协同等关键环节。智能 CAD 就是通过引用专家系统、人工智能等技术,通过人与计算机协同,高效、集成地实现上述环节,完成能全面满足用户需求的产品的寿命周期设计。

4. CAD 系统与其他 CAX 功能系统的集成

由 CAD 系统完成的产品的三维数字化建模,仅是计算机参与的产品生产过程的一个环节。为了使产品生产的后续环节也能有效地利用 CAD 的结果,充分利用已有的信息资源,提高生产效率,还需将 CAD 技术与其他 CAX 技术进行有效集成,如 CAD 与 CAM、CAPP、CIM 集成。

CAD 技术与虚拟现实(virtual reality,VR)技术有机结合,能够快速地显示设计内容、设计对象、性能特征以及设计对象与周围环境的关系,设计者可与虚拟设计系统进行自然交互,灵活方便地修改设计,大大提高设计效果与质量。CAD 技术与产品数据管理(product data management,PDM)技术、与企业资源计划技术等集成,可为企业提供产品生产、制造一体化的解决方案,推动企业信息化进程。

2.2.3 三维 CAD 技术

三维 CAD 技术是产品数字化设计的核心技术,其研究、发展和应用状况,反映了数字化设计技术的研究、发展和应用水平。

1. 三维 CAD 技术变革——由线框造型提升到曲面造型

20 世纪 60 年代末、70 年代初出现了三维线框造型技术,CAD 技术实现首次飞跃,人类从此步入三维设计时代。线框造型是利用基本线素来定义零件的棱线部分,再由这些棱线构成立体框架,以表示所描述的零件。如图 2-3 所示的线框模型是由 12 个顶点和 18 条边来表示的。

线框模型具有三维数据,便于生成工程图,且具备构造简单、程序运行时间短和数据存储占用空间小等优点。但是线框模型缺少曲面轮廓线,故不适用于圆柱、球体等的造型,只能用于由平面构成的多面体造型。而且由于不能明确定义给定边与面、面与体之间的拓扑关系,因此所有棱线会全部显示,不具备自动消隐功能。

最先推出三维曲面造型系统的是法国达索飞机制造公司的产品开发人员,其开发了三维曲面造型系统 CATIA,为人类带来了第一次 CAD 技术革命,改变了以往只能借助油泥模型来近似准确表达曲面的工作方式。利用曲面模型,可以对物体进行消隐、着色、表面积计算、曲面求交、NC 轨迹生成和有限元网格划分等。曲面模型适用于对复杂曲面外壳进行描述,适宜用于构造汽车车身、飞机机翼等模型。

2. 三维 CAD 技术的第二次变革——由曲面造型提升到实体造型

20 世纪 70 年代末到 80 年代初,世界上第一个完全基于实体造型技术的大型 CAD/CAE 软件——I-DEAS 问世。实体模型不仅记录了零件的全部几何信息,还记录了全部点、线、面

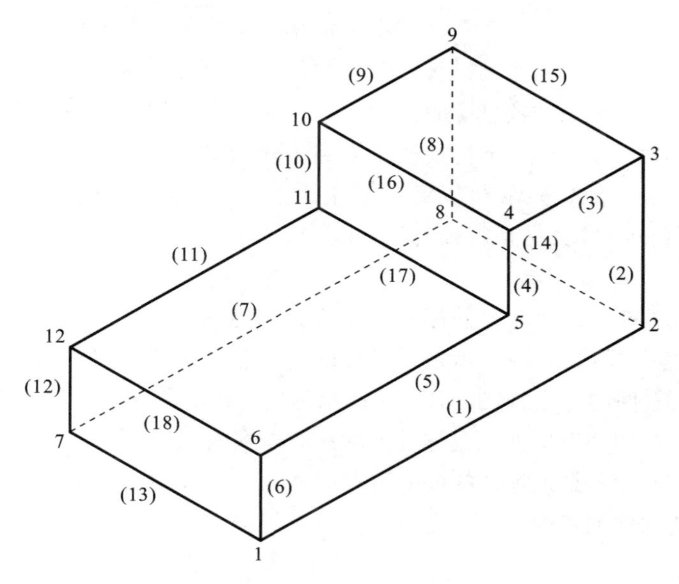

图 2-3　线框模型实例

之间的拓扑信息。AutoCAD 就是一种典型的实体造型工具。它支持线框造型、曲面造型和实体造型。图 2-4 所示是 AutoCAD 的三维制作工具。图 2-5 所示是AutoCAD的视觉样式工具。

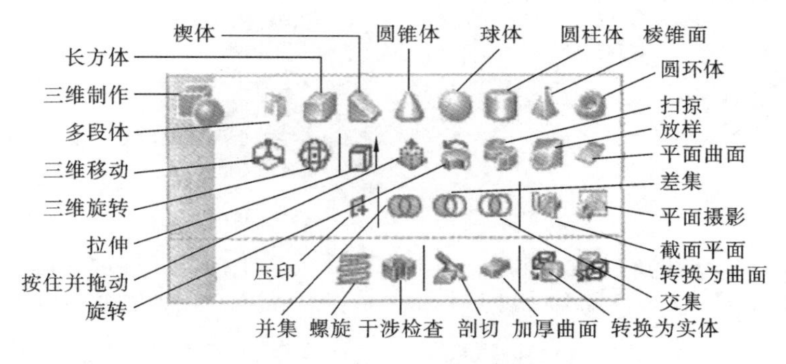

图 2-4　AutoCAD 三维制作工具

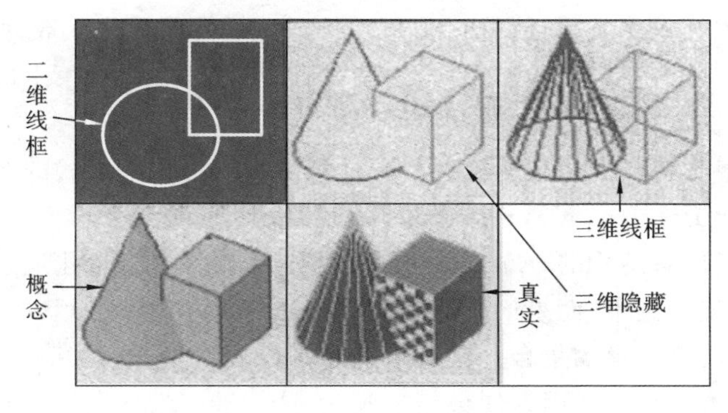

图 2-5　AutoCAD 视觉样式工具

3．三维CAD技术的第三次变革——基于特征的参数化造型出现

参数化造型是基于特征、全数据相关、全尺寸约束（驱动）的造型技术。特征是指产品描述信息（几何信息和非几何的工程信息）的集合。零件实体可以视为由各种各样的特征构成。特征造型和实体造型最大的区别在于特征造型记录了建模的历史过程，而实体造型记录的只是建模的最终结果。通过特征造型，可以定义零件具有一定工程意义的形状特征、具有尺寸公差和几何公差等精度特征，以及材料特征、其他工艺特征等，从而为设计和制造过程的各个环节提供充分的信息。

当前流行的三维数字化设计软件都是基于特征造型的软件。图2-6所示是用SolidWorks创建零件的实例，其中：图2-6(a)所示是该零件的特征管理树，在零件的根目录下有很多特征；图2-6(b)所示是该零件的造型视图。图2-7所示是用Pro/E创建零件的实例，其中图2-7(a)所示是该零件的模型树，图2-7(b)所示是零件的默认方向视图。图2-8所示是用UG NX创建零件的实例，其中图2-8(a)所示是该零件的模型历史记录的一部分，图2-8(b)所示是该零件的正等测视图。可见，用这些软件创建的零件都是由特征组成的。

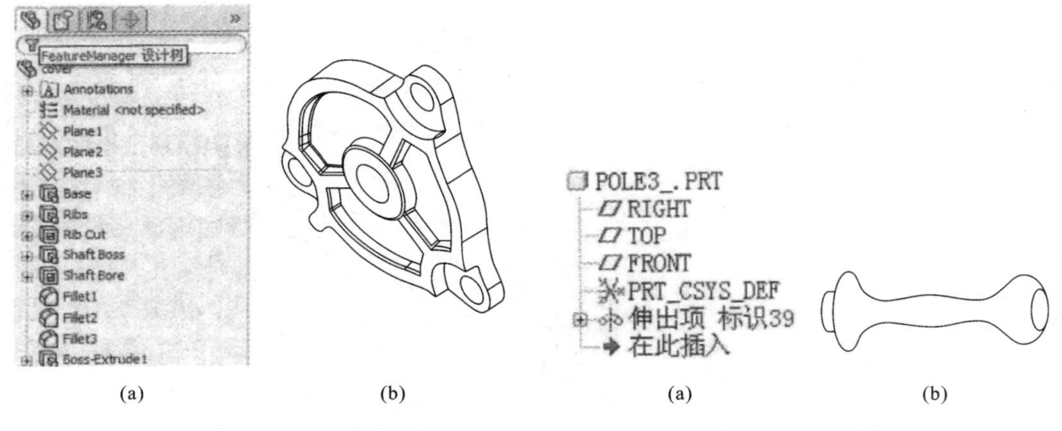

图2-6　用SolidWorks创建的零件
(a) 特征管理树；(b) 等轴测视图

图2-7　用Pro/E创建的零件
(a) 由特征组成的模型树；(b) 默认方向视图

4．三维CAD技术的第四次变革——由参数化造型提升到变量化造型

参数化造型技术的成功应用，使得它在20世纪90年代前后几乎成为CAD业界的标准。但参数化造型过程十分严格，必须建立完全约束，因此非常适合全约束下的结构或已定型的产品，例如系列化零部件、标准件的设计。

变量化造型是基于特征的、全数据相关的、任意（广义）约束（驱动）的造型技术。美国结构动态研究公司（structural dynamics research corporation，SDRC）公司于1993年率先推出了基于变量化造型的全新体系结构的I-DEAS Master Series软件。变量化造型与参数化造型不同的是，约束不再只是尺寸约束，而是广义约束。它是几何尺寸约束、形状拓扑约束、几何关系约束、工程关系约束等诸多约束的集合。这些约束又构成变量，广义约束驱动即变量驱动，也就是说修改变量，构成产品的诸多因素便会随之改变，这就进一步扩大了修改设计的自由度。

变量化造型支持欠约束（不过一般还是以完全约束为宜），不支持过约束，适用于任意约束下新产品的概念设计。

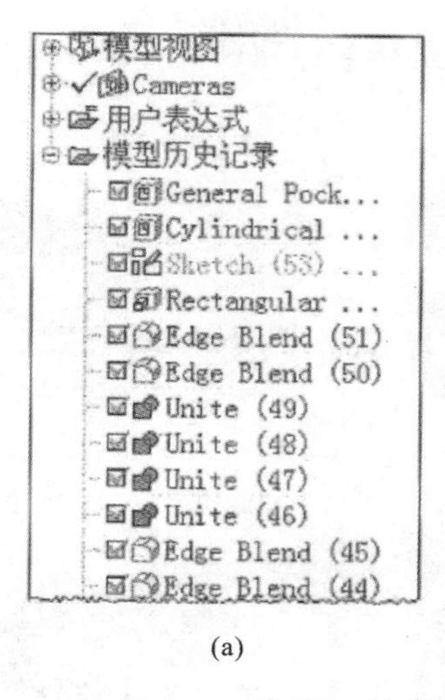

(a)

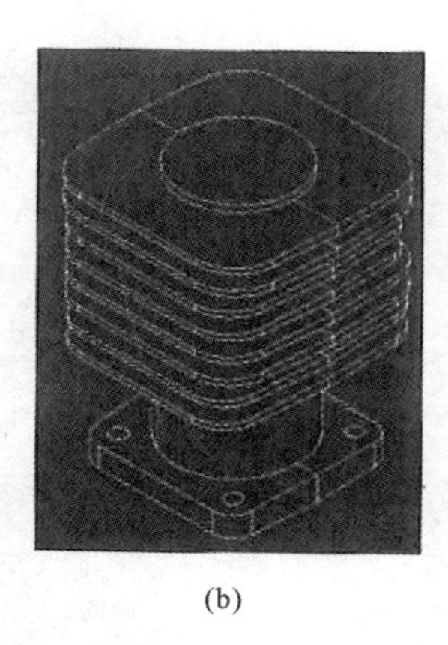

(b)

图 2-8 用 UG NX 创建的零件

(a) 由特征组成的模型历史记录；(b) 零件的正等测视图

5. 三维 CAD 技术的第五次变革——由变量化造型提升到同步(直接)建模

在目前基于历史记录的系统中，在需要对历史记录清单中的特征进行变更时，系统要删除所有后续的几何模型，将模型恢复到某个特征再进行变更，然后重新执行后续特征命令，重新建立模型。这样一来，在大型、复杂模型的创建中，特征损失可能非常巨大。

Siemens PLM Software 公司于 2008 年 4 月推出了同步建模技术，即交互式三维实体建模技术。同步建模技术突破了基于历史记录的设计系统所固有的架构障碍，它使得人们可在参数化、基于历史记录建模的基础上，实施产品模型当前几何条件的检查，并且将模型当前几何条件与设计人员添加的参数和几何约束合并在一起，以便评估、构建新的几何模型，而无须重复全部历史记录。

同步建模技术适用于加入异构模型数据，在主模型上进行附加设计、改进不规范的参数化特征设计，以及需要快速提供 3D 设计结果等场合。

2.2.4 数字化设计举例

机械产品的数字化设计方法包括两种，即自底向上的参数化设计和自顶向下的参数化设计。自底向上的参数化设计是先设计产品的各组成零件，零件设计完成后，通过装配构成整体产品模型；自顶向下的参数化设计是先建立装配文件，在装配模式下装配现有零件或设计新零件，最终构成整体产品模型。

1. 利用 Pro/E 软件设计齿轮减速器

减速器是一种用在原动机与工作机之间以降低转速的独立传动装置，其类型很多，最常用的是以圆柱齿轮为传动件的圆柱齿轮减速器。其参数化设计采用自底向上的设计：首先根据减速器传递的运动和动力，设计传动方式、传动系统和减速器结构，计算减速器结构、尺寸参数；再进行零件参数化建模；最后将零件装配成产品。还可以进一步对装配体进行运动学仿真。有关减速器运动及结构设计和参数计算，此处不再说明。

1) 零件建模设计

减速器主要零部件有齿轮、轴、轴承、箱体等零件，它们在 Pro/E 软件中的建模过程基本一样，即首先进行草图绘制、草图修改编辑，然后进行实体建模。各组成零件三维实体模型如图 2-9 所示。

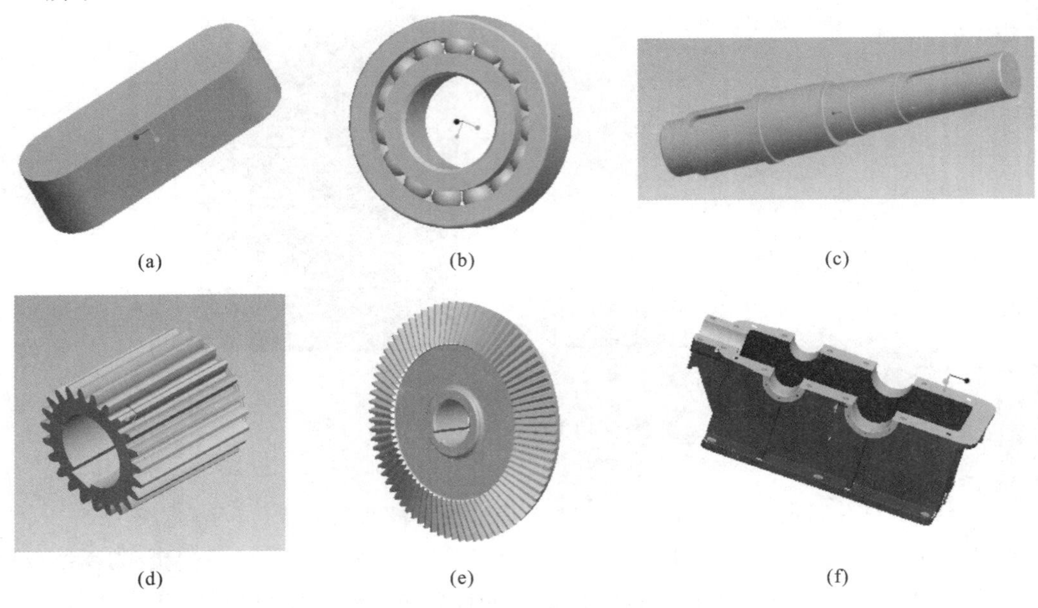

图 2-9 减速器各零件三维实体模型

(a) 平键；(b) 轴承；(c) 传动轴；(d) 圆柱齿轮；(e) 锥齿轮；(f) 箱体

图 2-10 输出轴装配模型

2）部装设计

减速器部装设计主要是输入轴和输出轴的装配设计。图 2-10 所示为输出轴的装配模型。

3）总装设计

按照减速器各部件连接配合关系，完成其总装设计，如图 2-11 所示。

2. 爆炸图

爆炸图又称分解图，它是按照产品装配的顺序把零件分解开来而构成的图形，可以动态演示各零件的装配顺序和配合关系，常用于产品的展示说明和零件之间连接配合关系的辅助说明。某减速器爆炸图如图 2-12 所示。

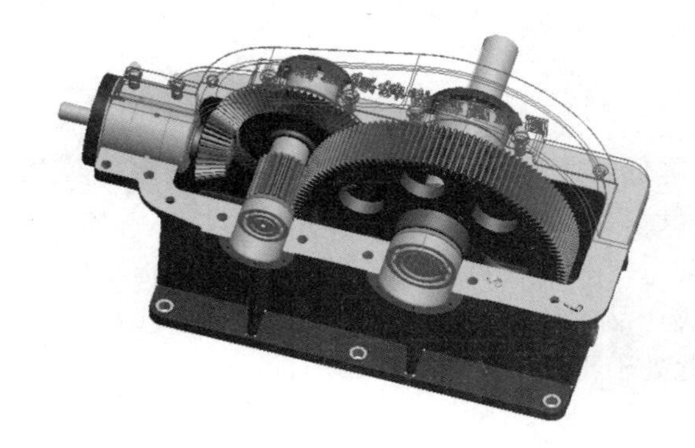

图 2-11 减速器三维总装设计模型

图 2-12 减速器爆炸图

2.3 计算机辅助工程分析

2.3.1 概述

1. 计算机辅助工程概念

计算机辅助工程(computer aided engineering,CAE)的内涵宽泛,几乎涉及工程和制造业信息化的所有方面,但一般的CAE分析主要是指利用数值模拟分析技术对工程和产品进行动力学、运动学分析及安全可靠性分析,模拟产品在工作状态和运动状态下的行为,及早发现设计缺陷,验证工程产品功能和性能的可用性、可靠性,实现产品优化。

CAE分析一般是指在工程设计中利用计算机软件进行分析计算与仿真,具体包括工程数值分析、结构与过程优化设计、结构强度与寿命评估、运动与动力学仿真。其中工程数值分析用来分析确定产品的性能;结构与过程优化设计用来在保证产品功能、工艺过程的基础上,使产品、工艺过程的性能最优;结构强度与寿命评估用来评估产品的精度设计是否可行、可靠性如何以及使用寿命为多久;运动与动力学仿真用来对通过CAD建模完成的虚拟样机进行运动学仿真和动力学仿真。从过程化、实用化技术发展的角度看,CAE的核心技术为有限元技术与基于虚拟样机的运动与动力学仿真技术。

2. CAE的起源和发展

CAE的基础理论起源于20世纪40年代。之后,特别是在1960年以后,随着电子计算机的广泛应用,有限元技术依靠数值计算方法迅速发展起来。有限元法的应用范围由弹性力学的平面问题扩展到空间问题、板壳问题,由静力平衡问题扩展到稳定性问题、动力学问题和波动问题;分析对象从弹性材料扩展到塑性材料和复合材料;应用领域从固体力学扩展到流体力学、传热学等连续介质力学领域。有限元分析技术的功能逐渐由传统的分析和校核扩展到优化设计,并与CAD和CAM技术密切结合,形成了现在CAE技术的框架。

经过60多年的发展,有限元技术已趋于成熟,普遍为工程界所接受,并且相应的有限元分析软件也已被开发出来。这些软件在功能、性能、应用上均达到了比较高的水平。在功能上,软件的前处理器可以调用CAD中的几何模型,可以便捷地实现网格划分及自动划分,灵活地施加各类条件,定义材料特性,设置不同的计算工况,对特殊问题实现用户子程序的调用等;求解器带有适合不同问题的求解算法(可求解线性方程组、非线性方程组、特征值等);后处理器可给出所需要的可视化的技术结果(等值线、等值面、云图、动画等)。在性能上,这些软件可完成线性与非线性问题、静力与动力问题,以及多材料、各类边界条件、各类工程(涉及机械、电磁、土木等领域)问题的求解。

在CAD造型技术的基础上形成了工程结构的动态仿真技术,相关软件有ADAMS和Working Model等,它们是通用的机械结构仿真软件。ADAMS提供了模拟实际系统运动和动力过程的仿真环境,可以全面地仿真实际制造活动中的结构、信息及制造过程。该软件包括十几个分析模块,其主要功能包括动态模拟与动态分析。动态模拟包括速度、加速度、力响应、效率能量等的模拟,动态分析包括动态信号的处理、频谱分析、数字滤波、传递函数的求取等。

3. CAE的作用

(1) 增加设计功能,借助计算机分析计算,确保产品设计的合理性,减少设计成本;

(2) 缩短设计和分析的循环周期；

(3) CAE的虚拟样机功能，在很大程度上替代了传统设计中资源消耗极大的物理样机验证设计过程，以预测产品在整个寿命周期内的可靠性；

(4) 进行优化设计，找出产品设计最佳方案，降低材料的消耗或成本；

(5) 在产品制造或工程施工前预先发现潜在的问题；

(6) 模拟各种试验方案，减少试验时间和经费；

(7) 进行机械事故分析，查找事故原因。

4. CAE技术的发展趋势

CAE技术的发展趋势可以概括为：采用最先进的信息技术，吸纳最新的科学知识和方法，扩充CAE软件的功能以提高其性能。主要包括以下三个方面的内容。

(1) 功能、性能和软件技术：包括三维图形处理与虚拟现实技术，面向对象的工程数据库及其管理系统，多相多态介质耦合、多物理场耦合、多尺度耦合分析技术，以及适应于超级并行计算机和机群的高性能CAE求解技术。

(2) 多媒体用户界面与智能化：包括多媒体的用户界面、增强的建模和数据处理功能，以及智能化用户界面。

(3) CAX软件的无缝集成：集成多种专业领域的CAE计算分析软件，实现对大型工程和复杂产品的全面计算分析和运行仿真，成为CAE软件集成化的另一个重要方向。

2.3.2 CAE技术的主要内容及常用软件

1. CAE技术的主要内容

CAE技术主要包括以下三个方面的内容。

(1) 有限元法　其主要应用对象是零件，涉及结构刚度、强度分析，非线性计算和热场计算等内容。

(2) 仿真技术　其主要应用对象是子系统或系统，涉及虚拟样机、流场计算和电磁场计算等内容。

(3) 优化设计　其主要对象是结构设计参数。

2. CAE技术的常用软件

1) ANSYS软件

ANSYS软件是融结构、流体、电磁场、声场和耦合场分析于一体的大型通用有限元分析软件。它能与多数CAD软件连接，实现数据的共享和交换。ANSYS软件主要包括三个部分：前处理模块、分析求解模块和后处理模块。前处理模块提供了一个强大的实体建模及网格划分工具，用户可以借助该模块方便地构造有限元模型；分析求解模块提供了结构分析（包括线性分析、非线性分析和高度非线性分析）、流体动力学分析、电磁场分析、声场分析、电压分析及多物理场的耦合分析功能，可模拟多种物理介质的相互作用，具有灵敏度分析及优化分析能力；后处理模块可将计算结果通过彩色等值线显示、梯度显示、矢量显示、粒子流迹显示、立体切片显示、透明及半透明显示（可看到结构内部）等方式显示出来，也可将计算结果以图表、曲线形式显示出来或输出。软件提供了100种以上的单元类型，用来模拟工程中的各种结构和材料。

以下对ANSYS软件主要的分析功能进行简单介绍。

（1）结构静力分析　用来求解外载荷引起的位移、应力和力。静力分析很适合用于求解惯性和阻尼对结构的影响并不显著的问题。ANSYS 程序中的静力分析模块不仅可以用于线性分析，而且可以用于非线性分析，如塑性、蠕变、膨胀、大变形、大应变的分析及接触分析。

（2）结构动力学分析　结构动力学分析用来了解随时间变化的载荷对结构或部件的影响。与静力分析不同，动力分析要考虑随时间变化的力载荷以及它对阻尼和惯性的影响。ANSYS 可进行的结构动力学分析类型包括瞬态动力学分析、模态分析、谐波响应分析及随机振动响应分析。

（3）结构非线性分析　结构非线性会导致结构或部件的响应随外载荷不成比例变化。ANSYS 程序可求解静态和瞬态非线性问题，包括材料非线性问题、几何非线性问题和单元非线性问题。

（4）动力学分析　ANSYS 程序可以分析大型三维柔体运动。当运动的积累影响起主要作用时，可使用动力学分析功能分析复杂结构在空间中的运动特性，并确定结构中由此而产生的应力、应变和变形。

（5）热分析　ANSYS 程序可处理传导、对流和辐射这三种基本的热传递问题。对这三种类型的热传递问题均可进行稳态和瞬态、线性和非线性分析。热分析模块还具有模拟材料固化和熔化过程的相变分析能力，以及模拟热与结构应力之间的热-结构耦合分析能力。

2）ADAMS 软件

ADAMS（automatic dynamic analysis of mechanical system，机械系统动力学自动分析）软件是由美国机械动力公司（Mechanical Dynamics Inc.）开发的机械系统动态仿真软件，是世界上最具权威性、使用范围最广的机械系统动力学分析软件。用户使用 ADAMS 软件，可以自动生成包括机-电-液一体化系统在内的、任意复杂系统的多体动力学数字化虚拟样机模型，能为用户提供从产品概念设计、方案论证、详细设计，到产品方案修改、优化，试验规划，甚至故障诊断等各环节的全方位、高精度的仿真计算分析结果，从而达到缩短产品开发周期、降低开发成本、提高产品质量及竞争力的目的。由于 ADAMS 软件具有通用、精确的仿真功能，方便、友好的用户界面和强大的图形动画显示能力，所以已在全世界范围内得到广泛的应用。

ADAMS 软件是机械系统动态仿真应用软件，用户运用该软件可以非常方便地对虚拟样机进行静力学、运动学和动力学分析；同时，该软件又是机械系统仿真分析开发工具，其开放性的程序结构和多种接口，使该软件可以成为特殊行业用户进行特殊机械系统动态仿真分析的二次开发工具平台。

在 ADAMS 软件中建立虚拟样机简单方便。通过交互的图形界面和丰富的仿真单元库，用户可快速地建立系统模型。ADAMS 软件与先进的 CAD 软件、CAE 软件可以通过计算机图形交换格式文件来保持数据的一致性。ADAMS 软件支持并行工程环境，可为用户节省大量的时间和经费。ADAMS 软件为系统参数优化提供了一种高效开发工具，利用 ADAMS 软件建立的参数化模型，可以进行设计研究、试验设计和优化分析。ADAMS 具备交互式图形环境和部件库、约束库、力库，可用堆积木方式建立三维机械系统参数化模型，并通过对其运动性能的仿真分析和比较来研究“虚拟样机”的设计方案。ADAMS 仿真可用于估计力学性能、运动范围、碰撞检测、峰值载荷以及计算有限元的载荷输入。它提供了多种可选模块，核心软件包有交互式图形环境 ADAMS/View（图形用户界面模块）、ADAMS/Solver（仿真求解器）和 ADAMS/Postprocessor（专用后处理）软件包等。ADAMS/CAR 是由多家公司合作开发的整车设计软件包。利用该软件包，工程师可以快速建造高精度的整车虚拟样机（包括车身、悬架、传动系统、发动机、转向机构、制动系统等）并进行仿真，通过高速动画直观地显示在各种试验工况（例如各种天气、道路状况，不同驾驶员经验）下的整车动力学响应，并输出反映操纵稳定性、制动性、乘坐舒适性和安全性的特征参数，从而减少对物理样机的依赖，而仿真时间只是物理样机试验的几分之一。

2.3.3 CAE的关键技术

CAE技术是一门涉及很多领域的多学科综合技术，其关键技术主要包括以下几项。

（1）计算机图形技术　CAE系统表达信息的主要形式是图形，特别是工程图，在CAE运行的过程中，用户与计算机的信息交流主要是通过图形来实现的，计算机图形技术是CAE系统的基础和CAE技术的主要组成部分。

（2）三维造型技术　工程项目和机械产品的设计都是利用三维造型技术来完成的，在设计过程中，设计人员构思形成的也是三维形体。CAE技术中的三维实体造型就是在计算机内建立三维形体的几何模型，记录下该形体的点、棱边、面的几何形状及尺寸，以及各点、边、面间的连接关系。

（3）数据交换技术　CAE系统中的各个子系统、各个功能模块都是CAE系统的有机组成部分，它们都应该有统一的几类数据表示格式，使不同的子系统间、不同模块间的数据交换顺利进行，充分发挥应用软件的效益，而且应具有较好的系统可扩展性和软件的可再用性，以提高CAE系统的生产率。为了实现各种不同的CAE系统之间的信息交换及资源共享，应建立CAE系统软件均应遵守的数据交换规范。目前，国际上通用的标准有GKS（图形核心系统）标准、IGES（基本图形交换规范）、PDES（产品数据交换规范）、STEP（产品模型数据交换标准）等。

（4）工程数据管理技术　CAE系统中生成的几何与拓扑数据，工程机械、工具的性能、数量、状态，原材料的性能、数量、存放地点和价格，工艺数据和施工规范等数据必须通过计算机存储、读取、处理和传送。实现这些数据的有效组织和管理，是建造CAE系统的又一关键。采用数据库管理系统对所产生的数据进行管理是最好的。

2.3.4 CAE的应用举例：RSC45正面吊运机MSC. ADAMS运动学分析

RSC45正面吊运机主要由吊臂、车架体、前/后轮胎、俯仰油缸、伸缩油缸、驾驶室、油箱、转向系统、液压系统、传动系统、吊具等组成。基于ADAMS对该吊运机进行运动学分析，并与采用MSC. NASTRAN软件进行有限元计算所得到的结果进行对比。

1）建立MSC. ADAMS模型

RSC45正面吊运机的MSC. ADAMS几何模型如图2-13所示。

2）分析工况

RSC45正面吊运机在三排四个不同位置上的四种不同起吊载荷工况如图2-14所示。各种工况下的位置、起吊载荷以及伸缩油缸的参数如表2-1所示。

3）MSC. ADAMS分析结果及其与有限元结果的对比

针对上述四种不同工况进行MSC. ADAMS运动学仿真，得到了两俯仰油缸和伸缩油缸随时间变化的位移、速度、加速度及受力曲线，以及吊臂的基本臂与车架体铰接点处的约束力随时间变化的曲线（仿真曲线略）。

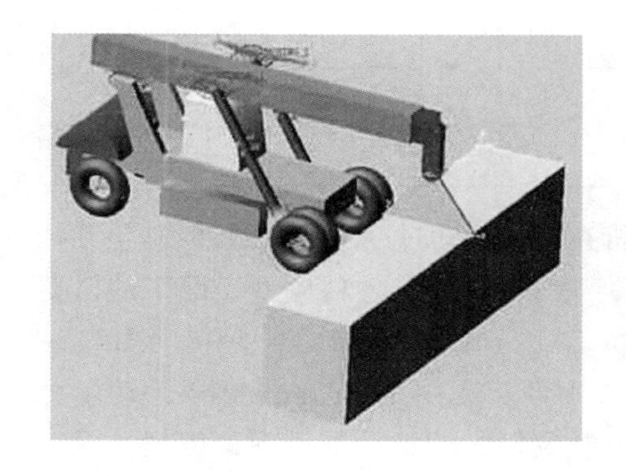

图 2-13 RSC45 正面吊运机的 MSC. ADAMS 几何模型

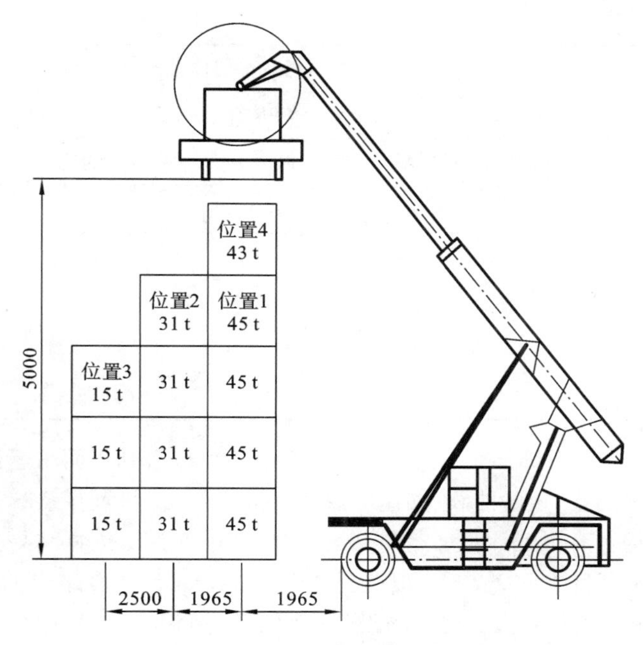

图 2-14 RSC45 正面吊运机位置与起吊载荷工况

表 2-1 正面吊运机工况数据表

位置	额定起吊重量/t	吊重 X 坐标/m	倾斜角 θ/(°)
1	45	8.5825	52.73
2	31	10.4325	46.48
3	15	12.9325	31.73
4	43	8.5825	59.26

起吊到四个位置点时基本臂与车架体铰接点、俯仰油缸、伸缩油缸受力的 MSC. ADAMS 分析结果与 MSC. NASTRAN 有限元计算结果对比分析如表 2-2 所示。

表 2-2 MSC. ADAMS 与 MSC. NASTRAN 结果对比

工况	分析方法	基本臂与车架体铰接点处的约束力/N		俯仰油缸受力/N		伸缩油缸受力/N
		左	右	左	右	
位置 1 45 t	MCS. ADAMS	1011000	1108000	1082000	1435000	571400
	MCS. NASTRAN	956890	1027900	1084100	1458600	581240
	相对误差	5.35%	7.23%	0.19%	1.64%	1.72%
位置 2 31 t	MCS. ADAMS	902100	947100	976400	1242000	397300
	MCS. NASTRAN	822000	993000	950000	1330000	407000
	相对误差	8.88%	4.85%	2.70%	7.09%	2.44%

续表

工况	分析方法	基本臂与车架体铰接点处的约束力/N		俯仰油缸受力/N		伸缩油缸受力/N
		左	右	左	右	
位置 3 15 t	MCS. ADAMS	636700	687100	724400	901900	182600
	MCS. NASTRAN	598000	693000	700000	931000	191000
	相对误差	6.08%	0.86%	3.37%	3.23%	4.60%
位置 4 43 t	MCS. ADAMS	1048000	1145000	1118000	1450000	595200
	MCS. NASTRAN	1008800	1077400	1131700	1484700	609280
	相对误差	3.74%	5.90%	1.23%	2.39%	2.37%

利用 MSC. ADAMS 运动学分析可以得到正面吊运机在整个运动过程中的参数曲线，包括位移曲线、速度曲线、加速度曲线、力曲线等。将利用 MSC. NASTRAN 对各种典型工况下的机器进行有限元计算所得结果，与 MSC. ADAMS 仿真结果做对比分析，可知相对误差在 0.19%～8.88%之间，从而可以验证 MSC. ADAMS 仿真结果的正确性。利用 MSC. ADAMS运动学分析，可为正面吊运机的设计，特别是为俯仰油缸和伸缩油缸及臂架的设计提供理论依据。

2.4 计算机辅助工艺规程设计

2.4.1 计算机辅助工艺规程设计的概念、组成和作用

1. CAPP 的基本概念

工艺规程设计既是机械产品制造过程中一项重要的技术准备工作，又是一项经验性很强、影响因素很多的决策工作，工作量大，容易出错。如果借助计算机来完成工艺规程设计工作，不仅仅可以大大减轻工作量，更重要的是便于知识积累、数据管理和系统集成，由此产生了计算机辅助编制工艺规程的方法。计算机辅助工艺规程设计是向计算机输入被加工零件的几何信息和加工工艺信息等，由计算机自动进行编码、编程直至最后输出经过优化的零件工艺规程的过程。

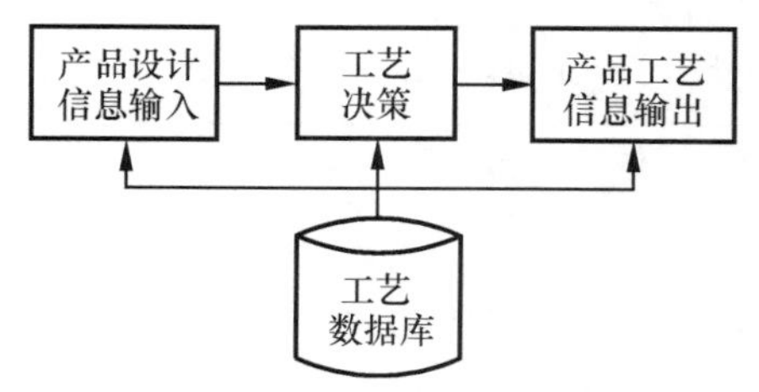

图 2-15　CAPP 系统的基本组成

2. CAPP 系统的基本组成

CAPP 系统的基本组成与其开发环境、产品对象及规模大小有关。从总体上来看，CAPP 系统包括四个基本组成部分，如图 2-15 所示。

1）产品设计信息输入

对工艺过程设计而言，产品设计信息是指零件的结构形状和技术要求。表示零件结构形状和技术要求的方法有多种，如常用的工程图样和 CAD 系统中的零件模型均可用来表示这些信息。对于 CAPP 系统，必须将这些有关的信息转换成系统所能“读”懂的信息。

2）工艺决策

工艺决策是指根据产品设计信息，利用工艺经验和具体的生产环境条件，确定产品的工艺过程。CAPP 系统所采用的基本工艺决策方法有派生式方法和创成式方法。但是一个实用的

CAPP 系统往往会综合使用派生式方法和创成式方法，从而产生所谓的半创成式方法。

3）产品工艺信息输出

产品工艺信息常常以工艺过程卡、工艺卡、工序卡、工序简图等各类文档形式输出，并可利用编辑工具对生成的工艺文件进行修改，得到所需的工艺文件。在 CAD/CAPP/CAM 集成系统中，CAPP 系统需要提供 CAM 数控编程所需的工艺参数文件。

4）工艺数据库

工艺数据库是 CAPP 系统的支撑工具，包含了工艺设计所需要的所有工艺数据（如加工余量、切削用量、材料、工时、成本核算，以及机床、工艺装备等多方面的信息）和工艺规则（如加工方法选择、工序顺序安排等）。

CAPP 的内容与步骤如表 2-3 所示。

表 2-3　CAPP 的内容与步骤

工艺数据库	工艺设计过程	工艺设计阶段
CAD零件信息模型	CAD零件几何和工艺；产品零件图样	零件信息输入
毛坯制造方法	毛坯选择和设计	毛坯信息生成
材　料	定位和夹紧方案选择	工艺路线和工序内容拟订
典型定位和夹紧方法	加工方法选择	
加工方法	加工顺序安排	
机　床	通用/专用 加工设备 选择/设计	加工设备和工艺装备确定
工夹量具	通用/专用 工艺装备 选择/设计	
切削用量	切削用量确定	工艺参数计算
加工余量	加工余量计算 工序尺寸及其公差计算	
时间定额	时间定额计算	
成本核算	技术经济方案分析	工艺方案确定
工艺文件	工艺文件输出	工艺文件输出

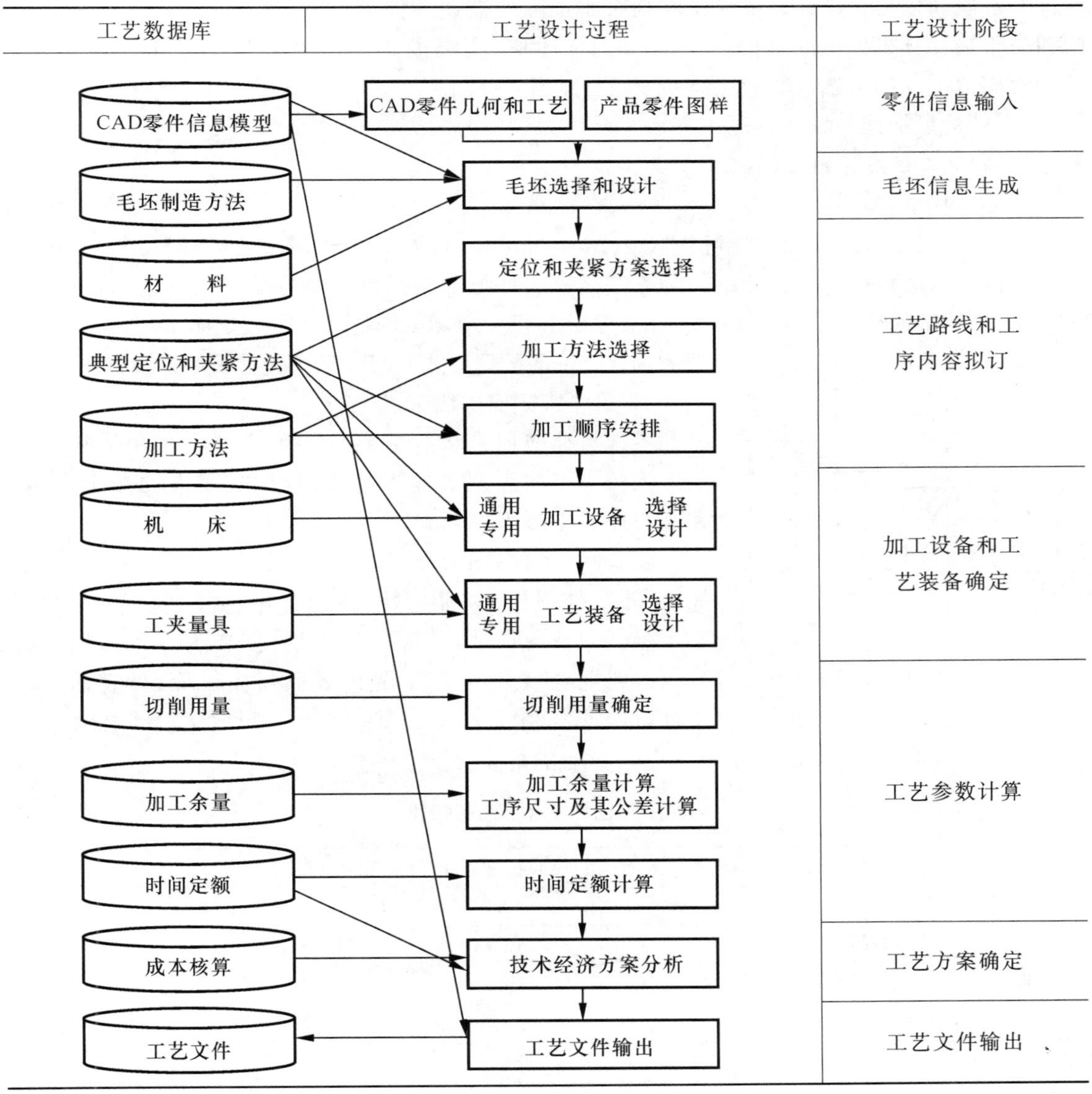

3. CAPP 的作用

CAPP 有如下作用。

(1) 可将工艺设计人员从大量烦琐、重复性的手工劳动中解脱出来，使其能集中精力进行新产品的开发、工艺装备的设计和新工艺的研究等创造性工作。

(2) 能克服传统工艺设计的局限性，大大提高工艺设计的效率和质量。

(3) 能有效地积累和继承工艺设计人员的经验，解决工艺设计人员经验不足的问题。

(4) 提高企业工艺设计的规范化和标准化水平，并不断向最优化和智能化的方向发展。

(5) 有助于实现 CAD/ CAM 的集成。

2.4.2 CAPP 系统的零件信息描述与输入

零件信息包括管理信息和结构形状、尺寸、加工精度、材料及热处理等方面的信息，是工艺设计的对象和依据。CAPP 系统要求全面而正确地描述零件信息，而且要求形成逻辑层次分明和易于被计算机处理的结构。因此，如何描述和表达零件的工艺特征信息，便于检索系统中已有的相似零件的工艺规程或生成新的工艺规程，是开发 CAPP 系统必须首先解决的问题。目前，零件信息描述与输入的基本方法可归纳为以下两大类。

1. 基于工程图样的交互输入方法

1) GT 代码描述法

GT 代码描述法是利用成组技术（group technology，GT）中的零件分类编码对零件的一些主要设计制造特征进行描述的一种方法。这些特征通常是做出某些工艺设计决策的依据。GT 代码描述法的特点是输入操作简单，便于计算机处理，但对零件信息的描述较粗糙，输入的信息量少，适用于只需要确定工艺路线的场合。一般的派生式 CAPP 系统大多采用这种方法。

2) 零件特征描述法

零件特征描述是将组成零件的各个特征采用人机交互的形式按一定顺序逐次输入计算机，构成零件的数学表达，并能与加工方法等相对应。

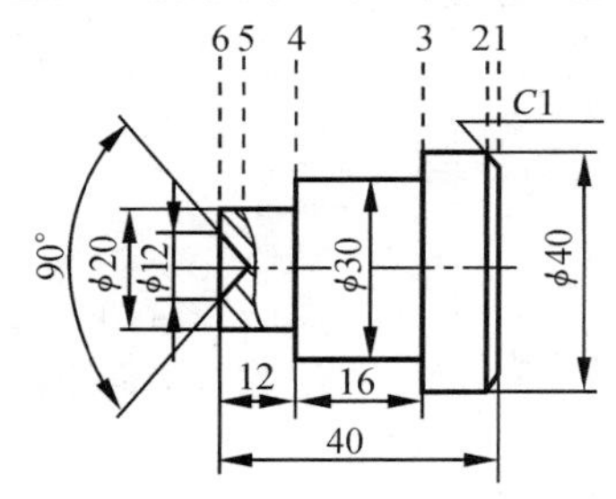

图 2-16　圆柱零件特征描述

图 2-16 所示零件由五个特征组成：外圆倒角（Ⅰ），外圆柱面（Ⅱ），外圆柱面（Ⅲ），外圆柱面（Ⅳ）和划窝（Ⅴ）。为了输入零件的轴向尺寸，并能加以识别，需要为零件的端面编号。在此规定，编号顺序为先外表面后内表面，外表面由右到左，内表面由左到右。按此规定，可将图 2-16 所示的零件特征以表 2-4 所示的矩阵格式输入计算机。表中 WD、WY、HW 分别表示外圆倒角面、外圆柱面、划窝表面。

表 2-4　圆柱零件的特征描述

序　号	表面元素	轴向尺寸/mm	径向尺寸/mm	起止端面	备　注
Ⅰ	WD	1.0	40.0	2—1	0
Ⅱ	WY	11.0	40.0	2—3	0
Ⅲ	WY	16.0	30.0	3—4	0
Ⅳ	WY	12.0	20.0	4—6	0
Ⅴ	HW	6.0	12.0	6—5	−90

上述两种方法都是作为独立开发的CAPP系统中的一个交互式输入模块存在的，与其他系统之间没有信息交换关系，而且它们均不能提供自动获取CAD系统中已有零件原始信息的途径。这不仅会造成重复工作，也会使基于这些输入方法的CAPP系统无法实现与CAD系统的集成。

2. 直接由CAD模型获取产品零件信息

直接由CAD模型获取产品零件信息是实现CAPP与CAD集成的理想方法。它可以省去人机交互信息输入工作，大大提高CAPP系统的运行效率，减少人工信息转换和输入的差错，有助于保证数据的一致性。通常采用的方法有以下三种。

(1) 特征提取与模式识别　特征提供了集成制造系统中CAD、CAPP、CAM等之间相互理解产品信息的共同基础。当CAD系统采用传统的实体造型方法，如结构化实体模型(constructive solid geometry，CSG)方法和边界表示(boundary representation，B-rep)法时，为从CAD几何模型中分离出计算机辅助工艺规程设计所需要的特征信息，可以在CSG和B-rep模型基础上进行特征识别。例如，基于B-rep模型识别加工特征时，可用属性邻接图(attributed adjacency graph，AAG)来表达由曲面围成的槽、腔等特征。

特征识别与提取方法的缺点是，必须要求三维CAD软件开放其内部数据结构，以便由所给出的B-rep数据创建属性邻接图，从而得到特征信息。但这一点是难以满足许多商品化CAD软件的要求的。此外，这种方法较适合于识别单一特征。对于组合特征、交叉特征及复杂零件上的不规则特征等则很难识别，在实用上受到一定限制。

(2) 基于数据标准或自定义数据格式的特征表达　数据标准如初始图形交换标准(initial graphics exchange specification，IGES)等出现后，有些CAPP系统(如日本东京大学研制的TOM系统、清华大学开发的THCAPP系统等)可以利用CAD软件生成的IGES等文件格式实现产品信息的传递。虽然IGES是因几何数据交换的需要而发展起来的数据规范，主要用于在CAD系统之间进行信息传递，但在该标准中已经有了关于特征及工艺信息的实体定义，这就使得从该标准数据中获取特征信息成为可能。

(3) 基于产品模型数据交换标准的特征造型　产品模型数据交换标准(STEP)是由国际标准化组织开发和研究，并通过国际性合作来实现的。产品模型数据中不仅包括曲线、曲面、实体、形状特征等在内的几何信息，还包括许多非几何信息，如公差、材料、表面粗糙度等。产品模型数据交换标准独立于各种计算机辅助系统之外，它为各系统提供了产品数据及其共享、交换的一种中性表达。由于这些主要特点，产品模型数据交换标准成为建立CAD/CAPP/CAM统一数据模型的基础。基于产品模型数据交换标准的特征造型将成为解决CAPP与CAD集成的最彻底的方法。

2.4.3 派生型CAPP系统

1. 基本原理

大多数派生型CAPP系统都建立在成组技术原理的基础上，即将零件按其制造特征分为若干零件组，为每一零件组设计一个标准工艺规程，将标准工艺规程存入计算机数据库。当编制一个新零件的工艺规程时，先对待编工艺规程的零件进行分类编码。将零件编码输入计算机后，便可检索出相应零件组的标准工艺规程。当待编工艺规程的零件技术要求与标准工艺规程不同时，需要对标准工艺规程进行编辑修改。由于派生型CAPP系统结构简单，易于实现，故当前应用仍较广。图 2-17 形象地表示出了派生型 CAPP 系统的工作流程。

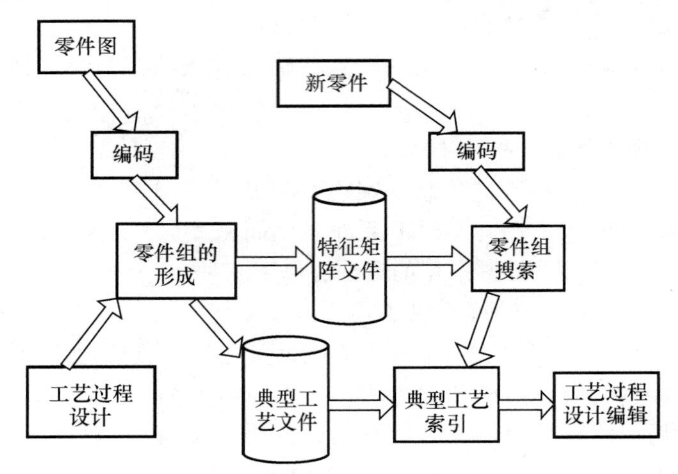

图 2-17　派生型 CAPP 系统的工作流程图

2. 系统的开发与设计

派生型 CAPP 系统的开发与设计步骤如下。

(1) 对零部件进行编码，建立零件特征矩阵。以图 2-18(a)所示零件为例，首先选择合适的编码系统，如用 OPITZ 系统对某零件进行编码，得到该零件的代码 04100 3072，用二维数组表示即为 1.0，2.4，3.1，4.0，5.0，6.3，7.0，8.7，9.2。其中，第一维数组表示码位，第二维数组表示码值，相应的特征矩阵如图 2-18(b)所示。同理可得其他零件的代码和特征矩阵。

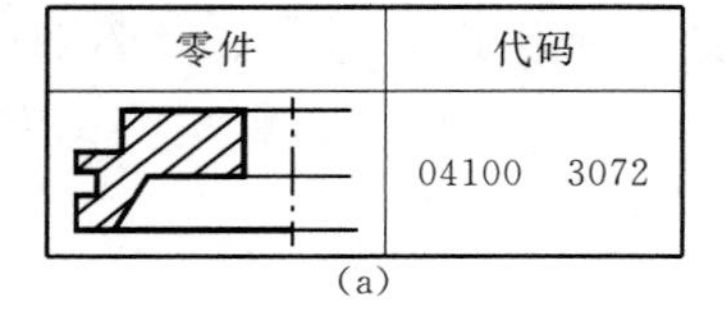

(a)

码位 码值	1	2	3	4	5	6	7	8	9
0	×			×	×		×		
1			×						
2									×
3						×			
4		×							
5									
6									
7								×	
8									
9									

(b)

图 2-18　零件代码和特征矩阵

(a) 零件及代码；(b) 特征矩阵

(2) 对零件分类成组，建立零件组的特征矩阵。对工艺相似和结构相似的零件采用相类似的加工方法，易于设计出有针对性的典型工艺，而对尺寸相似的零件可以选用同类型甚至同规格的机床和工艺装备进行加工。

(3) 设计主样件，编制标准工艺规程。所谓主样件，也称复合零件，是指能将零件组内所有型面特征复合在一起的零件。它可以是该组内实际存在的某个零件，但更多的是将组内零件的所有特征进行合理组合而形成的假想零件。根据主样件编制的工艺规程即为标准工艺规程。这种方法比较直观形象，但仅适用于结构不太复杂的回转体零件。结构复杂的复合零件（特别是非回转体零件）的构造十分困难，应采用复合工艺法编制标准工艺规程。即在同组零件中选择结构最复杂、工序最多、安排合理、有代表性的工艺过程作为该组零件的基本工艺过程，再将它与组内其他零件的工艺过程相比较，把其他零件具有而基本工艺过程不包括的工序按合理的顺序一一添入，即可得到能满足全组零件要求的标准工艺规程。

（4）将各零件组的特征矩阵和相应的标准工艺规程输入计算机，并编制用于检索和修改的有关程序，建立系统。

3. 工艺信息的代码化

为了便于计算机的识别、储存和调用，必须将标准工艺规程所表达的若干工艺信息转化为代码的形式，在设计系统时首先建立这些代码与各种名称之间的对应关系。型面代码是用来表示各种特征型面的数码，如 15 表示外圆柱面，13 表示外圆锥面，33 表示外螺纹，10 表示中心孔，50 表示端面，42 表示键槽等。各种工序和工步的名称及内容也可以用代码来表示。有了零件各型面和各工序工步的编码以后，就可以用一个矩阵表示零件的加工工艺和各工序工步的内容。图 2-19 所示是某零件组标准工艺路线的矩阵表示法。矩阵中每一行表示一个工步。每一行中第一列为工序的序号；第二列为工序中工步的序号；第三列为该工步所加工表面的型面代码，如果该工步为非型面加工操作，则用“0”表示；第四列为该工步名称编码。由图 2-19 中第一、二列可知，该工艺路线由四道工序组成，其中工序 1、工序 2 都有四个工步，在第三列中“0”表示该工步不是型面加工操作（如装夹、检验等），15 表示外圆柱面，13 表示外圆锥面，10 表示中心孔，50 表示端面。综上所述，图2-19所示的矩阵表示了下述工艺路线：① 装夹，车端面，钻顶尖孔，粗车外圆面；② 调头装夹，车端面，钻顶尖孔，车外圆锥面；③ 磨外圆面；④ 检验。

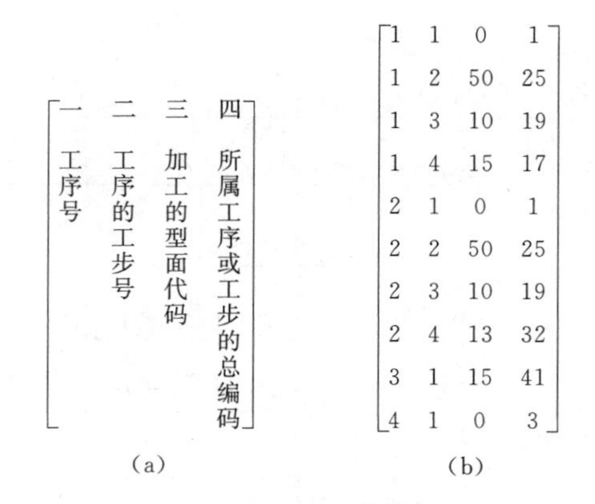

图 2-19　工艺路线矩阵表示

(a) 矩阵内容；(b) 矩阵示例

4. 系统的使用

派生型 CAPP 系统的使用步骤如下。

（1）输入表头信息，如产品型号、产品名称、零件序号、零件名称、材料牌号等。

（2）用各种方法对零件有关信息进行描述和输入。

（3）计算机检索和判断该零件属于哪个零件组，调出该零件组的标准工艺。

（4）根据需要，对标准工艺进行适当修改和编辑，生成新的工艺规程。

（5）存储和输出工艺规程。

2.4.4 创成型 CAPP 系统

1. 基本原理

在一个 CAPP 系统中没有预先存入标准工艺规程，新零件的工艺规程不是依靠检索方法生成的，而是由系统根据输入零件的信息，依靠存储的知识、规则、逻辑推理和决策算法，在无人工干预的情况下自动产生的，这种系统就称为创成型 CAPP 系统。

创成型 CAPP 系统的输入信息是零件的设计信息，输出信息是零件的工艺规程。该系统需要在数据库和工艺知识库的支持下，通过建立在系统内部的一系列逻辑决策模型及计算程序进行工艺过程决策。系统数据库中存储的主要是有关各种加工方法的加工能力、各种机床的适用范围、切削用量等的基本数据。系统的工艺知识库中存储的是设计工艺过程中要遵循的工艺原则和知识。工艺过程决策后的输出结果可以是选择好的加工方法，也可以是零件的加工工艺路线，包括详细的工序设计内容，还可包括工序图。

2. 工艺决策逻辑

工艺决策包括工艺知识的收集、整理与计算机表达，以及工艺计划决策模型和算法。开发创成型 CAPP 系统，其核心在于建立各种工艺决策逻辑模型和相应的算法。决策树和决策表是最常用的表示决策逻辑的方法，它们容易用程序语言进行描述和实现。

1）决策树

决策树由根、节点和分支组成。

树的分支表示条件，节点表示动作。图 2-20 所示是选择加工方法的决策树，图中：E 表示条件，如 E_1 表示孔，E_2 表示槽，E_6 表示位置度大于 0.25 mm 等；A 表示根据条件得出的决策行动，如 A_1 表示坐标镗加工等。

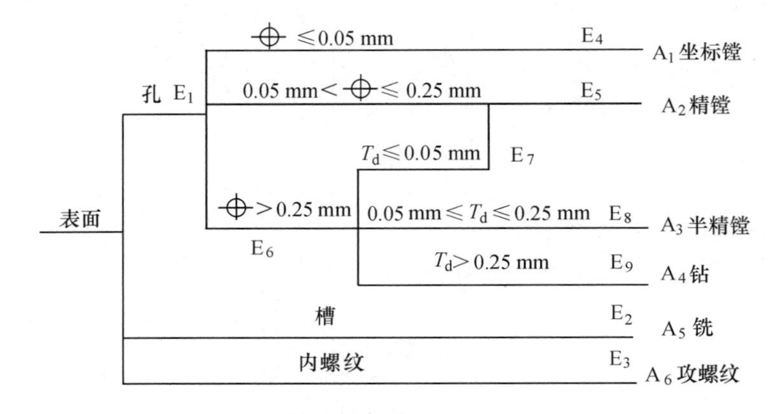

图 2-20　选择加工方法的决策树

决策树可用图 2-21 所示的程序流程图来表示，再由流程图直接编写计算机程序。所以用决策树建立 CAPP 系统直观、方便、易行，但这样的系统难以扩展和修改。

2）决策表

决策表是描述事件之间逻辑依存关系的一种表格，如表 2-5 所示。用双线将决策表划分为四个部分，上部为决策条件，下部为决策行动。左上角列出了各种可能的条件；右上角表示条件状态，列出了可能的条件组合：满足条件时，取值为 T(真)；不满足条件时，取值为 F(假)。条件状态为空格时，说明这一条件是真是假与该规则无关。左下角是决策项目，列举了各种可能的决策行动，右下角表示对应各条规则采取的决策行动，阿拉伯数字表示动作顺序。如表中最后一列表示孔径大于 12 mm 且不大于 25 mm 时，选择的加工方法为“钻孔→半精镗→精镗→坐标镗”。

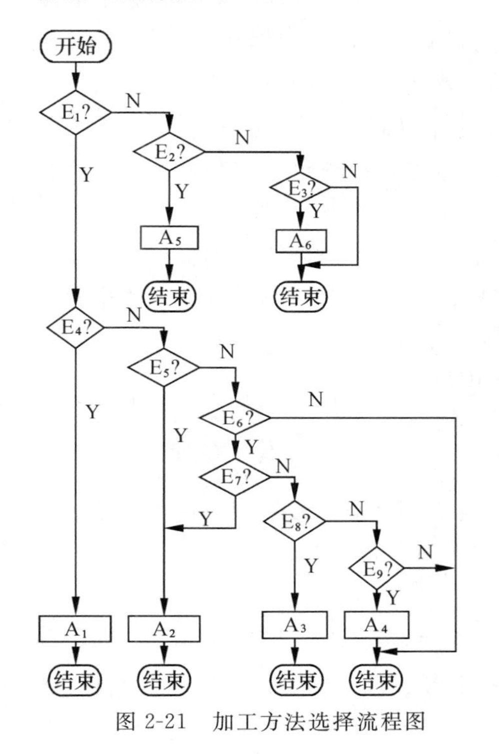

图 2-21　加工方法选择流程图

表 2-5　加工方法选择决策表

孔径≤12 mm	T	T	T	T					
12 mm<孔径≤25 mm					T	T	T	T	T
位置度≤0.05 mm			T	T					T
0.05 mm<位置度≤0.25 mm							T	T	
0.25 mm<位置度	T	T			T	T			
公差≤0.05 mm		T		T				T	T
0.05 mm<公差≤0.25 mm			T			T	T		
0.25 mm<公差	T				T				
钻孔	1	1	1	1	1	1	1	1	1
铰孔		2							
半精镗				2		2		2	2
精镗			2	3			2	3	3
坐标镗			3	4					4

也可以将决策表转换成决策树，然后再编写成程序来实现。

理论上，创成型 CAPP 系统是一个完备的、高级的系统，拥有工艺设计所需要的全部信息，在其软件系统中包含着全部决策逻辑，因此使用极为方便。但是，由于影响工艺过程设计的因素很多，开发完全自动生成工艺规程的创成型系统还存在着许多技术上的困难，目前许多 CAPP 系统的设计都采用以派生法为主、创成法为辅的综合法，我国自行开发的 CAPP 系统大多为这种类型。

2.5　模块化设计

2.5.1　模块化设计概述

模块化设计(modular design，MD)是通过对一定范围内功能不同或者功能相同而性能和规格不同的产品进行功能分析，从而划分并设计出一系列功能模块，通过模块的选择和组合构成不同的产品，以满足市场的不同需求的设计方法。

模块化设计思想由来已久。德国于1930年首先提出了模块化构造（modular construction）的设计方法。到20世纪50年代，欧美一些国家提出了“模块化设计”的概念，从而把模块化设计的思想和方法上升到理论高度来研究。从20世纪70年代开始，由于大规模集成电路的发展，电子行业成为模块化技术应用最为成功的行业之一。20世纪70年代末，日本提出了机床的模块化设计方法，认为机床模块化就是把具有一定用途和功能的部件结构标准化，使其便于组合和拆装，选择所需要的部件进行组装，即可构成一台能发挥全部功能的机床。德国和法国的著名机床生产厂家都采用模块化技术设计，生产出了多系列的机床产品。20世纪80年代后，随着市场竞争的日益激烈和产品更新速度的日益加快，传统的产品开发制造模式无法适应新的要求，模块化设计以其自身的优势得到广泛的应用与发展，各工业发达国家竞相开发模块化、系列化的机电工业产品，大量模块化产品进入实用化阶段。

模块化设计可以缩短产品开发周期，快速响应市场需求的变化，有利于提高设计标准化程度，有利于实现优化设计，有利于产品维修、升级和再利用，便于工厂和产品的重组，能相对延长产品的寿命周期。通过模块化设计，可以以大批量生产的成本实现多品种、小批量个性化生产。对于机械产品，模块化设计是实现大规模定制的前提。

2.5.2 机械模块化设计的分类

在基型产品的基础上进行变型产品的扩展可形成各种系列产品。按机械模块化设计的产品在系列产品中所覆盖的形式和程度，常把机械模块化设计分为以下几种。

1. 横系列模块化设计

横系列模块化设计是指在某一基型产品的基础上，通过变换、增加或减少某些可互换的特定模块而形成变型产品。它的特点是不改变基型产品的主参数，而主要改变其功能、结构、布局、控制系统或操纵方式等。由于横系列模块化设计基型产品中绝大多数的基本模块都不会发生改变，所以在设计上较易实现，且通用化程度很高。进行产品的横系列模块化设计的关键是要在结构上采取必要的措施，如留出足够位置，设计合理接口，预先加工出连接的定位面、定位孔等，以便在进行产品变型时顺利增加和更换各种模块部件。

如南京机床厂生产的N-038系列高效自动机床，就是按横系列模块化方式设计出来的。该机床采用六组（底座床身模块、刀架模块、分配轴模块、主轴箱与主轴组模块、车螺纹模块、电气模块）共四十多个模块单元。由这四十多个模块可以构成上百种不同的组合，其中实用的机床方案有八种。

2. 纵系列模块化设计

纵系列模块化设计是指在同一类型中对不同规格的基型产品进行变型设计，其特点是要改变基型产品的主参数。由于产品的主参数不同，其动力参数往往也不同，产品的结构形式及尺寸等就会发生变化。如果试图以同一种尺寸规格的模块去满足不同主参数产品的要求，则势必导致模块的强度或刚度产生欠缺或冗余，因而纵系列模块化设计比横系列模块化设计的难度大得多。

通常在进行纵系列模块化设计时，对那些与主参数无关且受力不大的模块，诸如控制模块、某些进给系统中的模块等，可以在整个纵系列内采用同一种规格和尺寸。而对于与主参数尤其是与动力参数有关的一些模块，如主运动中的变速箱、主轴箱和基础件等，可采用分段通用的方法来设计，即在某一段中采用同一种规格尺寸的模块来满足本段内的主参数变化要求。

采用分段模块的形式可以使纵系列模块化设计得到用武之地。但是，由于在各分段内采用同一种规格尺寸的模块，因此对本段内主参数较小的产品必然会产生超性能设计，批量越大由这种超性能设计所造成的损失也就越大。所以对大批量的产品，在进行纵系列模块化设计时，必须衡量由模块化设计所带来的经济效益与由此造成的超性能设计所引起经济损失，明确进行模块化设计的利弊。

3. 跨系列模块化设计

跨系列模块化设计是指针对总体结构相差不大的产品所进行的变型设计。它的特点是在基本相同的基础件结构上选用不同模块而构成跨系列产品；或者是对基础件结构不同的跨系列产品中具有同一功能的单元选用相同的模块。例如，龙门铣床、龙门刨床和龙门磨床，它们的立柱、横梁、床身的结构形式相差不大，如果能够合理选择这些基础件的形状和尺寸，并兼顾上述各类机床的刚度要求，那么，就可在同一基础件上更换各种铣削头、磨削头、刨削头，从而形成跨系列机床产品。

如大连组合机床研究所研制的1HYT系列液压滑台，其共有250 mm、300 mm、400 mm、500 mm、630 mm和800 mm六种规格，它们全部都可与1HJT系列机械滑台、NC-1HJT系列交流伺服数控机械滑台实现跨系列通用。它们中可以通用的基础模块主要有台体模块和滑座模块。

4. 全系列模块化设计

全系列模块化设计与跨系列模块化设计有很大区别。跨系列模块化设计只是横系列兼顾部分纵系列或是纵系列兼顾部分横系列的模块化设计，而全系列模块化设计则指的是某类产品的全部横、纵系列范围内的模块化设计。只有当跨系列模块化设计覆盖了该类的全部产品时，才称为全系列模块化设计。可见，跨系列模块化设计是全系列模块化设计的特例。全系列模块化设计的复杂程度和难度更大，所需的模块种类也更多。

2.5.3　模块化设计过程

根据市场和用户需求，用模块化设计理论与方法开发和研制系列产品的机械产品模块化设计流程如图2-22所示。

(1) 用户需求分析　这是模块化设计成功的前提。必须准确把握同类产品的市场需求，以及同类产品中基型和各种变型需求的比例，同时进行可行性分析。对于那些需求量很小而研制费用较高的产品，不宜采用模块化设计方法。

(2) 确定产品系列型谱　合理确定产品的主参数范围和产品系列型谱(即产品种类和规格)是模块化设计的关键一步。产品种类和规格多，企业对市场的应变能力就强，有利于占领市场，但产品设计难度大，工作量大；反之，则企业对市场的应变能力弱，但产品设计容易，易于提高产品性能和针对性。

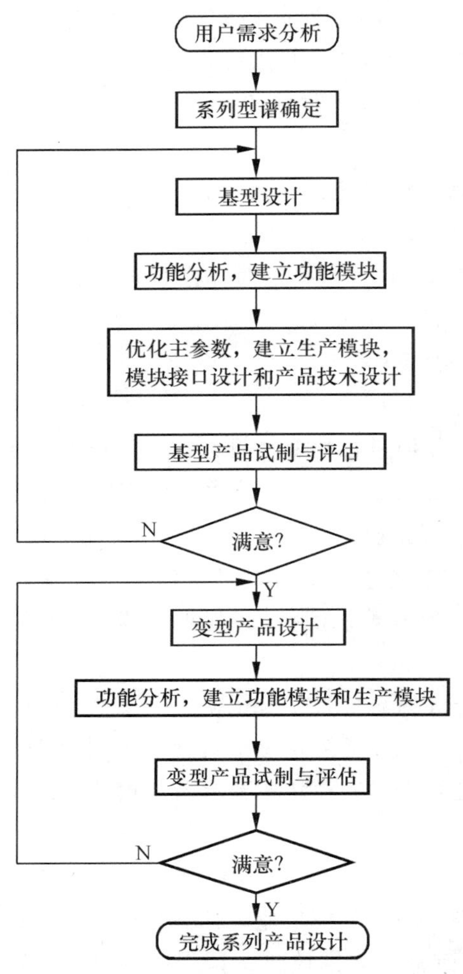

图 2-22　机械产品模块化设计流程框图

(3) 确定参数范围及主参数　产品的参数(如尺寸参数、运动参数和动力参数等)须合理确定，参数范围过高、过宽会造成浪费，过低、过窄则不能满足要求。另外，参数数值大小和数值在参数范围内的分布也很重要，最大、最小值应依据使用要求而定。主参数是表示产品主要性能、规格大小的参数。主参数一般按等比数列或等差数列排列。

(4) 模块划分与设计　模块划分的合理性直接影响到模块化产品的性能、外观及模块的通用化程度和产品成本。在设计模块时，应尽量采用标准化结构，保证模块便于制造、组装、维修和更换，还需尽量使各主要模块寿命相当。对设计好的模块应按其功能、类型、规格、层次等进行编码，并以适当的方式存入模块库内以备调用。

2.5.4　模块化设计的关键技术

1. 模块标准化

模块标准化主要指模块结构的标准化，特别是模块接口的标准化。为了实现不同功能模块的组合和相同功能模块的互换，模块应具有可组合性和可互换性两个基本特征，而这两个特征主要体现在接口上。例如，具有相同功能、不同性能的单元，要求具有相同的安装基面和相同的安装尺寸，这样才能保证模块的有效组合。

2. 模块的划分原则

模块化设计的原则是力求以尽可能少的模块组成尽可能多的产品，并在满足要求的基础上使产品精度高、性能稳定、结构简单、成本低廉，且模块结构应尽量简单、规范，模块间的联系也应尽可能简单。因此，合理划分模块是保证模块化设计获得成功的关键。模块划分应遵循的原则是：① 尽量减少产品包含的模块总数，并最大限度地简化模块自身的结构，以避免模块组合时产生混乱；② 以有限的模块数获得尽可能多的实用组合方案，以满足用户的多方面需求；③ 划分的模块应具有功能独立性和结构完整性；④ 充分注意模块间的接口要素，以便于模块的组合和分离；⑤ 要考虑模块的划分对产品精度和刚度的影响；⑥ 要考虑经济性。

3. 模块的接口设计原则

模块化产品的模块之间的连接多数属于刚性连接。刚性连接又有固定连接和活动连接之分。模块接口设计直接影响模块化产品的性能(如精度、刚度等)和模块组合的方便性与快捷性。通常，接口设计应考虑以下要求：① 应具有易于装配的互换性接口，便于模块的连接与分离；② 模块之间定位要准确，连接要可靠；③ 接口要具有一定的连接刚度和适当的物理性能(如导热性、阻尼特性等)；④ 制造方便。

2.5.5 典型案例——数控成形磨齿机的计算机辅助模块化设计

1. 模块划分

数控成形磨齿机采用分级模块化原理设计。在对机床进行功能分析的基础上，按照不同的功能层次，考虑到机床的结构、功能和各部件之间的连接关系，进行模块的划分。

(1) 机床功能分析　该机床的主要功能是实现硬齿面内、外齿轮的成形磨削，可以加工具有直廓、渐开线齿廓，凸齿的直齿轮、斜齿轮。在进行模块划分时，必须从数控成形磨齿机的总功能考虑，把总功能分解成相对独立的分功能。除了考虑通用模块外，还要考虑对基型模块的改型和专用模块的设计，以扩大机床的工艺范围。有时为适应顾客的个性化需求，要增加一些个性化功能和参数。这时，可以将通用模块视为基型模块，对其进行改型设计。只有那些不能用基型模块改型或改型不经济的特殊功能模块，才需要专门设计。

(2) 机床模块划分与接口设计　按照前述的模块划分原则，把该数控成形磨齿机划分成五个基本功能模块(见图 2-23)，并遵循面向装配设计的原则设计易于装配的互换性接口，以保证模块组合快速、准确。

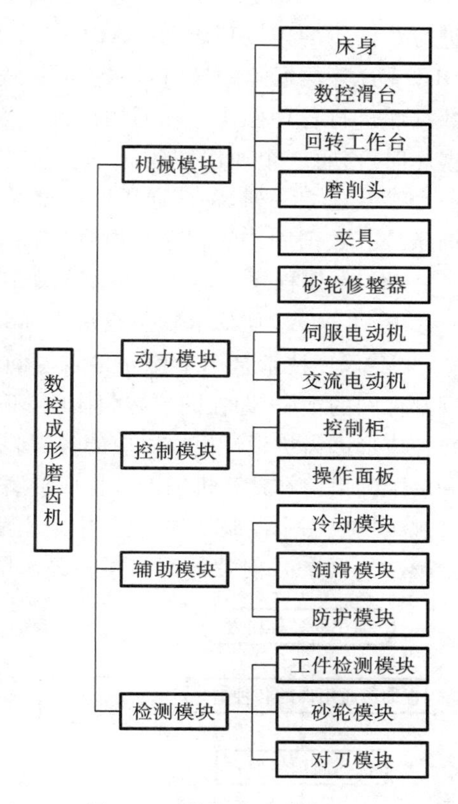

图 2-23　数控成形磨齿机的基本功能模块

2. 采用参数化三维造型技术建立模块库

参数化建模采用尺寸驱动技术，以约束造型为核心。图 2-24 所示为数控成形磨齿机通用件设计模块的系统结构。

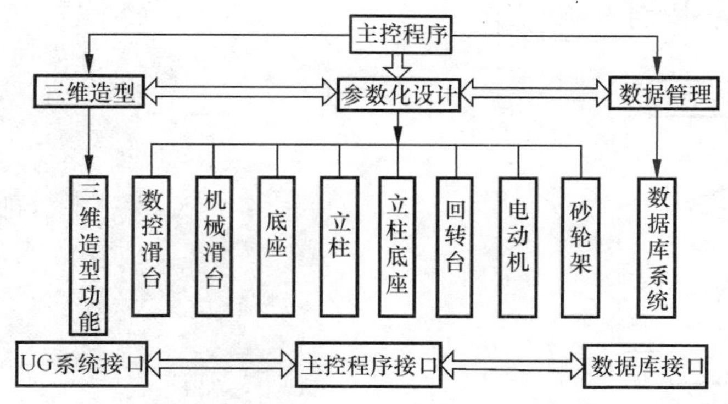

图 2-24　数控成形磨齿机通用件设计模块的系统结构

(1) 通用件模块图形库的建立　通用件模块图形库包括各种通用件的参数化三维模型，是机床模块化 CAD 系统的基础。本系统主要利用 UG 的参数化建模方法直接建立零件模型，用表达式对模型实现全参数控制。表达式既可用于控制模型内部尺寸及尺寸与尺寸之间的关系，也可用于控制装配中零件之间的尺寸关系。对于利用表达式建立的三维模型，当需要得到拓扑结构相同而几何尺寸不同的零件时，只需打开表达式编辑器，修改相应表达式的值，并输出为另一个零件文件即可。

（2）数据库接口程序　选用 Microsoft Access 建立数据库，并使用其中的 ADO. net 技术进行数据库的连接和访问。ADO. net 提供了相容的连接微软公司的 SQL Server、Access 和 OLE DB 等数据源的接口，以数据共享为目标的用户应用程序可以通过数据源接口方便地对数据库进行各种操作。在通用件设计模块中，所有通用件的参数都存放在数据库中。设计数据库时，对每一个通用件建立一个数据表，数据表的名字为该通用件的代号。在数据表中为每一个参数建立一列，将该通用件的型号设计为主键值，这个主键值将作为数据库查询函数的查询条件。数据库访问程序在后台执行。

（3）主控程序　通用件模块的工作流程如图 2-25 所示。

3. 用 WAVE 技术控制模块内部装配结构

WAVE 技术是用于建立各零件间参数关系的技术。UG WAVE 通过在零件间建模来实现部件间的关联，即在同一装配体中，不同零部件或同一零部件内部在建模时共享连接几何体。数控成形磨齿机设计模块对应的各级装配模型不仅包括部件结构，还包括部件之间的装配关系和装配约束。在计算机辅助数控成形磨齿机的模块化设计系统中，使用 WAVE 技术将模块按设计规则构成一个控制结构，在其中定义所需要的几何信息和参数，使机床各级模块装配模型中的子模块之间的几何特征都整体相关。图 2-26 所示为利用本系统生成的数控成形磨齿机结构简

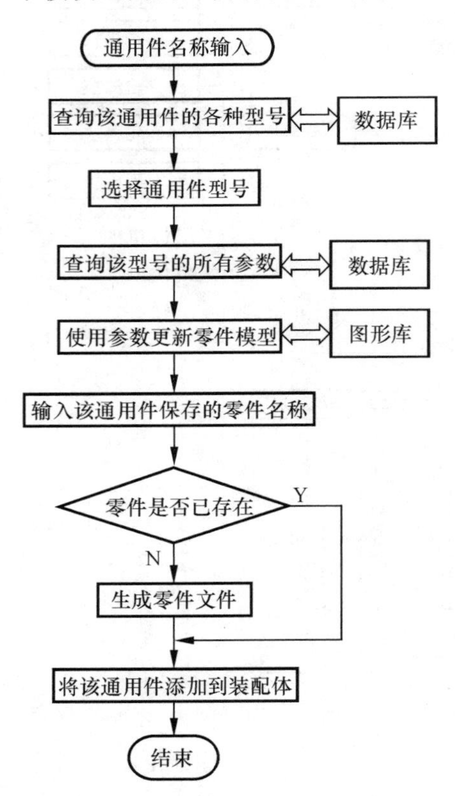

图 2-25　通用件模块的工作流程图

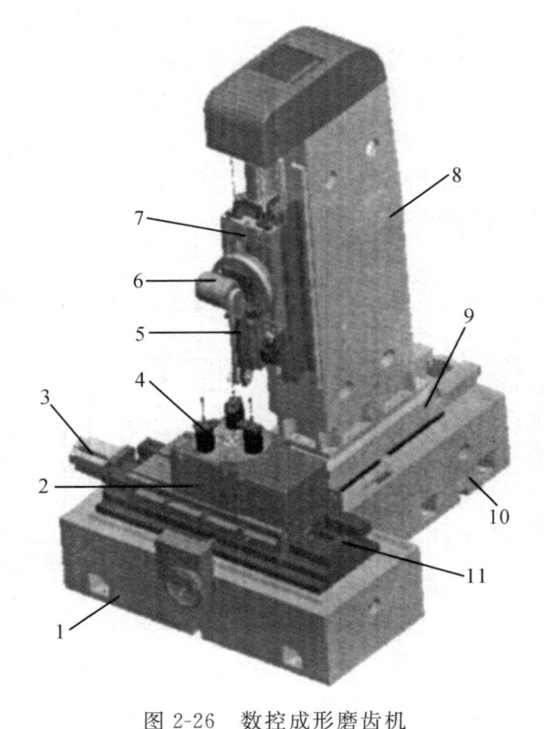

图 2-26　数控成形磨齿机

1、10—底座；2—回转工作台；3—伺服电动机；4—夹具；5—磨削头架；6—交流电动机；7、11—数控滑台；8—立柱；9—立柱滑座

图。用户只需输入主要参数即可得到所需的三维模型，再在此基础上进行细化设计。

由图 2-23 可以看出，数控成形磨齿机机械模块下设有六个子模块。其中床身是基础件，基础件模块在保证产品的规格、性能的前提下具有变化的可能性。数控滑台、回转工作台是系列通用部件，磨削头和砂轮修整器也是完整的部件。以结构相对独立的部件作为模块单元最为常见，这样便于模块的互换，并且模块的结构和性能直接取决于用户的要求和经济性，有利于模块的设计和制造。另外，将该机床上的磨削头更换为铣削头，还可以实现内、外齿轮的成形铣削，从而实现数控成形磨齿机的横系列、纵系列和跨系列的模块化设计。

2.6　逆向工程

2.6.1　逆向工程概述

1. 逆向工程的产生与发展

第二次世界大战后，日本为了恢复和振兴本国经济，提出了“技术立国”和大力发展制造业的方针，并制定了“吸收性战略”，以加强其对别国先进产品和先进技术的引进、消化、吸收、改进和挖潜。“吸收性战略”的实施给日本国民经济注入了新的活力，推动了日本经济的高速发展，使日本从一个落后于欧美先进国家 20～30 年的国家(20 世纪 50 年代)，发展成为世界上仅次于美国的第二经济强国(20 世纪 70—80 年代)。在这一过程中，日本采用了今天得到普遍重视的逆向工程技术(reverse engineering，RE)。

世界各国在其经济技术发展过程中，都非常重视利用逆向工程技术开展对国外先进技术的引进和研究工作，并都取得了较显著的效果。据统计，各国 70％以上的技术源于国外，逆向工程作为掌握、改进和发展技术的一种手段，可使产品的研制周期缩短 40％以上，从而极大地提高生产率。20 世纪 90 年代后，数字化浪潮推动社会飞速发展，工业领域的竞争日趋激烈，企业必须不断地开发新产品、缩短产品开发周期、降低成本、提高产品质量，以增强企业的市场竞争力，从而大大推动了逆向工程技术的研究与发展。逆向工程技术的实际应用为许多企业的发展带来了生机，进而为创新设计和各种新产品开发奠定了良好的基础。

2. 逆向工程的内涵

传统的产品开发往往是从市场需求出发，在概念设计的基础上进行总体设计及零部件的设计，制定工艺规程并设计夹具，完成加工和装配，再对产品进行检验和性能测试。这种产品开发模式称为正向工程。应用这种开发模式的前提是已经完成了产品的工程图设计或其 CAD 模型。然而在很多场合，产品的初始信息状态并不是 CAD 模型，而是各种形式的物理模型或实物样件，若要进行仿制或再设计，必须以设计方法学为指导，以现代设计理论、方法、技术为基础，运用各种专业人员的工程设计经验、知识和创新思维，对已有产品进行解剖、深入研究和再创造，使之成为新产品。这一种产品开发模式即称为逆向工程，也称反求工程。

需要指出的是，逆向工程技术不同于一般常规的产品仿制。简单、低级的模仿，所得产品在质量和寿命周期上不会有竞争力，并且这种简单模仿是一种侵权行为，会受到知识产权保护法的制裁。采用逆向工程技术开发的产品往往比较复杂，其通常由一些复杂曲面构成，精度要求也较高，采用常规的仿制方法难以实现，必须借助于如 CAD/CAE/CAM/CAT 等计算机辅助手段。

随着 CAD/CAM 技术的成熟和广泛应用，以 CAD/CAM 软件为基础的逆向工程应用越来越广泛，其基本过程是：采用某种测量设备和测量方法对实物模型进行测量，以获取实物模型的特征参数，根据所获取的特征数据，借助计算机重构反求对象模型，对重构模型进行必要的分析、改进和创新，进行数控编程并快速地加工出新产品。随着计算机应用技术、数据检测技术、数控技术的广泛应用，逆向工程已成为新产品快速开发的有效工具。

2.6.2 逆向工程设计的基本方法

1. 实物反求法

实物反求的对象往往是引进的比较先进的产品实物，通过对产品的设计原理、结构、材料、精度、制造工艺、包装、使用等进行分析、研究和再创造，最终研制出与原型产品相近或更佳的新产品。实物反求对象可以是整套设备，也可以是部件、组件或零件。实物反求有两项基本工作，即反求分析与反求设计。实物反求设计是一个"认识产品→再现产品→超越原产品"的过程。其一般过程如图 2-27 所示。

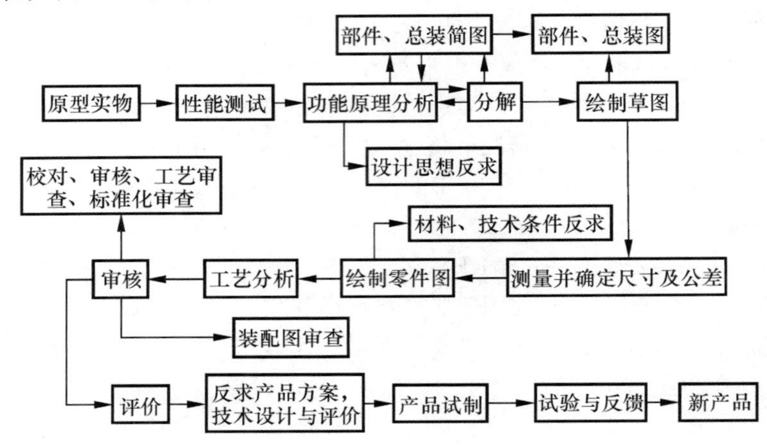

图 2-27 实物反求设计过程

在实物反求中，首先要在实物解体前对其功能、性能等进行全面试验考核，测试其各项功能和性能指标。在对零件进行测绘时，应尽量使用无损检测方法，如激光技术、材料转移的光谱技术、三维全息照相技术等。对于具有复杂型面的实物，一般需利用三维测量和 CAD 技术进行反求。测绘完成后要将被测对象变成完整图样或模型，还需根据对零件工作特性的分析进行各种标注并提出技术要求。对于特殊形状的曲线应通过优化设计反求其科学依据。对于箱体等结构复杂的构件应采用有限元法反求其强度和刚度等。

在反求设计中，重建具有复杂曲面零件原型的 CAD 模型是一项难度较大的工作。首先，需要从测量数据中提取零件原型的几何特征，即按测量数据的几何属性对其进行分割，采用几何特征匹配与识别方法来获取零件原型所具有的设计与加工特征。然后，将分割后的三维数据在 CAD 系统中进行表面模型拟合，并通过各表面片的求交与拼接获取零件原型表面的 CAD 模型。对于重建的 CAD 模型还需进行检验与修正，即根据获得的 CAD 模型重新加工出样品，以检验重构的 CAD 模型是否满足精度或其他试验性能指标。对不满足要求者，重复以上过程，直至达到零件的设计要求。

2. 软件反求法

软件反求是以产品样本、技术文件、设计书、使用说明书、图样、有关规范和标准、管理规范和质量保证手册等为研究对象的反求工程技术。软件反求的目的是通过对已有技术软件的分析和研究,提高对相关产品的设计和制造能力。软件反求一般由产品规划反求、原理方案反求和结构方案反求等几个基本部分组成,如图2-28所示。

软件反求的一般设计步骤为:① 分析需求,明确反求设计的目的;② 对所反求的产品进行功能分析与结构分析;③ 分析并验证产品性能参数;④ 调研国内外同类产品,从中吸取有益成分;⑤ 撰写反求设计论证书。

3. 影像反求法

影像反求是以产品照片、图片、广告介绍、参观印象和影视画面等为参考资料进行分析设计。由于很难甚至无法了解到产品的内部结构,只能根据产品的功能、结构特征进行分析、设计,所以影像反求难度最大,目前还未形成成熟的技术。一般要利用透视变换和透视投影,形成不同透视图,从外形、尺寸、比例出发并结合专业知识去琢磨其功能和性能,进而分析其内部可能的结构。

影像反求的主要内容包括方案分析和结构分析。其中方案分析的重点是技术分析和经济分析,而结构分析主要是确定产品结构组成及结构材料,如图2-29所示。影像反求的一般设计步骤为:① 广泛收集参考资料,并对其进行多方面的分析、研究;② 产品方案设计;③ 方案评价;④ 反求技术设计。

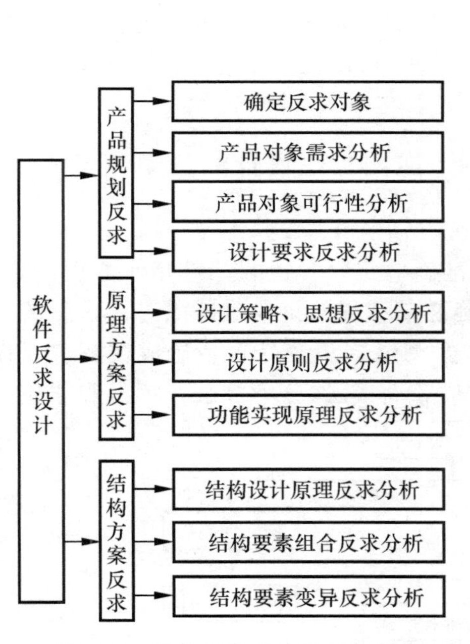

图2-28　软件反求设计的基本内容

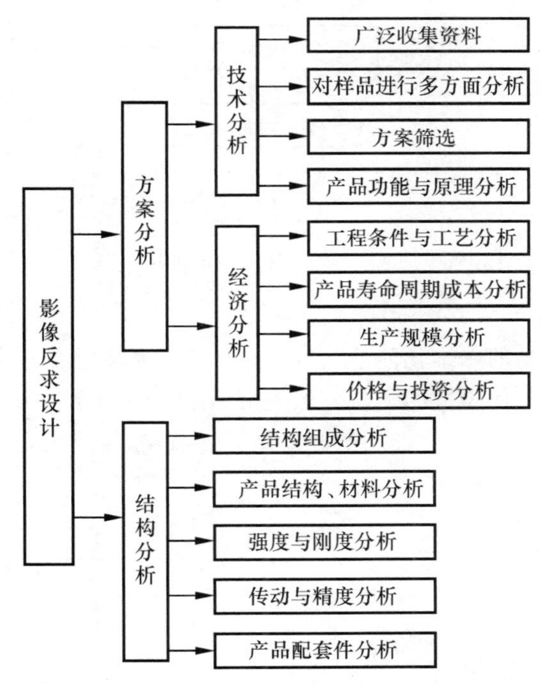

图2-29　影像反求设计的基本内容

2.6.3　逆向工程设计的基本步骤

逆向工程设计的基本步骤如图2-30所示。可以看出,逆向工程设计分为三个设计阶段。

1. 分析阶段

该阶段的主要任务是对反求对象的功能原理、结构形状、材料性能、加工工艺等进行全面

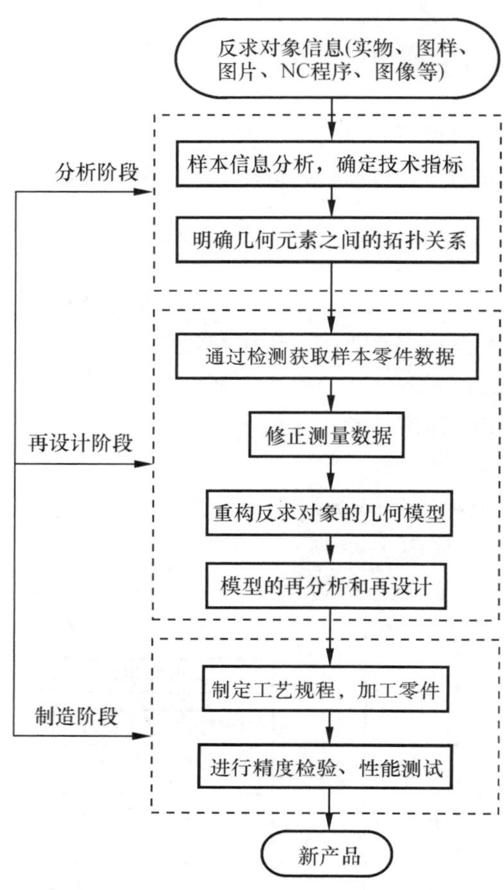

图 2-30　逆向工程设计的基本步骤

深入的了解，明确其关键功能及关键技术，对设计特点和不足之处做出评估。这对反求设计的顺利进行及成功至关重要。通过对反求对象相关信息的分析，可以明确样本零件的技术指标及其中几何元素之间的拓扑关系。

2. 再设计阶段

该阶段的具体任务是：① 根据分析结果，确定零件的测量方法、手段、顺序和精度等；② 由于在测量过程中难免会有测量误差，需要对测得的数据进行修正（修正的内容包括剔除测量数据中的疵点，修正测量值中明显不合理的数据，按照拓扑关系的定义修正几何元素的空间位置与关系等）；③ 利用CAD系统重构反求对象的几何模型；④ 进一步分析反求对象的功能，对产品模型进行再设计。

3. 制造阶段

拟订反求新产品的制造工艺，完成新产品的制造，并对制造后的产品进行结构和功能检测。如果不满足设计要求，可以返回分析阶段或再设计阶段重新进行修改。

2.6.4　逆向工程设计的关键技术

1. 逆向工程中的测量技术

快速、准确地获取实物的三维几何数据，即对实物的三维几何型面进行三维离散数字化处理，是实施逆向工程的重要步骤之一。常见的三维几何参数的测量方法主要有图2-31所示的几种形式。测量方法按是否会造成被测表面损毁，分为破坏性测量和非破坏性测量；按测头是否与被测表面接触，分为接触式测量和非接触

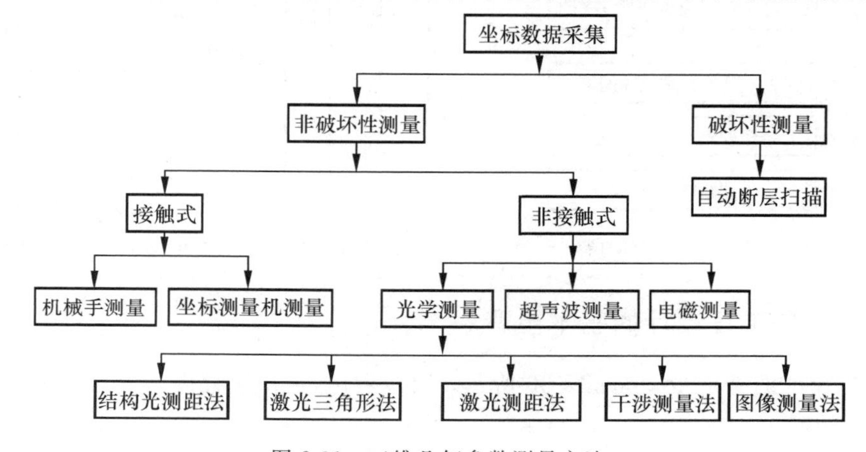

图 2-31　三维几何参数测量方法

式测量。显然，破坏性测量属于接触式测量。

1）接触式测量方法

接触式测量要通过传感测量头与样件的接触来记录样件表面的坐标位置，其数据采集方法可以细分为接触式和连续式数据采集两种。接触式测量方法主要有以下两种。

（1）三坐标测量机测量　三坐标测量机（coordinate measuring machine，CMM）是一种大型精密的三坐标测量仪器，如图 2-32 所示，其主要优点是测量精度高，对被测物的材质和色泽无特殊要求，适应性强。对于没有复杂内部型腔、特征几何尺寸多、只有少量特征曲面的零件，三坐标测量机是一种有效的三维数字化测量设备。但一般接触式测头的测量效率低，而且对一些软质表面无法进行测量。三坐标测量机价格高昂，对使用环境要求高，测量速度慢，测量数据密度低，测量过程尚需人工干预，这些因素限制了它在快速反求领域的应用。

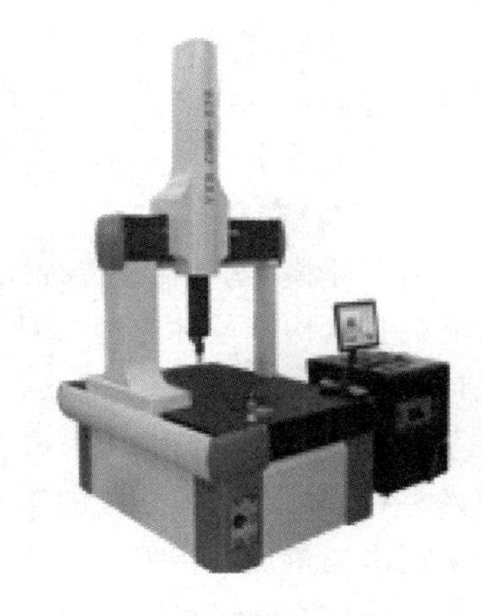

图 2-32　三坐标测量机外观图

（2）自动断层扫描法　自动断层扫描法也称层切图像法，其具体做法是将待测零件原型用专用树脂材料完全封装，待树脂固化后，把它装到铣床上，采用逐层铣削和逐层光扫描相结合的方法获取零件原型不同位置截面的内外轮廓数据，并将这些数据组合起来，获得零件的三维数据。该方法的优点是可对任意形状、任意结构零件的内、外轮廓进行测量，测量精度较高，片层厚度最小可达 0.01 mm。但这种测量过程是破坏性的、不可逆的。

2）非接触式测量方法

非接触式测量方法有光学测量、超声波测量、电磁测量等方法。它们分别基于光学、声学、磁学原理，可将一定的物理模拟量通过适当的算法转化为样件表面的坐标点。下面介绍几种基于光学原理的非接触式测量方法。

（1）激光线结构扫描法　这种测量方法采用了光学三角形测量原理。将一束线结构激光投射到被测物体表面，利用 CCD 摄像机摄取物体表面上的二维变形线图像，解算出相应的三维坐标。每个测量周期可获取一条扫描线，通过多轴可控机械运动辅助即可实现物体的全部轮廓测量。这种方法的测量精度和测量速度都比投影光栅法理想。

（2）投影光栅法　这种测量方法通常是采用普通白光将正弦光栅或矩形光栅条纹投射到被测物体表面，光栅条纹受物体表面形状的调制，其条纹间的相位关系会发生变化，利用数字图像处理的方法解析出光栅条纹图像的相位变化量来获取被测物体表面的三维信息。该方法具有很高的测量速度和较高的测量精度，抗干扰能力较强，是近几年发展起来的一类较好的三维传感方法。

（3）计算机断层扫描（computerized tomography，CT）法　采用这种测量方法时，先对被测物体进行断层截面扫描，以 X 射线的衰减系数为依据，经处理后重建断层截面图像，再根据不同位置的断层图像建立物体的三维信息。该方法是目前最先进的非接触式检测方法，可以对被测物体内部的结构和形状进行无损测量，但测量设备造价高，测量系统的空间分辨率低，获取数据时需要较长的积分时间，且设备体积较大。

（4）立体视差法（stero disparity，SD）　所谓视差是指物体表面同一个点在有一定距离的左、右两个图像中成像点的位置差异。立体视差法是根据同一个三维空间点在不同空间位置的两个（或多个）摄像机拍摄的图像中的视差，以及摄像机之间位置的空间几何关系来获取该点的三维坐标值的方法。采用立体视差测量方法可以对处于两个（或多个）摄像机共同视野内的目标特征点进行测量，而不需伺服机构等扫描装置。采用这种方法时的主要问题是，空间特征点在多幅数字图像中提取与匹配的精度和准确性不高。

2. CAD 建模技术

所谓建模，就是根据零件原型数字化后形成的一系列空间离散点，应用计算机辅助几何设计有关技术构造零件原型的 CAD 模型。曲面模型上的特征曲线有两类，一类是零件的边缘线或装配约束线，另一类是表达曲面视觉效果的外观流线。前一类特征线主要由相互的装配关系，以及产品结构的特点来决定。需要注意的是，点云的边界并不一定是零件的边界，由于部件存在相互遮挡及扫描的误差，零件边界处的点云往往十分散乱，甚至有缺失。对特征线一般采用由测量点直接拟合的方式。在满足精度要求的前提下，曲线拟合的控制点越少越好。为保证曲面之间光滑拼接，曲线间要建立连续的约束关系，因为大多数几何零件产品都是按照一定的特征设计制造的，几何特征是几何造型的关键要素，同时特征之间还具有明确的几何约束关系。因此，在产品的模型重建过程中，一个重要的目标就是还原这些特征和它们之间的约束。

CAD 模型重建是逆向工程中最关键的环节，它通过插值或拟合一系列离散点，利用点云数据提供的几何、拓扑信息还原特征和特征间的约束，构建一个近似模型来逼近样件并进行约束求解。CAD 模型的基本信息、特征和特征间的约束关系，可按照曲面类型，如平面、二次曲面、圆环面等进行划分，然后在三维空间上考虑这些特征曲面之间的约束关系，进一步给出结构件 CAD 模型的约束方程。

基于特征与约束的逆向工程 CAD 建模是一个具体的计算机辅助设计过程，如图2-33所示。首先由测量设备获取数据，然后在逆向工程 CAD 建模软件中完成数据预处理、区域分割及特征提取，最后由 CAD 系统完成特征造型。

现代产品的设计基于特征设计，理解了产品的特征构成、设计方法及设计过程，也就掌握了逆向工程 CAD 建模的关键。逆向工程中的特征与正向设计中的特征既有区别又有联系，它是逆向工程 CAD 建模的核心要素。对逆向工程中的特征进行层次划分后的特征提取与重构过程，可以看成底层提取特征到高层组合特征直至 CAD 系统中 B-rep 单元/体素特征的映射过程。这一过程可通过基于截面形状特征的蒙皮曲面重构的方法来实现。首先基于测量数据获取截面数据，并按照原始的截面曲线组成对截面数据进行分割；然后将截面曲线表达为特征曲线元和特征点的组合，并基于特征点的微分特性利用动态规划法建立不同截面曲线之间的初始对应关系；最后基于对应的特征间连续性逼近蒙皮曲面生成曲面模型。

具有不同形状特征的曲面模型重构方法有以下几种。

（1）面形状特征的拉伸面、旋转面、扫成面特征重构　首先基于测量数据获取截面数据并在几何约束下进行截面形状特征重构，最后用拉伸、旋转、扫成等方法生成基体，获取曲面特征。

（2）特征重构　对于工业产品设计中常见的平面、球面、柱面等，可利用特征提取与运算技术来实现曲面的重构或再现。

（3）面重构　由散乱数据直接建构拓扑关系复杂的工业级自由曲面比简单曲面参数提取

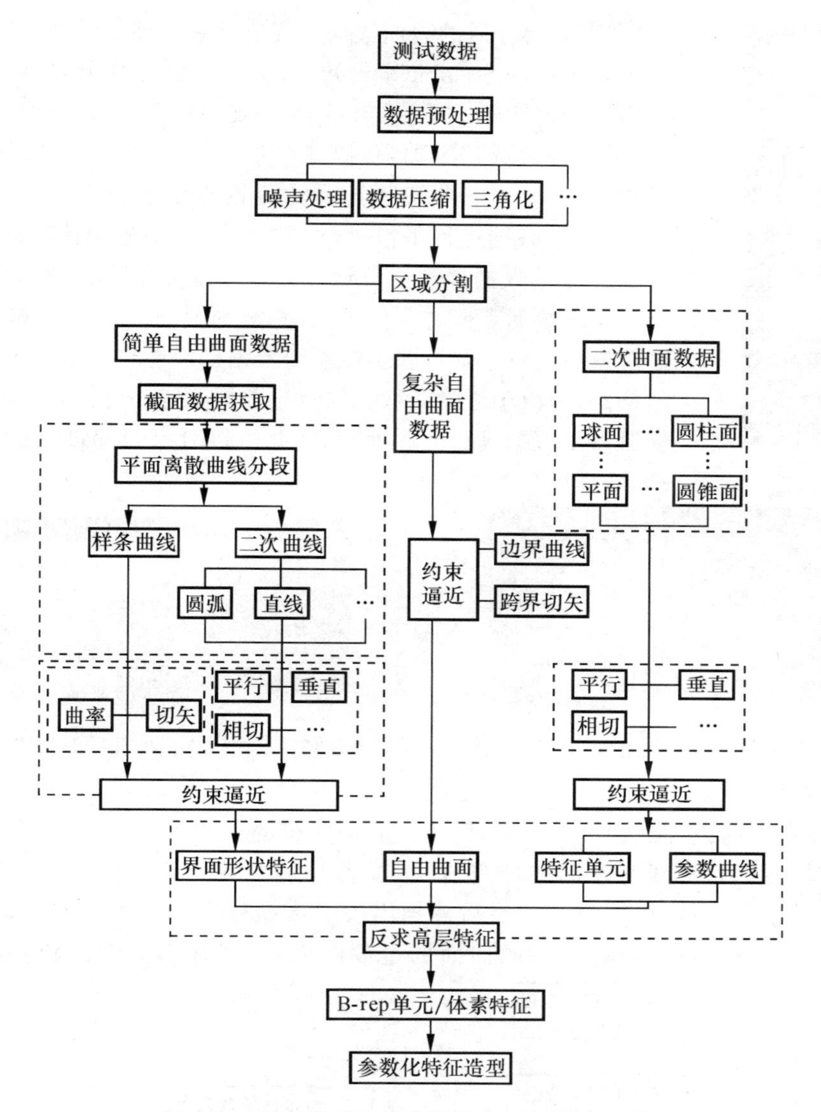

图 2-33　基于特征与约束的逆向工程 CAD 建模

的过程困难，一般通过满足边界条件的曲面拟合方法来实现。

（4）B-rep 模型重构　基于提取的特征参数与重构曲面特征，建立完整的 B-rep 实体模型。

2.6.5　应用举例——发动机气道曲面反求技术

发动机气道具有典型的自由曲面特征，气道的曲面形状直接影响发动机的工作性能。通过传统的设计方法难以设计出合格的发动机气道产品，采用自由曲面反求技术，则可实现产品的快速研发。

1. 气道模型的数据采集与预处理

由于发动机气道是机体内表面，而且形状复杂，如果直接使用三维数字化测量设备进行测量，在后续的模具设计中则容易产生比例误差，因此采用由铸造所得的气道砂芯模型进行数据

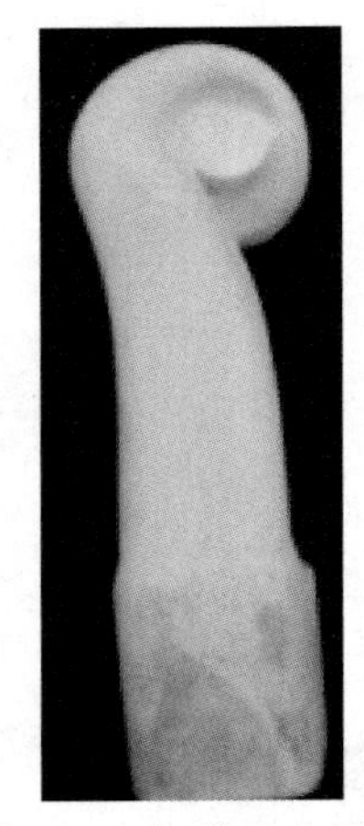
图 2-34　气道砂芯模型

采集,以获得气道的表面数据。气道砂芯模型如图 2-34 所示。

采用德国 Steinbichler Optotenchnik 公司的光学测量设备,多次在不同方向上对测量对象的整体或局部进行大量密集的数据采集,最后通过数据叠加,可以获得最完整的数据。在数据预处理过程中,重点是对一些尖锐边和边界附近的测量数据进行规则化处理,对残缺数据进行平滑处理,对冗余数据进行精简处理。图2-35所示为经过数据处理后气道砂芯模型的完整点云图。

完成数据点云的预处理以后,要对其进行三角网格化处理。对砂芯模型进行扫描所获得的点云数据已经能够完整地表达零件的几何信息,但由于通过离散化的点与数据不容易分辨其几何特征,不方便对点云数据进行分块处理,因此可以对点云图进行三角网格化处理,处理后得到的气道点云图如图 2-36 所示。

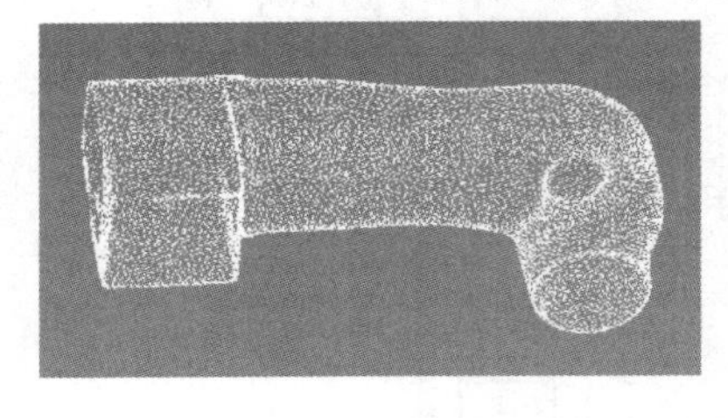
图 2-35　数据处理后的气道砂芯模型点云图

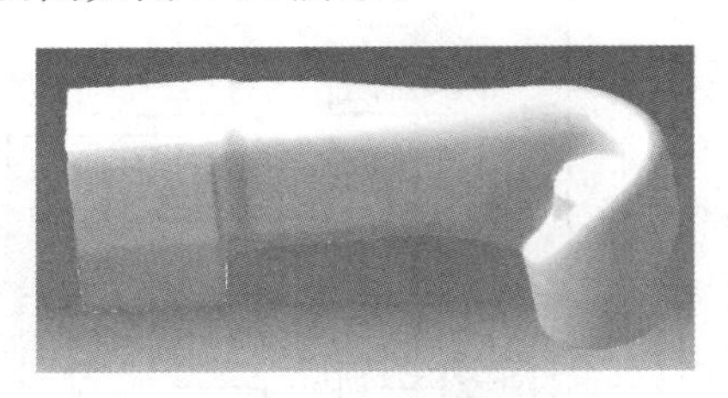
图 2-36　三角网格化处理后的气道点云图

2. 曲面建模的步骤与原则

逆向曲面模型的设计流程如图 2-37 所示。曲面建模的大致步骤如下:首先从点云数据中提取出“特征线”,特征线是产品的外观流线,或者是边界线与装配约束线,换句话说,是曲面模型的“骨架”,应该首先建构好;然后建构出决定产品外观的基础大曲面,并将精度和光顺程度调整到最佳状态,再补充基础曲面的过渡曲面,经过适当的倒圆和裁剪后完成曲

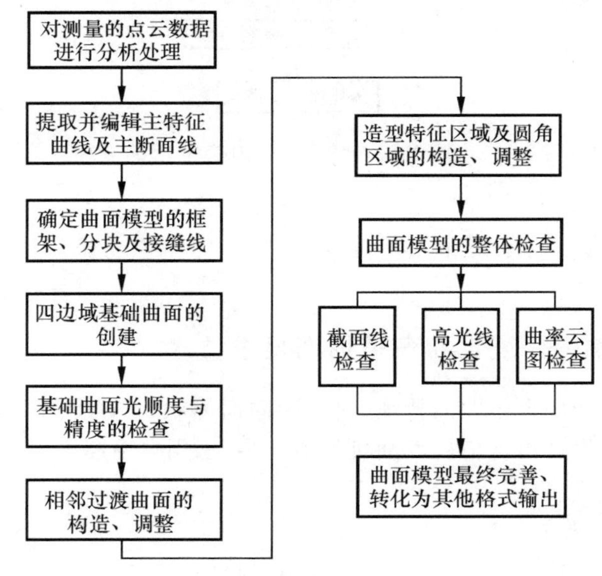

图 2-37　逆向曲面模型的设计流程

面模型;最后将曲面缝合并加厚。接下来就可以进入产品结构设计阶段。以上三个步骤中,每个步骤都包含有曲面的光顺质量检查,在曲面模型完成后还应进行一次总的质量检查和评估。

3. 气道的曲面重构

曲面划分得合理与否,直接决定了后续曲面重构的效率高低和质量好坏。气道形状不规则,它不是简单地由一个曲面构成,而是由多个曲面经延伸、过渡、裁剪等步骤后混合而成的。通过对气道实物样件进行观察和比较,按基础曲面、过渡曲面、依附曲面,把曲面大体分成三部分:导向部分、螺旋气道部分和气道与气缸的连接部分,如图2-38所示。构造出曲面后,必须对各曲面片进行拼接。曲面拼接要解决边界连续问题,就是要使相连曲面在边界上具有一阶或二阶几何连续性。曲面拼接要求两参数曲面的切平面连续,也就是要使两曲面在它们的公共连接线处具有公共的切平面或公共的曲面法线。在 CATIA 环境下,这一点可以通过控制样条曲线端点处的切线方向来保证,即保证两样条曲线在相交处的切线方向相同。最后,通过拟合误差分析和曲面修正,完成气道自由曲面整体模型的重构,如图 2-39 所示。

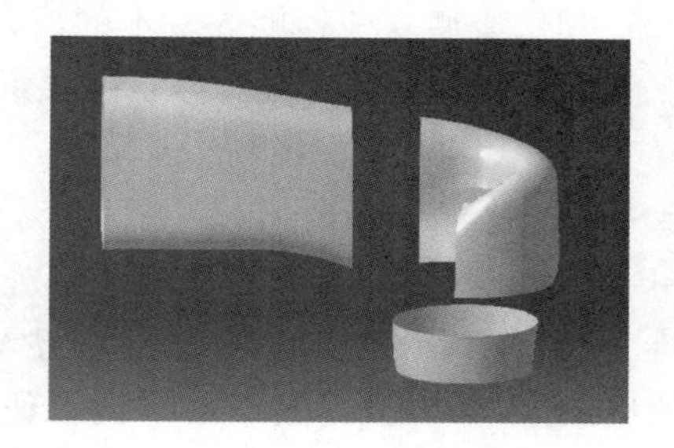

图 2-38 分块构建的曲面模型

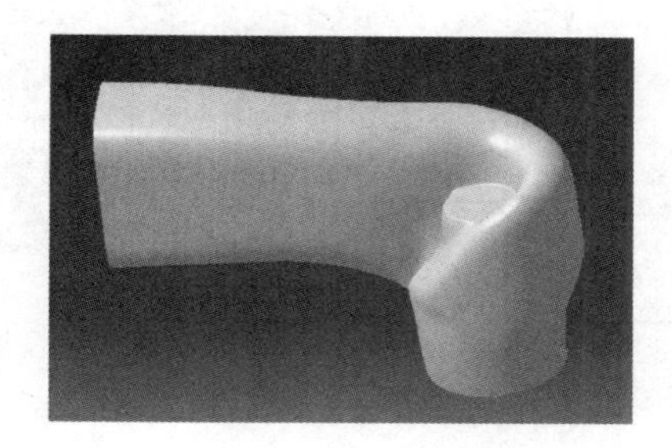

图 2-39 重构出的曲面模型

2.7 全生命周期设计

2.7.1 全生命周期设计的内涵与特点

1. 全生命周期设计的内涵

1) 全生命周期

产品的全生命周期与产品的全寿命期是不同的概念。产品的全生命周期是包括产品的孕育期(产品市场需求的形成、产品规划、设计)、生产期(材料选择与制备、产品制造、装配)、储运销售期(存储、包装、运输、销售、安装调试)、服役期(产品运行、检修、待工)和转化再生期(产品报废、零部件再用、废件的再生制造、原材料回收再利用、废料降解处理等)的一个闭环周期。而产品的全寿命期往往指产品出厂或投入使用后至产品报废、不再使用的一段区间,仅是全生命周期内服役期的一部分。如图 2-40 所示,机械的全生命周期涵盖全寿命期,全寿命期涵盖经济使用寿命和安全使用寿命。

2) 全生命周期设计

全生命周期设计的概念从并行工程思想发展而来。在全生命周期设计中,设计人员要同时考虑从产品概念设计到详细设计过程中的所有阶段,包括需求识别、产品设计、生产、运输、

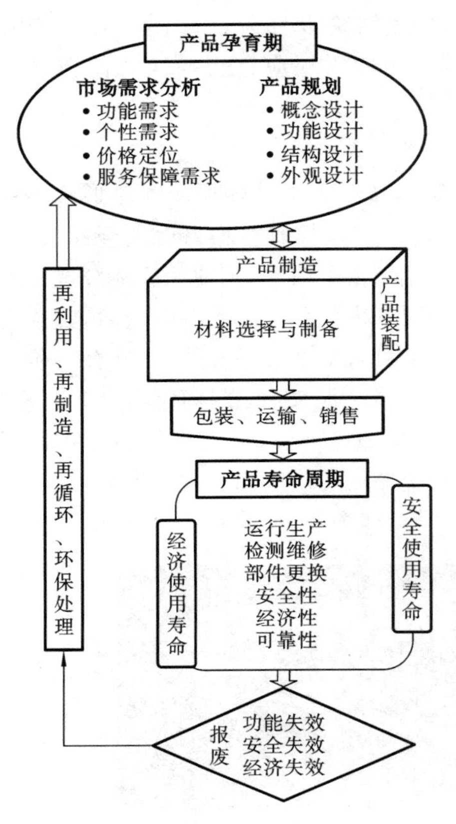

图 2-40 全生命周期与全寿命期

使用、回收处理等阶段,以确保缩短新产品上市时间、提高产品质量、降低成本、改进服务,同时加强环境保护意识,以实现社会的可持续发展。

2. 全生命周期设计的特点

(1) 集成性 这是全生命周期设计最重要的特点,它要求各部门工作人员分工协作。要想使工作能快速、协调地完成,必须有完善的网络环境和分布式知识库来保证工作人员彼此之间的信息传递。

(2) 以人为中心,强调人的作用。全生命周期设计可以促进人与人之间的相互理解,提高各部门人员的协同作战能力,塑造良好的企业文化。这也正是其先进性所在。

(3) 面向制造,力求一次成功。在设计过程中,不仅要考虑产品功能、造型复杂程度等基本的设计特性,而且要考虑产品设计的可制造性、可装配性、可回收性等。

3. 全生命周期设计的内容

全生命周期设计的基本内容就是面向制造进行设计,实现设计的最优化,所借助的手段是并行设计,而顺利完成设计任务的关键技术是产品数据管理。全生命周期设计的相关技术有并行设计、面向 X 的设计、协同设计等。

全生命周期设计改变了制造业的企业结构和工作方式,不仅可以实现对企业的生产周期、质量和成本的有效控制,而且可以形成生产、供销、用户服务“一条龙”,并以此来增强市场机制下的企业竞争力。

2.7.2 并行设计的概念、特征与关键技术

1. 并行设计的概念

传统的产品开发过程就像接力赛一样,产品总是从一个部门被递交到下一个部门,每个部门都根据各自需要进行修改。这种“扔过墙”(over the wall)式的产品开发模式如图 2-41 所示。每个阶段的技术设计人员只承担局部工作,缺乏对产品开发整体过程的综合考虑,并且任一环节发生问题,都要向上追溯到某一环节重新开始,从而导致设计周期冗长。

并行设计工作模式如图 2-42 所示。它是在产品设计的同时考虑其相关过程,包括加工工艺、装配、检测、质量保证、销售、维护等的产品开发模式。在并行设计中,产品开发过程的各阶段工作交叉进行,以便及早发现与相关过程不相匹配的地方,及时评估、决策,以达到缩短新产品开发周期、提高产品质量、降低生产成本的目的。由图可见,并行工程不可能实现完全的并行,而只能是在一定程度上的并行,但这足以使新产品的开发时间大大缩短。

2. 并行设计的特征

(1) 并行性 即把在时间上有先后的作业活动转变为同时考虑与尽可能同时处理和并行

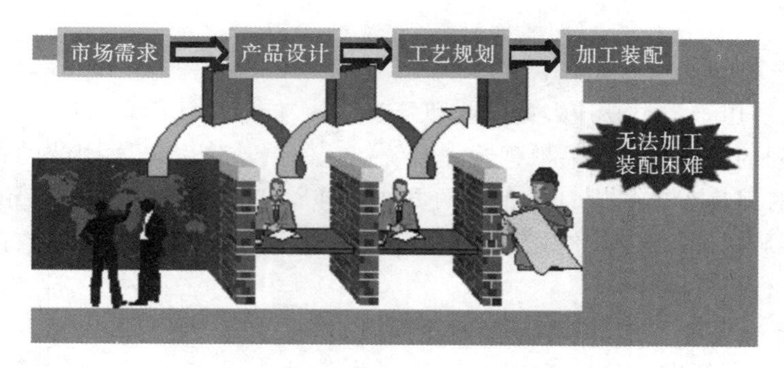

图 2-41 “扔过墙”式的产品开发模式

处理的活动。

(2) 整体性 主要表现在：① 制造过程是一个有机的整体，在空间中似乎互相独立的各个制造过程和知识处理单元之间，实质上都存在着不可分割的内在联系；② 强调全局性地考虑问题，即产品研制者从一开始就考虑到产品整个生命周期中的所有因素；③ 追求整体最优，把产品开发中的各种活动作为一个集成的过程进行管理和控制，以达到整体最优的目的。

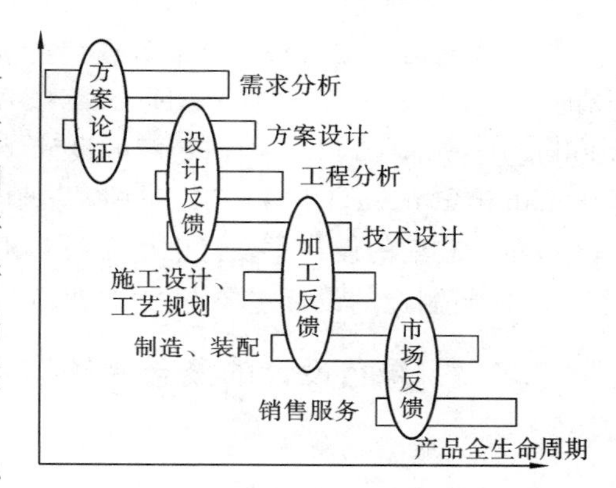

图 2-42 并行设计工作模式

(3) 协同性 并行设计特别强调设计群体的协同工作(team work)。这就需要根据任务和项目去组织多功能的协同组织机构，以协同的设计思想使各个相关部门协调一致地工作，利用群体的力量提高整体效益。

(4) 集成性 主要表现为：① 管理者、设计者、制造者、支持者乃至用户集成为一个协调的整体；② 产品全生命周期中的各类信息的获取、表示、表现与操作工具的集成和统一管理；③ 产品全生命周期中企业内各部门功能集成，以及产品开发企业与外部协作企业间功能的集成。

3. 并行设计的关键技术

1) 并行设计的建模与仿真

将产品开发过程从传统的串行产品开发过程转变成集成的、并行的产品开发过程，首先要有一套对产品开发过程进行形式化描述的建模方法。这个模型应该能描述产品开发过程中的各种活动，这些活动涉及产品、资源和组织情况及它们之间的联系。设计者用这个模型来描述现行的串行产品开发过程和未来的并行产品开发过程，即并行化过程重组的工作内容和目标。

2) 集成产品开发团队

集成产品开发团队(integrated product team，IPT)包括市场设计、工艺、生产技术准备、制造、采购、销售、维修服务等各部门人员，有时甚至还包括用户、供应商或协作厂的代表。根据团队成员聚集和沟通的方式不同，开发团队可以是实体小组，也可以是虚拟小组。虚拟小组是通过计算机网络相互联系的。采用这种团队工作方式能大大促进在产品全生命周期各阶段人员之间的相互信息交流和合作，在产品设计时及早地考虑产品的可制造性、可装配性、可检验性等。

3）协同工作环境

协同工作系统用于各类设计人员协调和修改设计，传递设计信息，以便做出有效的群体决策，解决各小组间的矛盾。由产品数据管理系统构造的集成产品开发团队的产品数据共享平台，能在正确的时间将正确的信息以正确的方式传递给正确的人；基于 Client/Server 结构的计算机系统和广域的网络环境，使异地分布的产品开发队伍能够通过产品数据管理系统和群组协同工作系统进行并行协作。

4）数字化产品建模与 CAX / DFX 使能工具

基于一定的数据标准，建立产品的数字化产品模型，特别是基于 STEP 标准的特征模型。产品设计主模型是产品开发过程中唯一的数据源，用于定义覆盖产品开发各个环节的信息模型，各环节的信息接口采用标准数据交换接口进行信息交换。数字化工具是指广义的计算机辅助工具集。最典型的有 CAD、CAE、CAPP、CAM、计算机辅助工装设计（computer aided tooling design，CATD）、面向装配的设计（design for assembly，DFA）、面向制造的设计（design for manufacturing，DFM）、加工过程仿真（manufacturing process simulation，MPS）工具等。其中，面向装配的设计主要考虑的是设计出来的各种零部件能否在现有技术设备条件下进行装配。面向制造的设计主要考虑如何使设计适应企业现有的制造条件。

2.7.3 绿色设计的概念、特征与关键技术

1. 绿色设计的概念

1）绿色设计产生的背景

20 世纪 60 年代以来，高速发展的工业经济给人类带来了高度发达的物质文明，同时也产生了一系列令人忧虑的问题：消费品寿命周期缩短，造成废弃物越来越多；资源过快开发和过量消耗，造成资源短缺和面临枯竭；环境污染和自然生态破坏威胁到人类的生存条件。传统的制造业一般采用“末端治理”的方式来解决生产中产生的废水、废气和固体废弃物带来的环境污染问题，但这种方法无法从根本上解决制造业及其产品带来的环境污染，而且投资大、运行成本高，并进一步消耗了资源。如何最大限度地节约、合理利用资源，最低限度地产生有害废弃物，保护生态环境，已成为各国政府、企业和学术界普遍关注的热点问题。1992 年在巴西里约热内卢召开的联合国环境与发展会议上通过的《21 世纪议程》，提出了全球可持续发展的战略框架，随之在全球掀起了一股“绿色浪潮”。《中国 21 世纪议程》把可持续发展战略列为中国的发展战略。自 20 世纪 90 年代以来，绿色产品逐渐兴起，相应的绿色产品设计方法成为研究热点。

2）绿色设计的概念

绿色设计是随着绿色产品的诞生所产生的一种设计技术和理念，也是实现绿色制造的关键。因为产品在设计阶段就基本确定了采用何种材料、何种加工方式，同时也确定了产品在整个生命周期过程中的环境属性。正如 Boothroyd 在福特汽车公司所做的报告中指出的那样，尽管设计费用仅占产品全部成本的 5%左右，但却决定了产品 80%～90%的消耗。

传统设计方法是以实现企业的发展战略和获取企业自身最大经济利益为出发点的，主要考虑产品的功能、质量和成本等基本属性。因而，传统的产品设计仅涉及市场分析、产品设计、工艺设计、制造和销售，以及售后服务等几个环节，如图 2-43 所示。

绿色设计也称面向环境的设计(design for environment,DFE),是将产品全生命周期中的设计、制造、使用、回收及再生等各个环节作为有机整体,在保证产品功能、质量和成本等基本性能的前提下,充分考虑各环节资源、能源的合理利用,环境保护和劳动者保护等问题的设计方法。绿色设计不仅仅要求满足消费者的需要,更重要的是要求实现"预防为主、治理为辅"的环境战略,从根本上实现环境保护、劳动保护和资源能源的优化利用。绿色设计的目标和基本流程如图 2-44 所示。

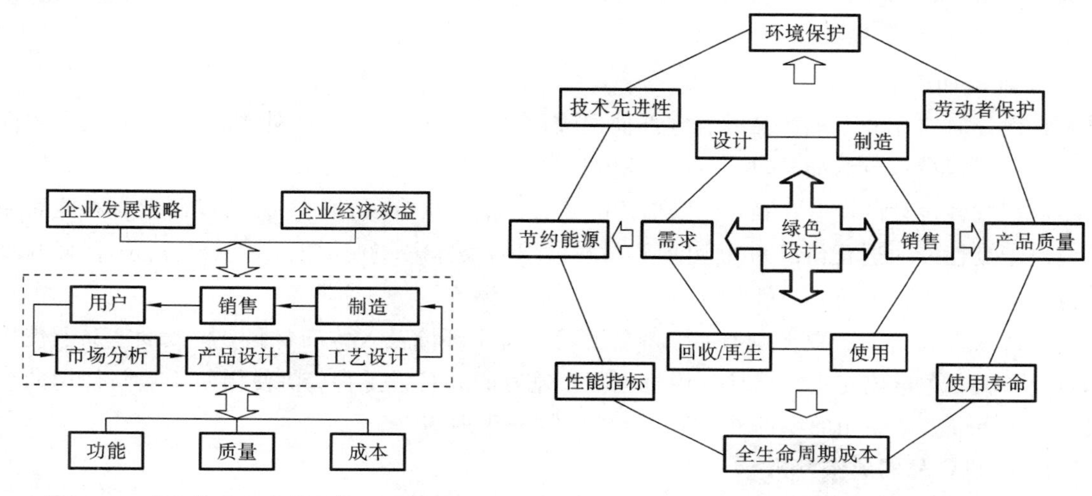

图 2-43 传统设计方法的目标和流程

图 2-44 绿色设计的目标和基本流程

2. 绿色设计的特征

(1) 环境友好性 要制造绿色产品,就要求企业在设计时必须考虑到以下几点:选用清洁的原材料,即其用材不能对人体和环境造成任何危害;采用不污染环境的生产技术;使用产品时不对使用者造成危害;报废产品在回收处理过程中很少产生废弃物。

(2) 最大限度地利用材料资源 设计产品时,在满足产品基本功能的条件下应做到:尽量简化结构,合理选用材料,并使材料能得到最大限度的利用;最大限度地使用可再生材料;尽可能采用天然材料,在可能的情况下还可选用废弃的设计材料,如拆卸下来的木材、五金件,甚至废渣、垃圾、废液等废弃物,以减轻垃圾填埋的压力。

(3) 最大限度地节约能源 尽可能采用低能耗制造工艺。

3. 绿色设计的关键技术

1) 绿色产品的描述与建模

准确全面地描述绿色产品,建立系统的绿色产品评价模型是绿色设计的关键因素之一。

2) 绿色材料的选择

选择绿色材料是实现绿色设计的前提和关键因素之一。绿色设计要求材料选择遵循以下几个原则:① 优先选用可再生材料,尽量选用可回收材料,提高资源利用率,实现可持续发展;② 尽量选用低能耗、少污染的材料;③ 尽量选择环境兼容性好的材料及零部件,避免选用有毒、有害和有辐射特性的材料;④ 所用材料应易于加工,且加工中污染最小或无污染;⑤ 尽量减少所用材料的种类;⑥ 所用材料应易于再利用、回收、再制造或易于降解。

3) 面向拆卸的设计

传统设计方法多考虑产品的装配性,很少考虑产品的可拆卸性。绿色设计要求把可拆卸性作为产品结构设计的一项评价标准,使产品在报废以后其零部件能够被高效地、不加破坏地拆卸,有利于零部件的重新利用和材料的循环再生,从而达到节约资源、保护环境的目的。

产品类型千差万别,不同产品的拆卸性设计要求不尽相同。总体上,可拆卸性设计的原则包括:① 实现零件的多功能性,减少应拆卸零部件的数目,减少拆卸工作量;② 避免有相互影响的材料组合,避免零件的污损;③ 易于拆卸,易于分离;④ 实现零部件的标准化、系列化、模块化,减少零件的多样性。

4) 面向回收的设计

在设计时要充分考虑产品的各零部件回收再利用的可能性、回收处理方法、回收费用等问题,达到节省材料、节约能源,尽量减少环境污染的目的。

可回收性设计的内容包括:① 零部件的回收性能分析(产品报废后,其零部件材料能否回收取决于其性能的退化情况);② 可回收材料的识别及标志;③ 回收处理工艺方法;④ 回收零部件的结构工艺性分析;⑤ 可回收性的经济分析与评价。

可回收性设计的主要原则有:① 避免使用有害于环境及人体的材料;② 减少产品所使用的材料种类;③ 避免使用与循环利用过程不相兼容的材料或零件;④ 使用便于重新使用的材料;⑤ 使用可重新使用的零部件;⑥ 设计的结构易于拆卸。

5) 绿色产品的成本分析

与传统产品的成本分析不同,绿色产品成本分析应考虑污染物的处理成本、产品拆卸成本、重复利用成本、环境成本等,以达到经济效益与环境效益双赢的目的。

6) 绿色产品设计数据库

该数据库包括产品全生命周期中与环境、经济等有关的所有数据,如材料成分及其对环境的影响、材料自然降解周期、人工降解时间和费用,以及制造过程中所产生的附加物对环境的影响等。

2.7.4 全生命周期设计的应用举例——汽车的全生命周期设计

加入WTO后,我国汽车市场的竞争更加激烈、残酷,形势更加严峻。因此,汽车设计面向产品的全生命周期就显得愈发迫切、愈发必要。汽车全生命周期设计的主要内容包括可靠性、维修性、保障性、测试性和安全舒适性设计。

1. 可靠性

可靠性是指产品在规定的条件下和规定的使用期限内发生故障或失效的概率。世界各国的汽车生产企业都越来越重视汽车可靠性问题,大多数用户也将可靠性作为首要因素来考虑。20世纪80年代,工业发达国家相继研究有限寿命设计技术。在产品设计阶段就针对影响产品寿命的各种内外因素进行定量采集、统计分析、优化反馈,直至得到满足用户要求的寿命指数为止。例如,汽车的5万千米试验,用计算机疲劳载荷编辑技术可以将动载下全部时间样本中造成损伤的样本取出,将无损伤的样本舍弃,重新编辑出伪随机信号谱在台架上进行试验。这样可把试验时间压缩至全部时间的1/10甚至1/100,从而既加速新车型定型,又大大降低新产品的开发成本。

2．维修性

维修性是指产品在发生故障时排除故障和恢复功能的难易程度。衡量维修性好坏的主要指标是完成维修的时间和概率。维修性好可使汽车停驶时间减少，汽车的有效利用率提高，使用和维修成本降低。在产品研制早期根本发现不了产品的维修特征。一般是设计制造样机，针对拆装空间和维修性进行试验。这个过程既耗时又费钱，在很大程度上削弱了维修性试验的作用。而维修性可视化分析则是利用CAD技术和虚拟现实技术，以三维图形显示产品维修性定性分析过程与分析结果，能提供相对逼真的分析效果，从而避免维修性分析在时间上的滞后性，及时发现潜在的问题。

3．保障性

良好的保障性主要是指设计的汽车应易于驾驶、易于维修；备件货源充足、价格合适且互换性好；为保障汽车行驶的安全性，对路况、天气等环境要求不高等。

4．测试性

汽车产品的测试性对降低汽车零部件的维修费用，使汽车保持良好的工作状况具有十分重要的作用。通过先进的测试手段，在不拆卸发动机等总成的条件下即可诊断确定故障所在部位，以便迅速排除故障。这就需要汽车具备一套先进的测试系统，在行驶过程中能监测汽车各重要部件工作状态，采用预防性维修手段，从而大大降低汽车的偶然性故障，延长汽车的大修里程，使汽车保持良好的性能状态。

5．安全舒适性

汽车全生命周期设计强调在设计阶段必须考虑安全性，以保证汽车在以后的试验、生产、运输、储存、使用直到报废阶段对操作人员、产品本身和环境都是安全的。

1）人身、产品本身安全

汽车上采用的制动系统必须具备可靠的制动功能。防抱死制动系统（ABS）的应用，使汽车的制动安全性得到进一步的提升。车的前部、侧部均安装安全气囊；倒车安全装置通过超声波传感器反馈车后情况，可保证安全倒车；雷达防撞装置有利于保持适当的车距；使用钢化玻璃和夹层玻璃，汽车在发生碰撞时，不会产生尖碎玻璃而对人身造成太大伤害；等等。

2）环境安全

为达到日益严格的废气排放指标，各大汽车公司竞相开发具有优良的动力性、经济性和排放性能的发动机，使用洁净的替代燃料，开发混合动力汽车和零污染汽车。汽车零部件使用碳纤维材料，减小了汽车的质量。GM（通用汽车）公司使用了纳米复合材料（nanocomposites），使塑料件的质量减小了30%，并且此材料更坚固。Opel公司选用聚丙烯作为汽车零部件材料，该材料价格低，耐用性和可回收性好，并且具有可吸收噪声的性质。美国匹兹堡大学新开发的一种无铅环保型“绿色钢材”，其加工性能优于含铅钢，该材料的使用有助于减少制造过程中环保监测的费用，降低了钢材生产的成本。Benz公司则致力于开发与环境相容的可回收材料作为零部件材料。

3）乘坐的舒适性

自动空调可以使车内保持适宜的温度和湿度；自动座椅可以根据所需驾驶空间的大小调节位置；自动车窗、遥控车锁、高级音响和电视、电话均可提升乘坐舒适性；有的车还配有实时交通图形、微机监控系统和卫星导航系统等。

2.8 其他先进设计方法

2.8.1 创新设计

1. 创新设计的概念、特点和分类

创新设计是设计者通过创造性思维,采用创新设计理论、方法和手段设计出结构新颖、性能优良和高效的新产品的设计活动。创新设计既可能是全新的设计,也可能是对原有设计的改进。

1) 创新设计的特点

(1) 独创性和新颖性　设计者应追求与前人、他人不同的方案,打破常规的思维方式,提出新原理、新功能、新结构,采用新材料,并在求异和突破中实现创新。

(2) 实用性　与一般意义上的发明、创造有所不同,创新设计更强调经济层面上的特征和创新本身的商业价值。发明创造成果只是一种潜在的财富,只有将其转化为生产力,才能真正推动经济发展和社会进步。

(3) 集优性　创新设计应从不同的方面探究解决问题的方法和途径,并通过对多种方案的分析、评价和遴选,集思广益,得到最佳的综合考虑方案。

2) 创新设计的类型

(1) 开发设计　开发设计是在工作原理、结构等完全未知的情况下,应用成熟的科学技术或经过实验证明可行的新技术,设计出以往没有的新型机械,这是一种创新设计。

(2) 变异设计　变异设计是针对已有产品的缺点或新的要求,从工作原理、机械结构、参数、尺寸等方面进行改进设计,使新设计的产品满足新的要求和适应市场需要。在基型产品的基础上改变参数、尺寸或功能、性能的变型系列产品即变异设计产品。

(3) 反求设计　反求设计是针对已有的先进产品进行深入分析、研究,探索并掌握其关键技术,在消化、吸收的基础上,开发能避开专利权利的创新产品。

在制造业中,创新设计主要包含产品创新设计和过程创新设计两个方面。创新又可分为突破性创新和渐进式创新。突破性创新又称原理性创新,是指在技术上有重大突破的创新。例如,电动汽车相对汽油机汽车而言就是一种突破性的创新,因为它采用了完全不同形式的动力源。在过程设计方面,零件成形方法的变革(如用快速原型制造技术中的堆积成形制造代替传统的去除法加工等)、加工工艺的重大改进(如采用成组技术)等,也属于突破性创新。通常,通过突破性创新所创造的经济效益是巨大的,但这种效益往往可能需要经过较长时间才能显现出来。由突破性创新引起的技术进步往往是革命性的进步。渐进式创新又称局部创新,其实质上是一种技术上的改进。例如:在产品设计中,改变产品的造型、色彩、尺度、参数或局部结构等,使产品的性能和外观得到改进,更加适应市场的需要;在过程设计中,通过改变加工设备或工艺参数,使产品制造周期缩短,质量提高,成本降低。渐进式创新也会带来一定的经济效益,且这种效益往往在短期内就可以显现出来。

2. 创新思维模式

创新思维是最高层次的思维活动,是人脑在外界信息的激励下,自觉综合主、客观信息,产生新的客观实体的思维活动过程。人们在创新实践中常用的创新思维模式可归纳为如下几种。

(1) 联想思维　联想思维会引导人们由已知探索未知,使人们的思路更加宽阔。例如:看到鸟儿在空中飞翔，就联想到人是否也可以那样，经过不懈努力最终造出了飞机；看到人的手臂动作灵活，就联想到让机器也能这样，结果产生了机械手和关节式机器人；看到电闸开合时产生火花引起金属腐蚀，就联想到用电能去加工金属零件，于是产生了电火花加工；看到面粉经发酵后做的面包很松软，就联想到在橡胶中加入发泡剂，因而制成了柔软多孔的海绵橡胶等。

（2）形象与抽象思维　形象思维是工程技术创新活动中的一种基本思维方式。形象思维可以激发人们的联想、类比和创新能力。以轧制金属板材为例，轧制金属板材时通常是将金属原料送到两个轧辊之间，靠两个轧辊的转动和原料板的推进而完成板材轧制。这种方法适用于轧制塑性好的钢材，当用于轧制塑性差的金属材料时金属材料则常出现裂纹。为了解决这一技术难题，日本某钢厂的一位工程技术人员借鉴人们在面板上擀面条的姿势和方法，研制出了轧制钢板的新方法。其工作原理如图 2-45 所示。图中上部是一固定板（相当于面板），在原料板的下部分布若干条工作轧辊（相当于擀面杖），它们安装在传动轧辊上。这种方法被形象地称为行星轧压法，是由形象思维激发联想而产生的。

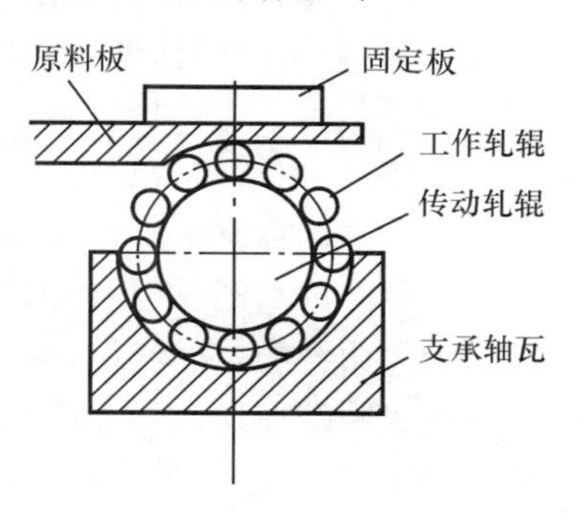

图 2-45　行星轧压法的工作原理图

抽象思维是指凭借科学的抽象概念认识事物。早在 17 世纪初，伽利略就运用抽象思维先于牛顿发现了物体运动的惯性规律。为了研究物体下落的运动规律，伽利略进行了有名的斜面小球实验，如图 2-46 所示。当一个小球沿斜面从一定高度滚落，到达斜面底部时并不会马上停下来。如果让它滚向另一斜面，则当它上升到与其初始位置高度差不多相等的位置时，小球的运动才停止。在此实验的基础上，伽利略运用抽象思维设想，如果把小球做成绝对的圆球，而小球下落之后不是滚向一个斜面，而是一个绝对水平的平面，且小球同平面之间没有任何摩擦力，也不受其他阻力的影响，那么，小球将会一直运动下去。由此，伽利略发现了物体运动的惯性定律。

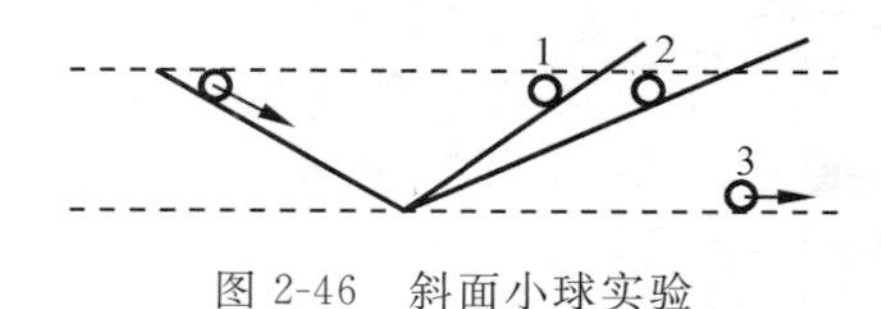

图 2-46　斜面小球实验

（3）多向性思维　多向性思维的特点是在已经掌握一个（或多个）原始解的情况下，设法从多方位、多角度、多层次寻求多种解决问题的方案。这种新的更好的解决方案的产生过程就是一种创新过程。例如，电灯开关可以采用机械式、电动式、电磁式、光敏式等多种形式，也可以采用声音或红外线控制电灯，以实现人来灯亮、人去灯熄。

日本狮王牙刷公司加藤信三对牙刷的改进是采用多向性思维方式的一个很好例证。据客户反映，用牙刷刷牙时常造成牙龈出血。为解决此问题，加藤信三没有按常规的方法，即从刷毛的材质、硬度、粗细以及排列方式上想办法，而是潜心研究刷毛端部的形状。在放大镜下，他发现刷毛端部在切断后形成了锐利的刃口，于是就尝试将刷毛端部制成球状，经试用获得了理想效果，这种新式牙刷受到用户的青睐，由此给狮王公司带来了丰厚的利润。

（4）综合性思维　综合不是简单的叠加，而是对研究对象进行深入分析，概括出其规律和特点，根据需要将已有信息、现象、概念等组合起来，形成新的技术或产品。例如，电视电话是电视与电话的组合，联合收割机是收割机、脱粒机、打包机等的组合，两栖登陆艇是船舶与车辆的组合。现代发展的许多新技术实际上是多种科学原理和工程技术的组合。例如，快速原型制造技术就是将CAD、CAM、CNC以及新材料等相关先进技术集成于一体而形成的一项综合性技术。医疗上用于人体检查的CT技术是X射线技术、微光测控技术、计算机技术和电视技术等的有机综合。

(5) 正向、侧向、逆向和迂回思维　正向思维是工程设计中常用的思维方式,即从设计起点出发,一步一步地向前推进,直至达到最终目标为止。侧向和逆向思维都是对现行解进行分析,提出疑问,想一想为什么是要这样,能否不是这样。侧向和逆向思维的目的在于突破思维定式的束缚,产生新的构思。

侧向思维侧重改变思考问题的角度,离开习惯性思维模式和传统思考方向。英国泰晤士河上的弓形防洪水闸,就是英国工程师查尔斯·德莱帕运用侧向思维方式创造的杰作。英伦三岛处于大西洋中,涨潮时海水常常会逆泰晤士河而上,有时甚至会漫过河堤进入伦敦城,为此要建造水闸挡住逆流而上的潮水,同时要保证平时船只顺利通航。按传统的设计方法,水闸需采用升降结构,但此种水闸结构庞大、造价昂贵。德莱帕改换思路,变升降为转动,用回转式弓形闸门来解决这一问题,如图2-47所示。这种闸平时只有孤立的几个闸墩露出水面,弓形闸门在水下一定深度,船只在闸墩间可以自由通行。涨潮时,弓形闸门旋转90°,从而将闸墩之间的潮水挡住。

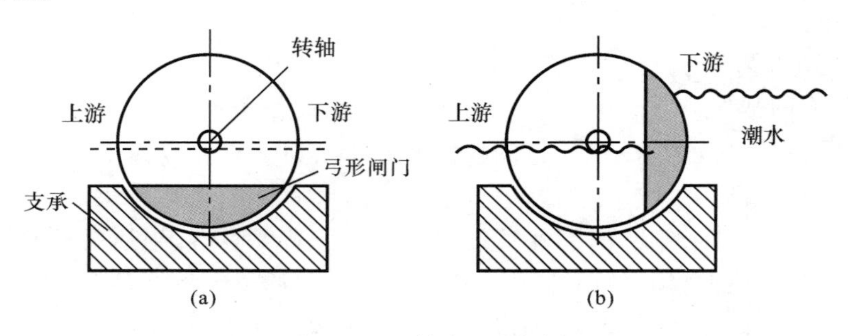

图2-47　回转式弓形闸门

(a) 开启状态;(b) 关闭状态

逆向思维是指从现有事物或习惯做法的对立面出发,按其相反的方向去思索和研究,以获取新的构想。例如,圆珠笔刚问世时常因笔头滚珠磨损而漏油,许多公司改进产品的思路都是设法延长圆珠的寿命以防止漏油。而日本一家公司则把"延长圆珠寿命"变为"控制存油量",使每只笔存油量只够写15000字,在圆珠笔因磨损而漏油时油已用完。这种廉价而不漏油的产品很快赢得了市场。

迂回思维则是一种用侧面代替正面、用间接代替直接、用渐进代替一步到位……的思维方式。快速原型制造技术就是用平面生成立体的迂回思维的产物。

3. 常用的创新技法

1) 头脑风暴法

头脑风暴(brain storming)法是由美国学者亚历克斯·奥斯本(Alex F. Osborn)于1939年首次提出、1953年正式发表的一种激发性思维方法。头脑风暴原指精神病患者头脑中短时间出现的思维紊乱现象。奥斯本借用这个概念来比喻思维高度活跃的状态,强调用打破常规的思维方式来产生大量创造性设想。头脑风暴法的特点是让与会者敞开心扉、各抒己见,使各种设想相互碰撞,从而激起脑海中的创造性风暴。这是一种集体开发创造性思维的方法。

头脑风暴法力图通过一定的讨论程序与规则来保证创造性讨论的有效性，因此，组织头脑风暴法的关键在于：① 首先确定好讨论的议题；② 会前有所准备；③ 与会人数要合适，一般以8～12人为宜；④ 与会人员要积极发表自己的意见，切忌相互褒贬；⑤ 主持人要掌控好讨论的时间等。

头脑风暴法成功的要领：① 自由畅谈，即鼓励与会者从不同角度、不同层次、不同方位大胆地展开想象，尽可能标新立异、与众不同，提出独创性的想法；② 延迟评判，即坚持不当场对任何设想做出评价，一切评价和判断都要延迟到会议结束后才能进行；③ 禁止批评，批评对创造性思维无疑会产生抑制作用，影响自由畅想；④ 产生尽可能多的设想，产生的设想越多，其中的创造性设想就可能越多；⑤ 设想处理，对已获得的设想进行整理、分析，以便选出有价值的创造性设想来加以开发实施。

2）检核表法

亚历克斯·奥斯本被视为美国创新技法之父，检核表法就是首先由他提出的。所谓检核表法，就是根据需要研究的对象的特点列出有关问题，形成检核表，并逐个问题加以讨论，从中获得解决问题的办法和创意设想。奥斯本检核表法的核心是改进，引导人们在创新过程中对“能否他用”“能否借用”“能否改变”“能否扩大”“能否缩小”“能否代用”“能否调整”“能否颠倒”“能否组合”等九个方面的问题进行思考，以便启迪思路、开拓思维想象的空间，促进人们产生新设想，构思出新方案。

例如，电风扇的基本功能是形成负压，使空气流动。运用检核表法对风扇进行创新设计，便出现了一系列新产品。① 能否他用？对风扇进行少许改变，可以得到鼓风机、吹风机、热风机、抽风机、风干机、吸尘器等。② 能否借用？引入传感器和计算机，可以开发出自控风扇，其能够根据环境温度自动调节风量或模拟自然风等。③ 能否改变？改变风扇外形，可以在保持其功能的前提下使其成为一种装饰品；改变风扇结构，可演变出台扇、吊扇、壁扇、落地扇等。④ 能否扩大？扩展风扇功能，可以演变出驱蚊风扇、催眠风扇、保健风扇等。⑤ 能否缩小？将风扇缩小，于是出现了袖珍台扇、袖珍旅行扇、帽扇等。⑥ 能否颠倒？由此产生了鸿运扇，利用外罩上栅页的转动向不同方向送风，避免了扇头摆动，不仅简化了结构，还使送风柔和。⑦ 能否组合？风扇与其他产品组合，发展了落地灯扇、音乐扇等。

3）类比法

类比就是将两种事物进行比较，这两种事物既可以是同类，也可以不是同类，甚至差别很大；通过比较，找出两种事物的类似之处，再据此推出它们在其他地方的类似之处。例如，著名的瑞士科学家阿·皮卡尔是一位研究大气平流层的专家，他不仅在平流层理论方面很有建树，而且还是一位非凡的工程师。他设计的平流层气球，可飞到高达15 690 m的高空。后来，他又把兴趣转到了海洋，去研究深潜器，他设计的深潜器曾下潜到海底 10 916.8 m。尽管海与天是两个完全不同的空间，但是海水和空气都是流体，因此，阿·皮卡尔在研究深潜器时，首先想到的是利用平流层气球的原理来改进深潜器。气球和深潜器本来是完全不同的，一个升空，一个入海，但它们都可以利用浮力原理，因此，气球的飞行原理同样可以应用到深潜器中。类比发明法是一种富有创造性的发明方法。它有利于人发挥想象力，从异中求同、从同中见异，产生新的知识，得到创造性成果。

类比种类很多，如拟人类比、因果类比、象征类比等。如：由人类行走，类比设计出机器人和两足步行机；由添加发酵剂使面包疏松，类比发明出泡沫塑料；由人盖手印，类比设计出印刷机等。

4）戈登法

戈登法(Gordon method)是由美国人威廉・戈登首创的。戈登认为头脑风暴法有一缺陷,即会议之始就提出目的,易使见解流于表面,难免肤浅。戈登法并不明确地表示课题,而是在给出抽象的主题之后,寻求卓越的构想。例如:欲开发新型割草机,会议主持人一开始只提出"分离"作为议题,即进行头脑风暴式讨论,这样就能进一步突破已为人们所习惯的方式,由"分离"一词联想出许多事来,如盐与水分离、蛋黄与蛋白分离、原子与原子核分离、人与人分离、鱼与水分离,等等。主持者在这种似乎漫无边际的"分离"大讨论中,因势利导,捕捉创意的思想火花,为新型割草机的创意构思服务。最后,主持人把真正的意图和盘托出。

5）列举法

列举法是一种借助对某一具体事物的特定对象(如特点、优缺点等)从逻辑上进行分析并将其本质内容全面地一一罗列出来的手段,启发创造性设想、找到发明创造主题的创造技法,可分为特性列举法、缺点列举法、希望点列举法等。

(1）特性列举法　特性列举,顾名思义,就是列举出事物的特性。该方法较简单,在此不做介绍。

(2）缺点列举法　该方法是一种简单有效的创造发明方法。现实世界中每一件技术成果都可视为未完成的发明,只要仔细地看、认真地想,总能找出它不完善的地方。如果时时留意自己日常使用和所接触的物品的不足之处,多听听别人对某种物品的反映,那么,发明课题就是无穷无尽的。比如穿着普通的雨靴在泥泞的地上行走容易滑倒,这是因为鞋底的花纹太浅,烂泥嵌入花纹缝内后,鞋底变得光滑,容易使人滑倒。针对这一缺点,将鞋底花纹改成一个个突出的小圆柱,就创造出了一种新的防滑靴。

(3）希望点列举法　发明者根据人们提出来的种种希望,经过归纳,沿着所希望达到的目的进行创造发明的方法称为希望点列举法。它可以不受原有物品的束缚,因此是一种积极、主动型的创造发明方法。例如:人们希望茶杯在冬天能保温,在夏天能隔热,就有人发明了一种保温杯;人们希望有一种能在暗处书写的笔,就有人发明了内装一节电池,既可照明又可书写的"光笔"。

6）组合法

组合法是按一定的技术原理或功能目的,将两个或两个以上独立的技术因素通过巧妙的结合或重组,获得具有新功能的整体性新产品、新材料、新工艺等的创造发明方法。在人们的周围,许多东西都是由两种或两种以上的物体组合而成的。例如,带橡皮的铅笔是橡皮和铅笔的组合,电水壶是电热器与炊壶的组合,航天飞机是飞机与火箭技术的组合,CT 扫描仪是 X 射线照相装置与计算机的组合。此外,带日历的手表、带温度计的台历、带有圆珠笔的钢笔等,都是由两种东西组合而成的一种新东西。

7）移植法

移植法是将某一领域的科学原理、方法、成果应用到另一领域中去,进而取得创新成果的创新技法。例如,将激光技术、电火花技术应用于机械加工,产生了激光切割机、电火花加工机床。又如,将真空技术移植到家电产品,出现了吸尘器。

8）功能思考法

采用功能思考法时需要以事物的功能要求为出发点,广泛进行思考,从而进行机器功能原理方案的构思。例如,洗衣机的功能是洗净衣物,衣服脏的原因是灰尘、油污、汗渍的吸附与渗透,而洗净的关键是分离。分离的方法有机械法、物理法、化学法等,其中,机械法又有吹、吸、抖、扫、搓、揉等,化学法又有溶解、挥发等。这样,从功能出发就可以产生多种多样的原理方案。

9) 形态分析法

形态分析法是美国加利福尼亚州理工学院教授兹维基首创的一种方法。它是从系统的观点看待事物,把事物看成几个功能部分的组合,然后把系统拆成几个功能部分,分别找出能够实现每一个功能的所有方法,最后将这些方法进行组合的方法。

例如,有一种太阳能热水器采用的是带有玻璃盖的矩形箱子,让阳光透过玻璃照在箱底,由箱底反射、吸收或散热,抽水时水流过箱子变热,然后流进室内暖气片进行循环。研究表明,最重要的变量是箱底的颜色、质地和箱子的深度。那么,怎样设计太阳能热水器呢?先列出箱底颜色、质地和箱子深度三个因素,然后找出每个因素的可能方案,列出形态表(见表 2-6)。根据形态表,可以得到多种设计方案,然后对这些方案进行试验,从中选出最优的方案。

表 2-6 太阳能热水器的形态表

因　素	可能方案		
箱底颜色	白色	银白色	黑色
箱底质地	有光泽	粗糙	—
箱子深度	深	浅	—

2.8.2 优化设计

1. 优化设计的基本思想

传统设计方法通常是通过估算、经验类比或试验来确定初始设计方案,然后经过分析计算、性能检验、参数修改等,使产品性能完全满足设计指标的要求。实践证明,这样的设计方案大部分都不是最佳方案。优化设计(optimal design)通过采用一定的优化方法,能从多种设计方案中找到最完美、最合适的设计方案,使得设计方案能实现设计目标要求的各种功能,并满足经济、高效、节能、环保等要求。

优化设计中大多采用的都是数值计算法,其基本思想是搜索、迭代和逼近。即在求解问题时,从某一初始点 $x^{(0)}$ 出发,利用函数在某一局部区域的性质和信息,确定下一步迭代搜索的方向和步长,去寻找新的迭代点 $x^{(1)}$。然后用 $x^{(1)}$ 取代 $x^{(0)}$,$x^{(1)}$ 点的目标函数值应比 $x^{(0)}$ 点的值小(对于极小化问题)。这样一步步重复迭代,逐步改进目标函数值,直到最终逼近极值点。

图 2-48(a)表示了一个无约束极值问题中 $f(x)$ 的迭代和逼近过程。这样一个寻优过程类似于“盲人登山”,极大值相当于山顶,极小值相当于山谷。盲人总是可以到达山顶,不过,他只能登上某一座山峰,如果有好几座山峰,则无法确定所登上的山峰是否最高的。对于目标函数为多“峰”的情况,要采用一定的方法来求全局最优解,这是一个十分困难的问题。在寻优过程中,最重要的是确定每一步的搜索方向和迭代步长,而各种优化算法的主要区别也在于此。

对于约束极值问题,其数值解法的基本思想仍然是搜索、迭代和逼近,不同的是需要考虑约束条件的存在。如图 2-48(b)所示,如果增加一个约束条件 $g(x)$,就好像盲人登山过程中遇到一堵墙,所能到达的最高点必须在墙内,因此其攀登的路线也会随之改变。

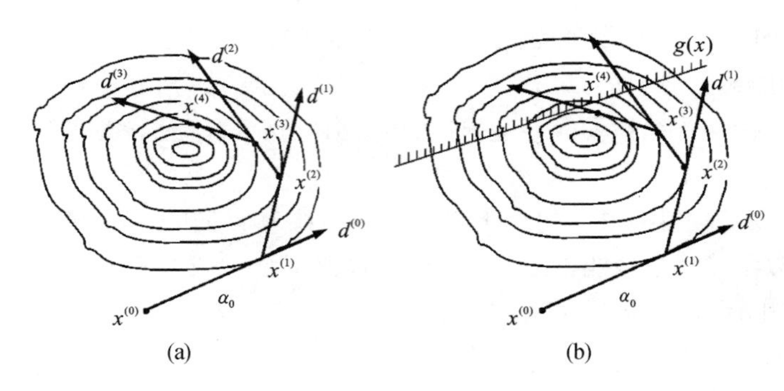

图 2-48　优化迭代和逼近过程

（a）无约束条件；（b）有约束条件

2. 常用的优化方法

优化方法的种类很多。表 2-7 列出了常用优化方法及其特点。

表 2-7　常用优化方法及其特点

名称			特点
一维搜索法		黄金分割法	简单、有效、成熟的一维直接搜索方法，应用广泛
一维搜索法		多项式逼近法	收敛速度较黄金分割法快，初始点的选择影响收敛效果
无约束非线性规划算法	间接法	梯度法（最速下降法）	需计算一阶偏导数，对初始点要求较低，初始迭代效果较好，在极值点附近收敛速度较慢，常与其他算法配合使用
无约束非线性规划算法	间接法	牛顿法（二阶梯度法）	具有二次收敛性，在极值点附近收敛速度快，但要用到一阶、二阶偏导数的信息，并且要用到海色（Hesse）矩阵，计算工作量大，所需存储空间大，对初始点的要求很高
无约束非线性规划算法	间接法	DFP 变尺度法	共轭方向法的一种，具有二次收敛性，收敛速度快，可靠性较高，需计算一阶偏导数，对初始点的要求不高，可求解 $n>100$ 的优化问题，是有效的无约束优化方法，但所需存储空间大
无约束非线性规划算法	直接法	Powell 法（方向加速法）	共轭方向法的一种，具有直接法的共同优点，即不必对目标函数求导，具有二次收敛性，收敛速度快，适合于中小型问题（$n<30$）的求解，但程序复杂
无约束非线性规划算法	直接法	单纯形法	适合于中小型问题（$n<20$）的求解，不必对目标函数求导，方法简单，使用方便
有约束非线性规划算法	间接法	网格法	计算量大，适合于中小型问题（$n<5$）的求解，对目标函数的要求不高，易于求得近似局部最优解
有约束非线性规划算法	间接法	随机方向法	对目标函数的要求不高，收敛速度快，适合于中小型问题的求解，但只能求得局部最优解
有约束非线性规划算法	间接法	复合形法	具有单纯形法的特点，适合于求解中小型规划问题，但不能求解有等式约束的问题
有约束非线性规划算法	直接法	拉格朗日乘子法	适合于只有等式约束的非线性规划问题的求解，求解时要解非线性方程组，经改进可以求解不等式约束问题，效率也较高
有约束非线性规划算法	直接法	罚函数法	将有约束问题转化为无约束问题，对大中型问题的求解均较合适，计算效果较好
有约束非线性规划算法	直接法	可变容差法	可用来求解有约束的规划问题，所适合的问题的规模与其采用的基本算法有关

3. 优化设计过程

优化设计过程由以下几部分构成。

(1) 设计问题分析　根据优化设计的特点和规律，认真地分析设计对象和要求，合理确定优化的范围和目标，以保证所提出的问题能够通过优化设计来实现。对众多的设计要求要分清主次，可忽略一些对设计目标影响不大的因素，以免模型过于复杂，造成优化求解困难。

(2) 优化设计数学模型的建立　建立正确的优化设计数学模型，是进行优化设计的关键。优化设计数学模型由设计变量、约束条件、目标函数三个基本要素组成。

在优化设计过程中，把预先确定的数值称为给定参数，而把那些需要优选的参数称为设计变量。在满足设计基本要求的前提下，应尽量减少设计变量的数目。目标函数又称评价函数。优化设计的目的就是保证所选择的设计变量能使目标函数值达到最佳(最大或最小)。为了优化算法与统一处理程序，可将目标函数均归结为极小化问题的目标函数，即

$$\min f(x) = -\max f(x)$$

正确地建立目标函数是优化设计过程中的一个重要环节，它不仅直接影响到优化设计的质量，而且对整个优化计算的难易程度有一定的影响。

对设计变量的取值加以某种限制的条件称为约束条件。如果一个设计方案满足这些约束条件，称它是可行的，反之则是不可行的。满足约束条件的可行方案的集合称为设计可行域，反之则称为非可行域。

优化设计的约束最优点是指在满足约束条件下使目标函数达到最小值的设计点，可表示为$\boldsymbol{x}^* = [x_1^* \quad x_2^* \quad \cdots \quad x_n^*]^{\mathrm{T}}$，相应的函数值 $f(\boldsymbol{x}^*)$ 称为最优值。最优点 $\boldsymbol{x}^*$ 和最优值$f(\boldsymbol{x}^*)$即构成了一个约束最优解。

优化设计数学模型可表述为：在满足约束条件的情况下，取适当的设计变量，使目标函数达到最优值。即

求变量　$\boldsymbol{X} = [x_1 \quad x_2 \quad \cdots \quad x_n]$

使目标函数　$\min f(x) = f(x_1, x_2, \cdots, x_n)$

满足约束条件

$$g_u(x) \leqslant 0 \quad (u = 1, 2, \cdots, m)$$

$$h_v(x) = 0 \quad (v = 1, 2, \cdots, p)$$

式中：m——不等式约束的个数；

p——等式约束的个数。

且有 $v < n$。

(3) 优化算法的选择　优化算法的选择是一个比较棘手的问题。优化算法很多，且各种优化算法有着不同的特点及适用范围，一般选用时都应遵循两个原则：① 选用适合模型计算的算法；② 选用已经有计算机程序且使用简单、计算稳定的算法。

(4) 编程求解　在数学模型建立以后，工程技术人员可用各种计算语言(如 C 语言和 MATLAB、FORTRON 语言等)进行编程，对目标函数进行求解。

(5) 优化结果分析　通过对求解的结果进行综合分析，确认其是否符合原先设想的设计要求，并从实际出发在优化结果中选择满意的方案。当结果与预期目标相差较大时，可通过修改设计变量、增加约束等手段，改变数学模型或者重新选择优化方法，继续寻找最优解，直到满意为止。

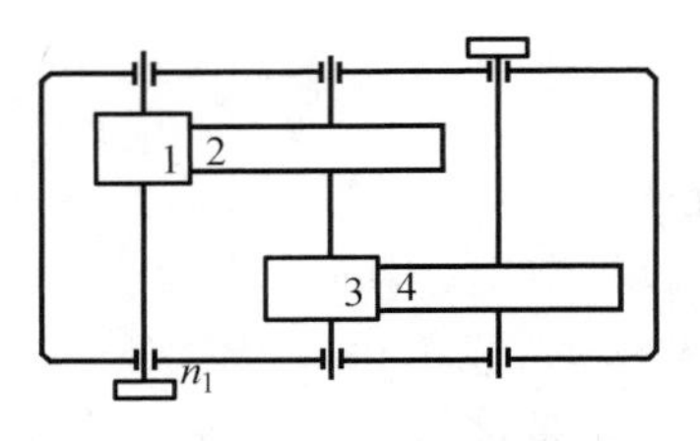

图 2-49　减速器结构简图

4. 优化设计举例

如图 2-49 所示为一个二级斜齿圆柱齿轮减速器。设高速轴输入功率 $P=6$ kW,高速轴转速 $n=1\ 450$ r/min,总传动比 $i_\Sigma=31.5$,齿轮的齿宽系数 $\varphi_a=0.4$。齿轮材料和热处理:大齿轮采用 45 钢,正火硬度为 187 ～ 207 HBS,小齿轮采用 45 钢,调质硬度为 228～255 HBS。总工作时间不少于 10 年。该减速器的总中心距计算式为

$$a_\Sigma=a_1+a_2=\frac{1}{2\cos\beta}[m_{n1}z_1(1+i_1)+m_{n2}z_3(1+i_2)]$$

式中:m_{n1}、m_{n2}—— 高速级与低速级的齿轮法面模数(mm);

i_1、i_2—— 高速级与低速级的传动比;

z_1、z_3—— 高速级与低速级的小齿轮齿数;

β—— 齿轮的螺旋角(°)。

要求按总中心距 a_Σ 最小来确定总体方案中的各主要参数。

1) 设计变量的确定

计算总中心距时涉及的独立参数有 m_{n1}、m_{n2}、z_1、z_3、i_1($i_2=31.5/i_1$)、β,故取

$$x=[m_{n1}\quad m_{n2}\quad z_1\quad z_3\quad i_1\quad \beta]^T=[x_1\quad x_2\quad x_3\quad x_4\quad x_5\quad x_6]^T$$

2) 目标函数的确定

$$f(x)=\frac{x_1x_3(1+x_5)+x_2x_4(1+31.5/x_5)}{2\cos x_6}$$

3) 约束条件的确定

(1) 由传动功率与转速确定的约束条件为

$$2\leqslant m_{n1}\leqslant 5\quad(\text{标准值为 }2,2.5,3,4,5)$$

$$3.5\leqslant m_{n2}\leqslant 6\quad(\text{标准值为 }3.5,4,5,6)$$

综合考虑传动平稳,轴向力不可太大,能满足短期过载,高速级与低速级的大齿轮浸油深度大致相近,齿轮 1 的分度圆尺寸不能太小等要求,取

$$14\leqslant z_1\leqslant 22,\quad 16\leqslant z_3\leqslant 22$$

$$5.8\leqslant i_1\leqslant 17,\quad 8^\circ\leqslant\beta\leqslant 15^\circ$$

由此建立 12 个不等式约束条件:

$$g_1(x)=2-x_1\leqslant 0,\quad g_2(x)=x_1-5\leqslant 0,\quad g_3(x)=3.5-x_2\leqslant 0$$

$$g_4(x)=x_2-6\leqslant 0,\quad g_5(x)=14-x_3\leqslant 0,\quad g_6(x)=x_3-22\leqslant 0$$

$$g_7(x)=16-x_4\leqslant 0,\quad g_8(x)=x_4-22\leqslant 0,\quad g_9(x)=5.8-x_5\leqslant 0$$

$$g_{10}(x)=x_5-17\leqslant 0,\quad g_{11}(x)=8-x_6\leqslant 0,\quad g_{12}(x)=x_6-15\leqslant 0$$

为了使各自变量的值在数量级上一致,x_i 采用度为单位,而计算程序的函数一般要求为弧度制(在写程序时要注意先将度值化为弧度值再代入函数进行计算)。

(2) 由齿面接触强度公式确定的约束条件为

$$\sigma_H=\frac{925}{a}\sqrt{\frac{(i+1)^3KT_i}{bi}}\leqslant[\sigma_H]$$

高速级和低速级齿面接触强度条件分别为

$$\cos^3\beta-\frac{[\sigma_H]^2 m_{n1}^3 z_1^3 i_1 \varphi_a}{8\times 925^2 K_1 T_1}\leqslant 0$$

$$\cos^3\beta-\frac{[\sigma_H]^2 m_{n2}^3 z_3^3 i_2 \varphi_a}{8\times 925^2 K_2 T_2}\leqslant 0$$

式中：$[\sigma_H]$——许用接触应力（N/mm^2）；

T_1、T_2——高速轴Ⅰ和中间轴Ⅱ的转矩（N·mm）；

K_1、K_2——高速级和低速级的载荷系数。

（3）由轮齿弯曲强度公式确定的约束条件为

$$\sigma_{F1}=\frac{1.5K_1 T_1}{bd_1 m_{n1} y_1}\leqslant[\sigma_F]_1$$

$$\sigma_{F2}=\sigma_{F1}\frac{y_1}{y_2}\leqslant[\sigma_F]_2$$

高速级和低速级大、小齿轮的弯曲强度条件分别为

$$\cos^2\beta-\frac{[\sigma_F]_1\varphi_a y_1}{3K_1 T_1}(1+i_1)m_{n1}^3 z_1^2\leqslant 0$$

$$\cos^2\beta-\frac{[\sigma_F]_2\varphi_a y_2}{3K_1 T_1}(1+i_1)m_{n1}^3 z_1^2\leqslant 0$$

$$\cos^2\beta-\frac{[\sigma_F]_3\varphi_a y_3}{3K_2 T_2}(1+i_2)m_{n2}^3 z_3^2\leqslant 0$$

$$\cos^2\beta-\frac{[\sigma_F]_4\varphi_a y_4}{3K_2 T_2}(1+i_2)m_{n2}^3 z_3^2\leqslant 0$$

式中：$[\sigma_F]_1$、$[\sigma_F]_2$、$[\sigma_F]_3$、$[\sigma_F]_4$——齿轮1、2、3、4的许用弯曲应力（N/mm^2）；

y_1、y_2、y_3、y_4——齿轮1、2、3、4的齿形系数。

（4）按高速级大齿轮与低速轴不发生干涉而确定的约束条件为

$$E-\frac{d_{a2}}{2}-a_2\leqslant 0$$

即

$$2\cos\beta(W+m_{n1})+m_{n1}z_1 i_1-m_{n2}z_3(1+i_2)\leqslant 0$$

式中：E——低速轴轴线与高速级大齿轮齿顶圆之间的距离（mm）；

d_{a2}——高速级大齿轮的齿顶圆直径（mm）。

将相关的数据代入上述公式：$[\sigma_H]=518.75\ N/mm^2$，$[\sigma_F]_1=[\sigma_F]_3=153.5\ N/mm^2$，$[\sigma_F]_2=[\sigma_F]_4=141.6\ N/mm^2$，$T_1=41\ 690\ N\cdot mm$，$T_2=40\ 440\ N\cdot mm$，$K_1=1.255$，$K_2=1.024$，$y_1=0.248$，$y_2=0.302$，$y_3=0.256$，$y_4=0.302$，$W=50\ mm$。可得

$$g_{13}(x)=\cos^3 x_6-3.006\times 10^{-7}x_1^3 x_3^3 x_5\leqslant 0$$

$$g_{14}(x)=x_5^3\cos^3 x_6-1.196\times 10^{-5}x_2^3 x_4^3\leqslant 0$$

$$g_{15}(x)=\cos^2 x_6-9.701\times 10^{-5}(1+x_5)x_1^3 x_3^2\leqslant 0$$

$$g_{16}(x)=x_5^2\cos^2 x_6-1.265\times 10^{-4}(31.5+x_5)x_2^3 x_4^2\leqslant 0$$

$$g_{17}(x)=x_5[2(x_1+50)\cos x_6+x_1 x_3 x_5]-x_2 x_4(31.5+x_5)\leqslant 0$$

$$g_{18}(x)=\cos^2 x_6-1.090\times 10^{-4}(1+x_5)x_1^3 x_3^2\leqslant 0$$

$$g_{19}(x)=x_5^2\cos^3 x_6-1.377\times 10^{-4}(31.5+x_5)x_2^3 x_4^3\leqslant 0$$

由于满足 $g_{15}(x)$ 和 $g_{16}(x)$，必满足 $g_{18}(x)$ 和 $g_{19}(x)$，所以 $g_{18}(x)$ 和 $g_{19}(x)$ 明显为消极约束，故可以省略，因此起作用的约束为 $g_1(x)\sim g_{17}(x)$。

2.8.3 价值工程

1. 价值工程的基本概念

价值工程(value engineering, VE)是由美国GM公司的I. D. Miles于20世纪40年代末首次提出的一种设计与管理方法。1947年,GM公司责成Miles解决石棉板货源奇缺带来的公司生产经营问题。Miles不是直接从石棉板的货源着手,而是先搞清石棉板的用途——防火。经过市场调查,他找到了一种能够代替石棉板起防火作用的防火纸,该防火纸价格便宜、货源充足。因此,他不仅解决了公司面临的困难,而且还因防火纸价格低廉给公司带来了可观的经济效益。Miles以此为契机,又对公司产品的功能、费用和价值之间的关系做了更深入的研究,并于1947年在美国《机械师》杂志上发表了"价值分析"一文。由此,价值分析方法开始被美国主要企业所关注和应用。20世纪70年代末,价值工程技术被引入我国,许多企业和部门都将该技术应用到了产品设计、制造、生产经营等环节中,由此提高了产品性能,降低了产品成本,获得巨大效益。

在价值工程中,产品价值V与产品功能F和产品成本C之间的关系可表示为

$$V=F/C$$

值得指出的是,这里的产品价值不是指产品的价格,而是用"合算不合算"或"值得不值得"来表达,即指产品"好的程度"。

功能是分析对象满足某种需求的一种属性。对产品而言,功能就是产品的用途、产品所担负的职能或所起的作用。价值分析在本质上不是以产品为对象,而是以功能为中心,价值分析方法使功能成为可以度量的东西。进行功能分析的目的是去掉那些不必要的功能,这样才可以对产品进行重新设计和改造,把承担不必要功能的零件取消,从而节省费用。

价值工程中的成本是指实现功能所支付的全部费用。就产品来说,是以功能为对象而进行的成本核算,这与一般财会工作中的成本计算有较大的差别。价值工程中的功能成本,是把每一零部件按不同功能的重要程度进行分组后计算的。实施价值工程的目的就是在保证功能的前提下尽量降低成本。

2. 价值工程分析对象的选择

价值工程分析对象的选择是实施价值工程的第一步。能否从众多规格品种的产品中准确地选择分析对象,直接关系到价值工程的效果。价值工程分析对象一般宜选择在生产经营上有迫切性和必要性,在改进功能、降低成本方面有较大潜力的对象。其基本方法有综合加权评分法、ABC分类法、价值系数分析法等。ABC分类法的基本原理是:处理任何事情都要分清主次、轻重,区别关键的少数和次要的多数,根据不同的情况进行分类管理。当企业没有能力也没有必要对所有产品零件逐一进行价值分析时,可将产品零件分为A、B、C三类,其中:A类零件占产品零件总数的10%~20%,而其成本却占总成本的60%~70%;B类零件占产品零件总数的60%~70%,但其成本仅占总成本的10%~20%;其余零件为C类零件,其数量比例与成本比例相当。为此,应关注节约成本期望值最大的A类零件,将其作为价值分析的对象。

3. 价值工程的功能分析

功能分析是价值工程的核心,其主要任务有:分析所选择对象的功能并将其量化;分析选择对象的功能与成本之间的关系;确定对象价值的高低及改善期望值的大小。功能分析的结果将作为提出创新方案的依据。功能分析过程包括以下几个部分。

(1) 功能定义　功能定义就是用简明的语言对分析对象的功能做出确切表述,说明其功能的实质、功能限定范围,以及与其他产品功能的区别。例如,车床的功能是车削工件。产品的功能具有多样性,可以从功能的重要程度、功能性质、用户需要等不同的角度加以分类,从而抓住主要矛盾。

(2) 功能整理　功能整理就是要确定产品的必要功能,兼顾辅助功能,同时考虑使用功能和外观功能,去除多余功能,调整过剩功能,明确提高产品价值的功能区域,提升对象的价值等级。

(3) 功能评价　它是指用量化手段来描述功能的重要程度和价值,以找出低价值区域,确定与功能的重要程度相对应的功能成本。功能评价的一般步骤:① 确定功能的现实成本;② 采用一定的方式使功能量化;③ 计算功能的价值;④ 确定功能改善的幅度;⑤ 按价值从大到小的顺序排列,确定价值工程活动的首选对象。

4. 制订改进方案

为了改进设计,就必须提出改进方案。提出改进方案的方法有很多,如头脑风暴法、戈登法等。改进方案提出后,再对它们进行评价与分析,去掉明显不合理的方案,最后选出最佳方案。方案评价要从两方面进行:一是要从功能如满足需求、保证设计等方面进行评价;二是要从经济如减少费用、降低成本等方面进行评价。无论从哪个角度出发来评价,能否提高价值、增加经济效益都是最终的评价标准。

5. 成本分析

成本分析是价值工程的重要内容之一。降低成本的潜力通常很大,应通过分析找出成本中的薄弱环节,再加以改进。产品寿命周期成本包括生产成本、运行成本、维修保养成本等。不同类型的产品,成本的构成比例也不同。设计方案对产品成本的影响很大,通常成本的70%都取决于设计方案。降低产品成本可以采取以下措施:① 优选方案,尽量减少元件数目;② 寻找代用品,降低材料成本;③ 实现零件标准化、部件通用化、产品系列化;④ 合理设计产品结构,以降低加工和装配成本。

6. 价值工程应用举例

某企业生产的一种洗衣机销路较好,批量较大,但利润小,成本远高于国内其他同类产品。为此,该公司组织价值工程小组对洗衣机进行了价值工程分析。

(1) 分析对象的选择　把洗衣机全部零件按成本大小分类排队,对产品的成本构成进行分析,算出各类零件所占成本的百分比,如表 2-8 所示。运用 ABC 分类法来进行选择。

表 2-8　产品各类零件成本表

单个零件成本/元	件　　数	件数百分比/(%)	零件总成本/元	成本百分比/(%)	分　类
$C\geqslant 7.00$	10	10	186.15	74.6	A
$0.6\leqslant C\leqslant 7.00$	30	30	46.192	18.5	B
$C\leqslant 0.6$	61	60	17.238	6.9	C
合计	101	100	249.58	100	—

(2) 功能分析　洗衣机可分为四个功能系统:① 控制子系统;② 动力及传动子系统;

③ 容器装置;④ 外观及保护子系统。依次绘出功能系统图,进一步明确各零件的基本功能和实现该功能的手段;明确哪些功能是多余的,哪些功能是不足的。

(3) 功能评价　对选为分析对象的A区10个零件进行评价,计算出零件的功能系数,如表2-9所示,然后计算零件的成本系数和价值系数。

表2-9　A类零件功能系数表

零件名称	电动机	外罩	盖圈	内筒	定时器	V带	风扇轮	电容器	轴壳	上盖	得分	功能评价系数/(%)	现实成本/元	成本系数/(%)	价值系数
电动机	×	1	1	1	1	1	1	1	1	1	9	20.00	44.13	23.70	0.84
外罩	0	×	1	1	0	1	1	1	1	1	7	15.56	32.5	17.46	0.89
盖圈	0	0	×	0	0	1	1	1	1	1	5	11.11	32.45	17.43	0.64
内筒	0	0	1	×	0	1	1	1	1	1	6	13.33	25.05	13.46	0.99
定时器	0	1	1	1	×	1	1	1	1	1	8	17.78	13.9	7.47	2.38
V带	0	0	0	0	0	×	1	0	0	1	2	4.44	8.74	4.70	0.94
风扇轮	0	0	0	0	0	0	×	0	0	1	1	2.22	7.88	4.83	0.52
电容器	0	0	0	0	0	1	1	×	1	1	4	8.89	7.00	3.76	2.36
轴壳	0	0	0	0	0	1	1	0	×	1	3	6.67	7.20	3.87	1.72
上盖	0	0	0	0	0	0	0	0	0	×	0	0	7.30	3.92	0
合计												100.0	186.15	100.6	0.99

(4) 集思广益,改进产品　动员职工出主意、想办法,提出降低成本、改进功能的建议。建议内容包括零部件和原材料供、产、销的全过程。价值分析前后,洗衣机成本费用的变化如表2-10所示。

表2-10　洗衣机成本费用的变化　　(单位:元)

品种	材料及外购件		工时费用		三包费	工装费	单台成本	
	原成本	新成本	原成本	新成本			原成本	新成本
烤漆型	145.8	122.0	98.10	37.5	1.10	2.90	247.90	163.50
冰花型	151.0	127.0	98.10	40.5	1.10	2.90	253.10	171.50

2.8.4　可靠性设计

1. 可靠性的概念

可靠性问题最早是由美国军用航空部门提出的。第二次世界大战期间,美国空军由于发生故障而损失的飞机达21 000架,比被击落的飞机多1.5倍,这个事实引起了美国军方对可靠性问题的高度重视。在现实生活中因为机械零部件可靠性不高而造成非常严重后果的事例屡见不鲜。如密封圈在低温条件下失效造成航天飞机坠毁,起落架失灵造成飞机失事,轮船密封性差造成轮船沉没,炼钢厂起重吊钩失效使钢水外漏而造成大量人员伤亡,等等。目前,世界各工业发达国家都非常重视产品的可靠性,对各种产品都规定了可靠性指标。可靠性指标值的高低决定着产品的价格和销路的好坏，因而可靠性成为市场竞争的重要内容。

可靠性是指产品在规定的条件下和规定的时间内，完成规定功能的能力。所谓“规定的条件”，包括环境条件、存储条件以及受力条件等；“规定的时间”是指一定的时间范围；“规定的功能”是指产品若干功能的全部，而不是指其中的一部分。

2. 可靠性设计的主要内容

可靠性设计(reliability design，RD)的基本思想是：与设计有关的载荷、强度、尺寸、寿命等都是随机变量，应根据大量实践与测试，揭示它们的统计规律，并用于设计，以保证所设计的产品符合给定可靠度指标的要求。可靠性设计的任务就是确定产品质量指标的变化规律，并在其基础上确定如何以最少的费用保证产品应有的工作寿命和可靠度，建立最优的设计方案，使产品的可靠性达到所要求的水平。可靠性设计的主要内容如下。

(1) 故障机理和故障模型研究　产品在使用过程中会受到各种随机因素(如载荷、速度、温度、振动等)的影响，致使材料逐渐丧失原有的性能，从而发生故障或失效。因此，研究产品在使用过程中元件材料的老化失效机理，掌握材料老化规律，揭示影响老化的根本因素，找出引起故障的根本原因，用统计分析方法建立故障或失效的机理模型，进而较确切地分析产品在使用条件下的状态并计算出其寿命，是解决可靠性问题的基本方法。

(2) 可靠性试验技术研究　可靠性试验是可靠性数据的主要来源之一，通过可靠性试验可以发现产品设计和研制阶段的问题，明确设计方案是否需要修改。可靠性试验是既费时又费钱的试验，因此采用正确而又恰当的试验方法不仅有利于保证和提高产品的可靠性，而且能够大大地节省人力和费用。

(3) 可靠性水平的确定　根据国际标准和规范，规定相关产品的可靠性水平等级，对于提高企业的管理水平和市场竞争能力，具有十分重要的意义。此外，统一的可靠性指标可以为产品的可靠性设计提供依据，有利于产品的标准化和系列化。

3. 可靠性设计的常用指标

可靠性设计是指将可靠性及相关指标定量化，从而使设计具有可操作性，用以指导产品开发过程。可靠性设计的常用指标有如下几项。

(1) 产品的工作能力　在保证功能参数达到技术要求的同时，产品完成规定功能的能力，称为产品的工作能力。由于影响产品工作能力的随机因素很多，产品工作能力的耗损过程属于随机过程。

(2) 可靠度　可靠度是指产品在规定的运行条件下，在规定的工作时间内，能正常工作的概率。概率就是可能性大小的度量，它表现为[0,1]区间的数值。根据互补定理，产品从开始使用至时间 t 时不出现失效的概率(即可靠度)为

$$R(t)=1-F(t)$$

式中：$R(t)$——正常使用的概率(可靠度)；

$F(t)$——出现失效的概率。

(3) 失效率　失效率又称故障率，它表示产品工作到某一时刻后，在单位时间内发生故障的概率，用 $\lambda(t)$ 表示。失效率越低，产品越可靠。其数学表达式为

$$\lambda(t)=\lim_{\Delta t\to 0}\frac{n(t+\Delta t)-n(t)}{[N-n(t)]\Delta t}=\frac{\Delta n(t)}{[N-n(t)]\Delta t}$$

式中：N——产品总数；

$n(t)$——N 个产品工作到 t 时刻的失效数；

$n(t+\Delta t)$——N 个产品工作到 $t+\Delta t$ 时刻的失效数。

(4) 平均寿命　对于不可修复产品，平均寿命是指产品从开始工作到发生失效前的平均工作时间，称为失效前平均工作时间(mean time to failure，MTTF)。对于可修复产品，平均寿命是指两次故障之间的平均工作时间，称为平均无故障工作时间(mean time between failure，MTBF)。

4. 机械零件可靠性设计

机械零件可靠性设计的内容较多，这里仅讨论机械零件的应力和强度可靠性设计问题。从广义的角度出发，可以将作用于零件上的应力、温度、湿度、冲击力等物理量统称为零件所受的应力，以 Y 表示；将零件能够承受这类应力的程度统称为零件的强度，以 X 表示。如果零件强度 X 小于应力 Y，则零件将不能完成规定的功能，称为失效。因此，若使零件在规定的时间内工作可靠，必须满足

$$Z=X-Y\geqslant 0$$

在机械零件中，可以认为强度 X 和应力 Y 是相互独立的随机变量，并且二者都是一些变量的函数，即

$$X=f_X(X_1,X_2,\cdots,X_n)$$
$$Y=g_Y(Y_1,Y_2,\cdots,Y_m)$$

其中：影响强度的随机变量包括材料性能、结构尺寸、表面质量等；影响应力的随机变量有载荷分布、应力集中情况、润滑状态、环境温度等。二者具有相同的量纲，其概率密度曲线可以在同一坐标系中表示。

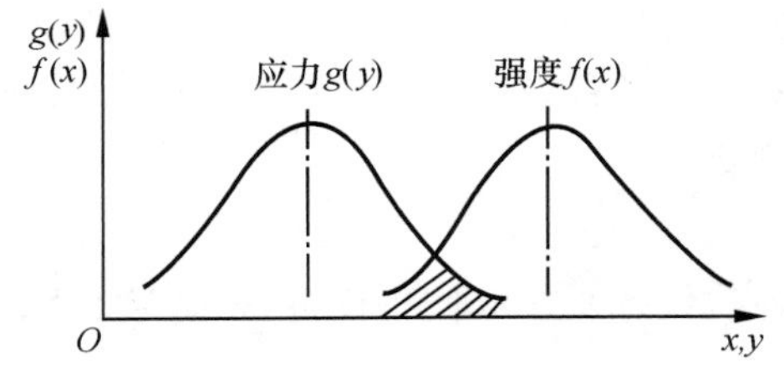

图 2-50　应力-强度概率密度分布

由图 2-50 可见，应力曲线与强度曲线有相互重叠的区域(阴影部分)，这就是零件可能出现失效的区域，称为干涉区。干涉区的面积越小，零件的可靠性就越高；反之，可靠性就越低。然而，应力-强度概率密度分布曲线的重叠区只是表示了干涉的存在，并不反映干涉程度。

传统设计方法是根据给定安全系数进行设计的，不能体现产品失效的可能性，而可靠性设计方法可以客观地反映零件设计和运行的真实情况，并定量地给出零件在使用中的失效率及其可靠度。

若已知随机变量 X 及 Y 的分布规律，利用零件应力-强度干涉模型，就可以求得零件的可靠度及失效率。设零件的可靠度为 R，则

$$R=P(X-Y\geqslant 0)=P\quad (Z\geqslant 0)$$

表示随机变量 $Z=X-Y\geqslant 0$ 时的概率。而累计的失效率为

$$\lambda=1-R=P\quad (Z<0)$$

即 λ 表示随机变量 $Z<0$ 时的概率。

现举例说明机械零件的应力和强度可靠性设计问题。

例 2-1　有一根受拉钢丝绳，已知其承载能力和所受载荷均服从正态分布，其承载能力 Q 的均值 $\mu_Q=907\ 200$ N，方差 $\sigma_Q=136\ 000$ N，载荷 F 的均值 $\mu_F=544\ 300$ N，方差 $\sigma_F=113\ 400$ N。求钢丝绳的失效率。假设生产钢丝绳的企业加强了生产过程中的质量管理，

使得钢丝绳质量有了明显提高，其承载能力的方差降低为 $\sigma_Q=90\ 720$ N，求此时钢丝绳的失效率。

解　根据失效率系数公式：

$$u_p=-\frac{\mu_Q-\mu_F}{\sqrt{\sigma_Q^2+\sigma_F^2}}=-\frac{907\ 200-544\ 300}{\sqrt{136\ 000^2+113\ 400^2}}=-2.0494$$

查正态分布表，可得钢丝绳的失效率为

$$\lambda=0.020\ 18=2.018\%$$

则其可靠度为

$$R=1-\lambda=0.979\ 82=97.982\%$$

当钢丝绳承载能力方差 $\sigma_Q=90\ 720$ N 时，有

$$u_p=-\frac{\mu_Q-\mu_F}{\sqrt{\sigma_Q^2+\sigma_F^2}}=-\frac{907\ 200-544\ 300}{\sqrt{90\ 720^2+113\ 400^2}}=-2.50$$

通过查正态分布表，可计算出钢丝绳的失效率为

$$\lambda=0.006\ 2=0.62\%$$

相应地，其可靠度为

$$R=1-0.006\ 2=0.993\ 8=99.38\%$$

可见，在同样的载荷下，由于钢丝绳强度的一致性较好，标准差降低，钢丝绳的可靠性有了明显提高。若采用传统的安全系数法进行设计，根据平均安全系数 n 的计算公式 $n=\mu_F/\mu_Q$ 可知，由于 $\mu_{Q1}=\mu_{Q2}$，可以认为这两种钢丝绳的安全性能相同。显然，与安全系数设计法相比，可靠性设计能更准确地反映设计方案、参数特性及其变化规律对产品可靠性的影响。

思考题与习题

2-1　试分析先进设计技术的内涵与特点。

2-2　描述先进设计技术的体系结构。为什么说 CAD 技术是先进设计技术的主体？

2-3　CAD 技术包括哪些主要内容？

2-4　简述三维设计技术的发展历程。

2-5　CAE 的全称是什么？CAE 有哪些作用？

2-6　CAE 技术的主要内容有哪些？常用的 CAE 软件有哪些？

2-7　CAPP 系统由哪几部分组成？CAPP 的作用有哪些？

2-8　CAPP 系统的零件信息描述和输入方法有哪些？

2-9　分别简述派生型和创成型 CAPP 系统的基本原理。二者的主要区别是什么？

2-10　什么叫模块化设计？共分成哪几类？

2-11　简述模块化设计的过程。

2-12　模块化设计的关键技术是什么？

2-13　逆向工程的真正含义是什么？简述运用逆向工程技术从事产品开发的基本步骤。

2-14　逆向工程的关键技术是什么？

2-15 什么是模型重构技术？叙述模型重构的基本方法和步骤。
2-16 何谓全生命周期设计？全生命周期设计有何特点？
2-17 绿色设计包含哪些主要内容？
2-18 绿色设计的关键技术是什么？
2-19 何谓并行设计？它有哪些特征？
2-20 并行设计的关键技术有哪些？
2-21 优化设计的基本思想是什么？简述优化设计的过程与步骤。
2-22 叙述价值工程的含义以及价值工程方法应用的程序。
2-23 分析可靠性设计的主要内容和指标。
2-24 创新设计有哪几种类型？各有何特点？
2-25 列出几种创新思维模式以及它们各自在产品创新中的运用。

第3章 先进制造工艺

3.1 先进制造工艺的发展及其内容

3.1.1 先进制造工艺的发展

先进制造工艺技术是研究与物料处理过程和物料直接相关的各项技术，要求实现加工过程的优质、高效、低耗、清洁和灵活。先进制造工艺的发展表现在以下几个方面。

(1) 加工精度不断提高。随着制造工艺技术的进步和发展，机械加工精度得到不断提高。18世纪，用于加工第一台蒸汽机汽缸的镗床的加工精度仅为1 mm；20世纪初，测量精度达0.001 mm的千分尺和光学比较仪问世，使加工精度向微米级过渡；近二十年间，机械加工精度又提高了1～2个数量级，达到10 nm级的精度水平。现在测量超大规模集成电路所用的电子探针，其测量精度已达0.25 nm。

(2) 切削速度迅速提高。随着刀具材料的发展，在近一个世纪内，切削速度提高了100多倍。由图3-1可以看出：20世纪以前，以碳素工具钢为主的刀具材料的切削速度在10 m/min左右；20世纪初高速钢问世，切削速度提高到30～40 m/min；20世纪30年代，随着硬质合金刀具的使用，切削速度很快提高到每分钟数百米。接着又相继出现了陶瓷刀具、聚晶金刚石(PCD)刀具和聚晶立方氮化硼(PCBN)刀具，切削速度可达每分钟上千米。

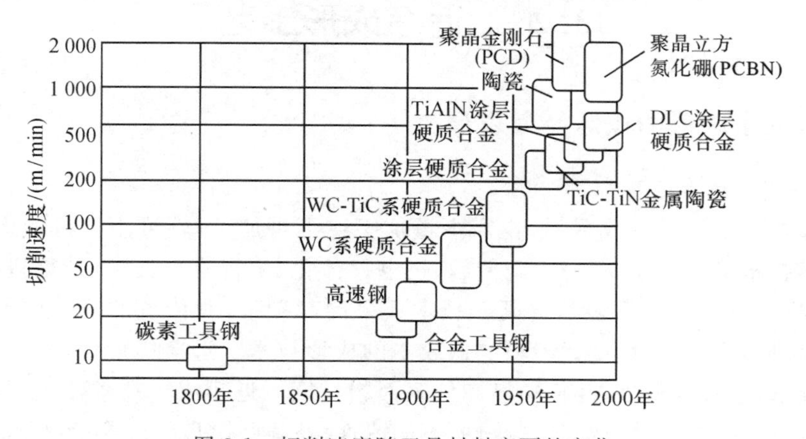

图3-1 切削速度随刀具材料变更的变化

(3) 新型工程材料的应用推动了制造工艺的进一步发展。超硬材料、超塑性材料、复合材料、工程陶瓷等新型材料的出现，一方面要求进一步改善刀具材料的切削性能、改进机械加工设备，使之能够胜任新材料的切削加工，另一方面迫使人们寻求新型的制造工艺，以便更有效地适应新型工程材料的加工，因而出现了一系列特种加工方法。

(4) 近净成形(near net shape)技术不断发展。随着人们对人类生存资源的节约和保护意识的提高，要求零件毛坯成形精度向少无余量方向发展，使成形的毛坯接近或达到零件的最终形状和尺寸,因而出现了诸如精密铸造成形、精密塑性成形、精密连接等近净成形技术。

(5) 表面工程技术日益受到重视。表面工程技术是通过运用物理、化学或机械工艺来改变零件表面的形态、化学成分和组织结构,使零件表面具备与基体材料不同的性能的一种技术。它在节约原材料、提高新产品性能、延长产品使用寿命、装饰环境、美化生活等方面发挥着越来越突出的作用。

3.1.2 先进制造工艺的内容

基于所处理物料的特征,先进制造工艺可划分为以下四种技术。

(1) 精密、超精密加工技术　它是指对工件表面材料进行去除,使工件的尺寸、表面性能达到产品要求而采取的技术措施。当前,纳米加工技术代表了制造技术的最高精度水平,超精密加工的材料已由金属扩大到了非金属领域。根据加工的尺寸精度和表面粗糙度,精密加工可大致分为三个不同的档次,即精密加工、超精密加工和纳米加工。

(2) 精密成形制造技术　它是指工件成形后只需少量加工或不需加工就可用作零件的成形技术。它是由多种高新技术与传统的毛坯成形技术融合而成的综合技术,正在从近净成形工艺向净成形(net shape)工艺的方向发展。

(3) 特种加工技术　它是指利用电能、磁能、声能、光能、化学能等能量及其组合施加在工件的被加工部位上,从而达到材料去除、变形、改变性能等目的的非传统加工技术。

(4) 表面工程技术　它是指采用物理、化学、金属学、高分子化学、电学、光学和机械学等学科的技术及其组合,提高产品表面耐磨、耐蚀、耐热、耐辐射、耐疲劳等性能的各项技术。表面工程技术主要包括热处理、表面改性、制膜和涂层等技术。

3.2 近净成形工艺

3.2.1 近净成形的概念及其发展

1. 近净成形的概念

近净成形技术是指零件成形后,仅需少量加工或不再加工,就可用作机械构件的成形技术。近净成形技术是建立在新材料、新能源、机电一体化、精密模具技术、计算机技术、自动化技术、数值分析和模拟技术等多学科高新技术成果的基础上,对传统的毛坯成形技术进行改造,而形成的优质、高效、高精度、轻量化、低成本的成形技术。近净成形使得成形的机械构件具有精确的外形,高尺寸精度、几何精度和低表面粗糙度。近净成形技术涉及近净铸造成形、精确塑性成形、精确连接、精密热处理改性、表面改性、高精度模具制造等专业领域,是新工艺、新装备、新材料,以及各项新技术成果的综合集成技术。近净成形技术的特点是所成形零件具有精确的外形、高的尺寸精度,而且重量轻、成本低,同时采用该技术还可节约材料、减少环境污染。

2. 近净成形技术的主要发展趋势

自20世纪70年代以来,各工业发达国家政府与工业界在近净成形技术研究方面投入了大量资金和人力,使这项技术得到很快的发展。这项技术由于对市场竞争能力具有突出贡献,被美国、日本政府和企业列为20世纪90年代影响竞争力的关键技术,近净成形产值增长幅度也远高于制造业产值增长幅度。近净成形技术呈现出以下发展趋势。

(1) 不断涌现新的近净成形工艺。工业发达国家一直致力于开发近净成形新工艺,使得近净成形件所占比重、成形件的精度和复杂程度都有很大提高。例如:汽车缸体铸件的壁厚可达到 3～4 mm;有很多轿车齿轮采用冷挤压生产,齿形不必再加工;轿车的万向联轴器已经可以用精确的塑性成形工艺来生产;轿车连杆不仅尺寸精度高,而且重量偏差也小。其中所采用的技术使轿车的自重降低,而性能得到提高。随着新材料的发展和高能束(激光束、离子束、电子束等)的推广应用,涌现出了一批新的近净成形工艺。

(2) 越来越多采用计算机仿真技术。采用传统成形技术制订一个新零件的制造工艺,在生产时往往还需要进行大量修改调试。计算机技术的发展,解决了非线性问题的计算困难,使成形过程的仿真分析和优化成为可能。铸造、锻造、覆盖件冲压、模具 CAD/CAM/CAE 等多项商业软件的开发和应用,有力地推动了近净成形技术的发展。

(3) 不断开发适用于近净成形加工行业的机器人和机械手。近净成形通常是大批量生产,需要建设自动生产线,需要有相应的机械手和机器人。由于工作环境的多样性,通常又在高温下工作,因此近净成形机械手和机器人与一般冷加工和装配用的机器人有不同特点。经过多年应用研究,研究人员已经针对不同成形工艺需要,开发了一系列成形机械手和机器人,形成系列化,提高了近净成形生产的自动化、智能化水平。

(4) 近净成形的新装备技术不断出现。国外大批量生产的近净成形多数采用了自动生产线,因而具有生产率高、质量稳定、劳动条件好等优点。在工业发达国家,这种生产线的研究和建设已有几十年历史,并且随着人们对产品个性化要求的提出,已经出现了一些柔性生产线。我国一些重点企业在 20 世纪 70—80 年代前期依靠引进设备陆续建立了一些近净成形生产线(例如 20 世纪 70 年代末期东风汽车公司购进了德国奥姆科公司的 12 000 t 热模锻压力机自动生产线)。其后通过引进和自主开发,我国在 20 世纪 90 年代初已经能够全部依靠国内技术和设备建设热模锻生产线。根据需求,国内企业已建成不同自动化程度的自动生产线和柔性生产线。

(5) 新的质量控制技术提高了近净成形产品的互换性。为了保证产品质量,一方面加强管理,做好生产全过程的质量控制,另一方面通过生产过程中的自动化和智能控制以保证近净成形生产质量的稳定,开发各种在线检测和无损检测技术和仪器,进行统计过程控制技术的研究和应用,从而使成形件的质量和精度可靠。

(6) 虚拟制造和网络制造技术在近净成形中的应用越来越多。随着计算机及网络技术的发展,近年来虚拟制造和网络制造技术在近净成形中的应用规模较大,提高了近净成形行业的整体发展水平。

3. 近净成形技术的研究目标及主要内容

1) 近净成形新技术及其产业化

近净成形新技术包括近净成形铸造、精确塑性成形、优质高效精确连接、精确热处理改性、优质高效表面改性及涂层、复杂高精度模具等技术及其综合应用。针对上述方向,企业急需对覆盖面广的新技术和共性技术开展研究,提供新工艺、新方法、新装备,积累完善的技术数据,并达到实用化。

2) 近净成形工艺模拟分析和优化

研究解决成形工艺模拟的关键技术,使三维模拟软件完善化、成熟化、商品化,为近净成形提供优化的工艺参数。

3）近净成形生产线用机械手和机器人

研究近净成形生产线所需的典型机械手和机器人，使之系列化、成熟化，满足生产线的建设需求。

4）近净成形生产自动线和柔性生产线建造技术

以工艺技术为核心，研究近净成形自动生产线建造技术，侧重研究生产线控制和在线检测技术，做到能根据企业生产纲领和可能提供的资金建设不同机械化、自动化程度的生产线，并根据发展需要，建设部分柔性生产线。

5）生产过程的质量控制技术

通过在线智能控制、无损检测和统计过程控制等技术的研究应用，达到对近净成形的全过程质量控制，从而保证产品质量。

6）近净成形技术的虚拟制造和网络制造技术

针对近净成形行业内中小型企业多，国内企业技术水平低的特点，与科研院所、专业协会、学会等紧密结合，建立虚拟制造和网络制造系统。

3.2.2 精密铸造技术

精密铸造是用精密造型方法获得精确铸件的工艺总称，它包括陶瓷型铸造、熔模铸造、压力铸造、半固态铸造等铸造方法。

1. 陶瓷型铸造

陶瓷型铸造是指用陶瓷浆料制成铸型来生产铸件的铸造方法，它是在普通砂型铸造的基础上发展起来的一种新工艺。陶瓷浆料由硅酸乙酯水解液和质地较纯、热稳定性较高的细耐火砂（如电熔石英砂、锆英石、刚玉砂等）混合而成。陶瓷型有两种类型：①全由陶瓷浆料浇灌而成的陶瓷型。其制作过程是先将模样固定于型板上，外套砂箱，再将调好的陶瓷浆料倒入砂箱，待浆料结胶硬化后起模，陶瓷浆料经高温焙烧即成为铸型。②采用衬套，在衬套和模样之间的空隙浇灌陶瓷浆料而制造的铸型。衬套可用砂型，也可用金属型。用衬套浇灌陶瓷壳层可以节省大量陶瓷浆料，因此这种陶瓷型在生产中应用较多。陶瓷型铸件表面粗糙度可达Ra 1.0～1.25 μm，尺寸精度高达 3～5 级，能达到少无切削加工的目的。陶瓷型铸造生产周期短，金属利用率高，最大铸件可达十几吨，主要用于铸造大型厚壁精密铸件和铸造单件小批量的冲模、锻模、塑料模、金属模、压铸模、玻璃模等各种模具。陶瓷型铸造模具的使用寿命可与用机械加工方法制成的模具相媲美，而制造成本则比用机械加工方法制成的模具低。

2. 熔模铸造

熔模铸造也称失蜡铸造。熔模铸造获得的产品精密、复杂，接近于零件的最后形状，可不加工或很少加工就直接使用，是一种近净成形的先进工艺，应用非常广泛。它不仅适用于各种类型合金的铸造，而且生产出的铸件尺寸精度、表面质量比采用其他铸造方法生产出的要高，甚至其他铸造方法难以铸得的复杂、耐高温、不易于加工的铸件，均可采用熔模铸造方法制造。

熔模铸造方法不仅能用于生产小型铸件，而且能用于生产较大的铸件，最大的熔模铸件的轮廓尺寸已近 2 m，而最小壁厚却不到 2 mm。同时熔模铸件也更精密，用定向凝固熔模铸造生产的高温合金单晶体燃气轮机叶片，体现了精确成形铸造技术在航空航天工业中的应用成果。

3. 半固态铸造

半固态铸造技术是将合金在固相线和液相线温度区间进行加工并形成最终产品的一种崭新的工艺。该技术最早于20世纪70年代由美国麻省理工学院（MIT）开发，在20世纪90年代因汽车的轻量化制造需要而得到快速发展。其基本原理是利用非枝晶半固态金属（semi-solid metal，SSM）独有的流变性和搅熔性控制铸件的质量。图3-2所示为典型的枝晶组织和非枝晶组织。球状的固相晶体组织是应用金属半固态铸造成形工艺的关键点。球状非枝晶的显微组织在固相率达0.5～0.6时仍具有一定的流变性，从而可利用常规的成形工艺，如压铸、挤压、模锻等工艺实现金属的精密成形。正是由于非枝晶组织特殊的流变性能，采用半固态铸造工艺可获得致密度高的合金制品。

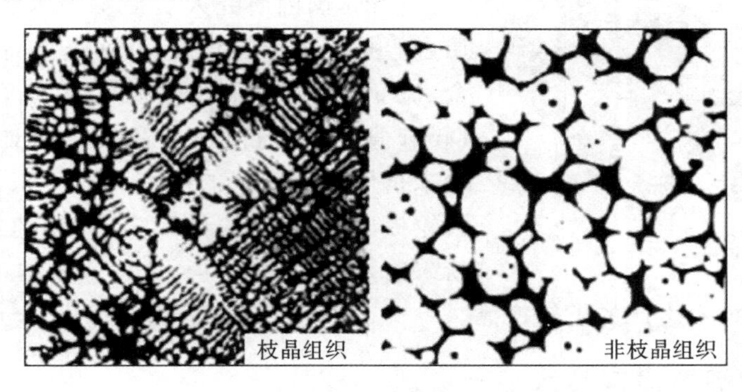

图3-2 典型的枝晶组织与非枝晶组织

由于采用半固态铸造技术成形的产品具有高质量、高性能和高合金化等特点，因此具有强大的生命力。除应用在军事装备上外，半固态铸造技术还主要集中用于轿车的关键部件。众多生产实践表明，轿车、轻型车的转向节及泵体、转向器壳体、阀体、悬挂支架件和轮毂等高强度、高致密度、高可靠性要求的铸件，采用半固态铸造技术成形可以实现产品的低成本、高产量和高质量。当前，在美国和欧洲，该项工艺技术的应用较为广泛。半固态金属铸造工艺被认为是21世纪最具发展前途的近净成形和新材料制备技术之一。

3.2.3 精密粉末冶金技术

精密粉末冶金是指用粉末注射成形（powder injection molding，PIM ）或粉末挤压成形（powder extrusion molding，PEM）技术生产几何形状复杂的各种零件制品。在生产过程中，通过烧结来提高产品的力学性能，生产出的制品组织结构均匀，形状接近最终制品的形状。图3-3所示为各种粉末冶金制品。

图3-3 粉末冶金制品

粉末注射成形和粉末挤压成形的基本工艺流程如图3-4所示。粉末注射成形与粉末挤压成形在成形工艺上有所不同：粉末注射成形工艺是在注射成形机上实现的，粉末注射成形物料处于三向压应力状态，其变形是三向压缩的压缩变形；而粉末挤压成形工艺主要是在螺杆挤压机上实现的。

图 3-4　粉末冶金基本工艺流程

粉末挤压成形工艺中，黏结剂作为粉末流动的载体，对整个挤压成形工艺的成功具有至关重要的作用，而脱脂技术是整个工艺过程中限制零部件向大尺寸、大厚度或非常薄的大截面方向发展的最关键步骤。粉末挤压成形产品尺寸大，导致脱脂工艺耗时长、缺陷多、过程难以控制，制约了粉末挤压成形产业的发展。

图 3-5　利用粉末冶金技术生产的齿轮产品

目前，国内研究人员借鉴粉末注射成形技术和硬质合金挤压成形的相关经验，吸纳高分子科学、粉末冶金、流变学等多学科的科研成果，通过引进德国新一代 Dorst 真空螺杆挤压机，开展了对难熔金属化合物的粉末挤压成形工艺的研究。近年来，电动工具行业对齿轮提出了免润滑、低噪声、高转速等特殊要求，使得粉末冶金在电动工具行业的应用越来越多。图 3-5 所示是利用粉末冶金技术生产的齿轮产品。

3.2.4　精密锻造成形技术

1. 精密锻造成形技术概述

精密锻造成形技术指的是在零件基本成形后，只需少许加工或不需加工就可以使零件达到使用要求的近净成形技术。目前，精密锻造成形技术主要用在精锻零件和精化毛坯等方面。对一些不易机加工的贵重金属而言，采用精密锻造工艺具有成本低、效率高、节能环保、精度高等优势，不仅可以得到一定形状的金属零件，而且能使金属的内部组织更加致密，从而提高零件的韧度和耐磨性能。

精密锻造成形工艺种类很多。按成形速度分，有高速精锻成形、一般精锻成形、慢速精锻成形等；按成形温度分，有超塑精锻成形、室温精锻成形、中温精锻成形、高温精锻成形等；按成形技术分，有分流锻造、复动锻造、等温锻造、复合成形、温精锻成形、热精锻成形和冷精锻成形等。其中按成形技术对精锻技术进行划分已经成为生产中的习惯分类方式。

2. 精密锻造成形技术的发展趋势

(1) 精密锻造的产品越来越多。精密锻造产品正在向优质化、精密化和复杂化方向发展。随着制造业的发展和进步，以及生活标准的提高，人们对锻造产品的精度、品质和品种的要求也越来越高。和其他工艺比较，锻造具有节能环保、生产周期短、成本低廉等优势。图 3-6 所示为精密锻造的摆杆和齿轮产品。

(2) 锻造柔性化、智能化、自动化水平越来越高。新兴起来的高效、高柔性的自动锻压设备在设备发展中已成为主流。除此之外，机械手和在线监测在工艺操作过程中的使用也越来越普遍，精密锻造工艺已经在向智能化方向发展。图 3-7 所示为在锻压设备上进行自动上下料的机器人。

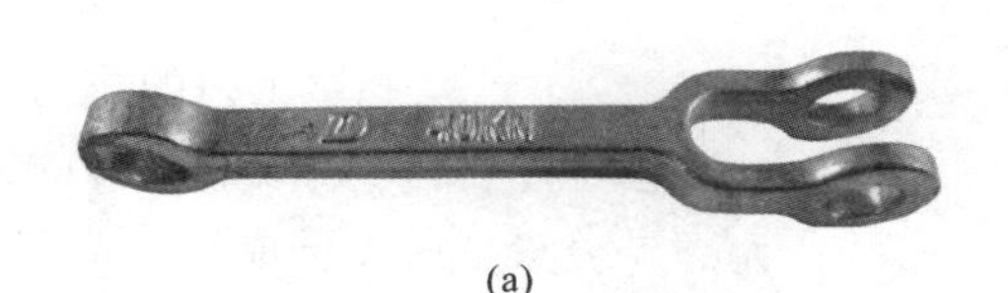

(a)

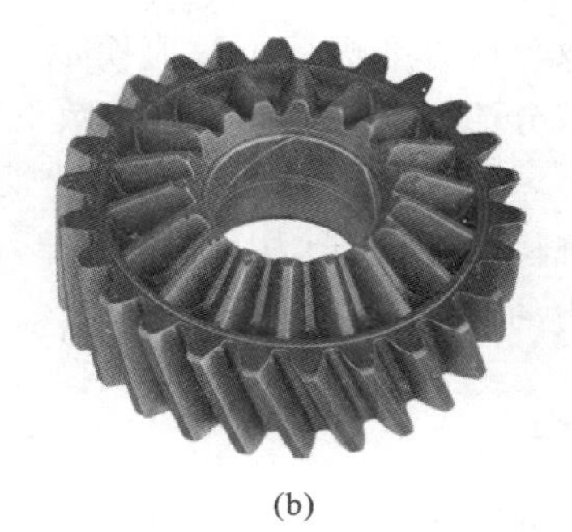

(b)

图 3-6 精密锻造的摆杆和齿轮产品

(a) 摆杆;(b) 齿轮

(3) 精密锻造计算机辅助技术越来越发达。传统的锻造工艺是在知识和经验的基础上发展起来的,在锻造生产过程中需要通过不断"试误",逐步确定工艺设计,而这种方式已经无法满足大规模和个性化生产的需求。以计算机为载体的虚拟仿真等先进技术已经逐渐在制造行业中占有一席之地,成为精密锻造技术不可或缺的一种技术支持。

图 3-7 自动上下料机器人

(4) 绿色锻造要求越来越强烈。全球资源的紧缺和环境污染的严重程度,使得资源节约和环保成为锻造成形工艺的发展方向,就是要以对环境影响最小和资源利用率最高作为目标来发展锻造成形工艺。很多新的资源节约型、环境无污染锻造工艺逐渐出现,如齿轮的精锻成形、无切削加工工艺已经在汽车行业成功使用。

3. 精密锻造技术在齿轮制造中的应用

随着齿轮成形工艺研究的深入和市场需求的不断增长,现代制造业对齿轮产品精度的要求在不断提高。齿轮的精密成形问题一直是研究的热点。

目前精密锻造成形工艺主要是冷精锻,但冷精锻存在载荷过大、模具寿命短等问题。温冷复合工艺的出现解决了冷精锻的难题。所谓温冷复合工艺,即先温锻出齿坯,再通过冷精整得到所要求尺寸精度的齿轮。同冷精锻相比,温冷复合工艺成形载荷较小。

冷精整工艺中还存在模具的弹性扩张和齿轮的弹性回复现象,对于精度要求较高的零件,必须考虑弹性变形对零件尺寸精度的影响。随着有限元技术的发展,利用弹塑性大变形有限元数值计算方法研究金属变形问题,同时考虑齿轮和模具的弹性变形,研究齿轮冷精整工艺中模具的弹性扩张行为和齿轮件出模后的弹性回复行为,并对各自的弹性变性规律进行分析,可以实现冷精整直齿轮的尺寸偏差预测,并通过试验验证模拟结果。

螺旋锥齿轮具有优良的承载能力和传动平稳性,被广泛地应用于各种汽车、摩托车等车辆的传动装置。与传统的机械加工相比,螺旋锥齿轮的精密锻造成形具有生产效率高、节约原材料、成本低、零件强度高、表面质量好等特点,尤其适用于大批量生产。由于螺旋锥齿轮的齿面呈弧形,金属在成形过程中流动路径复杂,不易充填模具型腔,导致成形力过大,模具极易破裂。如何降低成形力,保证成形质量,提高模具的使用寿命,是螺旋锥齿轮精密锻造成形的关键技术难题。我国研究人员用 DEFORM-3D 有限元分析软件对螺旋锥齿轮精密锻造模腔的内分流与双分流方案进行了数值模拟，结果表明双分流精密锻造成形能够显著降低成形力。通过分析双分流方案中不同工艺参数下的成形特性，确定出最佳工艺参数。最后，根据终锻件的成形特点，提出了冷精整齿形的工艺方案，分析了冷精整成形过程中的金属流动规律、应力应变分布规律，以及成形力的变化规律，优化了齿形模具。图 3-8 所示为螺旋锥齿轮精整模具和齿部受力的有限元分析模型。

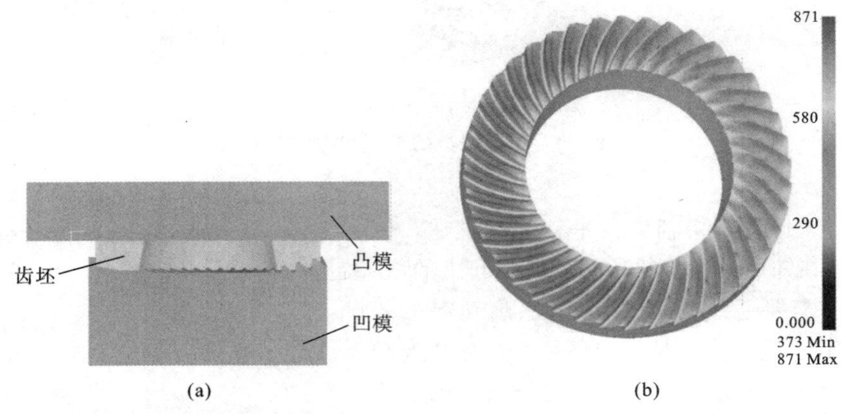

图 3-8　螺旋锥齿轮精整模具和齿部受力的有限元分析模型

(a) 精整模具；(b) 分析模型

3.3　超精密加工

3.3.1　超精密加工技术概述

精密、超精密加工技术是指加工精度达到某一数量级的加工技术的总称。零部件和整机的加工和装配精度对产品的重要性不言而喻，精度越高，产品的质量越高，使用寿命越长，能耗越小，对环境越友好。超精密加工技术旨在提高零件的几何精度，以保证机器部件配合的可靠性、运动副运动的精确性、长寿命和低运行费用等。

超精密加工技术是高科技尖端产品开发中一项不可或缺的关键技术，是一个国家制造业发展水平的重要标志，也是实现装备现代化目标不可缺少的关键技术之一。它的发展综合地利用了机床、工具、计量技术，环境技术，光电子技术，计算机技术，数控技术和材料科学等方面的研究成果。超精密加工是先进制造技术的重要支柱之一。

精密加工和超精密加工代表了加工精度发展的不同阶段。通常，加工精度按其高低可划分为如表 3-1 所列的几种级别。由于生产技术的不断发展，划分的界限将逐渐向前推移，过去的精密加工对今天来说已是普通加工，因此，界限是相对的。

表 3-1　加工精度的划分

级　别	普通加工	精密加工	高精密加工	超精密加工	极超精密加工
加工误差/μm	100～10	10～3	3～0.1	0.1～0.005	≤0.005

根据加工方法的机理和特点，超精密加工可以分为超精密切削、超精密磨削、超精密特种

加工和复合加工,如图 3-9 所示。

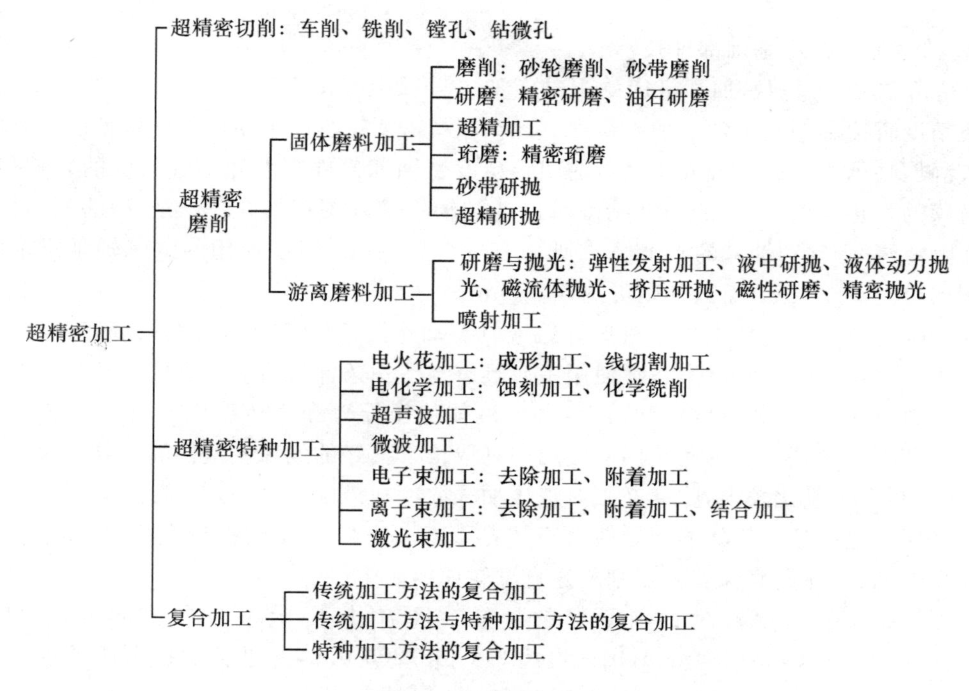

图 3-9　超精密加工方法

超精密切削的特点是借助锋利的金刚石刀具对工件进行车削和铣削。金刚石刀具与有色金属亲和力小,其硬度、耐磨性及导热性都非常优越,且能刃磨得非常锋利,刃口圆弧半径可小于 0.01 μm,可加工出表面粗糙度小于 Ra 0.01 μm 的表面。

超精密磨削是在一般精密磨削基础上发展起来的。超精密磨削不仅要提供镜面级的表面粗糙度,还要保证获得精确的几何形状和尺寸。

目前超精密磨削的加工对象主要是玻璃、陶瓷等硬脆材料,磨削加工的目标是加工出 3～5 nm 的光滑表面。要实现纳米级磨削加工,要求机床具有高精度及高刚度,脆性材料可进行可延性磨削(ductile grinding)。此外,砂轮的修整技术也至关重要。

超精密特种加工是指直接利用机械能、热能、声能、光能、电能、磁能、原子能、化学能等能源,采用物理的、化学的非传统加工方法的超精密加工。超精密特种加工包括的范围很广,如电子束加工、离子束加工等能量束加工方法。

复合加工是指同时采用几种不同能量形式、几种不同的工艺方法的加工技术,例如电解研磨、超声波电解加工、超声波电解研磨、超声波电火花加工、超声切削加工等。复合加工比单一加工方法更有效,适用范围更广。

3.3.2 超精密加工的关键技术

1. 超精密加工机床技术

1) 超精密加工机床的设计理论与方法

超精密加工机床设计包括:机床结构、传动链、尺寸链、力流链等的设计;高精度要求下的刚度、强度、阻尼设计;超常情况下精度的传递和稳定性、精度裕度设计;自律校正、进化与修正技术等。

2) 超精密加工机床基础部件技术

(1) 精密主轴　超精密加工机床的主轴在加工过程中直接支持工件或刀具的运动,故主轴的回转精度直接影响到工件的加工精度。现在超精密加工机床中使用的回转精度最高的主轴是空气静压轴承主轴。空气静压轴承的回转精度受轴承部件圆度和供气条件的影响很大,由于压力膜的匀化作用,轴承的回转精度可以达到轴承部件圆度的 1/15～1/20,因此要得到 10 nm 的回转精度,轴和轴套的圆度要达到 0.15～0.20 μm。目前使用的空气轴承主轴的回转精度国内可达 0.05 μm,而国外则可达 0.03 μm。

(2) 超精密导轨　超精密加工机床导轨应具有动作灵活,无爬行,直线精度好,高速运动时发热量少,维修保养容易等优点;在使用中应具有与使用条件相适应的刚度。超精密加工机床常用的导轨有 V-V 型滑动导轨和滚动导轨、液体静压导轨和气体静压导轨。传统的 V-V 型滑动导轨和滚动导轨在美国和德国的应用中都取得了良好的效果。液体静压导轨由于油的黏性剪切阻力,发热量比较大,因此必须对液压油采取冷却措施。另外,液压装置比较大,而且油路的维修保养也麻烦。气体静压导轨由于其支承面都是平面,可获得较大的支承刚度,它几乎不存在发热问题,在维修保养方面则要注意导轨面的防尘。

就精度而言,空气导轨是目前最好的导轨。目前,国际上空气导轨的直线度可达 0.1 μm/250 mm～0.2 μm/250 mm,国内可达 0.1 μm/200 mm,通过补偿技术还可进一步提高导轨的直线度。

(3) 传动系统　目前,用于精密加工和超精密加工的传动系统主要有精密滚珠丝杠传动系统、静压丝杠传动系统、摩擦驱动系统和直线电动机驱动系统。

精密滚珠丝杠传动是超精密加工机床常采用的驱动方法。超精密加工机床一般采用 C_0 级滚珠丝杠,利用闭环控制最高可达 0.01 μm 的定位精度。利用滚珠丝杠的微小弹性变形原理,可实现纳米分辨率的进给。但丝杠的安装误差、丝杠本身的弯曲、滚珠的跳动及制造上的误差、螺母的预紧程度等都会给导轨的运动精度带来影响。

静压丝杠传动系统的丝杠和螺母不直接接触,有一层高压膜相隔,因此没有摩擦引起的爬行和反向间隙,可以长期保持其精度,进给分辨率可更高。由于介质膜(油、空气)有匀化作用,可以提高进给精度,在较长行程上,可以达到纳米级的定位分辨率,但静压丝杠的刚度比较小。液体静压丝杠装置较大,且必须有油泵、蓄压器、液体循环装置、冷却装置和过滤装置等众多辅助装置,另外还存在环境污染问题。

摩擦驱动系统是通过摩擦把伺服电动机的回转运动直接转换成直线运动,实现无间隙传动的,由于其结构比较简单,因而弹性变形因素大为减少,是一种非常适合于超精密加工的传动系统。英国 Rank Tailor Hobson 公司开发的 Nanoform 600 超精密镜面加工机床的进给机构采用了这种装置,其在 300 mm 的行程上的分辨率为 1.255 nm、定位精度为±0.1 μm。

直线电动机是一种将电能直接转变成直线机械运动的动力装置。直线电动机适合于高速和高精度的场合,通常高速滚珠丝杠可在 40 m/min 的速度和 0.5g 的加速度下工作,而直线电动机的加速度可达 5g,其速度和刚度分别为滚珠丝杠的 30 倍和 7 倍。目前,直线电动机传动定位精密度可达到 0.04 μm,分辨率可达 0.01 μm,速度可达 200 m/s。

(4) 微进给装置　高精度微进给装置对实现超薄切削、高精度尺寸加工和在线误差补偿有着十分重要的作用。在超精密加工中,常用的微进给装置有弹性变形式、热变形式、流体膜变形式、磁致伸缩式和压电陶瓷式等多种结构形式。其中,压电陶瓷材料具有较好的微位移特性和可控制性。以压电陶瓷为驱动器的基于弹性铰链支承的微位移机构在目前是用得最多的。

2. 超精密加工刀具技术

天然金刚石刀具是目前最主要的超精密切削工具,由于它的刃口形状会被直接反映到被加工材料的表面上,因此金刚石刀具刃磨技术是超精密切削中的一项重要技术。刃磨技术包括晶面的选择、刃口刃磨工艺以及刃磨后刃口半径的测量等三个方面。

(1) 晶面的选择　由于天然金刚石晶体具各向异性,各晶面表现的物理力学性能不同,其制造难易程度和使用寿命也都不同。经过准确定向制作的金刚石刀具的寿命、磨削性能、修研情况以及切削性能等都有不同程度的提高。

(2) 刃口刃磨工艺　刃口钝圆半径是一个关键参数,若切削厚度欲达 10 nm,则刃口钝圆半径应为 2 nm。由于研磨技术的进步,现在国外研磨质量最好的金刚石刀具的刃口圆弧半径可以小到数纳米,我国研磨的金刚石刀具刃口圆弧半径只能达到0.1～0.3 μm。

(3) 刃口半径的测量　理论和实验研究表明,刀具刃口半径越小,切屑厚度就越小,表面加工质量也就越高。传统的刃口半径测量方式有印膜法、光学法、切屑分析法及电子显微镜测量法。随着扫描隧道显微技术的发展及原子力显微镜 (atomic force microscope, AFM)在各个领域应用的发展,美国学者提出了用原子力显微镜来测量刃口半径的设想。虽然直接应用原子力显微镜来测量刃口半径还存在一些问题,但这仍是目前金刚石刀具刃口半径测量技术的一个发展方向。

3. 精密测量技术

在超精密加工领域,尺寸测量技术主要有两种:一是激光干涉技术,二是光栅技术。激光干涉仪分辨率高,最高可达 0.3 nm,一般为 1.25 nm;测量范围大,可达几十米;测量精度高。双频激光干涉仪常用于超精密机床中的位置测量和用作位置控制测量反馈元件。由于激光波长受温度、湿度、压力的影响比较大,因此这种测量方法对环境要求很高。

近年来超精密加工领域越来越多地选用光栅作为测量工具。从分辨率上看,光栅系统分辨率可达 0.1 nm,测量范围可达 100 mm,精度可达±0.1 μm。而且光栅对环境的要求相对较低,可以满足超精密加工的使用要求,是很有前途的超精密测量工具。

4. 超精密加工原理

目前,超精密加工的精度要求越来越高,机床相对工件的精度裕度已很小。在这种情况下,只是靠改进原来的技术很难提高加工精度,因此,应该从工作原理着手进行研究,以寻求解决办法。

近年来,新工艺、新加工方法不断出现。在现代加工中出现了电子束加工、离子束加工、激光加工、微波加工、超声波加工、刻蚀、电火花加工、电化学加工等多种加工方法。电子束、离子束和激光加工等加工方法虽然使加工效率有相当大的提高,但从目前来看都不能满足要求。将来的纳米级精度加工,可以考虑采用超精密加工机床的机械去除加工和基于扫描隧道显微镜(scanning tunneling microscope,STM)原理的能量束去除加工复合的加工方式。

国外工艺技术是与新原理、新方法紧密结合的。原始创新不足是制约我国工艺水平提高的主要原因。因此,必须加强工艺技术的基础研究和创新工艺的研发。此外,工艺技术是与高新加工装备紧密结合的,要在加强新装备研发的同时,加强工艺技术的研究。

5. 超精密环境控制技术

超精密加工要求在一定的环境下进行，这样才能达到精度和表面质量要求。良好的工作环境是保证超精密加工质量的必要条件，影响环境的主要因素有温度、湿度、污染和振动等。

超精密加工实验室要求恒温，目前已达（20±0.5）℃，而切削部件在恒温液的喷淋下温度最高可达（20±0.05）℃。美国劳伦斯·利弗莫尔国家实验室（LLNL）的油喷淋温控系统可将温度变化控制在0.005 ℃范围内。精密和超精密加工设备必须安放在带防振沟和隔振器的防振地基上，并可使用空气弹簧（垫）来隔离低频振动。高精密车床还可采用对旋转部件进行动平衡的方法来减小振动。超精密加工还必须有洁净的环境，其最高要求为1 m^3空气内粒径大于0.01 μm的尘埃数目少于10个。

3.3.3 金刚石超精密车削

金刚石超精密车削是为适应计算机用的磁盘、录像机中的磁鼓、各种精密光学反射镜、射电望远镜主镜面、照相机塑料镜片、树脂隐形眼镜镜片等精密产品的加工而发展起来的一种精密加工方法。它主要用于加工铝、铜等非铁系金属及其合金，以及光学玻璃、大理石和碳素纤维等非金属材料。

1. 金刚石超精密车削机理与特点

金刚石超精密车削属于微量切削，其加工机理与普通切削有较大的差别。超精密车削要达到0.1 μm的加工精度和 Ra 0.01 μm的表面粗糙度，刀具必须具有切除亚微米级以下金属层厚度的能力。这时的切削深度可能小于晶粒的大小，切削在晶粒内进行，要求切削力大于原子、分子间的结合力，刀刃上所承受的切应力可高达13 000 MPa。刀尖处应力极大，切削温度极高，一般刀具难以承受。由于金刚石刀具具有极高的硬度和高温强度，耐磨性和导热性能好，加之金刚石本身质地细密，能磨出极其锋利的刃口，因此，可以加工出粗糙度很低的表面。通常，金刚石超精密车削会采用很高的切削速度，故产生的切削热少，工件变形小，因而可获得很高的加工精度。

2. 金刚石超精密车削的关键技术

1）金刚石刀具及其刃磨

超精密车削刀具应具备的主要条件如表3-2所示。

表3-2 超精密车削刀具应具备的主要条件

分类	主要条件
刀具切削部分的几何形状	① 刃口能磨得极其锋利，刃口圆弧半径极小，能实现超薄的切削厚度； ② 具有不产生走刀痕迹、强度高、切削力非常小的刀具切削部分几何形状； ③ 刀刃无缺陷，能得到超光滑的镜面
物理及化学性能	① 对工件材料的抗黏结性好，化学亲和力小，摩擦因数小，能得到极好的加工表面完整性； ② 有极高的硬度、弹性模量和较好的耐磨性，可以保证刀具具有很长的寿命和很高的尺寸耐用度

目前采用的金刚石刀具材料均为天然金刚石和人造单晶金刚石。单晶金刚石刀具可分为直线刃、圆弧刃和多棱刃刀具。要做到能在最后一次走刀中切除微量表面层，最主要的问题是刀具的锋利程度。一般以刃口圆弧半径 r_n 的大小表示刀刃的锋利程度，r_n 越小，刀具越锋利，

切除微小余量就越顺利。最小的刃口圆弧半径取决于刀具材料晶体的微观结构和刀具的刃磨情况。天然单晶金刚石虽然价格昂贵，但质地细密，因此被公认为最理想、不能替代的超精密切削的刀具材料。金刚石刀具通常是在铸铁研磨盘上进行研磨的，研磨时应使金刚石的晶向与主切削刃平行，并使刃口圆弧半径尽可能小。

2）加工设备

金刚石车床是金刚石车削工艺的关键设备。它应具有高精度、高刚度和高稳定性，还要求抗振性好、热变形小、控制性能好，并具有可靠的微量进给机构和误差补偿装置。美国 Moore 公司生产的 M-18G 金刚石车床的结构如图 3-10 所示。其主轴采用空气静压轴承，转速为5 000 r/min，径向跳动小于 0.1 μm；采用液体静压导轨，直线度达 0.05 μm/100 mm；数控系统分辨率为 0.01 μm。

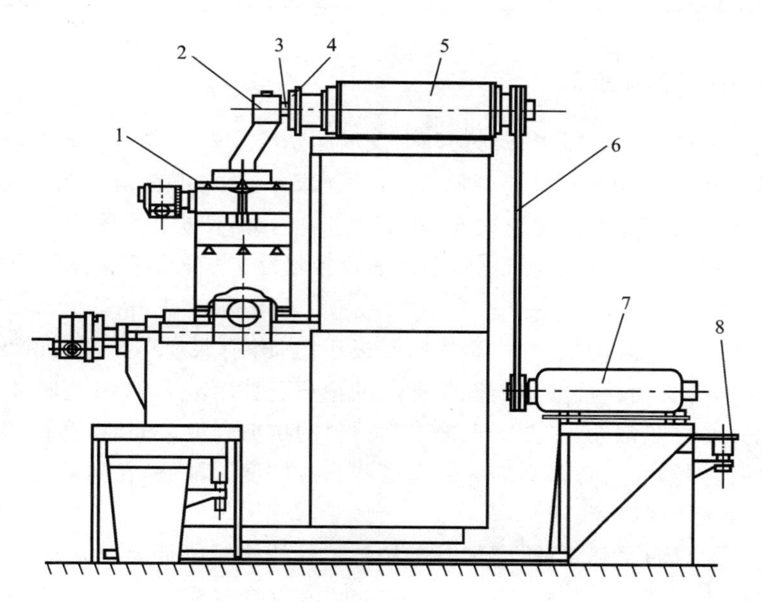

图 3-10　M-18G 金刚石车床的结构

1—回转工作台；2—刀具夹持器；3—刀具；4—工件；5—主轴；6—传送带；7—主轴电动机；8—空气垫

3. 金刚石超精密车削的应用

表 3-3 列出了一些金刚石超精密车削的应用实例。

表 3-3　超精密车削加工的应用举例

应用领域	应用举例
航空及航天	① 高精度陀螺仪浮球，球度为 0.2～0.6 μm，表面粗糙度为 *Ra* 0.1 μm； ② 气浮陀螺和静电陀螺的内、外支承面，球度为 0.05～0.5 μm，尺寸精度为 0.6 μm，表面粗糙度为 *Ra* 0.012～0.025 μm； ③ 激光陀螺平面反射镜，平面度为 0.05 μm，反射率为 99.8%，表面粗糙度为*Ra* 0.012 μm； ④ 油泵、液压马达转子及分油盘，其中转子柱塞孔圆柱度为 0.5 ～1 μm、尺寸精度为 1～2 μm，分油盘平面度为 0.5 ～1 μm、表面粗糙度为 *Ra* 0.05 ～0.1 μm； ⑤ 电动机整流子； ⑥ 雷达波导管，内腔表面粗糙度为 *Ra* 0.01 ～0.02 μm，平面度和垂直度均为 0.1 ～0.2 μm； ⑦ 航空仪表轴承，孔、轴的表面粗糙度为 *Ra* 0.001 μm

续表

应用领域	应 用 举 例
光学	① 红外反射镜，表面粗糙度为 Ra 0.01 ~0.02 μm； ② 激光制导反射镜； ③ 非球面光学元件，型面精度为 0.3 ~0.5 μm，表面粗糙度为 Ra 0.005 ~0.020μm； ④ 其他光学元件，表面粗糙度为 Ra 0.01 μm
民用	① 计算机磁盘，平面度为 0.1 ~0.5 μm，表面粗糙度为 Ra 0.03 ~0.05 μm； ② 磁头，平面度为 0.04 μm，表面粗糙度为 Ra 0.1 μm，尺寸精度为±2.5 μm； ③ 非球面塑料镜成形模，形状精度为 0.001 μm，表面粗糙度为 Ra 0.05 μm

3.3.4 超精密磨削加工

超精密磨削技术是在一般精密磨削基础上发展起来的一种亚微米级加工技术。它的加工精度可达到或高于 0.1 μm，表面粗糙度低于 Ra 0.025 μm，并正在向纳米级加工方向发展。镜面磨削一般是指加工表面粗糙度达到 Ra 0.01～0.02 μm，使加工后表面光泽如镜的磨削方法，其在加工精度的含义上不够明确，比较强调表面粗糙度，也属于超精密磨削加工范畴。

1. 超精密磨削机理

超精密磨削是一种极薄切削方法，切屑厚度极小，当磨削深度小于晶粒的大小时，磨削就在晶粒内进行，磨削力必须超过晶体内部非常大的原子、分子结合力，因此磨粒上所承受的切应力会急速增加并变得非常大，可能接近被磨削材料的抗剪强度。同时，磨粒切削刃处受到高温和高压作用，磨粒材料必须有很高的高温强度和高温硬度。因此，在超精密磨削中一般多采用金刚石、PCBN 等超硬磨料砂轮。

磨粒在砂轮中的分布是随机的，磨削时磨粒与工件的接触也是无规律的，可以用单颗粒的磨削加工过程来说明超精密磨削的机理。图 3-11 所示为单颗粒磨削的切入模型，设磨粒以切削速度 v、切入角 α 切入平面状的工件。理想磨削轨迹是从接触始点开始，至接触终点结束

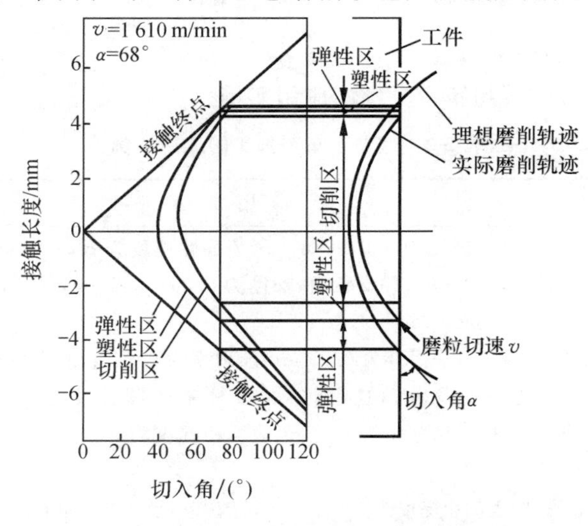

图 3-11 单颗粒磨削的切入模型

的。磨粒可以看成具有弹性支承和大负前角切削刃的弹性体，弹性支承为结合剂，磨粒虽有相当硬度，且其本身受力变形极小，但实际上仍属于弹性体。在磨粒切削刃的切入深度由零开始逐渐增加，至达到最大值，然后又逐渐减小到零的过程中，整个磨粒与工件的接触依次处在弹性区、塑性区、切削区、塑性区和弹性区。

2. 超硬磨料微粉砂轮超精密磨削技术

采用金刚石砂轮磨削脆硬材料是一种有效的超精密加工方法。金刚石砂轮的磨削能力强，耐磨性好，使用寿命长，磨削力小，磨削温度低，表面无烧伤、无裂纹和组织变化，加工表面质量好，且磨削效率高，应用广泛，但在几何形状精度和表面粗糙度上很难满足超精密加工的更高要求，因此出现了金刚石微粉砂轮超精密磨削加工方法。

1）金刚石微粉砂轮超精密磨削机理

进行金刚石微粉砂轮超精密磨削时主要是发生微切削作用，在切削过程中有切屑形成，并有耕犁、划擦等现象发生，这是由于磨粒具有很大的负前角和切削刃钝圆半径；由于磨粒是微粉，因此具有微刃性；同时，由于砂轮经过精细修整，磨粒在砂轮表面上具有很好的等高性，因此其切削机理比较复杂。

2）超硬磨料砂轮的修整

超硬磨料砂轮的修整一般分为整形和修锐两个过程。整形可使砂轮达到一定的尺寸并可实现一定的几何形状，通常在砂轮产品出厂时进行。但砂轮安装到磨床主轴上时有安装误差，因此必须进行整形。另外，在成形磨削中也需要进行整形。修锐主要是使金刚石磨粒突出而形成切削刃和容屑空间，从而便于磨削。因为金刚石非常硬，用其他材料的刀具很难加工它，因此修锐主要是去除金刚石磨粒周围的结合剂，使磨粒裸露出来。如果结合剂去除得太多，则金刚石磨粒可能脱落；若去除太少，则可能不能形成切削刃和足够的容屑空间。通常以金刚石磨粒露出1/3为宜。现介绍两种超硬磨料砂轮的修整方法。

（1）电解修整法（electrolytic in-process dressing，EIPD）　如图3-12所示，砂轮接正极，在其与负极之间通以电解液，通电时，电流由支架经电刷传入砂轮，从而产生电解作用，通过电化学腐蚀去除砂轮上的金属结合剂而达到修锐效果。这种方法可用于在线修锐，且其装置简单，修锐质量好，已得到广泛应用。但采用电解修整法只能修锐金属结合剂的金刚石砂轮，且需要专配防腐蚀电解液以免锈蚀机床。

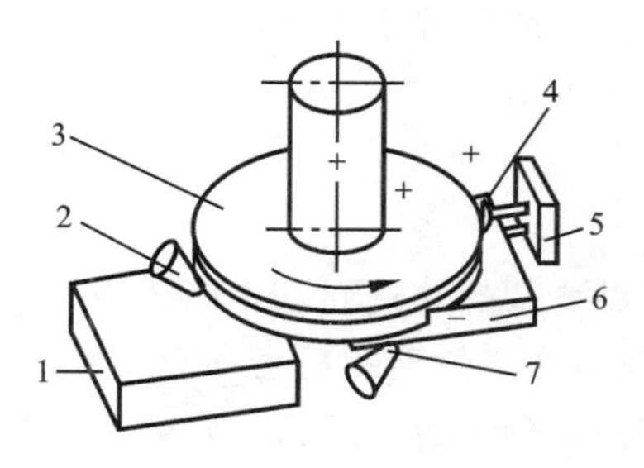

图3-12　电解修整法

1—工件；2—切削液；3—砂轮；4—电刷；5—支架；6—负极；7—电解液

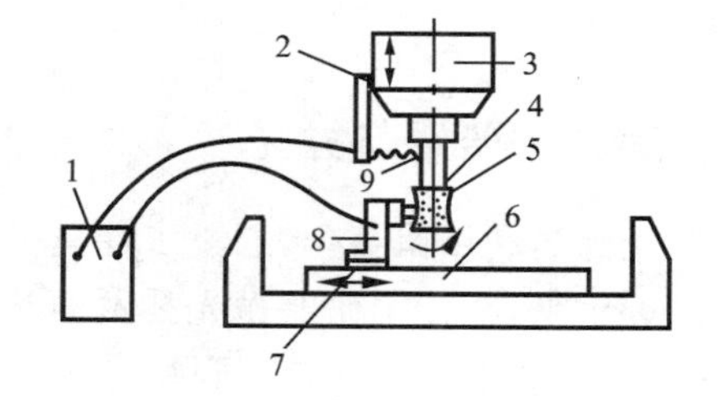

图3-13　电火花修整法

1—电源；2—绝缘体；3—主轴头；4—电极；5—砂轮；6—数控工作台；7—绝缘体；8—修整器；9—电刷

（2）电火花修整法　如图3-13所示，电源提供直流电，砂轮接正极，修整器接负极，形成正极性加工。由于砂轮是旋转的，故要通过电刷将电源接到砂轮轴上再传至砂轮。这种修整方法既可用于整形，又可用于修锐，也可用于在线修整，工作液可直接用磨床的磨削液。该修整方法简单，应用广泛，是一种很有前途的金刚石微粉砂轮修整方法，但只适用于金属结合剂砂轮的修整。

3．超精密砂带磨削技术

超精密砂带磨削是一种高效、高精度的加工方法，它可以作为砂轮磨削方法的补充和部分代替砂轮磨削，是一种具有宽广应用前景和较大潜力的精密和超精密加工方法。

1）砂带磨削机理

进行砂带磨削时，砂带经接触轮与工件被加工表面接触，由于接触轮的外缘材料一般是有一定硬度的橡胶或塑料，是弹性体，同时砂带的基底材料也有一定的弹性，因此在砂带磨削时，弹性变形区的面积较大，使磨粒承受的载荷大大减小，载荷值也较均匀，且有减振作用。砂带磨削时，除有砂轮磨削的滑擦、耕犁和切削作用外，还有因磨粒的挤压而产生的加工表面的塑性变形、因磨粒的压力而产生的加工表面的硬化和断裂，以及因摩擦升温引起的加工表面热塑性流动等。因此，从加工机理来看，砂带磨削兼有磨削、研磨和抛光的综合作用，是一种复合加工方式。

与砂轮磨削相比，砂带磨削时材料的塑性变形和摩擦力较小，力和热的作用较小，工件温度较低。由于砂带粒度均匀、等高性好，磨粒尖刃向上，有方向性，且切削刃间隔长，切屑不易造成堵塞，有较好的切削性，使工件能得到很高的表面质量，但工件的几何精度难以提高。

2）超精密砂带磨削方式

超精密砂带磨削一般可以分为闭式和开式两大类。闭式砂带磨削采用无接头或有接头的环形砂带，通过接触轮和张紧轮撑紧，由电动机通过接触轮带动砂带高速旋转，砂带头架做纵向及横向进给，从而对工件进行磨削。这种磨削方式效率高，但噪声大、易发热，可用于粗、半精和精加工。开式砂带磨削采用成卷的砂带，由电动机经减速机构通过卷带轮带动砂带做极缓慢的移动，砂带绕过接触轮并以一定的工作压力与工件被加工表面接触，工件高速回转，砂带头架或工作台做纵向与横向进给，从而对工件进行磨削。这种磨削方式的磨削质量高且稳定，磨削效果好，但效率不如闭式砂带磨削，多用于精密和超精密磨削。

3）超精密砂带磨削的特点和应用范围

超精密砂带磨削具有高精度和高表面质量，以及高效、价廉等特点，为弹性磨削、冷态磨削和高效磨削，具有广阔的应用范围。砂带磨削头架可安装在一般的普通机床上进行磨削加工，有很强的适应性。

3.3.5 超精密研磨与抛光

研磨与抛光都是利用研磨剂，通过工件与研具之间相对复杂的轨迹而获得高质量、高精度的加工方法。近年来，在传统研磨抛光技术的基础上，出现了许多新型的精密和超精密游离磨料加工方法，如弹性发射加工、液中研抛、液体动力抛光、磁性研磨、滚动研磨、喷射加工等，它们以其研磨的高精度、抛光的高效率和低表面粗糙度，成为研抛加工的新方法。

1．研磨加工机理

研磨加工通常是在刚性研具（如铸铁、锡、铝等软金属或硬木、塑料等）里注入 1 μm 至十几微米大小的氧化铝和碳化硅等磨料，在一定压力下，通过研具与工件的相对运动，借助磨粒的微切削作用，除去微量的工件材料，以达到高的几何精度和低的表面粗糙度的加工方法。总之，研磨表面是在切屑的产生、研具的磨损和磨粒破碎等综合因素作用下形成的，图 3-14 所示为研磨加工模型。

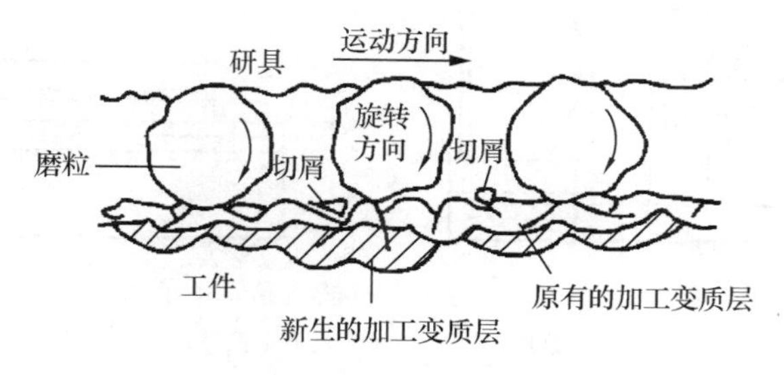

图 3-14　研磨加工模型

2. 抛光加工机理

抛光和研磨一样，是将研磨剂涂抹在抛光器上对工件进行抛光加工。抛光与研磨的不同之处在于抛光用的抛光器一般是软质的，其塑性流动作用和微切削作用较弱，加工效果主要是降低加工表面的粗糙度，一般不能提高工件形状精度和尺寸精度，而研磨用的研具一般是硬质的。抛光加工模型如图 3-15 所示。抛光使用的磨粒是 1 μm 以下的微细磨粒，微小的磨粒被抛光器弹性夹持并研磨工件，以磨粒的微小塑性切削为主，磨粒和抛光器与工件的流动摩擦使工件表面的凹凸变平，同时加工液对工件有化学性溶析作用，而工件和磨粒之间受局部高温作用有直接的化学反应，有助于抛光的进行。由于磨粒对工件的作用力很小，即使抛光脆性材料也不会出现裂纹。

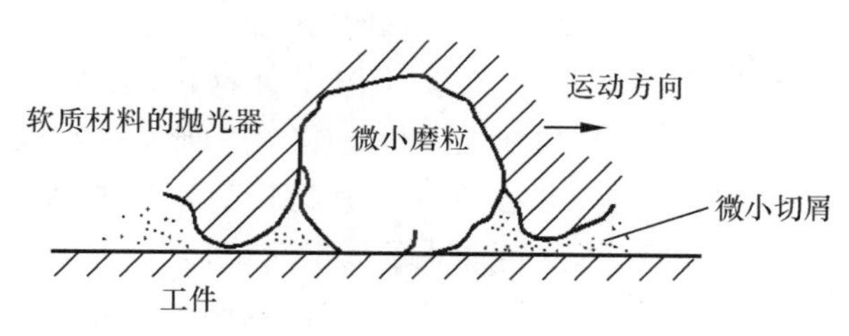

图 3-15　抛光加工模型

3. 化学机械抛光

化学机械抛光（chemical mechanical polishing，CMP）是将化学腐蚀作用和机械磨削作用综合而形成的加工技术。所谓化学作用，是利用酸、碱和盐等化学溶液与金属或某些非金属工件表面发生化学反应，通过腐蚀或溶解而改变工件尺寸和形状，或者在工件表面产生化学反应膜；机械磨削作用是磨粒和抛光垫对工件表面的研磨和摩擦作用。图 3-16 所示为硅晶片的化学机械抛光设备示意图。化学机械抛光设备的基本组成部分是一个转动着的圆盘和一个圆晶片夹持装置。整个系统由一个旋转的晶片夹持器、抛光垫、抛光盘、抛光浆料供给装置和抛光垫修整器等几部分组成。化学机械抛光所采用的消耗品有抛光浆料、抛光垫，采用的辅助设备包括化学机械抛光后清洗设备、浆料输送系统、废物处理和抛光终点检测及测量设备等。

进行化学机械抛光时，旋转的工件硅晶片以一定的压力压在旋转的抛光垫上，而由亚微米或纳米级磨粒和化学溶液组成的抛光液在工件与抛光垫之间流动，并与工件产生化学反应，工件表面形成的化学反应物在磨粒的机械磨削作用下被去除，由此在化学成膜和机械去膜的交替过程中实现超精密表面加工。在化学机械抛光中，由于选用的是比工件软或者与工件硬度

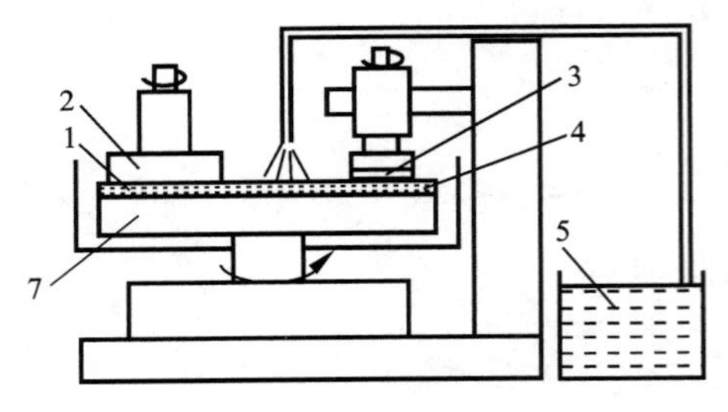

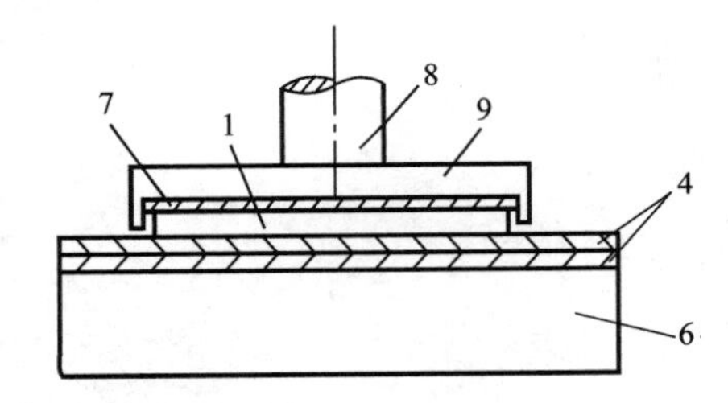

图 3-16　硅晶片的化学机械抛光设备示意图

1—硅晶片；2—晶片夹持器；3—抛光垫修整器；4—抛光垫；

5—抛光液（含 SiO_2 颗粒）；6—抛光盘；7—背膜；8—转轴；9—卡盘

相当的磨粒，在化学腐蚀作用和机械磨削作用下从工件表面去除的一层材料极薄，因而可以获得高精度、低表面粗糙度、无加工缺陷的工件表面。

4. 利用新原理的超精密研磨抛光

非接触抛光是一种研磨抛光新技术，是指在抛光中工件与抛光盘互不接触，依靠抛光剂冲击工件表面，以获得具有完美结晶性和精确形状的加工表面的抛光方法，可达到仅几个到几十个原子级的去除量。非接触抛光主要用于功能晶体材料抛光和光学零件的抛光。

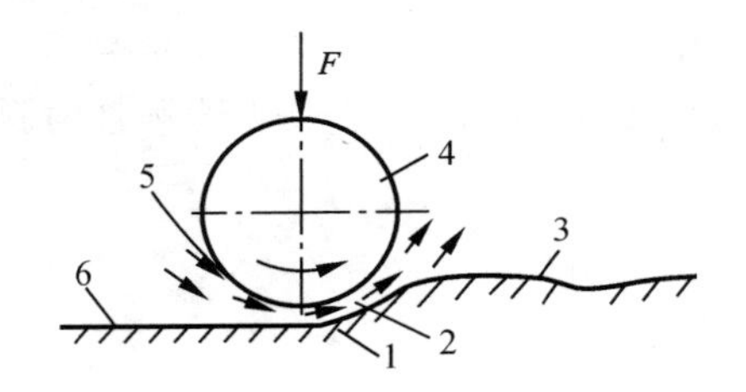

图 3-17　弹性发射加工原理

1—工件；2—产生的间隙；3—未加工面；

4—树脂球（工具）；5—研磨剂；6—已加工面

1）弹性发射加工

弹性发射加工（elastic emission machining，EEM）是指加工时研具与工件互不接触，通过微粒子冲击工件表面，对物质的原子结合产生弹性破坏，以原子级的加工单位去除工件材料，从而获得无损伤的加工表面的加工方法。图 3-17 所示是弹性发射加工原理。这种方法是在高速旋转的聚氨酯球与被加工工件之间，以尽可能小的入射角（近似水平）喷射含有微细磨料的工作液，并对聚氨酯球施加一定的压力，通过高速旋转的聚氨酯球所产生的高速气流及离心力，使磨料冲击或擦过工件的表面而进行加工的。

2）动压浮动抛光

动压浮动抛光（hydrodynamic-type polishing，HDP）原理：将抛光盘做成容易产生动压效应的形状，当工件与抛光盘进行相对运动时，由于动压效应，被加工工件浮起，在工件与抛光盘的间隙中运动的工作液中磨料对工件产生冲击和划擦作用，从而实现工件的加工。图 3-18 所示为动压浮动抛光装置示意图。

动压超精密抛光盘的制作是实现动压浮动抛光加工的关键，抛光盘平面可采用超精密金刚石切削，在盘表面上开有沟槽，如图 3-18 所示。加工时应使工件和抛光盘的界面之间保持一定厚度的液膜，以获得高精度的抛光平面。

动压浮动抛光加工具有以下特点：可获得有极高的平面度和无加工变质层的表面；加工面无污染；生产效率高，操作简单，生产管理容易。动压浮动抛光加工是一种极好的非接触超精密抛光方法。

3）液上漂浮抛光

液上漂浮抛光（hydroplane polishing）是用流体的压力使工件与抛光盘之间形成间隙，使用腐蚀剂液体进行抛光的方法。在加工中工件与抛光盘不接触，而且不使用磨料，即该方法是以化学腐蚀作用为主、机械作用为辅的加工方法，可以看成不使用磨料的新型化学机械抛光方法。如果在腐蚀液中混有磨料，则液上漂浮抛光就变成了非接触机械化学抛光。液上漂浮抛光装置如图 3-19 所示。

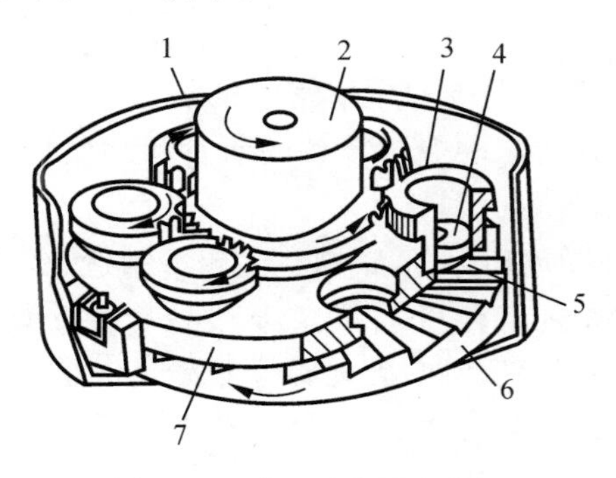

图 3-18　动压浮动抛光装置

1—抛光液容器；2—驱动齿轮；3—保持环；
4—工件夹具；5—工件；6—抛光盘；7—载环盘

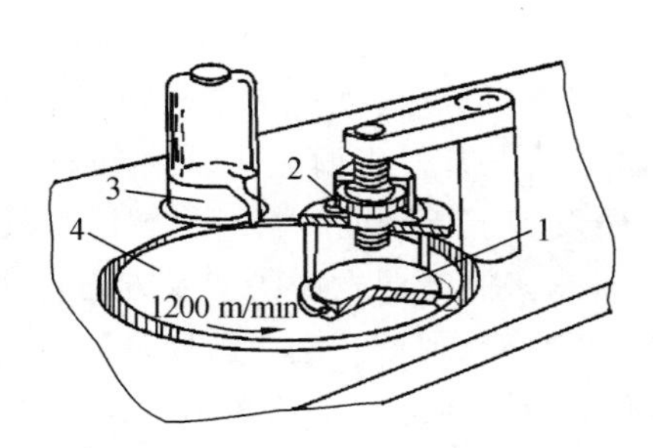

图 3-19　液上漂浮抛光装置

1—工件；2—调节螺母；
3—腐蚀液；4—抛光盘

4）水合抛光

水合抛光(hydration polishing)是通过在工件界面上发生水合化学反应而实现研磨的方法，其主要特点是不使用磨粒和加工液，加工装置与当前使用的研磨盘或抛光机相似，只是在水蒸气环境中进行加工。要极力避免使用能与工件发生固相反应的材料做研具。

水合抛光的机理是：在抛光过程中，两个物体产生相对摩擦，在接触区产生高温高压，故工件表面上的原子或分子呈活化状态。利用水蒸气分子或过热的水作用于其界面，使之在界面上形成水合化反应层，然后借助过热水蒸气或在一个大气压的水蒸气环境条件下利用外来的摩擦力，从工件表面上将这层水合化反应层分离、去除，从而实现镜面加工。图 3-20 所示为水合抛光装置示意图。

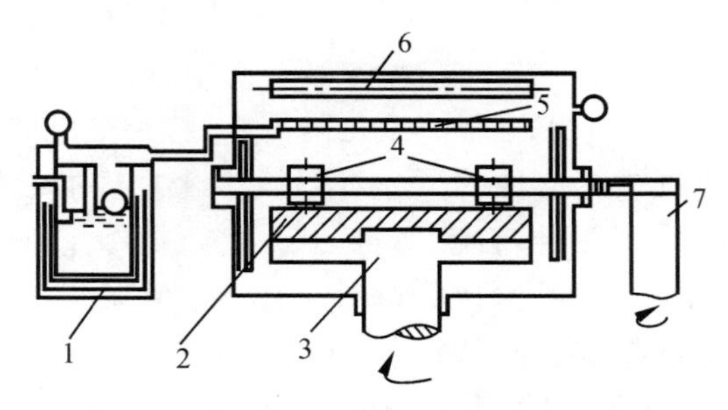

图 3-20　水合抛光装置示意图

1—水蒸气发生装置；2—试件；3—研磨盘；4—加载器；
5—喷射水蒸气的喷嘴；6—加热器；7—偏心凸轮

3.3.6　超精密加工技术的发展趋势

目前，超精密加工技术的发展趋势可总结为如下几点。

(1) 超精密加工将从亚微米级向纳米级发展。超精密加工技术是以高精度为目标的技术，它在单项技术的极限、常规技术的突破、新技术的综合这三个方面的追求永无止境。预计到2030年,超精密加工的加工精度界限将从现在的亚微米级过渡到亚纳米级。

(2) 超精密加工装备向智能化方向发展。未来工厂的精密、超精密加工装备将在智能控制理论指导下,通过在线、在位测量过程建模和优化,达到资源节约、性能优化的结果。预计在2030年前,我国机床制造业的发展重点是用精密机床取代使用量大面广的普通机床,进一步淘汰加工误差为10 μm以上的通用机床;大力开发精密级和超精密级的加工中心和专用机床,基本替代进口机床;逐步建立我国纳米级超精密机床和专用设备的研发和产业化基地,形成产业化能力,并开发出商业化系列产品。

(3) 研发基于新原理的新一代智能刀具,实现绿色环保、低碳制造。超常制造、智能制造、绿色制造是未来制造业发展的主要方向。在超精密加工环境下,微观尺度效应会导致有别于传统切削中的特殊现象。基于新原理的新一代智能刀具,将突破现有的刀具设计理念,通过绿色环保、低碳制造的全新设计和制造技术,实现刀具从被动性加工向主动性加工和智能化加工方向发展。

(4) 超精密测量装置趋于模块化、智能化、可重组,与制造系统高度集成,实现加工检测一体化。预计在2030年前,我国将研发用于超精密加工在线、在位测量的新型测量装置;研发新一代智能刀具传感器、实现系统运行参数检测与表征的测量仪器和测量方法,使超精密测量系统达到国际先进水平。

(5) 加强工艺技术的基础研究和创新工艺研发。特种加工方法和复合加工方法在超精密加工中越来越多,迫切需要进行这两种加工方法的机理研究;同时,对尖端技术和产品的需求日益增长,迫切要求开拓新的加工机理,实现纳米级和亚纳米级加工精度。

3.4 微细/纳米加工技术

3.4.1 微细/纳米加工技术概述

1. 微型机械的提出

人们对工业产品的功能集成化和外形小型化的需求,特别是航空航天事业的发展对许多设备提出的微型化要求,使机械零部件的尺寸日趋微小化。日本最先提出了微型机械(micromachine)的概念,接着美国提出了微型机电系统(micro electro-mechanical systems,MEMS)的概念,而欧洲也提出了微型系统(micro-systems)的概念。从广义上说,微型机械系统是指集微型机构、微型传感器、微型执行器、信号处理系统、电子控制电路,以及外围接口、通信电路和电源等于一体的微型机电一体化产品。微型机械按尺寸特征可以分为1~10 mm的微小机械,1 μm~1 mm的微型机械,1 nm~1 μm的纳米机械。制造微型机械的关键技术是微细加工。

微型机械的发展历史大体如下:① 1959年,著名量子物理学家、诺贝尔物理学奖获得者理查德·费曼(Richard Feynman)预言,人类可以用小的机器制作更小的机器,最后将发展到根据人类自己的意愿逐个地排列原子,制造产品;② 1960—1962年,世界第一个硅微型压力传感器问世;③ 1975—1985年,微型机械处于酝酿期,在这一阶段人们主要是用制作大规模集成电路的集成电路技术制作微型传感器;④ 1986—1989年微型机械出现,集成电路技术开始被用于制作微型机械的零部件，美国是最早研制微型机械并试制成功的国家之一，其 1988 年已开始微型机械系统的主要项目研究；⑤ 20 世纪 90 年代以后，微型机械进入发展期，这一阶段各种超微加工技术相继被用于微型机械的制作；⑥ 1991年，日本启动了一项为期 10 年、耗资 250 亿日元的“微型机械研究计划”；⑦ 1994年，美国国防部国防技术计划将微型机械系统列为关键技术项目。

2. 微型机械系统的特点

与常规机械系统相比，微型机械系统具有下列一些特点。

(1) 微型化　微型机械系统技术已经达到微米乃至亚微米量级，微型机械系统器件具有体积小、重量轻、能耗低、精度高、可靠性高、谐振频率高和响应时间短等特点。当器件的结构尺寸缩小到微米/纳米量级时，会出现力的尺度效应。

(2) 集成化　硅、氧化硅和氮化硅等材料具有良好的力学性能和电气性能，与集成电路(IC)加工工艺完全兼容，易于实现机械与电路的集成，适合于大批量、低成本制造。

(3) 多样化　由于系统是由功能不同的单元组合而成的，所以多样性是形成微小型系统的关键。微型机械系统涉及的学科不局限于机械，还涉及电子、材料、制造、信息与自动控制、物理、化学、生物等多种学科，并汇集了当今科学技术发展的许多尖端成果。

3. 微细/纳米加工技术的概念与特点

微细加工是指加工尺度在微米级范围内的加工方式。微细加工起源于半导体制造工艺，加工方式十分丰富，包含微细机械加工、特种加工、高能束加工等方式。

微细加工与一般尺度加工有许多不同，主要体现在以下几个方面。

(1) 精度表示方法不同。在一般尺度加工中，加工精度是用其加工误差与加工尺寸的比值(即相对精度)来表示的。而在微细加工时，由于加工尺寸很小，精度必须用尺寸的绝对值来表示，即用去除(或添加)的一块材料(如切屑)的大小来表示，从而引入加工单位的概念，即一次能够去除(或添加)的一块材料的大小。微细加工 0.01 mm 数量级的零件时，必须以微米加工单位来进行加工；微细加工微米尺寸的零件时，必须以亚微米加工单位来进行加工；现今的超微细加工已可采用纳米加工单位。

(2) 加工机理存在很大的差异。由于在微细加工中加工单位急剧减小，必须考虑晶粒在加工中的作用。

例如，欲把软钢材料毛坯切削成一根直径为 0.1 mm、精度为 0.01 mm 的轴类零件。根据给定的要求，在实际加工中，车刀至多只允许产生 0.01 mm 的吃刀深度，而且在对上述零件进行最后精车时，吃刀深度要更小。由于软钢是由很多晶粒组成的，晶粒的大小一般为十几微米，这样，直径为 0.1 mm 就意味着在整个直径上所排列的晶粒只有 10 个左右。如果吃刀深度小于晶粒直径，那么，切削就不得不在晶粒内进行，这时，就要把晶粒作为一个个不连续体来进行切削。相比之下，如果是加工尺寸较大的零件，由于吃刀深度可以大于晶粒尺寸，切削不必在晶粒中进行，就可以把被加工体看成连续体。这就导致了加工尺度在亚毫米、加工单位在数微米级别的加工方法与常规加工方法的微观机理的不同。另外，还可以从切削时刀具所受的阻力的大小来分析微细切削加工和常规切削加工的明显差别。实验表明：当吃刀深度在 0.1 mm 以上、进行普通车削时，单位面积上的切削阻力为 196～294 N/mm^2；当吃刀深度在 0.05 m 左右、进行微细铣削加工时，单位面积上的切削阻力约为 980 N/mm^2；当吃刀深度在 1 μm 以下、进行精密磨削时，单位面积上的切削阻力将高达 12 740 N/mm^2，接近于软钢的理论剪切强度（13 217 N/mm^2）。因此，当切削单位从数微米缩小到 1 μm 以下时，刀具的尖端要承受很大的应力作用，这将使单位面积上产生很大的热量，导致刀具的尖端局部区域上升到极高的温度。这就是切削时采用的加工单位越微小，就越要求采用耐热性好、耐磨性强、高温硬度和高温强度都高的刀具的原因。

（3）加工特征明显不同。一般加工以尺寸、形状、位置精度为特征；微细加工则由于其加工对象的微小型化，目前多以分离或结合原子、分子为特征。

例如，超导隧道结的绝缘层只有 10 Å（1 Å$=10^{-10}$ m）左右的厚度。要制备这种超薄的材料，只有用分子束外延等方法在基底（或衬底、基片等）上以原子或分子线度（Å 级）为加工单位，一个原子层一个原子层（或分子层）地逐渐积淀方可。再如，利用离子束溅射刻蚀的微细加工方法，可以把材料一个原子层一个原子层（或分子层）地剥离下来，实现去除加工。这里，加工单位也是原子或分子线度，也可以进行纳米尺度的加工。因此，要进行 1 nm 的精度和微细度的加工，就需要用比它小一个数量级的尺寸作为加工单位，即要用加工单位为 0.1 nm 的加工方法进行加工。因此，必须把原子、分子作为加工单位。扫描隧道显微镜和原子力显微镜的出现，使以单个原子作为加工单位的加工得以实现。

3.4.2　微细加工技术

微细加工技术是由微电子技术、传统机械加工技术和特种加工技术衍生而来的。按其衍生源的不同，微细加工可分为微细切削加工、微细特种加工、微细蚀刻加工三种。下面介绍几种有代表性的微细加工方法。

1. 微细切削加工

这种方法适合所有金属、塑料和工程陶瓷材料，主要采用车削、铣削、钻削等切削方式，刀具一般为金刚石刀（刃口半径为 100 nm）。这种工艺的主要困难在于微型刀具的制造、安装以及加工基准的转换定位。

目前，日本 FANUC 公司已开发出能进行车、铣、磨和电火花加工的多功能微型超精密加工机床，其主要技术指标为：可实现五轴控制，数控系统最小设定单位为 1 nm；采用编码器半闭环及激光全息式直线移动的全闭环控制；编码器与电动机直联，具有每转6 400万个脉冲的分辨率，每个脉冲信号使坐标轴移动 0.2 nm；编码器反馈单位为 1/3 nm，跟踪误差在±3 nm以内；采用高精度螺距误差补偿技术，误差补偿值由分辨率为 0.3 nm 的激光干涉仪测出；推力轴承和径向轴承均采用气体静压支承结构，伺服电动机转子和定子用空气冷却，发热引起的温升可控制在 0.1 ℃以下。

2. 微细特种加工

1）微细电火花加工

电火花加工是利用工件和工具电极之间的脉冲性火花放电，产生瞬间高温使工件材料局部熔化或汽化，从而达到蚀除材料的目的的加工方法。微小工具电极的制作是微细电火花加工的关键技术之一。利用微小圆轴电极，在厚度为 0.2 mm 的不锈钢片上可加工出直径为 40 μm 的微孔，如图 3-21 所示。

当机床系统定位控制分辨率为 0.1 μm 时，可实现孔径最小为 5 μm 的微细加工，表面粗糙度可达 Ra 0.1 μm，这种方法的缺点是电极的定位安装较困难。为此常将切削刀具或电极安排在加工机床中制作，以避免装夹误差。

2）复合加工

复合加工是指电火花与激光复合精密微细加工，是针对精密电子零件模具与高压喷嘴等使用的超高硬度材料的超微硬质合金及聚晶金刚石烧结体的加工要求，特别是大深径比的深孔加工要求而开发出的一种高效率的微细加工系统，它采用了电火花加工与激光加工的复合工艺。其具体操作方法是首先利用激光在工件上预加工出贯穿的通孔，以便为电火花加工提供良好的排屑条件，然后再进行电火花精加工。

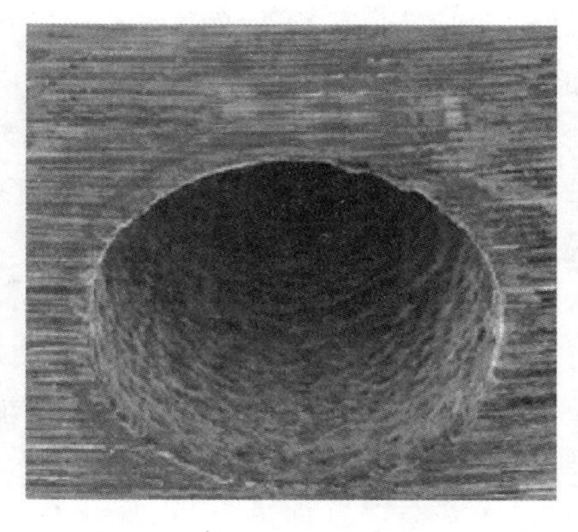

图 3-21　微细电火花加工出的微孔

3. 微细蚀刻加工

微细蚀刻加工是利用光致抗蚀剂（感光胶）的光化学反应特点，在紫外线照射下，将照相制版上的图形精确地印制在涂有光致抗蚀剂的工件表面，再利用光致抗蚀剂的耐腐蚀特性，对工件表面进行腐蚀，从而获得极为复杂的精细图形的加工方法。

目前，微细蚀刻加工中主要采用的曝光技术有电子束曝光技术、离子束曝光技术、X 射线曝光技术和紫外准分子激光曝光技术等，其中：离子束曝光技术具有最高的分辨率；电子束曝光技术代表了最成熟的亚微米级曝光技术；紫外准分子激光曝光技术则具有最高的经济性，是近年来发展速度极快且实用性较强的曝光技术，在大批量生产中保持着主导地位。

典型的微细蚀刻工艺过程为：① 氧化，使硅晶片表面形成一层 SiO_2 氧化层；② 涂胶，在 SiO_2 氧化层表面涂布一层光致抗蚀剂，即光刻胶，厚度在 1～5 μm；③ 曝光，在光刻胶层面上加掩模，然后用紫外线等方法曝光；④ 显影，曝光部分通过显影而被溶解除去；⑤ 腐蚀，将加工对象浸入氢氟酸腐蚀液，使未被光刻胶覆盖的 SiO_2 部分被腐蚀掉；⑥ 去胶，腐蚀结束后，光致抗蚀剂就完成了它的使命，此时要设法将这层无用的胶膜去除；⑦ 扩散，向需要杂质的部分扩散杂质，以完成整个光刻加工过程。图 3-22 所示为半导体光刻加工过程示意图。

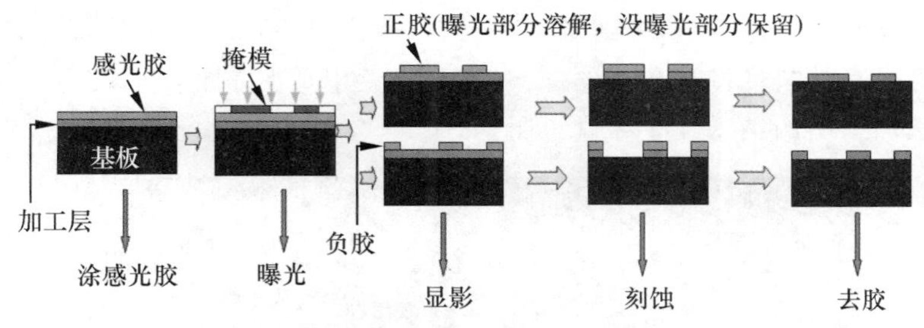

图 3-22　半导体微细蚀刻加工过程示意图

3.4.3　纳米加工技术

世界上最小的字有多大？它是用什么工具写出来的？1985 年，斯坦福大学（Stanford University）的学生与电子工程教授合作，用电子束光刻技术成功地把狄更斯的《双城记》缩小到只能借助于显微镜阅读的程度。到了 1990 年，这项文字最小的纪录被 IBM 公司的研究人员所打破。他们用 35 个氙原子拼出了仅为斯坦福大学刻蚀的《双城记》中的文字1/10 大小的字母“IBM”。而斯坦福大学又于 2009 年刻蚀出了大小为“IBM”字母的 1/4、仅有 0.3 nm 的字母“S”和“U”。0.3 nm 约为 1/3 m 的十亿分之一，还不到原子的尺寸。以上实质上是在纳米加工技术层面的较量。

纳米技术作为一个新兴的横断技术领域，覆盖范围很广，如纳米电子、纳米材料、纳米机械、纳米加工、纳米测量等。纳米加工技术是在纳米尺度范围（0.1～100 nm）内对原子、分子等进行操纵和加工的技术。它是一门多学科交叉的学科，是在现代物理学、化学和先进工程技术相结合的基础上诞生的，是一门与高技术紧密结合的新型科学技术。纳米加工技术的发展有两大途径：① 将传统的超精加工技术，如机械加工、电化学加工、离子束蚀刻、激光加工等向极限精度逼近，使其具备纳米级加工能力；② 开拓新效应的加工方法，如利用扫描隧道显微镜（STM）对表面进行的纳米加工，可操纵试件表面的单个原子，实现单个原子和分子的搬迁、去除、增添和原子排列重组，并对表面进行刻蚀等，如美国 IBM 公司利用扫描隧道显微镜将 35 个原子排成“IBM”字样，中国科学院化学研究所用原子摆出我国的地图，日本用原子拼成了“Peace”一词。

纳米器件之所以得到广泛的关注，是因为它们具有独特的性能、前所未有的功能，也因为多种形式的能量相互作用时所呈现的奇特现象，进而带来材料的高能量效率、内置式的智能和性能改善等。但纳米器件的制造方法相当复杂，制作成本很高。目前，器件的纳米制造方法有两类。

（1）自上而下法（减材法）　如电子束光刻加工、离子束光刻加工等。传统的自上而下的微电子工艺受经典物理学理论的限制，依靠这一工艺来减小电子器件尺寸将变得越来越困难。而且这些技术大多只能用于制作形状简单的二维图形，不适用于大批量的纳米制造。

（2）自下而上法（增材法）　该方法是从单个分子甚至原子开始，一个原子一个原子地进行物质的组装和制备。如扫描探针显微镜显微加工、自装配、直接装配、纳米印刷、模板制造等都属于自下而上的纳米加工方法。在自下而上的纳米加工过程中没有原材料的去除和浪费。

传统微纳米器件是以金属或者无机物的体相材料为原料，通过光刻蚀、化学刻蚀或将这两种方法结合使用，以自上而下的方式进行加工的，在刻蚀加工前必须先制作模具。长期以来推动电子领域发展的以曝光技术为代表的自上而下方式的加工技术即将面临发展极限。如果使用蛋白质和 DNA（脱氧核糖核酸）等纳米生物材料，采用自下而上的方式加工，将有可能形成能运用材料自身具有的“自组装”和相同图案“复制与生长”等特性的元件。图 3-23 所示为采用自下而上方法加工出的纳米碳管和量子栅栏。

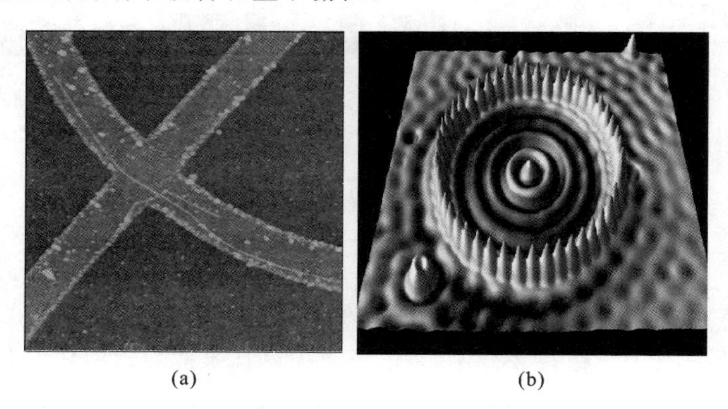

(a)　(b)

图 3-23　采用自下而上方法加工出的纳米碳管和量子栅栏

（a）纳米碳管；（b）量子栅栏

纳米加工工艺主要有以下几种。

1. X射线刻蚀电铸模技术

X射线刻蚀电铸模(lithographic galvanoformung abformung,LIGA)加工工艺是由德国科学家开发的集光刻、电铸和模铸于一体的复合微细加工新技术,是最有前景的三维立体微细加工技术,尤其对微机电系统的发展有很大的促进作用。

20世纪80年代中期,德国W. Ehrfeld教授等人发明了X射线刻蚀电铸模加工工艺,这种工艺包括三个主要步骤:深度同步辐射X射线光刻(lithography)、电铸成形(galvanoformung)和注塑成形(abformung)。其最基本和最核心的工艺是深度同步辐射X射线光刻,而电铸成形和注塑成形工艺是X射线刻蚀电铸模产品实用化的关键。X射线刻蚀电铸模法适合于用多种金属、非金属材料制造微型机械构件。采用X射线刻蚀电铸模技术已研制成功或正在研制的产品有微传感器、微电机、微执行器、微机械零件等。

用X射线刻蚀电铸模工艺加工出的微器件侧壁陡峭、表面光滑,可以大批量复制生产,成本低,因此广泛应用于微传感器、微电机、微执行器、微机械零件、集成光学和微光学元件、真空电子元件、微型医疗器械、微流体元件、纳米元件等的制作。现在已有研究人员将牺牲层技术融入X射线刻蚀电铸模工艺,使获得的微型器件中有一部分可以脱离母体而移动或转动;还有学者研究控制光刻时的照射深度,即使用部分透光的掩模,使曝光时同一块光刻胶在不同处曝光深度不同,从而使获得的光刻模型可以有不同的高度,用这种方法可以得到真正的三维立体微型器件。X射线刻蚀电铸模技术原理如图3-24所示。

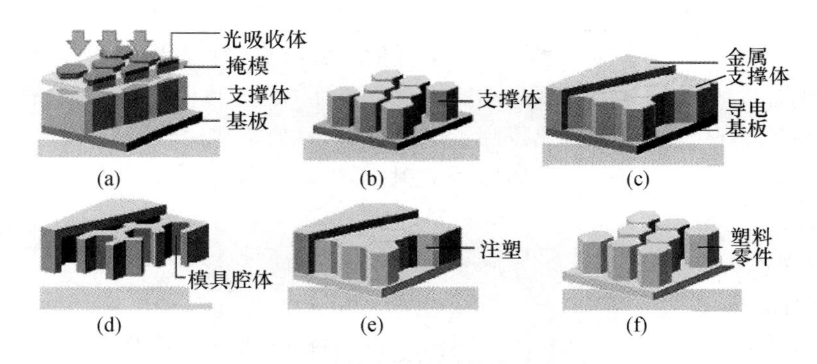

图3-24　X射线刻蚀电铸模技术原理

(a) 同步辐射曝光;(b) 显影;(c) 电铸;(d) 去胶成模;(e) 模具注塑;(f) 去模制成零件

X射线刻蚀电铸模技术的特点表现在以下方面:X射线具有良好的平行性、显影分辨力和穿透性能,克服了光刻法制造的零件厚度过小的不足(最大深度为40 μm);原材料的多元性,几何图形的任意性、高深宽比、高精度;X射线同步辐射源比较昂贵。

2. 扫描隧道显微加工技术

通过扫描隧道显微镜的探针来操纵试件表面的单个原子,可实现单个原子和分子的搬迁、去除、增添和原子排列重组,从而实现纳米加工。目前,在原子级加工技术方面,人们正在研究的课题有大分子中的原子搬迁、增加原子、去除原子和原子排列的重组。

利用扫描隧道显微镜进行单原子操纵的基本原理:当针尖与表面原子之间距离极小(<1 nm)时,会形成隧道效应,即针尖顶部原子和材料表面原子的电子云相互重叠,有的电子云双方共享,从而产生一种与化学键相似的力。同时,表面上其他原子对针尖对准的表

面原子也有一定的结合力,在双方的作用下探针可以使该表面原子跟随针尖移动而又不脱离试件表面,实现原子的搬迁。当探针针尖对准试件表面某原子时,在针尖和样品之间加上电偏压或脉冲电压,可使该表面原子成为离子而被电场蒸发,从而去除原子、形成空位;在有脉冲电压存在的条件下,也可以从针尖上发射原子、增添原子,填补空位。

3. 原子力显微镜机械刻蚀加工

原子力显微镜(atomic force microscope,AFM)在接触模式下,通过增加针尖与试件表面之间的作用力,使二者接触区域产生局部结构变化,即通过针尖对试件表面的机械刻蚀作用来进行纳米加工。

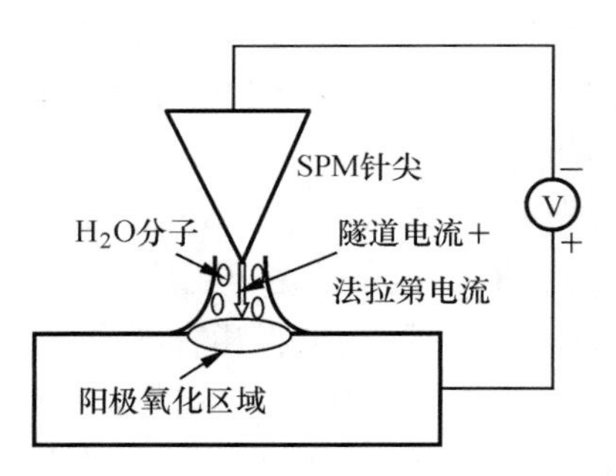

图 3-25 AFM 阳极氧化法加工

4. 原子力显微镜阳极氧化法加工

原子力显微镜阳极氧化法加工是通过扫描探针显微镜(scanning probe microscope,SPM)针尖与样品之间发生的化学反应来形成纳米尺度氧化结构的一种加工方法。针尖为阴极,样品表面为阳极,吸附在样品表面的水分子充当电解液,提供氧化反应所需的 OH^- 离子,如图 3-25 所示。该工艺早期采用扫描隧道显微镜,后来多采用原子力显微镜,这主要是由于原子力显微镜法利用了氧化反应,操作简单易行,刻蚀处的结构性能稳定。

3.4.4 微纳加工技术的发展与应用

微纳器件及系统因其微型化、批量化、成本低的鲜明特点,对现代生产、生活产生了巨大的促进作用,为相关传统产业升级、实现跨越式发展提供了机遇,并催生了一批新兴产业。微纳器件及系统在汽车、石化、通信等行业得到了广泛应用,目前正在向环境与安全、医疗与健康等领域迅速扩展,并在新能源装备、半导体照明工程、柔性电子与光电子信息器件等方面具有重要的应用前景。

1. 微纳加工技术的发展

1) 微纳设计方面

随着微纳技术应用领域的不断扩展,器件与结构的特征尺寸从微米尺度向纳米尺度发展,金属材料、聚合物材料和玻璃等非硅材料在微纳制造中得到了越来越多的应用,多域耦合建模与仿真的相关理论与方法、跨微纳尺度的理论和方法、非硅材料在微纳尺度下的结构或机构设计问题以及与物理、化学、生命科学、电子工程等学科的交叉问题成为微纳设计理论与方法的重要研究方向。

2) 微纳加工方面

低成本、规模化、集成化以及非硅加工是微纳加工的重要发展趋势。目前,微纳加工正从规模集成向功能集成方向发展。而集成加工技术正由二维向准三维过渡,三维集成加工技术将使系统的体积和重量减小 1~2 个数量级,同时将提高互联效率及带宽,提高制造效率和可靠性。针对汽车、能源、信息等产业以及医疗与健康、环境与安全等领域对高性能微纳器件与系统的需求,基于微纳系统的集成化、高性能等特点,重点研究微结构与集成电路、硅与非硅混合集成加工及三维集成加工等集成加工技术,MEMS 非硅加工技术,生物相容加工技术,大规模加工技术及系统集成制造技术等微纳加工技术。

针对纳米压印技术、纳米生长技术、X射线刻蚀电铸模技术、纳米自组装技术等纳米加工技术，研究纳米结构成形过程中的动态尺度效应、纳米结构制造的多场诱导、纳米仿生加工等基础理论和关键技术，形成实用化纳米加工方法。

随着微加工技术的不断完善和纳米加工技术与纳米材料科学与技术的发展，基于微加工、纳米加工和纳米材料的各自特点，出现了纳米加工与微加工结合的自上而下的微纳复合加工和纳米材料与微加工结合的自下而上的微纳复合加工等方法，这是微纳加工领域的重要发展方向。

2. 微纳加工技术的应用前景

目前我国已成为全球第三大汽车制造国。在中高档汽车，尤其是豪华汽车上使用了很多传感器，其中MEMS陀螺仪、加速度计、压力传感器、空气流量计等所用的MEMS传感器约占20%。我国也是世界上最大的手机、笔记本电脑等消费类电子产品的生产国和消费国，微麦克风、射频滤波器、压力计和加速度计等MEMS器件已开始大量应用，具有巨大的市场。

柔性电子可实现在任意形貌、柔性衬底上的大规模集成，从而改变传统集成电路的制造方法。制造技术直接关系到柔性电子产业的发展，目前待解决的技术问题涉及有机/无机电路与有机基板的连接技术、精微制动技术、跨尺度互联技术，需要全新的制造原理和制造工艺。21世纪光电子信息技术的发展将遵从新的“摩尔定律”，即光纤通信的传输带宽平均每9～12个月增加一倍。据预测，未来10～15年内光通信网络的商用传输速率将达到40 Tb/s，基于阵列波导光栅的集成光电子技术已成为支撑和引领下一代光通信技术发展方向的重要技术。

基于微纳加工技术的高性能、低成本微小型医疗仪器具有广泛的应用前景和明确的产业化前景。基于微纳加工技术研究开发视觉假体和人工耳蜗，是使盲人重见光明和使失聪人员回到有声世界的有效途径。

3.5 高速加工技术

3.5.1 高速加工技术的概念

高速加工技术是指采用超硬材料刀具和磨具，利用高速、高精度、高自动化和高柔性的制造设备，以提高切削速度来达到提高材料切除率和加工质量目的的先进加工技术。高速加工的定义方式较多，举例如下。

(1) 1978年，国际生产工程协会(CIRP)提出以线速度为500～7000 m/min的切削为高速切削。

(2) 对于铣削加工，依据刀具夹持装置达到平衡要求时的转速定义高速切削。如ISO 1940标准规定，主轴转速高于8000 r/min时的切削为高速切削。

(3) 从主轴设计的角度，以主轴轴承孔直径D与主轴最大转速N的乘积——DN值定义高速切削，DN值达$(5\sim2000)\times10^5$ mm·r/min时称为高速切削。

(4) 德国Darmstadt工业大学生产工程与机床研究所提出以速度高于普通切削速度5～10倍的切削为高速切削。

高速加工是金属切削领域的一种渐进式创新。随着刀具材料性能的不断提升，当刀具材料的性能价格比达到工业实用值时，新的刀具材料就会得到广泛应用，而相应的机床、加工工艺及检测技术等也必然随之同步发展。新一轮的高性能刀具材料问世,再度催生新型的切削技术。因此,高速加工是一个相对的概念,不能简单地用某一具体的切削速度值来定义。对于不同的工件材料、不同的加工方式,高速/超高速切削有着不同的速度范围。目前,不同加工方法和不同工件材料的高速/超高速切削速度范围如表 3-4 所示。

表 3-4　不同加工工艺、不同工件材料的高速/超高速切削速度范围

加工方法	切削速度范围/(m/min)	工件材料	切削速度范围/(m/min)
车	700～7000	铝合金	2000～7500
铣	300～6000	铜合金	900～5000
钻	200～1100	钢	600～3000
拉	30～75	铸铁	800～3000
铰	20～500	耐热合金	500 以上
锯	50～500	钛合金	150～1000
磨	5000～10000	纤维增强塑料	2000～9000

3.5.2　超高速加工机理

1. 萨洛蒙曲线

1931 年,德国切削物理学家萨洛蒙(Carl Salomon)博士曾根据一些实验曲线,即人们常说的“萨洛蒙曲线”(见图 3-26),提出了超高速切削的理论。

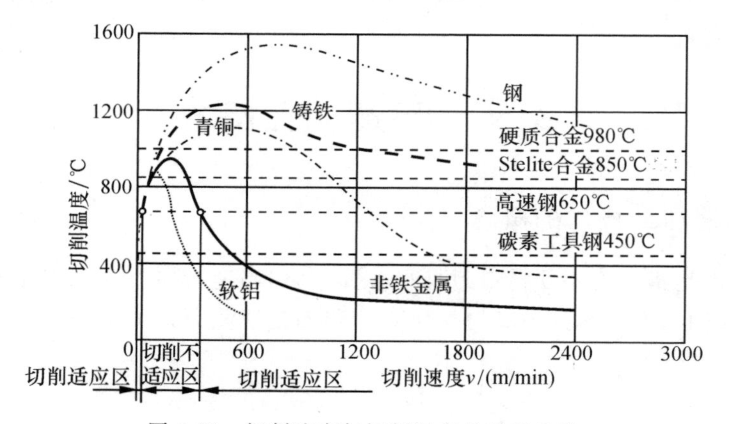

图 3-26　切削速度与切削温度的关系曲线

2. 超高速切削的概念

超高速切削的概念可用图 3-27 表示。萨洛蒙认为,在常规切削速度范围(见图 3-27 中 A 区)内,切削温度随切削速度的增大而急剧升高,但当切削速度增大到某一数值时,切削温度反而会随切削速度的增大而降低。速度的这一临界值与工件材料种类有关。对每一种材料,存在一个速度范围,在这一范围内,切削温度高于任意刀具的熔点,切削加工不能进行,这个速度范围(见图 3-27 中 B 区)在美国被称为“死谷”(dead valley)。如果切削速度超过这个“死谷”,在超高速区域内进行切削,则有可能用现有的刀具进行高速切削,从而大大减少切削工时,成倍提高机床的生产率。

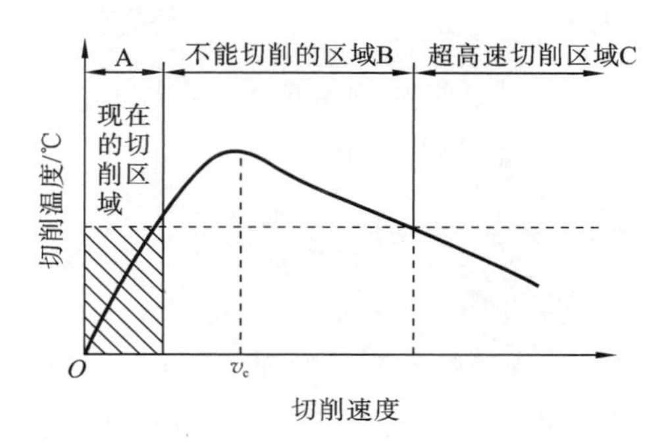

图 3-27 超高速切削概念示意图

3.5.3 高速加工技术的特点和优势

1. 高速切削试验结果

一些切削物理学家开展的切削试验结果表明，随着切削速度的提高，塑性材料的切屑形态将从带状或片状向碎屑状演变，单位切削力初期呈上升趋势，而后急剧下降。超高速条件下刀具磨损比普通速度下少 95%，且几乎不受切削速度的影响，金属切除效率可提高50～1000 倍。

美国空军和海军研究人员通过试验发现，超高速铣削时铣削力可减少 70%，成功实现了厚度为 0.33 mm 的薄壁件的铣削。刀具磨损主要取决于刀具材料的导热性。

日本学者的超高速切削试验结果表明，超高速下切屑的形成完全是剪切作用的结果。随着切削速度的提高，剪切角急剧增大，工件材料的变质层厚度与采用普通切削速度时相比降低了 50%，加工表面残余应力及塑性区深度分别减小 90%～95%和 85%～90%。

2. 高速加工的优点

(1) 加工精度高。当切削速度达到一定值时，切削力至少可降低 30%，对加工刚度较差的零件(如细长轴、薄壁件)来说则可减小加工变形；95%以上的切削热来不及传给工件而被切屑迅速带走，零件不会由于温升而发生弯翘或膨胀变形。正是由于超高速切削加工的切削力和切削热影响小，使刀具和工件的变形小，工件表面的残余应力小，保证了尺寸的精确性，所以，高速切削有利于提高零件加工精度，也特别适合于加工容易发生热变形的零件。

(2) 加工表面质量好。高速切削时，在保证相同生产率的情况下可选择较小的进给量，有利于降低零件的表面粗糙度。超高速旋转刀具切削加工时的激振频率高，已远远超出“机床-工件-刀具”系统的固有频率范围，不会造成工艺系统振动，使加工过程平稳，有利于提高加工精度和表面质量。

(3) 加工效率高。超高速切削加工比常规切削加工时的切削速度高 5～10 倍，进给速度随切削速度的提高也可相应提高 5～10 倍，这样，单位时间材料切除率可提高 3～6 倍，因而零件加工时间通常可缩减到原来的 1/3。

(4) 可加工各种难加工材料。对于钛合金、镍基合金等难加工材料，为防止刀具磨损，在普通加工时只能采用很低的切削速度。而采用高速切削，其切削速度可提高到 100～1000 m/min，使加工效率提高，同时还可减少刀具磨损，提高零件的表面加工质量。

(5) 加工成本降低。采用高速切削，单位功率材料切除率可提高 40%以上，可有效地提高能源和设备的利用率；又由于高速切削的切削力小，切削温度低，有利于延长刀具寿命，通常刀具寿命可提高约70%，从而使生产成本降低。

(6) 可实现绿色制造。高速加工是绿色制造技术，通常采用干切削方式，使用压缩空气进行冷却，不需切削液及其设备，从而可降低成本。

3.5.4 高速加工技术的发展与应用

自德国Salomon博士提出高速切削的概念以来，高速加工技术的发展经历了高速切削的理论探索、应用探索、初步应用、较成熟的应用四个发展阶段。特别是20世纪80年代以来，各工业国家相继投入大量的人力和财力进行高速加工及其相关技术方面的研究开发，在大功率高速主轴单元、高加/减速进给系统、超硬耐磨长寿命刀具材料、切屑处理和冷却系统、安全装置以及高性能计算机数字控制系统和测试技术等方面均取得了重大突破，为高速加工技术的推广和应用提供了基本条件。

目前，高速切削机床均采用了高速的电主轴部件；进给系统多采用大导程多线滚珠丝杠或直线电动机，直线电动机最大加速度可达$2g$～$10g$；计算机数字控制系统则采用32或64位多CPU系统，以满足高速加工对系统快速数据处理的要求；采用强力高压的冷却系统，以解决极热切屑冷却问题；采用温控循环水来冷却主轴电动机、主轴轴承和直线电动机，甚至主轴箱、床身等大构件；采用更完备的安全保障措施来保证机床操作者及周围现场人员的安全。

近年来，各工业化国家都在大力发展和应用高速加工技术，并且率先在飞机和汽车制造业获得成功应用。生产实践表明，在高速加工铝合金和铸铁零件方面，材料切除率可高达100～150 $cm^3/(min \cdot kW)$，比普通加工高3倍以上。用来制造发动机零件的特种合金属于典型的难加工材料，用传统加工方法加工效率特别低。如果采用高速加工，可以将加工效率提高10倍以上，同时还能延长刀具寿命，改善零件表面的加工质量。同样，对于貌似容易加工的纤维增强塑料，采用常规方法加工显得很难，刀具磨损相当严重，但若采用高速加工，却易如反掌，刀具磨损不再是问题。目前，高速切削主要应用于航空航天工业、汽车工业，多用于工磨具制造、难加工材料加工和超精密微细加工。

3.5.5 高速加工关键技术

随着高速加工技术的迅速发展，各项高速加工关键技术，包括高速切削加工机床技术、高速切削刀具技术、高速切削工艺技术等也正在不断地跃上新的台阶。

1. 高速切削加工机床

高速切削加工机床是实现高速加工的前提和基本条件。这类机床一般都是数控机床和精密机床。高速切削加工机床与普通机床的最大区别在于，它具有很高的主轴转速和加速度，且进给速度和加速度也很高，输出功率很大。如：高速切削机床的转速一般都大于10 000 r/min，有的高达100 000～150 000 r/min；主轴电动机功率为15～80 kW；进给速度约为常规机床的10倍，一般在60～100 m/min之间。无论是主轴还是移动工作台，速度的提升或降低都往往要求在瞬间完成，因此主轴从静止至达到最高转速，或从最高转速到静止的速度变化过程要在1～2 s内完成，工作台的加、减速由常规机床的$0.1g$～$0.2g$提高到$1g$～$8g$。这就要求高速切削加工机床具有很好的静、动态特性，数控系统以及机床的其他功能部件的性能也得随之提高。高速切削加工机床的关键技术包括高速主轴技术、快速进给技术、高性能计算机控制技术、先进的机床结构设计技术等。

1）高速主轴系统

高速主轴单元是高速切削加工机床最关键的部件。目前，高速主轴的转速范围为10 000～25 000 r/min，加工进给速度在 10 m/min 以上。为适应这种切削加工，高速主轴应具有先进的主轴结构、优良的主轴轴承及良好的润滑和散热条件等。

（1）电主轴　在超高速运转的条件下，传统的齿轮变速和带传动方式已不能适应实际需求，于是人们以宽调速交流变频电动机来实现数控机床主轴的变速，从而使机床主传动系统的机械结构大为简化，形成了一种新型的功能部件——主轴单元。在超高速数控机床中，几乎无一例外地采用了电主轴（electro-spindle），如图 3-28 所示。电主轴取消了主电动机与机床主轴之间的一切中间传动环节，将主传动链的长度缩短为零，这种新型的驱动与传动方式称为“零传动”。

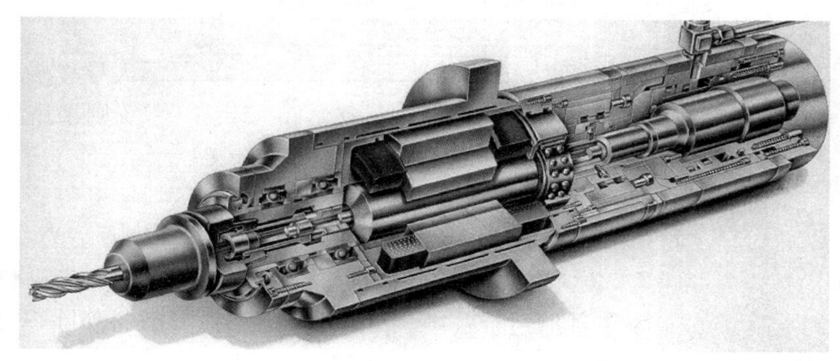

图 3-28　电主轴结构

电主轴振动小，由于采用直接传动，减少了高精密齿轮等关键零件，消除了齿轮的传动误差。同时，集成式主轴也简化了机床设计中的一些关键性的工作，如简化了机床外形设计，容易实现高速加工中快速换刀时的主轴定位等。这种电主轴和以前用于内圆磨床的内装式电主轴有很大的区别，主要表现在：① 有很大的驱动功率和转矩；② 有较宽的调速范围；③ 有一系列监控主轴振动频率、轴承和电动机温升等运行参数的传感器、测试控制和报警系统，以确保主轴超高速运转的可靠性与安全性。

（2）静压轴承高速主轴　目前，高速主轴系统广泛采用了液体静压轴承和空气静压轴承。液体静压轴承高速主轴的最大特点是运动精度很高，回转误差一般在 0.2 μm 以下，因而不但可以提高刀具的使用寿命，而且可以达到很高的加工精度和较低的表面粗糙度。

采用空气静压轴承可以进一步提高主轴的转速和回转精度，其最高转速可达 100 000 r/min，转速特征值可达 2.7×10^{6} mm/min，回转误差在 50 nm 以下。静压轴承为非接触式轴承，具有磨损小、寿命长、旋转精度高、阻尼特性好的特点，且其结构紧凑，动、静态刚度较高。但静压轴承价格较高，使用维护较为复杂。气体静压轴承刚度差、承载能力低，主要用于高精度、高转速、轻载荷的场合；液体静压轴承刚度高、承载能力强，但结构复杂、使用条件苛刻、消耗功率大、温升较高。

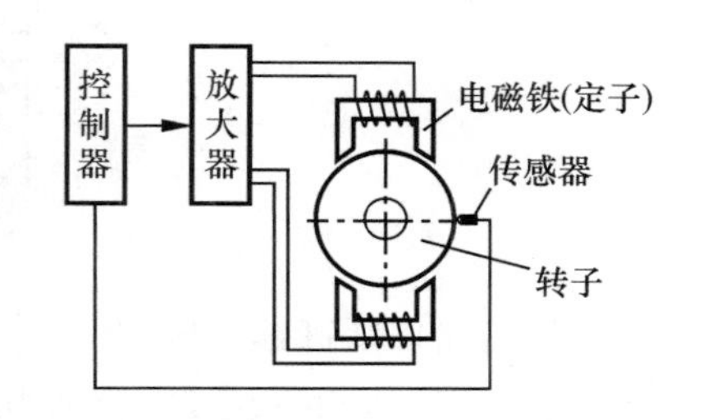

图 3-29　磁浮轴承的工作原理

（3）磁浮轴承高速主轴　磁浮轴承的工作原理如图 3-29 所示。电磁铁绕组通过电流而对转子产生吸力，吸力与转子重量平衡,使转子处于悬浮的平衡位置。转子受到扰动后,偏离其平衡位置。传感器检测出转子的位移,并将位移信号送至控制器。控制器将位移信号转换成控制信号,经功率放大器变换为控制电流,改变吸力方向,使转子重新回到平衡位置。位移传感器通常为非接触式,其数量一般为 5～7 个。磁浮轴承高速主轴的结构如图 3-30 所示。

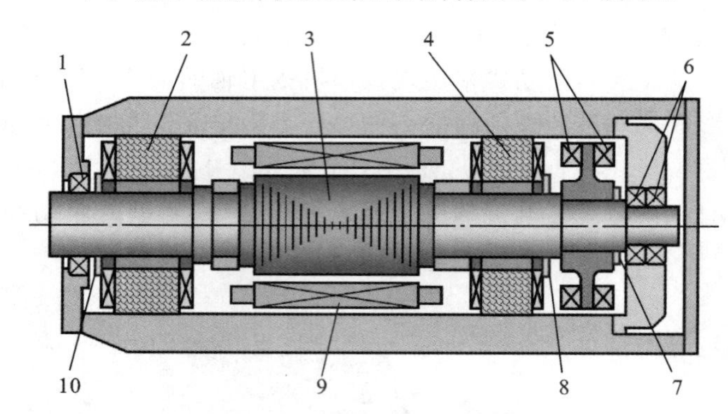

图 3-30　磁浮轴承高速主轴的结构示意图

1—前辅助轴承;2—前径向轴承;3—电主轴;4—后径向轴承;5—双面轴向轴承;
6—后辅助轴承;7—轴向传感器;8—后径向传感器;9—电动机;10—前径向传感器

磁浮主轴的优点是精度高、转速高和刚度高,缺点是机械结构复杂,而且需要一整套的传感器系统和控制电路,所以磁浮主轴的造价较高。另外,主轴部件内除了驱动电动机外,还有轴向和径向轴承的线圈,每个线圈都是一个附加的热源,因此,磁浮主轴必须有很好的冷却系统。

最近发展起来的自检测磁浮轴承系统较好地解决了磁浮轴承控制系统复杂的问题。其是利用电磁铁线圈的自感应来检测转子位移的。转子发生位移时,电磁铁线圈的自感应系数也要发生变化,即电磁铁线圈的自感应系数是转子位移 x 的函数,相应地电磁铁线圈的端电压(或电流)也是位移 x 的函数。将电磁铁线圈的端电压(或电流)检测出来并作为系统闭环控制的反馈信号,通过控制器调节转子位移,使转子工作在平衡位置上。自检测磁浮轴承系统的控制原理如图 3-31 所示(图中 ω_C 为三角波信号频率)。

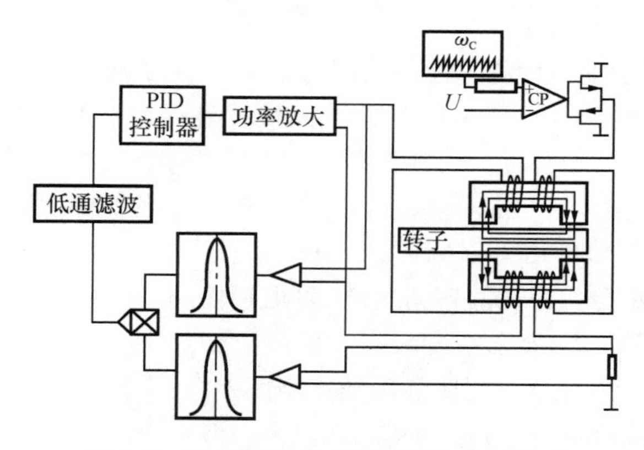

图 3-31　自检测磁浮轴承系统的控制原理

2)超高速切削进给系统

超高速切削进给系统是超高速切削加工机床的重要组成部分,是维持超高速切削中刀具正常工作的必要条件。超高速切削进给系统的性能是评价超高速机床性能的重要指标之一。

普通机床的进给系统采用的是滚珠丝杠副加旋转伺服电动机的结构，丝杠扭转刚度低，高速运行时易产生扭振，限制了运动速度和加速度的提高。此外，进给系统机械传动链较长，各环节普遍存在误差，传动副之间有间隙，这些误差相叠加后会形成较大的综合传动误差和非线性误差，影响加工精度；机械传动存在链结构复杂、机械噪声大、传动效率低、磨损快等缺陷。超高速切削在提高主轴速度的同时必须提高进给速度，并且要求进给运动能在瞬间达到高速和实现瞬时准停等，否则，不但无法发挥超高速切削的优势，而且会使刀具处在恶劣的工作条件下，还会因为进给系统的跟踪误差影响加工精度。当采用直线电动机进给驱动系统时，使用直线电动机作为进给伺服系统的执行元件，由电动机直接驱动机床工作台，传动链长度为零，并且不受离心力的影响，结构简单、重量轻，容易实现很高的进给速度（80～180 m/min）和加速度（$2g$～$10g$），同时，系统动态性能好，运动精度高（0.1～0.01 μm），运动行程不影响系统的刚度，无机械磨损。

3）超高速轴承技术

超高速主轴系统的核心是高速精密轴承。因滚动轴承有很多优点，故目前国外多数超高速磨床采用的是滚动轴承。为提高其极限转速，主要可采取如下措施。

（1）提高制造精度等级，但这样会使轴承价格成倍增长。

（2）合理选择材料。如用陶瓷材料制成的球轴承具有重量轻、热膨胀系数小、硬度高、耐高温、超高温时尺寸稳定、耐腐蚀、弹性模量比钢高、非磁性等优点。

（3）改进轴承结构。德国 FAG 轴承公司开发了 HS70 和 HS719 系列的新型高速主轴轴承，它将轴承中的球直径缩小至原来的 70%，增加了球数，从而提高了轴承结构的刚度。

日本东北大学庄司克雄研究室开发的 CNC 超高速平面磨床，使用陶瓷球轴承，主轴转速为 30 000 r/min。日本东芝机械公司生产的 ASV40 加工中心采用了改进的气浮轴承，其在大功率下可实现 30 000 r/min 的主轴转速。日本 Koyo Seiko 公司、德国 KAPP 公司曾经成功地在其高速磨床上使用了磁力轴承。磁力轴承的传动功耗小，轴承维护成本低，不需复杂的密封技术，但轴承本身成本太高，控制系统复杂。德国 GMN 公司的磁悬浮轴承主轴单元的转速最高达 100 000 r/min 以上。此外，液体动静压混合轴承也已逐渐应用于高效磨床。

4）高性能的计算机数控系统

为实现高速和高精度，高速加工数控系统必须满足一定的条件。

（1）数字主轴控制系统和数字伺服轴驱动系统应该具有高速响应特性。采用空气静压、液体静压或磁悬浮轴承时，要求主轴支承系统能根据不同的加工材料、不同的刀具材料及加工过程中的动态变化自动调整相关参数；工件加工的精度检测装置应选用具有高跟踪特性和分辨率的检测元件。

（2）进给驱动的控制系统应具有很高的控制精度和动态响应特性，以适应高进给速度和高进给加速度。

（3）为适应高速切削，要求单个程序段处理时间短；为保证高速下的加工精度，要有前馈和大量的超前程序段处理功能；要求快速行程刀具路径尽可能圆滑，走样条曲线而不是逐点跟踪，少转折点、无尖转点；程序算法应保证高精度；遇干扰时能迅速做出反应，保持合理的进给速度，避免刀具振动。

此外，如何选择新型高速刀具、切削参数以及优化切削参数，如何优化刀具切削运动轨迹，如何控制曲线轮廓拐点、拐角处的进给速度和加速度，如何保证高速加工时 CAD/CAM 系统高速通信的可靠性等都是在数控系统方面需要解决的问题。

5) 机床床身结构

为了适应高速加工的要求,机床床身,包括工作台都要具有高的精度、动刚度,优良的抗振性、精度保持性,以及抗热变形性能。图 3-32 所示为第一代高速铣龙门结构铸铁床身,图 3-33 所示为第二代高速铣 O 形结构人造大理石床身。大质量的人造大理石床身具备很好的热稳定性,保证了极高的零件加工精度、良好的吸振性能(通常是铸铁的 6 倍)。

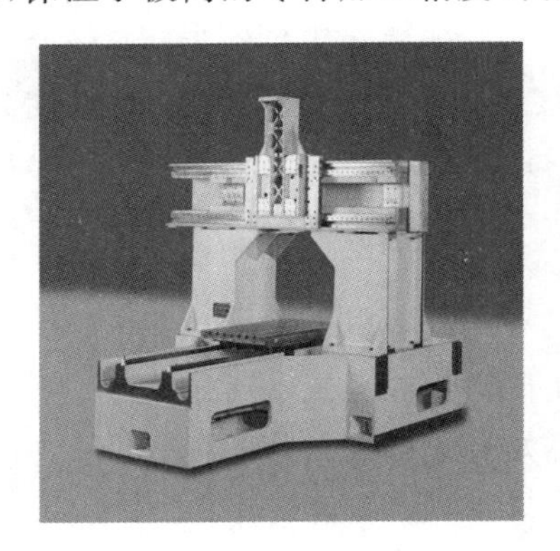

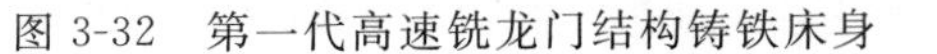
图 3-32 第一代高速铣龙门结构铸铁床身

图 3-33 第二代高速铣 O 形结构人造大理石床身

2. 高速切削刀具

高速切削时,金属切除率很高,被加工材料的高应变率使得切屑形成过程及刀具-切屑间发生的各种现象都和传统切削不一样,刀具的耐热性和耐磨性成为关键因素。同时主轴转速很高,使得高速转动的刀具产生很大的离心力,不仅会影响加工精度,还有可能致使刀体破裂而引起事故。因此,高速切削对切削刀具材料、刀具几何参数、刀体结构乃至刀具的安装等都提出了很高的要求。

1) 对刀具材料的要求

(1) 高强度与高韧度,以承受较大的切削力、冲击和振动,避免崩刃和折断。

(2) 极高的硬度和优异的耐磨性,以保证足够长的刀具使用寿命。

(3) 优异的耐热性和抗热冲击性。耐热性是指刀具材料在高温下保持足够硬度、耐磨性、强度和韧度、抗氧化性、抗黏结性和抗扩散性的能力(亦称为热稳定性)。通常把材料在高温下仍保持高硬度的能力称为热硬性(亦称红硬性),它是刀具材料保持切削性能的必备条件。刀具材料的高温硬度越高,耐热性越好,允许的切削速度越高。抗热冲击性使刀具在断续切削受到热应力冲击时,不致产生疲劳破坏。

2) 高速切削刀具材料

目前适用于高速切削的刀具材料主要有陶瓷、立方氮化硼、金刚石和涂层刀片。表 3-5 列出了高速切削常用刀具材料的性能和用途。

表 3-5 高速切削常用刀具材料的性能和用途

刀具材料	优点	缺点	用途
陶瓷(氧化硅、晶须增强材料、氧化铝、氮化硅)	耐磨性好、抗(热)冲击性能好、化学稳定性好、抗黏结性好、干式切削	韧度低,脆性强,容易产生崩刃;对铝的高温亲和力大	用于切削淬火铸铁、硬钢、镍基高温合金、不锈钢

续表

刀具材料	优　点	缺　点	用　途
CBN	硬度高、热稳定性好、摩擦因数小、热导率高、易产生积屑瘤	强度和韧度低，抗弯强度低，易崩刃，一般只用于高硬材料的精加工	用于切削淬硬钢、高温合金、工具钢、高速钢
金刚石	硬度极高、摩擦因数很小，热导率高、耐磨性极好、锋利性极好	强度和韧度低，抗弯强度低，易崩刃，价格昂贵，不宜用于切削含铁和钛的材料	用于切削单晶铝、单晶硅、单晶锗、铝合金、黄铜，以及用于镁合金的精密/超精密切削
涂层	表面硬度高、耐磨性好、抗冲击性能好	耐热性和耐磨性比CBN和金刚石差，不宜用于切削高硬度的材料	用于切削高硬铝合金、钛合金

3）高速切削刀具结构及其安全性

高速切削时，可转位面铣刀不允许采用靠摩擦力夹紧的刀片，而要采用带中心孔的刀片，使用合适的预紧力用螺钉夹紧；还可采用带卡位的空刀槽，以保证刀具的精确定位和高速旋转时的可靠连接。

对于刀体的设计，应考虑尽量减轻重量，减小直径，增加高度；铣刀结构尽量避免采用贯通式刀槽，以减小尖角和减轻应力集中程度；对刀具、夹头、主轴及其组合分别进行静、动平衡（刀体径向上安装微调螺钉进行微细平衡）测试，以避免高速回转刀具的动不平衡影响机床主轴和轴承的使用寿命，影响工件已加工表面的质量和刀具寿命。

3. 高速切削工艺技术

高速切削工艺主要涉及加工走刀方式、专门的CAD/CAM编程策略、优化的高速加工参数、充分冷却润滑并具有环保特性的冷却方式等等。

高速切削原则上采用分层环切方式。直接垂直向下进刀极易出现崩刃现象，不宜采用。采用斜线轨迹进刀方式时，铣削力是逐渐加大的，因此对刀具和主轴的冲击比垂直下刀小，可明显减少下刀崩刃的现象。采用螺旋轨迹进刀方式时，刀具沿螺旋向下切入工件，该进刀方式最适合于型腔高速加工。

CAD/CAM编程原则是尽可能保持恒定的刀具载荷，把进给速率变化降到最低，使程序处理速度最大化。主要需注意以下几点：① 尽可能减少程序块，提高程序处理速度；② 在程序段中加入一些圆弧过渡段，尽可能减少速度的急剧变化；③ 粗加工不是简单地去除材料，要注意保证本工序和后续工序加工余量均匀，尽可能减少铣削载荷的变化；④ 多采用分层顺铣方式；⑤ 尽量采用连续的螺旋和圆弧轨迹进行切向进刀，以保证恒定的切削条件；⑥ 充分利用数控系统提供的仿真验证功能。零件在加工前必须经过仿真，以验证刀位数据的正确性，以及刀具各部位是否与零件发生干涉，刀具与夹具附件是否发生碰撞，从而确保产品质量和操作安全。

确定高速铣削用量时主要需考虑加工效率、加工表面质量、刀具磨损以及加工成本。不同刀具加工不同工件材料时，加工用量会有很大差异。通常，随着切削速度的提高，加工效率将提高，刀具磨损会加剧，加工表面粗糙度会降低。对应于最长刀具寿命，每齿进给量和轴向切深均存在最佳值，而且最佳值的范围相对较窄。高速铣削参数选择的一般原则是：选取高的切削速度、中等的每齿进给量 f_z、较小的轴向切深 a_p 和适当的径向切深 a_e。

在高速铣削时,由于金属去除率和切削热增加,切削液必须具备将切屑快速冲离工件、降低切削热和增强切削界面润滑效果的能力。采用常规的切削液及加注方式,切削液将很难进入加工区域,反而会加大铣刀刃在切入切出过程中的温度变化,使其产生热疲劳,降低其寿命和可靠性。现代刀具材料,如硬质合金、涂层刀具、陶瓷和金属陶瓷、CBN 等具有较高的红硬性,如果不能解决热疲劳问题,可不使用切削液。

微量油雾冷却可以减小刀具、切屑及工件之间的摩擦,而且细小的油雾粒子在接触到刀具表面时快速汽化的换热效果较切削液热传导的换热效果好,能带走更多的热量。微量油雾冷却目前已成为高速切削首选的冷却方式。

3.6 现代特种加工技术

3.6.1 特种加工技术概述

1. 特种加工技术的产生及发展

传统的机械加工已有很长的历史,它对人类的生产和物质文明的发展起到了极大的推动作用。例如,20 世纪 70 年代人类就发明了蒸汽机,但苦于制造不出高精度的蒸汽机汽缸,无法将其加以推广应用。直到有人创造出和改进了汽缸镗床,解决了蒸汽机主要部件的加工工艺,蒸汽机才获得广泛应用,并引起了第一次工业革命。这一事实充分说明了加工方法对新产品的研制、推广,对社会经济等的发展起着多么重大的作用。随着新材料、新结构的不断出现,情况将更是这样。

在第一次工业革命以后到第二次世界大战以前这段长达一百多年的时间里,人们一直采用的是机械切削加工(包括磨削加工),此时并没有产生特种加工的迫切要求,也没有发展特种加工的充分条件,人们的思想一直还局限在传统的用机械能量和切削力来除去多余的金属、以达到加工要求的范围内。

直到 1943 年,苏联拉扎林柯夫妇研究开关触点遭受火花放电腐蚀损坏的现象和原因时,发现电火花的瞬时高温可熔化、汽化局部的金属而将其蚀除掉,才开创和发明了电火花加工方法,实现了用软的工具加工任意硬度的金属材料,如用铜丝在淬火钢上加工出小孔,从而首次摆脱了传统的切削加工方法,直接利用电能和热能来去除金属,获得"以柔克刚"的效果。

第二次世界大战后,特别是进入 20 世纪 50 年代以来,随着生产发展和科学实验的需要,很多工业部门,尤其是国防工业部门,要求尖端科学技术产品向高精度、高速度、高温、高压、大功率、小型化等方向发展,这些产品所使用的材料愈来愈难加工,形状愈来愈复杂,表面精度、粗糙度和某些特殊要求也愈来愈高,使机械制造部门面临下列新的问题。

(1) 各种难切削材料的加工问题,如硬质合金、铁合金、耐热钢、不锈钢、淬火钢、金刚石、宝石、石英以及锗、硅等各种高硬度、高强度、高韧度、强脆性的金属及非金属材料的加工。

(2) 各种特殊复杂表面的加工问题,如喷气涡轮机叶片、整体涡轮、发动机机匣和锻压模和注射模的立体成形表面,各种冲模、冷拔模上特殊截面的型孔,炮管内膛线,喷油嘴,栅网,喷丝头上的小孔、窄缝等的加工。

(3) 各种超精、光整或具有特殊要求的零件的加工问题,如对表面质量和精度要求很高的航天、航空陀螺仪，伺服阀，以及细长轴、薄壁零件、弹性元件等低刚度零件的加工。

上述一系列工艺问题仅仅依靠传统的切削加工方法很难甚至根本无法解决，人们由此相继探索研究新的加工方法，特种加工就是在这种背景下产生和发展起来的。

2. 特种加工的特点

切削加工的本质和特点表现在两个方面：一是刀具材料比工件更硬；二是机械能把工件上多余的材料切除。在一般情况下，切削加工是行之有效的。但是，当工件材料愈来愈硬、加工表面形状愈来愈复杂时，原来行之有效的方法就转化为限制生产率和影响加工质量的不利因素了。于是人们开始探索用软的工具加工硬的材料的方法，尝试采用电能、化学能、光能、声能等能量来进行加工。为区别于现有的金属切削加工，将这类新加工方法统称为特种加工(non-traditional machining，NTM；或 non-conventional machining，NCM)。特种加工具有以下特点：① 不主要依靠机械能，而是主要用其他能量，如电能、化学能、光能、声能、热能等去除金属材料；② 工具硬度可以低于被加工材料的硬度；③ 加工过程中工具和工件之间不存在显著的机械切削力。

正因为特种加工工艺具有上述特点，所以就总体而言，采用特种加工技术可以加工任意硬度、强度、韧度的脆性的金属和非金属材料，且该技术适宜于加工复杂、微细表面和低刚度零件。特种加工中的有些方法还可用于超精加工、镜面光整加工和纳米级（原子级)加工。

3. 特种加工的分类

依据加工能量的来源及作用形式将各种常用的特种加工方法进行分类，如表3-6所示。

表3-6 各种常用的特种加工方法

加工方法		主要能量形式	作用形式
电火花加工	电火花成形加工	电、热能	熔化、汽化
	电火花线切割加工	电、热能	熔化、汽化
电化学加工	电解加工	电化学能	离子转移
	电铸加工	电化学能	离子转移
	涂镀加工	电化学能	离子转移
高能束加工	激光加工	光、热能	熔化、汽化
	电子束加工	电、热能	熔化、汽化
	离子束加工	电、机械能	切蚀
	等离子弧加工	电、热能	熔化、汽化
物料切蚀加工	超声波加工	声、机械能	切蚀
	磨料流加工	机械能	切蚀
	液体喷射加工	机械能	切蚀
化学加工	化学铣切加工	化学能	腐蚀
	照相制版加工	化学、光能	腐蚀
	光刻加工	光、化学能	光化学、腐蚀
	光电成形电镀	光、化学能	光化学、腐蚀
	刻蚀加工	化学能	腐蚀
	黏结	化学能	化学键
	爆炸加工	化学能、机械能	爆炸

续表

加 工 方 法		主要能量形式	作 用 形 式
成形加工	粉末冶金成形	热能、机械能	热压
	超塑性成形	机械能	塑性变形
	快速原型	热能、机械能	热熔化成形
复合加工	电化学电弧加工	电化学能	熔化、汽化腐蚀
	电解电火花机械磨削	电、热能	离子转移、熔化、切削
	电化学腐蚀加工	电化学能、热能	熔化、汽化腐蚀
	超声波放电加工	声、热、电能	熔化、切蚀
	复合电解加工	电化学、机械能	切蚀
	复合切削加工	机械、声、磁能	切削

3.6.2 激光加工

1. 激光加工技术及其特点

激光技术是20世纪60年代初发展起来的一门新兴科学。在材料加工方面,已形成一种崭新的加工方法——激光加工(laser processing),它是利用激光束对材料的光热效应来进行加工的一门加工技术,是涉及光、机、电、材料及检测等多门学科的一门综合技术。

由于激光具有高亮度、高方向性、高单色性和高相干性等特性,激光加工具有如下优点。

(1) 聚焦后,激光束的功率密度可高达 $10^8 \sim 10^{10}$ W/cm^2,光能转化为热能,几乎可以熔化、汽化任何材料,例如耐热合金、陶瓷、石英、金刚石等硬脆材料。

(2) 激光束光斑大小可以聚焦到微米级,输出功率可以调节,因此可用于精密微细加工。

(3) 加工所用工具是激光束,是非接触加工,所以没有明显的机械力,没有工具损耗问题。加工速度快、热影响区小,容易实现加工过程自动化。能在常温、常压下于空气中加工,还能通过透明体进行加工,如对真空管内部进行焊接加工等。

(4) 与电子束加工等相比,激光加工装置比较简单,不要求复杂的抽真空装置。

激光加工是一种瞬时、局部熔化、汽化的热加工方法,影响加工效率的因素很多,因此,精微加工时,精度,尤其是重复精度和表面粗糙度不易保证,必须进行反复试验,寻找合理的参数,才能达到一定的加工要求。由于光的反射作用,对于表面光亮或透明材料的加工,必须预先对加工面进行色化或打毛处理,使更多的光能被吸收后转化为热能,从而用于加工。

激光加工的不足之处在于激光加工设备目前还比较昂贵。

2. 激光加工技术及其在工业中的应用

1) 激光打孔原理

激光打孔是利用高能激光束照射在工件表面,使表面材料产生一系列热物理现象,从而成孔。激光打孔的质量与激光束的特性和材料的热物理性质有关。激光打孔加工是非接触式的,对工件本身无机械冲压力,热影响极小,因而在精密配件的加工方面更具优势。激光束的能量和轨迹易于精密控制,可实现精密复杂的加工。

激光几乎可用来在任何材料上打微型小孔。激光打孔技术目前已应用在火箭发动机和柴油机的燃料喷嘴加工、化学纤维喷丝板打孔、钟表及仪表中的宝石轴承打孔、金刚石拉丝模加工等方面。

2）激光切割技术

激光切割是利用高功率密度的激光束扫描材料表面，在极短时间内将材料加热到几千至上万摄氏度，使材料熔化或汽化，再用高压气体将熔化或汽化物质从切缝中吹走，达到切割材料的目的的技术。激光切割的特点是速度快，切口光滑平整，一般不需后续加工；切割热影响区小，板材变形小，切缝窄（0.1～0.3 mm）；切口没有机械应力，无剪切毛刺；加工精度高，重复性好，不损伤材料表面。激光切割适于自动控制，宜于对细小部件进行精密切割，可用于切割各种材料。

3）激光焊接技术

激光焊接是以高功率聚焦的激光束为热源，熔化材料从而形成焊接接头的。其特点是具有熔池净化效应，能净化焊缝金属，适用于相同或不同材质、不同厚度的金属间的焊接，对高熔点、高反射率、高热导率和物理特性相差很大的金属的焊接特别有利。激光焊接一般不需焊料和焊剂，只需要将工件的加工区域“热熔”在一起就可以。激光功率可控，易于实现自动化；激光束功率密度很高，焊缝熔深大，速度快，效率高；焊缝窄，热影响区很小，工件变形很小，可实现精密焊接；激光焊缝组织均匀，晶粒很小，气孔少，夹杂缺陷少，在力学性能、耐蚀性能和电磁学性能方面优于常规焊缝。

4）激光表面热处理技术

激光的穿透能力极强，当把金属表面加热到仅低于熔点的临界转变温度时，金属表面急速自冷淬火，迅速被强化，即发生激光相变硬化。激光表面热处理就是利用高功率密度的激光束对金属进行表面处理的方法，可对材料实现相变硬化、快速熔凝、合金化、熔覆等表面处理，产生用其他表面淬火处理方式达不到的表面成分、组织、性能的改变。其中，相变硬化和熔凝处理技术已趋于成熟并产业化，而合金化和熔覆工艺对基体材料的适应范围和性能改善的幅度较前两种大，发展前景广阔。

3.6.3 电子束加工

1. 电子束加工原理和特点

如图 3-34 所示，电子束加工（electron beam machining，EBM）的原理是：在真空条件下，使聚焦后能量密度极高（10^6～10^9 W/cm^2）的电子束，以极高的速度冲击到工件表面极小面积上，由于在极短的时间（几分之一微秒）内其能量的大部分转变为热能，使被冲击部分的工件材料达到几千摄氏度以上的高温，引起材料的局部熔化和汽化，被真空系统抽走，从而达到加工目的。

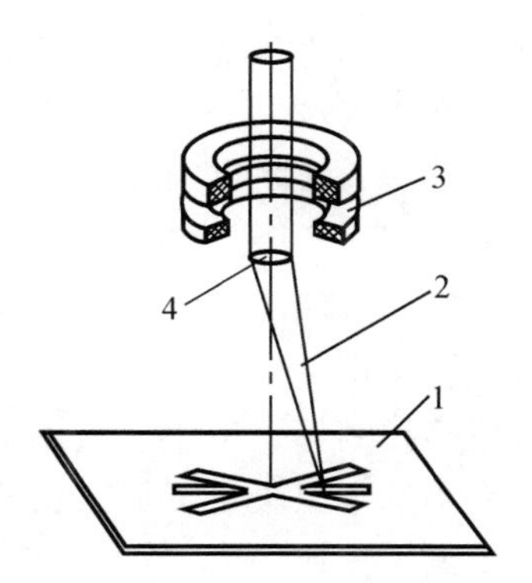

图 3-34 电子束加工原理图

1—工件；2—电子束；3—偏转线圈；4—电磁透镜

控制电子束能量密度的大小和能量注入时间，就可以达到不同的加工目的。如只局部加热材料就可进行电子束热处理；使材料局部熔化就可进行电子束焊接；提高电子束能量密度，使材料熔化和汽化，就可进行打孔、切割等加工；利用较低能量密度的电子束轰击高分子材料时产生的化学变化，即可进行电子束光刻加工。

电子束加工具有如下特点。

（1）由于电子束能够极其微细地聚焦，甚至能聚焦到光斑直径为 0.1 μm，所以加工面积可以很小，是一种精密微细加工方法。

（2）电子束能量密度很高，可使照射部分的温度超过材料的熔化和汽化温度，去除材料主要靠瞬时蒸发，而不必接触工件。工件不受机械力作用，不产生宏观应力和变形。加工材料范围很广，对脆性、韧性导体、非导体及半导体材料均可进行加工。

（3）电子束的能量密度高，因而加工效率很高。例如，每秒可以在 2.5 mm 厚的钢板上钻 50 个直径为 0.4 mm 的孔。

（4）可以通过磁场或电场对电子束的强度、位置、光斑直径等进行直接控制，所以整个加工过程便于实现自动化。特别是在电子束曝光中，从加工位置找准到加工图形的扫描，都可实现自动化。在电子束打孔和切割时，可以通过电气控制加工异形孔，实现曲面弧形切割等。

（5）由于电子束加工是在真空中进行的，因而加工表面不会氧化，特别适用于加工易氧化的金属及合金材料，以及纯度要求极高的半导体材料。

（6）电子束加工需要一整套专用设备和真空系统，投资较大，多用于微细加工。

2. 电子束加工装置

电子束加工装置主要由电子枪、真空系统、控制系统和电源等部分组成。

1）电子枪

电子枪是获得电子束的装置。它包括电子发射阴极、控制栅极和加速阳极等。阴极经电流加热发射电子，带负电荷的电子高速飞向高电位的阳极，在飞向阳极的过程中，经过加速极加速，又通过电磁透镜把电子束聚焦成很小的束斑。

发射阴极一般用纯钨或钨钽等材料制成，在加热状态下可发射大量电子。控制栅极为中间有孔的圆筒形，其上加以较阴极电压高的负偏压，既能控制电子束的强弱，又有初步的聚焦作用。加速阳极通常接地，而阴极有很高的负电压，所以能驱使电子加速。

2）真空系统

真空系统的作用是保证在电子束加工时维持 0.00014～0.014 Pa 的真空度。因为只有在高真空度环境中，电子才能高速运动。此外，加工时的金属蒸气会影响电子发射，产生不稳定现象，因此，也需要不断地把加工中生产的金属蒸气抽出去。

真空系统一般由机械旋转泵和油扩散泵（或涡轮分子泵）两级组成，先用机械旋转泵把真空室抽至 0.14～1.4 Pa，然后由油扩散泵或涡轮分子泵抽至 0.000 14～0.014 Pa 的高真空度。

3）控制系统和电源

电子束加工装置的控制系统功能包括束流聚焦控制、束流位置控制、束流强度控制及工作台位移控制等。束流聚焦控制是为了提高电子束的能量密度，使电子束的光斑聚焦到很小，光斑大小基本上决定了加工点的孔径或缝宽大小。聚焦方法有两种，一种是利用高压静电场使电子流聚焦成细束，另一种是利用电磁透镜靠磁场聚焦，后者比较安全可靠。束流位置控制是为了改变电子束的方向，常用电磁偏转来控制电子束焦点的位置。如果使偏转电压或电流按程序设定的规律变化，电子束焦点便按预定的轨迹运动。工作台位移控制是为了在加工过程中控制工作台的位置。因为电子束的偏转距离只能在数毫米以内，过大将增加像差和影响线性，因此在大面积加工时需要用伺服电动机控制工作台移动，并与电子束的偏转相配合。

电子束加工装置对电源电压的稳定性要求较高，常用稳压设备，这是因为电子束聚焦程度以及阴极的发射强度与电压波动有密切关系。

3. 电子束加工的应用

电子束加工按其功率密度和能量注入时间的不同，可用于打孔、切割、蚀刻、焊接、热处理和光刻加工等。下面介绍其几种主要用途。

1）高速打孔

电子束打孔已在生产中得到应用，目前可加工的最小孔径可达 0.003 mm 左右。孔的密度有连续变化、孔数多（可达数百万个）、孔径改变等情况下，最宜用电子束高速打孔，例如喷气发动机套上的冷却孔、机翼吸附屏上的孔等都可采用此方法来加工。高速打孔还可在工件运动时进行，例如在 0.1 mm 厚的不锈钢板上加工直径为 0.2 mm 的孔，速度为每秒3 000个孔。

在人造革、塑料上用电子束打大量微孔，可使其具有如真皮革那样的透气性。现在已出现了专用塑料打孔机，其可将电子枪发射的片状电子束分成数百条小电子束同时进行打孔，速度可达每秒 50 000 个孔，孔径为 40～120 μm。

利用电子束还能加工小深孔，如在叶片上打深度为 5 mm、直径为 0.4 mm 的孔，孔的深径比大于 10∶1。

用电子束加工玻璃、陶瓷、宝石等脆性材料时，由于在加工部位的附近有很大温差，易引起变形甚至破裂，所以在加工前或加工时，需用电阻炉或电子束进行预热。

2）加工型孔及特殊表面

电子束可以用来切割各种复杂型面，切口宽度为 3～6 μm，边缘表面粗糙度可控制在 *Ra* 0.5 μm 左右。例如，离心过滤机、造纸化工过滤设备中钢板上的小孔为锥孔（上小下大），这样可防止堵塞，并便于反冲洗。用电子束在 1 mm 厚不锈钢板上打 ϕ0.13 mm 的锥孔，每秒可打 400 个；在 3 mm 厚的不锈钢板上打 ϕ1 mm 锥孔，每秒可打 20 个。在燃烧室混气板及某些透平叶片上设计很多不同方向的斜孔，可使叶片容易散热，从而提高发动机的输出功率。如某种叶片需要打斜孔 30 000 个，使用电子束加工能廉价地实现。燃气轮机上的叶片、混气板和蜂房式消声器三种重要部件已开始采用电子束打孔，代替了以前的电火花打孔。

用电子束不仅可以加工各种直的型孔和型面，而且可以加工弯孔和曲面。利用电子束在磁场中偏转的原理，使电子束在工件内部偏转，控制电子速度和磁场强度，即可控制电子束运动轨迹的曲率半径，加工出弯曲的孔。如果同时改变电子束和工件的相对位置，就可进行切割和开槽。

3）刻蚀

在微电子器件生产中，为了制造多层固体组件，可利用电子束在陶瓷或半导体材料上刻蚀出许多微细沟槽和孔，如在硅片上刻出宽 2.5 μm、深 0.25 μm 的细槽，在混合电路电阻的金属镀层上刻出 40 μm 宽的线条。还可在加工过程中对电阻值进行测量校准，这些都可通过计算机自动控制完成。

电子束刻蚀还可用于制版。如在铜制印刷滚筒上按色调深浅刻出许多大小与深浅不一的沟槽或凹坑，其直径为 70～120 μm，深度为 5～40 μm，小坑代表浅色，大坑代表深色。

4）焊接

电子束焊接是利用电子束作为热源的一种焊接工艺。当用高能量密度的电子束轰击焊件表面时，会使焊件接头处的金属熔融，在电子束连续不断的轰击下，焊件表面形成一个被熔融金属环绕着的毛细管状的熔池，如果焊件按一定速度沿着接缝与电子束做相对移动，则接缝上的熔池会由于电子束的离开而重新凝固，使焊件的整个接缝形成一条焊缝。

由于电子束的能量密度高，焊接速度快，所以电子束焊接的焊缝深而窄，焊件热影响区小，变形小。电子束焊接一般不用焊条，焊接过程在真空中进行，因此焊缝纯净，焊接接头的强度往往高于母材。利用电子束可以焊接难熔金属，也可焊接钛、锆、铀等化学性能活泼的金属；可焊接很薄的工件，也可焊接数百毫米厚的工件。利用电子束还能完成一般焊接方法难以实现的异种金属焊接，如铜与不锈钢的焊接、钢与硬质合金的焊接、钼的焊接等。

由于电子束焊接对焊件的热影响小、变形小，可以在工件精加工后进行焊接。又由于它能够实现异种金属焊接，所以就有可能将复杂的工件分成几个零件，将这些零件单独地使用最合适的材料、最合适的方法来加工制造，最后利用电子束焊接成一个完整的零部件，从而获得理想的技术性能和显著的经济效益。

5）热处理

电子束热处理也是以电子束作为热源，但需适当控制电子束的功率密度，使金属表面温度升高而不熔化，这样才能达到热处理的目的。电子束热处理的加热速度和冷却速度都很高，在相变过程中，奥氏体化时间很短，只有几分之一秒乃至千分之一秒，奥氏体晶粒来不及长大，从而能获得一种超细晶粒组织，使工件获得用常规热处理方法不能达到的硬度，硬化深度可达0.3～0.8 mm。

电子束热处理与激光热处理类似，但电子束的电热转换效率高，可达90%，而激光的转换效率只有7%～10%。电子束热处理在真空中进行，可以防止材料氧化，电子束设备的功率可以做得比激光功率大，所以电子束热处理工艺很有发展前途。

如果用电子束加热金属至其表面熔化，可在熔化区加入添加元素，使金属表面形成一层很薄的新的合金层，从而获得更好的物理力学性能。对铸铁进行熔化处理可以获得非常细的莱氏体结构，使铸铁抗滑动磨损性能好。

6）光刻

电子束光刻的原理：先利用低功率密度的电子束照射采用高分子材料制作的电致抗蚀剂，由入射电子与高分子相碰撞，使分子的链被切断或重新聚合而引起分子量的变化，这一步骤称为电子束曝光，如果按规定图形进行电子束曝光，就会在电致抗蚀剂中留下潜像；然后将材料浸入适当的溶剂，由于分子量不同而溶解度不一样，潜像会因此显示出来。将光刻与离子束刻蚀或蒸镀工艺结合，就能在金属掩模或材料表面上制出图形来。

3.6.4 离子束加工

1. 离子束加工的原理和物理基础

离子束加工(ion beam machining,IBM)的原理和电子束加工基本类似，也是在真空条件下，使离子源产生的离子束经过加速聚焦后撞击到工件表面而去除材料的加工方法。不同的是离子带正电荷，其质量比电子大数千，甚至数万倍，如氢离子的质量是电子的7.2万倍，所以一旦加速到较高速度，离子束比电子束具有更大的撞击动能，它是靠微观的机械撞击能量，而不是靠动能转化为热能来加工的。

离子束加工的物理基础是离子束射到材料表面时所发生的撞击效应、溅射效应和注入效应。具有一定动能的离子斜射到工件材料表面时，可以将表面的原子撞击出来，这就是离子的撞击效应和溅射效应。如果直接用离子轰击工件，工件表面就会受到离子刻蚀（也称离子铣削）。如果将工件放置在靶材附近，靶材原子就会溅射到工件表面而沉积，从而在工件表面镀上一层靶材原子的薄膜。如果离子能量足够大并垂直于工件表面撞击，离子就会钻进工件表面层，这就是离子的注入效应。

2. 离子束加工的分类

离子束加工按照其所利用的物理效应和达到目的的不同，可以分为以下四类。

(1) 离子刻蚀　离子刻蚀是用能量为0.5～5 keV($1\ \text{keV}=1.602\ 177\ 33\pm0.000\ 000\ 49\times10^{-16}$ J)的氩离子倾斜轰击工件，将工件表面的原子逐个剥离(溅射效应)，其实质上是一种原子尺度的“切削”加工，所以又称离子铣削。

(2) 离子溅射沉积　离子溅射沉积是采用能量为0.5～5 keV的氩离子，倾斜轰击用某种材料制成的靶(而不是工件)，离子将靶材原子击出，使其沉积在靶材附近的工件上，从而在工件表面镀上一层薄膜，所以溅射沉积是一种镀膜工艺。

(3) 离子镀　也称离子溅射辅助沉积，它采用的也是0.5～5 keV的氩离子，不同的是在镀膜时，离子束同时轰击靶材和工件表面，这样做的目的是增强靶材与工件基材之间的结合力。也可将靶材高温蒸发，同时进行离子撞击镀膜。

(4) 离子注入　离子注入是将所添加的粒子在高真空中(1×10^{-4} Pa)离子化，采用5～500 keV的较高能量的离子束直接垂直轰击被加工材料，离子由于能量相当大，就钻进被加工材料的表面层。工件表面层注入离子后，化学成分就会发生改变，因而其力学性能、物理和化学性能也将发生改变。加工时应根据不同的目的选用不同的离子。

3. 离子束加工的特点

离子束加工有如下一些特点。

(1) 由于离子束可以通过电子光学系统进行聚焦扫描，离子束轰击材料时会逐层去除原子，离子束流密度及离子能量可以精确控制，所以离子刻蚀可以达到纳米级的加工精度。离子镀膜可以控制在亚微米级精度，离子注入的深度和浓度也可极精确地控制。因此，离子束加工是所有特种加工方法中最精密、最微细的加工方法，是当代纳米加工技术的基础。

(2) 由于离子束加工是在高真空中进行的，所以污染少，特别适用于对易氧化的金属、合金材料和高纯度半导体材料的加工。

(3) 离子束加工是靠离子轰击材料表面的原子来实现的。这种轰击作用是一种微观作用，宏观压力很小，所以加工应力、热变形等极小，加工质量高，适合于对各种材料和低刚度零件的加工。

(4) 离子束加工设备价格高、加工成本高而效率低，因此其应用受到一定限制。

4. 离子束加工装置

离子束加工装置与电子束加工装置类似，它也包括离子源、真空系统、控制系统和电源等部分，二者的主要不同之处在于离子源系统。离子源又称离子枪，用以产生离子束。其基本原理和方法是使原子电离。具体办法是把要电离的气态原子（如氩等惰性气体或金属蒸气）注入电离室，经高频放电、电弧放电、等离子体放电或电子轰击，使气态原子电离为等离子体（即正离子数和负电子数相等的混合体）。用一个相对等离子体为负电位的电极，就可从等离子体中引出正离子束流。根据离子束产生的方式和用途的不同，可采用不同的离子源，常用的有考夫曼型离子源和双等离子管型离子源。

5. 离子束加工的应用

离子束加工正处在不断创新中，其应用范围也在日益扩大。目前用于改变零件尺寸和表面物理力学性能的离子束加工有：用于在工件上去除微量材料的离子刻蚀加工；用于工件表面涂覆的离子镀膜加工；用于表面改性的离子注入加工等。

1）刻蚀加工的应用

离子刻蚀是从工件上去除材料，是一个撞击溅射过程。用离子束轰击工件时，入射离子的能量被传递给工件表面的原子，如果传递能量超过了原子间的键合力，原子就从工件表面撞击溅射出来，从而达到刻蚀的目的。为了避免入射离子与工件材料发生化学反应，必须用惰性元素的离子。氩气的原子序数高，而且价格便宜，所以通常用氩离子进行轰击刻蚀。由于离子直径很小（约十分之几纳米），可以认为离子刻蚀是逐个原子剥离的过程，刻蚀的分辨率可达微米甚至亚微米级，但刻蚀速度很低，剥离速度大约每秒一层到几十层原子。

离子刻蚀用于加工陀螺仪空气轴承和动压马达上的沟槽，分辨率高，精度、重复性和一致性好。加工非球面透镜时能达到用其他方法不能达到的精度。离子刻蚀的另一个应用是刻蚀高精度的图形，如集成电路、声表面波器件、磁泡器件、光电器件和光集成器件等微电子学器件上的亚微米图形。此外，离子刻蚀还可用于制作集成光路（由波导、耦合器和调制器等小型光学元件组合制成的光路）中的光栅和波导。

用离子束轰击已被机械磨光的玻璃时，玻璃表面厚 1 μm 左右的材料被剥离并形成极光滑的表面；用离子束轰击厚度为 0.2 mm 的玻璃，能改变其折射率分布，使之具有偏光作用；玻璃纤维被离子束轰击后，变为具有不同折射率的光导材料；离子束加工还能使太阳能电池表面具有非反射纹理表面。

离子刻蚀还可用来致薄材料，如致薄石英晶体振荡器和压电传感器。用离子束刻蚀致薄探测器探头，可以大大提高探头的灵敏度，国内已用离子束加工出厚度为 40 μm、自支撑的高灵敏探测器头。将离子刻蚀用于致薄样品，进行表面分析，如致薄月球岩石样品，可从 10 μm 致薄到 10 nm。采用离子束刻蚀能在 10 nm 厚的金-钯膜上刻出 8 nm 深的线条来。

2）镀膜加工的应用

离子镀膜加工有溅射沉积和离子镀两种。离子镀膜时膜材原子会溅射到工件上，同时工件还会受到离子的轰击，这使离子镀膜具有许多独特的优点。

离子镀膜附着力强、膜层不易脱落。这首先是由于镀膜前离子以足够高的动能冲击工件表面，清洗掉工件表面的污物和氧化物，改善了工件表面的附着性能。其次，镀膜刚开始时，由工件表面溅射出来的基材原子有一部分会与工件周围空气中的原子和离子发生碰撞而返回工件，这些返回工件的原子与镀膜的靶材原子同时到达工件表面，形成了靶材原子和基材原子的共混膜层；之后，随着膜层的增厚，逐渐过渡到单纯由靶材原子构成的膜层。混合过渡层的存在，可以减少由于靶材与基材二者膨胀系数不同而产生的热应力，增强二者的结合力，使膜层不易脱落，镀层组织致密，针孔气泡少。

离子绕射性好，用离子镀的方法对工件镀膜时，能使基板的所有暴露的表面均被镀覆。这是因为蒸发物质或气体在等离子区离解而成为正离子，这些正离子能随电力线终止在负偏压基片的所有表面。离子镀的可镀材料广泛，可用于在金属或非金属表面上镀制金属或非金属材料，可镀覆各种合金、化合物，以及某些合成材料、半导体材料、高熔点材料。

离子镀技术已用于镀制润滑膜、耐热膜、耐蚀膜、耐磨膜、装饰膜和电气膜等，如在表壳或表带上镀氮化钛膜。这种氮化钛膜呈金黄色，它的反射率与18K金镀膜相近，其耐磨性和耐蚀性大大优于镀金膜和不锈钢，其价格仅为黄金的1/60。离子镀还用于首饰、景泰蓝制品的制作，以及笔套、餐具等的装饰，所镀膜厚度仅1.5～2 μm。

用离子镀氮化钛膜代替镀硬铬，可减少镀铬公害。2～3 μm厚的氮化钛膜可代替20～25 μm的硬铬镀层。航空工业中可采用离子镀铝进行飞机部件镀覆。

用离子镀方法在切削工具表面镀氮化钛、碳化钛等超硬层，可以提高刀具的耐用度。一些试验表明，在高速钢刀具上离子镀氮化钛，刀具耐用度可提高1～2倍。离子镀也可用于处理齿轮滚刀、铣刀等复杂刀具。

3）离子注入加工的应用

离子注入是向工件表面直接注入离子。离子注入加工不受热力学限制，可以注入任何离子，且注入量可以精确控制，注入的离子固溶在工件材料中，含量可达10%～40%（质量分数），注入深度可达1 μm甚至更深。

将离子注入加工用在半导体方面在国内外已很普遍，具体来说，是用硼、磷等杂质离子注入半导体，用以改变半导体类型（P型或N型）和制造P-N结及一些用热扩散方法通常难以获得的各种有特殊要求的半导体器件。由于注入离子的数量、P-N结的含量、注入的区域都可以精确控制，所以离子注入加工成为制作半导体器件和大面积集成电路的重要手段。

利用离子注入加工改善金属表面性能这一新兴的技术领域正在形成。利用离子注入可以改变金属表面的物理化学性能，制得新的合金，从而改善金属表面的耐蚀性能、耐疲劳性能、润滑性能和耐磨性能等。通过离子注入对金属表面进行掺杂是在非平衡状态下进行的，能注入互不相溶的杂质而形成采用一般冶金工艺无法制得的一些新的合金。如将钨注入低温的铜靶中，可得到钨-铜合金等。离子注入可以提高材料的耐蚀性。如将铬注入铜材，能得到一种新的亚稳态的表面相，从而改善材料的耐蚀性能。离子注入可以改善金属材料的耐磨性能。如在低碳钢中注入氮、硼、钼等后，在磨损过程中，材料表面局部温升形成温度梯度，使注入离子向衬底扩散，同时注入离子又被表面的位错网格阻挡，不能推移很深。这样，在材料磨损过程中，不断在其表面形成硬化层，从而提高材料的耐磨性。离子注入还可以提高金属材料的硬度，这是因为注入离子及其凝集物将引起材料晶格畸变。如在纯铁中注入硼，材料的显微硬度可提高20%。将硅注入铁，可形成马氏体结构的强化层。离子注入可改善金属材料的润滑性能，这是因为将离子注入表层后，在相对摩擦过程中，这些被注入的细粒会起到润滑作用，而润滑性能的改善会使材料的使用寿命增加，如把C+、N+注入碳化钨中，碳化钨的工作寿命可大大延长。离子注入还能改善金属材料的抗氧化性能。

在光学方面，利用离子注入方法可以制造光波导。例如对石英玻璃进行离子注入，可增加其折射率而形成光波导。

此外，离子注入还可用于改善磁泡材料性能、制造超导材料。

3.6.5 超声波加工

1. *超声波加工基本原理*

人耳能感受的声波频率在20～20 000 Hz范围内，频率超过20 000 Hz的声波称为超声波。

超声波加工（ultrasonic machining，UM）是利用工具端面做超声频振动，通过磨料悬浮液加工脆性材料的一种成形加工方法。超声波加工原理如图 3-35 所示。加工时在工具 1 与工件 2 之间加入液体（工作液）与磨料混合的悬浮液 3，并使工具以很小的力轻轻压在工件上。高频电源 7 作用于磁致伸缩换能器 6，使之产生 20 000 Hz 以上的超声频纵向振动，并借助于变幅杆 4、5 把振幅放大到 0.05～0.1 mm，驱动工具端面做超声振动，迫使悬浮液中的磨料以很大的速度和加速度不断地撞击、抛磨被加工表面，把被加工表面的材料粉碎成很细的微粒，从工件上脱落下来。虽然每次打落的材料很少，但由于每秒打击次数多达 16 000 次以上，所以仍有一定的加工速度。

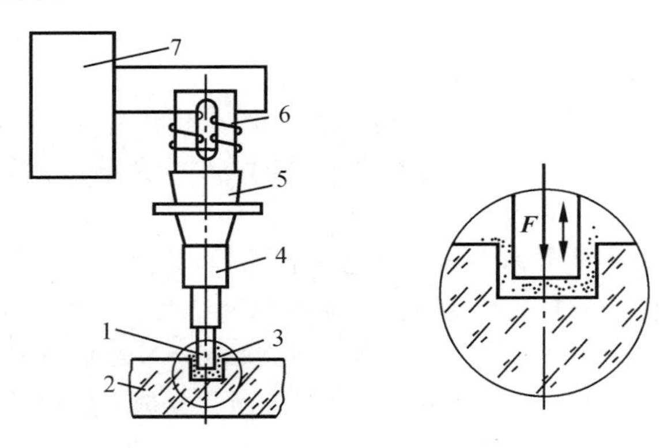

图 3-35　超声波加工原理图

1—工具；2—工件；3—悬浮液；4、5—变幅杆；6—换能器；7—高频电源

与此同时，工作液受工具端面超声振动作用而产生的高频、交变的液压正、负冲击波和空化作用，促使工作液钻入被加工材料的微裂缝，加剧了机械破坏作用。当工具端面以很大的加速度离开工件表面时，加工间隙内形成负压和局部真空，而工作液内形成很多微空腔，当工具端面以很大的加速度接近工件表面时，微空腔闭合，引起极强烈的液压冲击，从而强化加工过程。此外，正、负交变的液压冲击也使悬浮液在加工间隙中强迫循环，使变钝了的磨粒被新的磨粒替换，磨粒及时得到更新。工具逐渐伸入被加工材料，工具形状便复现在工件上，直至达到所要求的尺寸为止。

由此可见，超声波加工是磨粒在超声振动作用下的机械撞击、抛磨作用及超声空化作用的综合结果，实现加工主要依靠的是磨粒的冲击作用。越是脆性材料，受冲击作用时遭受的破坏作用越大，就越易于进行超声波加工。

2. *超声波加工装置*

超声波加工装置一般包括高频电源、超声振动系统、机床、磨料工作液循环系统等几个部分。

（1）高频电源　高频电源也称为超声波发生器，其作用是将工频交流电转变为有一定功率输出的超声频电振荡，以提供工具端面往复振动和去除被加工材料的能量。

（2）超声振动系统　该系统由磁致伸缩换能器、变幅杆及工具组成。换能器的作用是将高频电振荡转换成机械振动。由于磁致伸缩的变形量很小，其振幅不超过 0.01 mm，不足以直接用来加工，因此必须通过一个上粗下细的振幅扩大棒（变幅杆）将振幅扩大至 0.01～0.15 mm。

超声波的机械振动经变幅杆放大后即传给工具，使悬浮液以一定的能量冲击工件。

(3) 机床　超声波加工机床的结构比较简单，包括机架和移动工作台。机架支承振动系统等部件，移动工作台则维持加工过程的进行。

(4) 磨料工作液循环系统　常用的磨料工作液有水、煤油、机油等，将碳化硼、碳化硅、氧化铝等加入其中，通过离心泵搅拌使磨料悬浮后将工作液注入工作区。循环系统用于保证磨料的悬浮和及时更新。

3. 超声波加工的特点及应用

超声波加工具有以下特点。

(1) 适合于加工各种硬脆材料，特别是不导电的非金属材料，例如玻璃、陶瓷（氧化铝、氮化硅等）、石英、锗、硅、玛瑙、宝石、金刚石等。对于导电的硬质金属材料如淬火钢、硬质合金等，也能进行加工，但加工生产率较低。

(2) 由于加工工具可用较软的材料做成较复杂的形状，故不需要使工具和工件做比较复杂的相对运动，因此超声波加工机床的结构比较简单，只需朝一个方向轻压进给，操作、维修方便。

(3) 由于加工材料去除是靠极小磨料瞬时局部的撞击作用来实现的，故工件表面的宏观切削力很小，切削应力、切削热很小，不会引起变形及烧伤，表面粗糙度也较好，可达 Ra 0.1～1 μm，可以加工薄壁、窄缝、低刚度零件。

目前，超声波加工在工业生产中的应用越来越广泛，常用于型孔与型腔的加工，一些淬火钢、硬质合金冲模，拉丝模，塑料模具型腔的最终抛磨光整加工，超声清洗，超声切割，以及超声波复合加工（如超声电火花加工、超声电解、超声振动切削等）。

3.7　快速原型制造技术

3.7.1　快速原型制造技术概述

1. 快速原型制造技术的产生背景

进入 20 世纪 80 年代后，市场需求逐渐由卖方市场转化为买方市场，并且市场日趋全球化。空前激烈的市场竞争迫使制造企业以更快的速度设计、制造出性能价格比高并满足人们需求的产品，产品的开发速度日益成为市场竞争的关键因素。在这种形势下，自主、快速的产品开发（快速设计和快速工模具制造）能力（表现在周期和成本两个方面），成为制造业全球竞争实力的基础。同时，制造业为满足日益变化的用户需求，又要求制造技术有较强的灵活性，能够以小批量甚至单件生产而不增加产品的成本。因此，产品开发的速度和制造技术的柔性就成为赢得竞争的关键。如果采用一种可以直接把设计资料快速转化为三维实体的技术，不但可以快速、直观地验证产品设计的正确性，还可以向用户展示未来产品的实体模型，从而达到迅速占领市场的目的。从技术发展角度来看，计算机技术、CAD 技术、材料科学、数控技术、激光技术等的发展与普及为新的制造技术的产生奠定了基础。快速原型制造（rapid prototyping manufacturing，RPM）技术就是在这种社会背景下，于 20 世纪 80 年代后期在美国问世的。美国很快就完成了数种快速原型制造工艺技术的研究、开发与商品化过程，随后快速原型制造技术扩展到日本及欧洲，并于 20 世纪 90 年代初期被引入我国。快速原型制造技术与虚拟制造技术一起，被列为未来制造业的两大支柱技术，有人称快速原型制造技术是继数控技术之后的又一次技术革命。它借助于计算机技术、激光技术、数控技术、精密传动技术等现代手段，将CAD与CAM集成于一体，根据在计算机上构造的产品三维模型，能在很短的时间内直接制造出产品的样品，无须使用传统制造中的刀具、夹具和模具，从而可缩短产品开发周期，加快产品更新换代的速度，降低企业投资新产品的风险。

2. 快速原型制造技术的基本原理

由于快速原型制造突破了传统的“受迫成形”和“去除成形”的加工模式，采用一点一点添加的方式制造零件，有学者称这种新技术为“增材制造”或“生长型制造”，还有学者统称其为“三维打印”技术。

快速原型制造技术是由CAD模型直接驱动、快速制造任意复杂形状三维实体的技术的总称。快速原型制造技术彻底摆脱了传统的去除加工法，而基于材料逐层堆积的制造理念，将复杂的三维加工分解为简单的材料二维添加的组合。其基本原理是：先用三维CAD软件设计出所需要零件的计算机三维曲面或实体模型；然后根据工艺要求，将计算机内的三维数据模型进行分层切片，得到各层截面的轮廓数据，计算机据此信息控制激光束有选择性地切割一层一层的纸，或烧结一层接一层的粉末材料，或固化一层又一层的液态光敏树脂，或用喷嘴喷射一层又一层的热熔材料或黏结剂，形成一系列具有微小厚度的片状实体；再采用熔结、聚合、黏结等手段使其逐层堆积成一体，最终制造出所设计的新产品样件、模型或模具。快速原型制造技术的工作流程如图3-36所示。

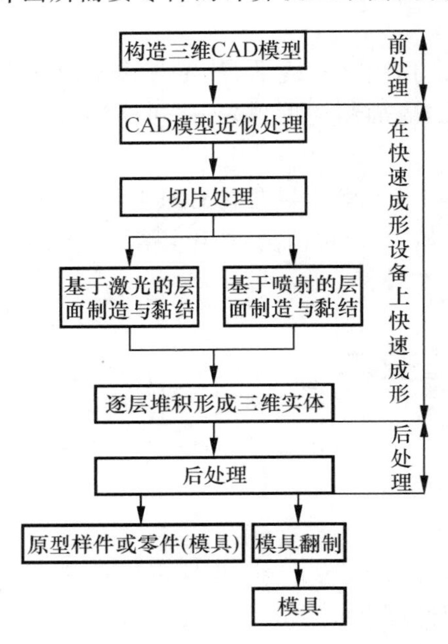

图3-36 快速原型制造技术的工作流程示意图

快速原型制造技术的工作流程大致分为以下三个阶段。

（1）前处理 首先应用三维造型软件（如Pro/E、UG、CATIA等）或逆向工程技术构造产品的三维模型，然后对三维模型进行近似处理。常用的近似处理方法是用一系列的小三角形平面来逼近自由曲面，生成所谓STL格式文件。目前，人们正在研究开发不经近似处理、直接对三维CAD模型切片的软件，以消除由于STL格式转换而产生的数据缺陷和轮廓失真。

（2）快速成形 首先用配置在快速成形设备上的切片软件沿成形制件的高度方向每隔一定距离（多为0.1 mm）从CAD模型上依次截取平面轮廓信息，随后快速成形设备上的激光头或喷射头在数控装置的控制下按截面轮廓信息相对X-Y平面工作台运动，进行选择性激光扫描（实现固化、切割或烧结）或者进行选择性喷射（喷射热熔材料或黏结剂），以物理或化学方法逐层成形并使各层相互黏结（每成形一层，工作台便下移一个切片厚度），这样一层层堆积便构成三维实体制件。

（3）后处理 为改善制件的性能，往往需要进行后处理，如：去除支撑；修磨产品至达到要求；在纸质制件的表面涂覆一层金属、陶瓷或高分子材料，以提高制件表面的机械强度、改善其耐磨性和防潮性等。

3. 快速原型制造技术的特点

快速原型制造技术最主要的特征就是由 CAD 模型直接驱动，可快速制造任意复杂形状的三维实体。目前已有三十多种快速原型制造技术工艺，每一种分别有各自的特点，它们对设备、造型材料等的要求也不尽相同，制成的实体零件用途也有差异，但与传统的加工方法比较，具有以下共同特点。

(1) 制造过程柔性化。不需要专用工具、模具，使得产品的制造过程几乎与零件的复杂程度无关，这是传统的制造方法无法比拟的。

(2) 产品开发快速化。从 CAD 设计到产品的成形只需几小时或几十小时，即便是大型的较复杂的零件，也只需要上百小时即可完成。快速原型制造技术与其他制造技术集成后，可节约新产品开发的时间和费用 10%～50%。单件产品的加工成本几乎与批量无关，特别适合于新产品的开发和单件小批量生产。

(3) 快速原型制造技术摒弃了传统制造加工采用的材料去除原理，采用了离散-堆积原理，可以制造任意复杂的三维几何实体。

(4) 制造过程可实现完全数字化。以计算机软件和数控技术为基础，实现了 CAD、CAM 的高度集成和真正的无图样加工，成形过程中不需或少需人工干预。

(5) 材料来源广泛。由于各种快速原形制造技术工艺的成形方式不同，因而使用的材料也不相同，如金属、纸、塑料、树脂、石蜡、陶瓷等都得到了很好的应用效果。

(6) 发展的可持续性。快速原型制造技术中剩余的材料可继续使用，有些使用过的材料经过处理后也还可继续使用，可大大提高材料的利用率。

3.7.2 典型的快速原型制造工艺

美国 3D Systems 公司的创始人 Charles Hull 于 1984 年设计了世界上第一台基于离散-堆积原理的快速成形装置，从而揭开了快速原型技术的序幕。经过二十多年的发展，快速原型制造工艺已经逐步完善，许多成熟的成形工艺和系统陆续出现。快速成形系统可以分为两大类：基于激光或其他光源的成形技术，如立体光刻(stereo-lithgraphy apparatus，SLA)、分层实体制造(laminated object manufacturing，LOM)、选择性激光烧结(selective laser sintering，SLS)等；基于喷射的成形技术，如熔融沉积成形(fused deposition modeling，FDM)、三维印刷(three dimensional printing，3DP)等。下面介绍其中几种典型的快速原型制造工艺。

1. 立体光刻

立体光刻又称光固化成形，由 Charles Hull 于 1984 年提出并获美国专利，1988 年美国 3D Systems 公司推出了世界上第一台商品化样机 SLA-250。该技术以光敏树脂为原料，采用计算机控制下的紫外激光以各分层截面的轮廓为轨迹逐点扫描，使被扫描区的树脂薄层产生光聚合反应后固化，从而形成一个薄层截面。一层固化后，向上(或下)移动工作台，在刚刚固化的树脂表面铺放一层新的液态树脂，再进行新一层扫描、固化，新固化的一层牢固地黏合在前一层上，如此重复，直至整个原型制造完毕。制造过程依赖于激光束有选择性地固化连续薄层的光敏聚合物，通过分层固化，最终构造出三维物体。

美国 3D Systems 公司自 1988 年推出 SLA-250 以后，又相继推出了 SLA-250 HR、SLA-3500、SLA-5000、SLA-7000 等一系列机型。其中，SLA-3500 和 SLA-5000 使用半导体激励的固体激光器，扫描速度分别达到 2.54 m/s 和 5 m/s，成形层厚最小可达 0.05 mm，而 SLA-7000 机型的

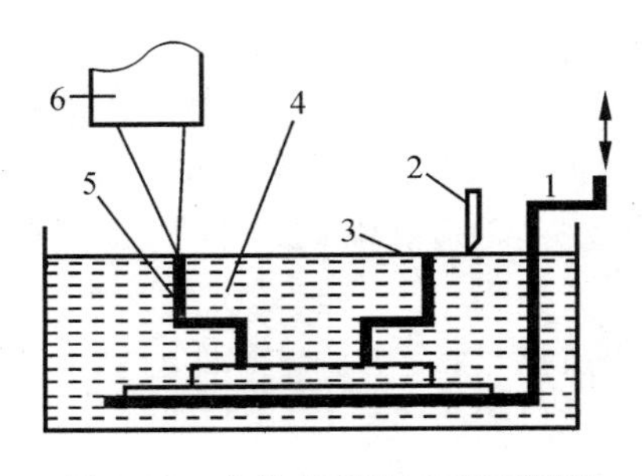

图 3-37　立体光刻的工艺原理图
1—升降台;2—刮平器;3—液面;
4—光敏树脂;5—原型件;6—激光器

扫描速度可达 9.52 m/s。

立体光刻的工艺原理如图 3-37 所示。它以液态光敏树脂为成形材料,采用激光器,利用光固化原理一层层扫描液态树脂成形。控制激光束按切片软件截取的层面轮廓信息对液态光敏树脂逐点扫描,被扫描区的液态树脂发生聚合反应,形成一个薄层的固态实体。一层固化完毕后,工作台下移一个切片厚度,使新一层液态树脂覆盖在已固化层的上面,再进行第二层固化。重复此过程,并层层相互黏结,堆积出一个三维固体制件。

立体光刻法成形精度较高,制件结构清晰且表面光滑,适合于制作结构复杂、精细的制件。但制件韧度较低,设备投资较大,需要支撑,液态树脂有一定的毒性。

研究立体光刻工艺的除美国的 3D Systems 公司外,还有美国的 Aaroflex 公司,德国的 EOS 公司,日本的 CMET 公司、Teijin Seiki 公司、Meiko 公司,法国的 Laser 3D 公司等。国内从事立体光刻工艺研究的单位有西安交通大学、上海联泰科技有限公司等。

2. 分层实体制造

分层实体制造是美国 Helisys 公司的 Michael Feygin 于 1987 年研制成功的,1988 年获得美国专利。1990 年 Helisys 公司开发了世界上第一台商业机型 LOM-1015。类似分层实体制造系统的快速原型制造系统有日本 Kira 公司的 SolidCenter、瑞典 Sparx 公司的 Sparx、新加坡精技集团(Kinergy Group)有限公司的 ZIPPY、清华大学的 SSM(sliced solid manufacturing)、华中科技大学的 RP(rapid prototyping)。目前基于分层实体制造的制造工艺已有三十余种之多。

分层实体制造的工艺原理如图 3-38 所示。分层实体制造以单面事先涂有热溶胶的纸、金属箔、塑料膜、陶瓷膜等片材为原料,由激光按切片软件截取的分层轮廓信息切割工作台上的片材,然后用热压辊热压片材,使之与下面已成形的工件黏结;用激光在刚黏结的新层上切割出零件截面轮廓和工件外框,并在截面轮廓与外框之间多余的区域内切割出后处理时便于剥离的网格;激光切割完成一层的截面后,工作台带动已成形的工件下降一个片材厚度,与带状片材分离;送料机构转动收料辊和送料辊,带动料带移动,使新层移到加工区域,再用热压辊热压。工件的层数每增加一层,高度便增加一个料厚,并在新层上进行激光切割。如此反复,直至零件的所有截面黏结、切割完,这样便得到分层制造的实体零件。

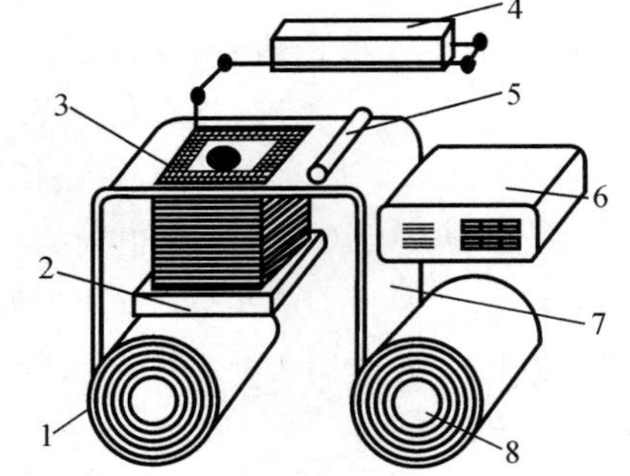

图 3-38　分层实体制造的工艺原理图
1—收料器;2—升降台;3—加工平面;
4—CO_2 激光器;5—热压辊;6—控制计算机;
7—料带;8—供料轴

制造过程完成后,通常还要进行后处理。从工作台上取下被外框所包围的长方体,用工具轻轻敲打,使大部分由小网格构成的小立方块废料与制品分离,再用小刀从制品上剔除残余的小立方块,得到三维成形制品,再经过打磨、抛光等处理就可获得完整的零件。

分层实体制造工艺的优点:材料适应性强;只需切割零件轮廓线,成形厚壁零件的速度较快，易于制造大型零件；不需要支撑；工艺过程中不存在材料相变，成形的零件无内应力，因此不易发生翘曲变形。缺点是层间结合紧密性差。

3．选择性激光烧结

选择性激光烧结方法是美国得克萨斯大学奥斯汀分校的 C. R. Dechard 于 1989 年首先研制出来的，同年获美国专利。美国 DTM 公司 1992 年首先推出了选择性激光烧结商品化产品“烧结站 2000 系统”。选择性激光烧结的原理与立体光刻类似，二者的主要区别在于所使用的材料及其状态。选择性激光烧结使用的是粉末状的材料，这是该项技术的主要优点之一，因为理论上任何可熔的粉末都可以用来制造模型，这样的模型可以作为实用的原型件。

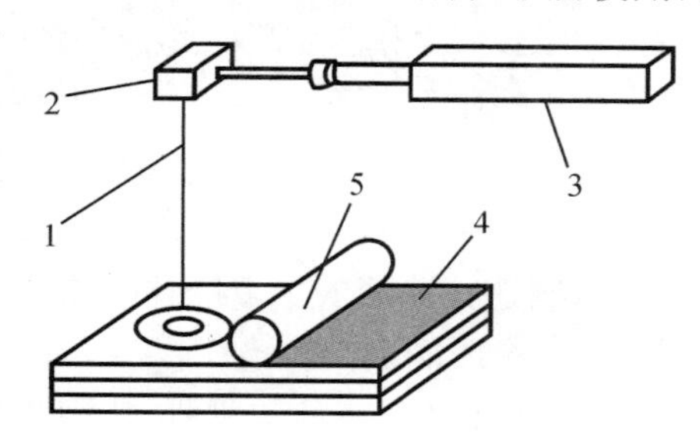

图 3-39　选择性激光烧结的工艺原理图
1—CO_2 激光束；2—扫描镜；3— CO_2 激光器；4—粉末；5—平整滚筒

选择性激光烧结的工艺原理如图 3-39 所示。采用 CO_2 激光束对粉末状的原型材料进行分层扫描，受到激光束照射的粉末被烧结，而未扫描的区域仍是可对后一层进行支撑的松散粉末。一层扫描烧结完毕后，工作台下移一个片层厚度，而供粉活塞则相应上移，平整滚筒将加工平面上的粉末铺平，激光束再烧结出新一层轮廓并黏结于前一层上，如此反复进行，便堆积出三维实体制件。全部烧结后去掉多余的粉末，再进行修光、烘干等后便可获得所要求的制件。成形过程中，未经烧结的粉末对模型的空腔和悬臂部分起支撑作用，故不必像立体光刻那样另行生成支撑结构。

选择性激光烧结工艺的优点：可以采用金属、陶瓷、塑料、复合材料等多种材料，且材料利用率高；不需要支撑，故可制作形状复杂的零件。其缺点是：成形速度较慢，成形精度和表面质量较差。目前，研究选择性激光烧结工艺的有美国 DTM 公司、德国 EOS 公司，以及我国北京隆源自动成型有限公司、南京航空航天大学和华中科技大学等。

4．熔融沉积成形

熔融沉积成形工艺由美国学者 Scott Crump 博士于 1988 年研制成功。1991 年美国的 Stratasys 公司率先推出商品化设备 FDM-1000，之后，该公司又相继推出了 FDM-1650、FDM-2000、FDM-3000、FDM-8000 和 FDM Quantum 等机型。由于采用了挤出头磁浮定位系统，可在同一时间独立控制两个挤出头，成形速度提高了 5 倍。近年来，美国 3D Systems 公司在熔融沉积成形技术的基础上开发了多喷头（multi-jet manufacture，MJM）技术，可使用多个喷头同时成形，大大提高了成形速度。

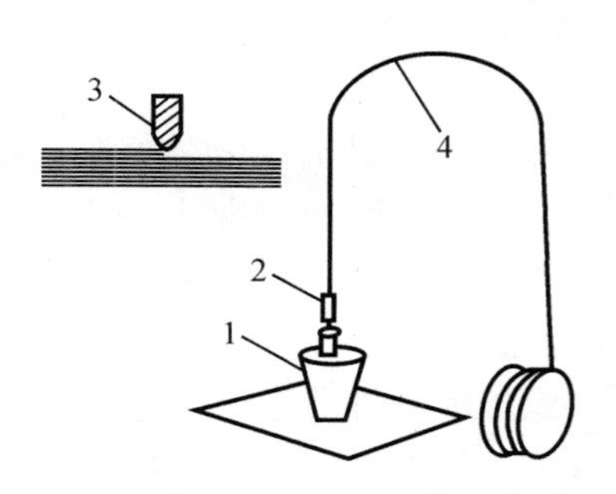

图 3-40　熔融沉积成形系统工作原理图
1—成形工件；2，3—喷头；4—料丝

熔融沉积成形系统主要由喷头、供丝机构、运动机构、加热成形室和工作台等五个部分组成，其中喷头是结构最复杂的部分。其工作原理如图 3-40 所示。热熔性丝材由供丝机构送至喷头，并在喷头中加热至临界半流动状态。喷头底部有一喷嘴，以便将熔融的材料以一定的压力挤出。喷头按零件截面轮廓信息移动，在移动过程中所喷出的半流动材料沉积固化为一个薄层。其后工作台下降一个切片厚度，工作台上再沉积固化出另一新的薄层。如此一层层成形且相互黏结，便堆积出三维实体制件。

熔融沉积成形可加工材料范围较广,如ABS工程塑料、蜡、聚乙烯、聚丙烯、陶瓷和尼龙等都可加工;因不用激光器件,故使用、维护简单,成本较低;成形速度快;当采用水溶性支撑材料时,支撑去除方便快捷;整个成形过程中不会产生粉尘,也不存在前几种工艺方法可能出现的有毒化学气体、激光和液态聚合物的泄漏。该技术已被广泛应用于汽车、机械、航空航天、家电、通信、电子、建筑、医疗、玩具等行业的产品设计开发过程,如产品外观评估、方案选择、装配检查、功能测试、用户看样订货、塑料件开模前校验设计及少量产品制造等,发展极为迅速。

5. 三维印刷

三维印刷方法是美国麻省理工学院 Emanual Sachs 等人 1989 年研制的,并申请了专利,后被美国的 Soligen 公司以 DSPC(direct shell production casting,直接壳型铸造)名义商品化,用以制造铸造用的陶瓷壳体和型芯。

1) 三维印刷及其特点

三维印刷是真正的三维打印,因为这种技术和平面打印非常相似。其工作设备就像桌面二维打印机。三维印刷过程与选择性激光烧结(SLS)工艺类似,采用粉末材料,如陶瓷粉末、金属粉末成形。所不同的是材料粉末不是通过激光烧结连接起来的,而是使用一个喷墨打印头喷射液体黏结剂(如硅胶),将零件的截面“印刷”在材料粉末上面的。具体工艺过程如下:喷头在计算机控制下,按一个截面的成形数据有选择地喷射黏结剂构造层面。一层黏结完毕后,成形缸下降一个距离(等于层厚,0.013~0.1 mm),供粉缸上升一高度,推出若干粉末,铺粉辊将粉末推到成形缸,铺平并压实。铺粉时,多余的粉末将被集粉装置收集。如此周而复始地送粉、铺粉和喷射黏结剂,最终完成一个三维粉体的黏结。

三维印刷的优点:成形速度快,可使用的材料比较多,如石膏、塑料、陶瓷和金属等;在黏结剂中添加颜料,可以打印彩色零件,这是该方法最具竞争力的特点之一;未被喷射黏结剂的地方为干粉,在成形过程中起支撑作用,成形结束后比较容易去除,特别适宜于制作内腔形状复杂的原型。

三维印刷的缺点:用黏结剂黏结的零件强度较低,只能作为概念模型,难以用于功能性试验。

2) 三维印刷的生物医学应用

现在,很多器官移植病人要等待很长时间才能等来合适的生物器官,而三维印刷技术也正在向“制造”生物器官的方向发展。但是,生物生长方式是自发、有机的,怎么可以被设计呢?这是一个大难题。三维印刷技术的应用,或许在某一天,真的可以改变医学界甚至生物学的面貌。

在美国北卡罗来纳州的维克森林大学,一些科学家正在探寻打印人体骨骼和器官的可能性。他们想让生物细胞变成“墨水”,并相信:某一天,人体器官也可以从无到有被“打印”出来。

事实上,全球各处有很多科学家已经在探寻打印器官的可能性,并为这种技术赋予了一些新的名字:生物印刷、器官印刷、计算机协助组织工程以及生物制造。

克莱姆森大学研究者托马斯·柏兰德说,生物打印机有点像传统的喷墨打印机,只不过原先的喷墨现在变成了细胞组织和一种特殊的化学成分,而原先打印出的纸,现在变成了“培养皿”。特殊的化学成分可以让培养皿中的液体变成果冻般的胶体,然后将细胞“打印”在上面,机器可以反复添加液体、化学成分和细胞,一层层地把组织层制造出来,最终创造三维的生物机体。

对活体的打印可能是最难的技术了。目前,有科学家已制造出大约 2 in(1 in=25.4 mm)厚度的组织,但是如果没有足够的营养,细胞就会死亡。而美国奥根诺威公司的三维生物印刷机已经可以生产出血管,也许几年后,这些血管就可以用在心脏搭桥上。预计未来十年内,科学家就可以生产出更复杂的器官,如心脏、牙齿、骨骼等。

6. 直接激光制造

直接激光制造技术(direct laser fabrication, DLF)也称为选择性激光熔接(selective laser melting, SLM),是 20 世纪 90 年代人们将快速原型技术与激光熔覆技术相结合而发展起来的一种无模快速制造技术。直接激光制造与选择性激光烧结(SLS)工艺不同。选择性激光烧结工艺采用的是间接法,即用激光熔化低熔点高分子聚合物或金属粉末来黏结高熔点的金属粉末,这样制造的元件是多孔组织,得到的金属零件的致密度较低,一般仅达到 50%左右。在后处理中,还需要热降解聚合物,以及进行二次烧结、渗金属处理等,不仅制件的精度、强度有限,而且后处理时间较长。而在直接激光制造中,金属粉末会被完全熔化,所以采用这种工艺制成的零件精度高、致密性好、力学性能良好,只需要一定的精加工即可满足使用要求。直接激光制造技术的另外一个优点是它在处理有色纯金属方面具有很明显的优势。例如利用选择性激光烧结技术制造纯金属钛、铝、铜等材料的零件,到目前为止基本上都未能成功,这是由于有色纯金属有限的液体形成会导致高黏度及复合球化现象。然而,利用直接激光制造技术就能够显著地提高所成形零件的致密性。

直接激光制造的原理如图 3-41 所示。首先在计算机上对三维 CAD 模型进行切片分层,得到每一层切片的数据文件。三维运动工作台系统主要由精密二维 X-Y 轴工作台和精密一维 Z 轴工作台及其驱动步进电动机组成。成形时,将粉状材料以一定的控制速度由输送装置送到激光焦点所在的位置熔化,通过分层 CAD 文件控制 X-Y 轴二维数控工作台做平面扫描运动,并控制竖直方向的送粉机构的动作,实现逐点逐线激光熔覆,获得一个熔覆截面。一层熔覆过后,激光头沿 Z 轴上升(或工作台沿 Z 轴下降)一定高度(等于一个分层厚度),再激光熔覆第二层,使第二层与第一层形成冶金结合。如此下去不断地层叠,即可获得所需的三维零件。这种方法不需要任何黏结剂,可以制造 100%致密度显微结构的金属零件。由于这种方法能够借助激光熔覆技术快速制造出致密的近净形金属零件,因此也

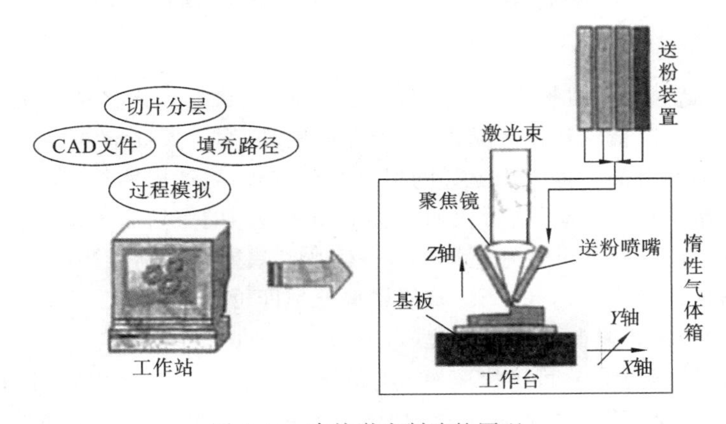

图 3-41 直接激光制造的原理

被称为激光工程净形制造（laser engineering net shaping，LENS）。也正是由于这种无可比拟的优势，直接激光制造技术在航空、航天、造船、模具等关乎国家竞争力的重要工业领域内具有极大的应用价值。

3.7.3 快速原型制造技术的应用

快速原型制造技术自20年前问世以来，以其显著的时间效益和经济效益受到制造业的广泛关注，并迅速成为世界著名高校和研究机构研究的热点。该技术已在航空航天制造、汽车外观设计、玩具制造、电子仪表与家电塑料件制造、人体器官制造、建筑美工设计、工艺装饰设计制造、模具设计制造等领域展现出良好的应用前景。

1. 快速产品开发

快速原型制造技术在快速产品开发（rapid product development，RPD）方面的应用如图3-42所示。快速原型制造技术在产品开发中的关键作用和重要意义是很明显的，它不受任何复杂形状的限制，能迅速地将显示于计算机屏幕上的设计变为可进一步评估的实物。根据原型，可对设计的正确性、造型的合理性、产品的可装配性和干涉情况等进行具体的检验。对于形状较复杂而贵重的零件（如模具），如只依据CAD模型，不经原型阶段就进行加工，则制造风险极大，往往需要多次反复才能成功，不仅会延误开发的进度，而且往往需花费更多的资金。通过对原型的检验可将此种风险减到最低的限度。一般来说采用快速原型制造技术快速进行产品开发，可降低产品开发成本30％～70％，减少50％的开发时间。

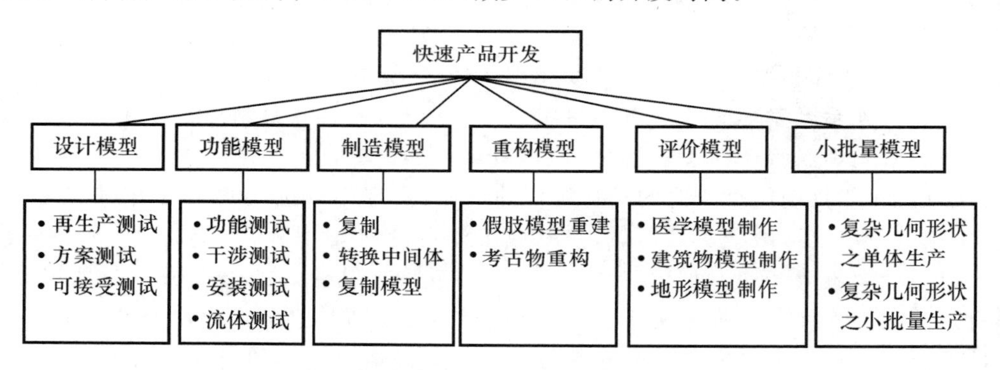

图3-42 快速原型制造技术在快速产品开发方面的应用

2. 快速模具制造

传统的模具制造过程集机械加工、数控加工、电加工、铸造等先进的制造工艺与设备和加工者高超的技艺于一体，能制造出高精度、高寿命的模具，用于大批量生产各种各样的金属、塑料、橡胶、陶瓷、玻璃等制品。但采用这样的模具生产方式，生产周期长、成本高，企业不能适应新产品试制、小批量生产，以及千变万化的消费市场和激烈的市场竞争的要求。应用快速模具制造（rapid tooling，RT）技术可较好地解决这一问题。快速模具制造技术不需数控铣削，不需电火花加工，不需任何专用工装和工具，直接根据原型即可把复杂的工具和型腔制造出来。快速模具制造技术与传统模具制造技术相比，可节省30％的时间和成本。

快速模具制造技术可分为间接快速模具（indirect rapid tooling，IRT）制造与直接快速模具（direct rapid tooling，DRT）制造两大类，如图3-43所示。其中有二十多种工艺已经在工业生产中得到应用。

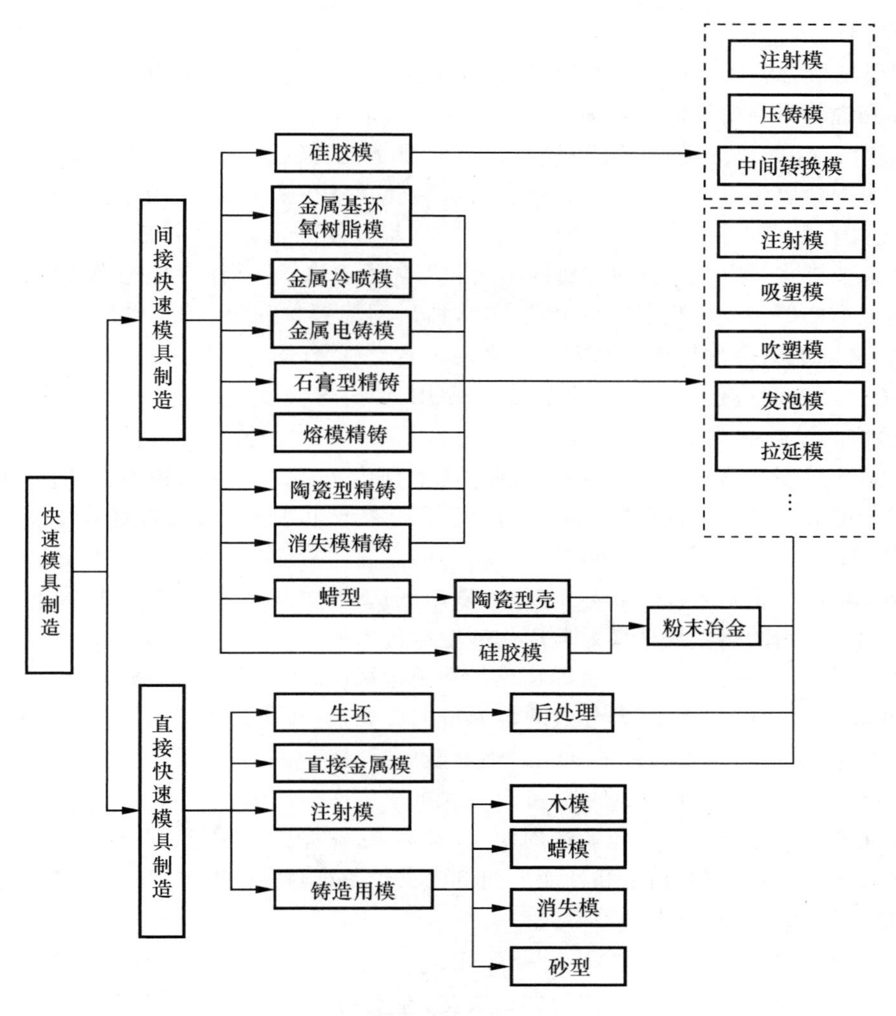

图 3-43 基于快速原型的快速模具制造技术

1）间接快速模具制造

间接快速模具制造是指利用快速原型制造技术首先制造模芯，然后用此模芯复制软质模具，或制作金属硬模具，或制作加工硬模具的工具。相对直接快速模具制造来说，间接快速模具制造技术比较成熟，其常用的技术方法和工艺有如下几种。

（1）硅橡胶浇注法　该方法是以采用快速原型制造技术所得原型为母模，采用硫化的有机硅橡胶浇注制作硅橡胶软模。其工艺过程为：将原型表面处理好并涂洒脱模剂；将原型放置入模框并进行固定，同时在真空室对硅橡胶进行配置混合；抽去气泡，浇注硅橡胶液；待硅橡胶固化后用刀开模并取出原型，便得到所需的硅橡胶模。这种方法的特点是成本低、生产周期短、形状限制小、复制精度高且制品易于脱模。硅橡胶模的寿命一般为10～80件，适用于批量不大的注塑件生产。

（2）树脂浇注法　以液态环氧树脂作为基体材料，将原型表面处理好并涂洒脱模剂，选择分型面，然后浇注环氧树脂，取出原型后，得到所需的软质模具，此即树脂浇注法。环氧树脂模的制作工艺简单，成本低廉，传热性好，强度高，适合于注塑模、吸塑模等模具，其寿命可达

1 000～5 000 件。

(3) 陶瓷型精铸法　其工艺过程为:快速成形原型→复制硅橡胶或环氧树脂软模→移去母模→浸挂陶瓷浆料→焙烧固化模壳→浇注金属形成金属模→型腔表面抛光。

(4) 电铸法制模　其工艺过程为:快速成形原型→复制软模→移去母模→浇注石蜡石膏模型→模型表面金属化处理→置入电铸槽获得金属硬壳→在模具框和金属壳外侧之间浇注低熔点合金制作背衬→电铸模具。

(5) 喷涂法制模　喷涂法包括金属冷喷涂和等离子喷涂(熔射)两种。金属冷喷法是指用喷枪在快速成形的原型表面喷射一层金属壳层,然后用铝颗粒和树脂混合材料制作背衬并埋入冷却管道,去除原型后制得模具的方法。采用等离子喷涂(熔射)技术,可以获得高熔点金属涂层,模具表面硬度高、质量好、制作简单、经济耐用,使用寿命远远高于金属冷喷涂模具。

2) 直接快速模具制造

直接快速模具制造是指利用快速原型制造技术直接制造出最终的零件或模具,然后对其进行一些必要的后处理,得到所要求的力学性能、尺寸精度和表面质量的技术。如采用分层实体制造工艺的纸基原型,坚如硬木,可承受 200 ℃的高温,并可进行机械加工,经适当的表面处理,如喷涂清漆、高分子材料或金属后,可作为砂型铸造的木模、低熔点合金的铸模、试制用的注塑模及熔模铸造用的蜡模成形模。若用作砂型铸造木模,纸基原型可制作 50～100 件砂型,用作蜡模成形模时可注射 100 件以上的蜡模。利用选择性激光烧结工艺烧结由聚合物包覆的金属粉末,可得到金属的实体原型,经过对该原型的后处理,即高温熔化蒸发其中的聚合物,然后在高温下烧结,再渗入熔点较低的如铜之类的金属后可直接得到金属模具。这种模具可用作吹塑模或注塑模,其寿命可达几万件,可用于大批量生产。

直接快速模具制造技术在缩短制造周期、节省资源、发挥材料性能、提高精度、降低成本等方面具有很大潜力,但在模具精度和性能控制方面比较困难,特殊的后处理设备和工艺使制造成本较高,成形尺寸也受到较大的限制。

3. 快速原型制造技术在医学领域中的应用

快速原型制造技术在制造业的应用方兴未艾,在生物医学领域的应用也正蓬勃发展。人体的骨骼和内部器官具有极其复杂的结构,要真实地复制人体内部的器官构造,反映病变特征,快速原型制造几乎是唯一的方法。以 CT 扫描或 MRI 磁共振数据为基础,利用快速原型制造方法快速制作的人体器官实体模型可以帮助医生进行诊断和确定治疗方案,而且借助快速原型制造技术制作的人体假肢还能与结合部位实现最大限度的吻合,从而缩短手术时间、减少术后并发症。近几年来国内外更是热衷于研究将生物材料快速成形为人工器官的课题,其中人工骨的研究已取得可喜的成果。例如,清华大学采用喷射方法,将生物材料在低温环境下堆积成形,制成多孔大段人工骨的细胞载体框架,动物实验证明该框架能有效降解。有专家甚至说,虽然快速原型制造技术最初出现在制造行业,但它最激动人心的应用将在生物医学领域实现。

3.7.4　快速原型制造技术的发展趋势

1. 快速原型制造技术面临的问题

快速原型制造技术由于其独特性和高度柔性,以及在产品开发过程中所起的作用,已越来越受到制造厂商和科技界人士的重视,其应用也正从原型制造向最终产品制造方向发展,特别是快速模具制造技术已取得较明显的成果。但是,目前快速原型制造技术本身的发展还存在一些问题。

(1) 成形精度不高。影响快速成形精度的因素很多,如:对CAD模型的近似化处理会带来误差;分层加工会造成台阶效应;成形过程伴随着材料的相变和温度变化,会引起制件收缩、翘曲,其尺寸控制远比机械加工困难。所以,快速原型制造技术目前所能达到的最佳尺寸精度在±0.1 mm左右。此外,成形速度与成形精度之间还存在矛盾,为提高成形精度而减小切片层厚会降低成形效率。

(2) 成熟工艺所用材料有限。目前,较成熟的快速成形工艺所使用的材料主要是树脂、蜡、某些工程塑料和纸等。用这些材料制成的零件,即使经过后处理也大多不能作为真正的机械零件使用。而以金属材料作为快速成形处理对象来直接生产金属零件和模具的工艺尚不十分成熟。

(3) 设备投资大、材料费用高。快速原型制造技术属于制造领域的高技术,快速成形设备和技术服务具有极高的附加值,加之快速成形设备目前只能小批量生产,因而其价格居高不下,即使是相对便宜的概念型快速成形设备,其价格也并不很低。此外,快速成形工艺对材料有特殊要求,其专用成形材料价格相对偏高。设备和材料的价格也影响了快速原型制造技术的应用和普及。

2. 快速原型制造技术未来发展趋势

1) 快速系统的研制

随着计算机数控编程和刀具路径生成速度的加快,快速原型制造技术失去了一部分速度优势,为此快速原型制造开发商在不牺牲精度的前提下,竭力提高快速成形机的速度。如研究快速高精度偏转系统及平面位移系统,提高激光扫描速度;在EOSINT设备中采用双重激光;在SLA 7000设备中采用变化的激光光斑尺寸,用小直径的光斑生成高精度的边界,而用大直径的光斑在内部快速填充。其他提高成形速度的措施还有:采用变厚度切片方法,采用快速后处理工艺,提高数据文件处理的速度等。

2) 新材料的研究

成形材料是快速原型制造技术发展的关键。金属、陶瓷和复合材料的应用反映了新材料在快速原型制造领域的研究进展,因为这些材料更适合于制造各种功能的零件,更符合工程的实际需要。在分层实体制造工艺中出现了玻璃纤维和碳纤维加强薄膜。在选择性激光烧结技术中开发了可直接烧结的材料,如铜合金、钢、硬质合金(WC/Co)和陶瓷(SiC,Al_2O_3)。美国DTM公司开发了涂覆树脂的钢球材料,用于生产注塑模,用覆膜锆砂直接制作铸造型模。德国EOS公司和日本CMIT公司在环氧光敏树脂中添加陶瓷粉,可快速直接制模。美国密歇根大学采用大功率激光器进行金属熔焊直接成形钢模具;美国斯坦福大学采用逐层累加与五坐标数控加工相结合的方法,用激光将金属直接烧结成形,获得了与数控加工相近的精度。

3) 快速原型制造系统的桌面化和网络化

随着计算机技术、信息技术、多媒体技术、机电一体化技术的不断发展,将会出现基于快速原型制造技术的桌面制造系统(desktop manufacturing system,DMS)。其将与打印机、绘图机一样作为计算机的外围设备来使用,真正成为三维立体打印机或三维传真机,并逐步变成经济型、大众化、易使用、绿色环保、通用化的计算机外围设备。

随着信息高速公路的发展和普及,资源和设备的充分共享已可轻易实现。通过网络,企业提供在线个性化设计的平台，能够与用户交互地进行产品的外包装、装饰等的定制。也可使不具备产品开发能力或快速成形设备的企业利用网络的优势，充分使用网络上的共享资源和设备，由具备快速成形制造能力的公司进行产品开发和成形制作，从而实现远程制造（remote manufacturing）。

4）快速原型与微纳米制造

目前，常用的微加工技术从加工原理上属于"去除法"成形工艺，难以加工三维异形微结构，深宽比的进一步增加受到了限制。而快速原型制造技术根据离散/堆积的降维制造原理，能制造任意复杂形状的原型件。现在已有采用快速原型制造工艺制备微细结构的报道。如美国南加州大学采用分层实体制造原理加工出了一条 290 μm 宽的金属链，其每一层的形状都是通过电化学方法获得的。日本科学家采用激光技术，用合成树脂制成了长 10 μm、高 7 μm 的牛。另外，快速原型制造技术具有对异质材料的控制能力，因此也可以用于制造采用复合材料或功能梯度材料的微机械。

5）生物制造和生长成形

21 世纪是生命科学的世纪，生物制造（bionic manufacturing，BM）技术将生物技术和生物医学与制造科学相结合，会越来越多地被用来解决人类的健康保健问题。制造能够改变或者复现生命体或其一部分功能的"生物零件"，正是生物制造要达到的目标。在临床上人们也对生物制造技术提出了大量的要求，从无生物活性的假体到具有再生功能的组织工程支架，生物制造通过对范围宽广的生物材料的控制进入细胞和生物大分子的层次。以人工骨替代骨骼为例，首先对人体的骨骼进行 CT 扫描，然后进行骨骼内部结构的仿生 CAD 建模和骨骼外腔的三维造型，利用常温固化的羟基磷化石等生物相容性和生物可降解性较好的材料，在快速成形设备上制出具有生物活性的人工替代骨，在成形过程中置入骨生长因子。采用这种方法有望解决目前人工替代骨加工周期长、生物相容性和生物可降解性不好、内部微孔结构不可控的缺点。

此外，当人们处理的材料，如细胞、基因片段等具有活性并携带着一定的生长信息时，必须对其生长成形过程进行研究。对于材料的生长成形，要解决的问题是如何在快速成形的信息处理中考虑到每个材料单元的生长情况，明确其生长机理并充分利用和模拟生长现象，提炼出最少和最关键的材料单元的控制量并制造出最终的产品。

3.8 绿色制造技术

3.8.1 绿色制造技术概述

1. 绿色制造技术的产生背景

20 世纪 60 年代以来，高速发展的工业经济给人类带来了高度发达的物质文明，同时也产生了一系列令人忧虑的问题：消费品寿命周期缩短，造成废弃物越来越多；资源过快开发和过量消耗造成资源短缺和面临枯竭；环境污染和自然生态破坏，威胁到人类的生存条件。众所周知，制造业是将可用资源（包括能源）通过制造过程，转化为可供人们使用的工业品和生活消费品的产业。它既能为人类创造新的物质文明，同时又是消耗资源的大户，是产生环境污染的源头产业。据统计，造成环境污染的排放物 70% 以上来自制造业。传统的制造业一般采用

“末端治理”的方式来解决生产中产生的废水、废气和固体废弃物的环境污染问题，但用这种方法无法从根本上解决制造业及其产品产生的环境污染，而且投资大，运行成本高，进一步消耗了资源。如何最大限度地节约、合理地利用资源，最低限度地产生有害废弃物，保护生态环境，已成为各国政府、企业和学术界普遍关注的热点问题。建立一个可持续发展的社会正成为21世纪全球性社会改革的一个重要主题。自20世纪90年代以来，绿色制造技术在绿色浪潮和可持续发展思想的推动下迅速发展，并在发达国家得到了广泛的应用。

2. 绿色制造技术的概念与内涵

绿色制造又称为面向环境的制造(manufacturing for environment，MFE)。绿色制造技术是在保证产品的功能、质量、成本的前提下，综合考虑环境影响和资源效率的现代制造模式，其目标是使产品在从设计、制造、包装、运输、使用到报废处理及回收利用的整个产品生命周期过程中，对环境的负面影响最小，资源效率最高。其体现的一个基本观点是，制造系统中导致环境污染的根本原因是资源消耗和废弃物的产生。因此，绿色制造涉及三个问题：一是制造问题，包括产品全生命周期过程中的所有与制造有关的问题；二是环境保护问题；三是资源优化利用问题。绿色制造就是这三部分内容的交叉。

当前，各国都已注意到这样一个事实：一方面，人类正在耗费巨资来保护环境，控制污染，譬如，美国每年用于环境保护的投资达800亿～900亿美元，日本达700亿美元以上；另一方面，人类赖以生存的环境并没有因此而给人类相应的回报。虽然工业污染在一些发达国家得到了一定的控制，但其中付出的经济代价是巨大的，而且新的环境污染问题又在不断出现。人们在反省过去所采取的环境保护策略和手段时发现，过去更多地把重点放在污染物的“末端”控制和处理上，而忽略了对污染物的全过程控制与预防。据统计，在国民经济运行中，社会需要的最终产品仅占原材料用量的20%～30%，而70%～80%的资源最终成为进入环境的废物，造成环境污染与生态破坏。越来越多的事实表明，环境问题不仅仅与生产终端有关，在生产过程及其前后的各个环节都有产生环境问题的可能，有时其他环节对环境的污染甚至超过了生产过程本身。比如，汽车在使用过程中产生的环境污染问题比生产过程中产生的污染问题要严重得多。如果从生产准备过程开始时就对全过程所使用的原料、生产工艺，以及生产完成后的产品使用进行全面的评价，对可出现的环境污染问题进行预防，之后我们面临的环境问题将大大减少。正如高质量的产品是通过全面质量管理生产出来而不是靠检验出来的一样，良好的环境是通过绿色制造来实现的。

绿色制造将废物减量化、资源化和无害化，或消灭在生产过程之中，同时，对人体和环境无害的绿色产品的生产，亦将随着可持续发展的进程的深入而日益成为今后产品生产的主导方向。不仅要实现生产过程的无污染，而且生产出来的产品在使用和最终报废处理过程中也不应对环境造成危害。应该指出，绿色制造的概念不但含有技术上的可行性，还包括经济上的可赢利性，体现出经济利益、环境效益和社会效益的和谐与统一。

图3-44所示为一种绿色制造的体系结构，它给人们研究和实施绿色制造提供了多方位的视图和模型，是绿色制造的内容、目标和过程等多方面的集成。由图可以看出，绿色制造的体系结构中包括的具体内容如下。

(1) 两个层次的全过程控制　一是具体的制造过程即物料转化过程，是充分利用资源，减少环境污染，实现具体绿色制造的过程；二是在从构思、设计、制造、装配、包装、运输、销售、售后服务到产品报废后回收的产品全生命周期过程中的每个环节均充分考虑资源和环境问题，

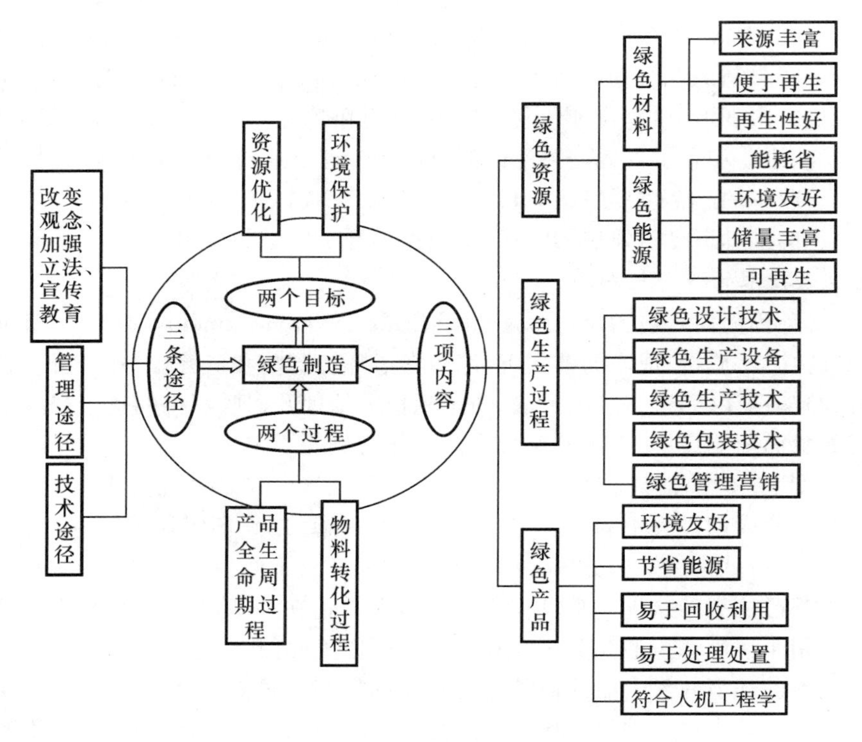

图 3-44　绿色制造的体系结构

以实现最大限度地优化利用资源和减少环境污染的广义绿色制造过程。

（2）三项内容　三项内容是指用系统工程的观点，综合分析在从产品原材料的生产到产品报废及回收处理的过程中各个环节的环境及资源问题时所涉及的主要内容。三项内容包括绿色资源、绿色生产过程和绿色产品。

（3）三条途径　一是改变观念，树立良好的环境保护意识，并体现在具体的行动上，可通过加强立法、宣传教育来实现；二是针对具体产品的环境问题，采取技术措施，即采用绿色设计和绿色制造工艺，建立产品绿色程度的评价制度等，解决所出现的问题；三是加强管理，利用市场机制和法律手段，促进绿色技术、绿色产品的发展和延伸。

（4）两个目标　即资源综合利用和环境保护。通过资源综合利用、短缺资源的代用、可再生资源的利用、二次能源的利用及节能降耗措施减少资源和能源的消耗，实现持续利用；减少废料和污染物的生成和排放量，提高工业产品在生产和消费过程中与环境的相容程度，降低整个生产活动给人类带来的风险，最终实现经济效益和环境效益的最优化。

3.8.2　绿色加工

1. 绿色加工概述

绿色加工（green manufacturing，GM）是指在不牺牲产品的质量、成本、可靠性、功能和能量利用率的前提下，充分利用资源，尽量减轻加工过程对环境产生的有害影响，其内涵是指在加工过程中实现优质、低耗、高效及清洁化生产。绿色加工可分为节约资源（含能源）的加工技术和环保型加工技术。

从节约资源的工艺技术方面来说，绿色加工工艺技术主要应用在少无切屑加工、干式加工、新型特种加工三个方面。在机械加工中，绿色加工工艺主要是指在切削和磨削时分别采用干式切削和干式磨削的方法来进行加工，如图 3-45 所示。常规的加工方法，例如车削、铣削、磨削等，都需要采用切削液。干式加工可获得洁净无污染的切屑，从而节省消耗在切削液及其处理中的大量费用。

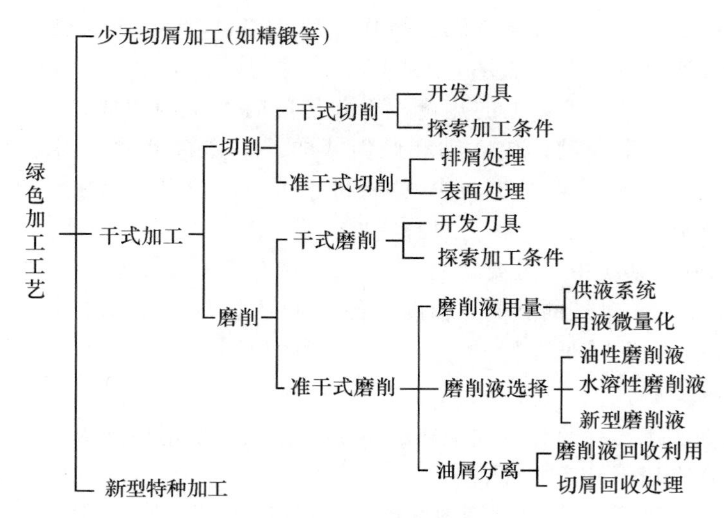

图 3-45 绿色加工工艺

2. 绿色加工的关键技术

绿色加工主要从材料选择、加工方法、加工设备三个方面来实现，相应地，绿色加工的关键技术如图 3-46 所示。这里着重讨论加工设备的相关技术问题。

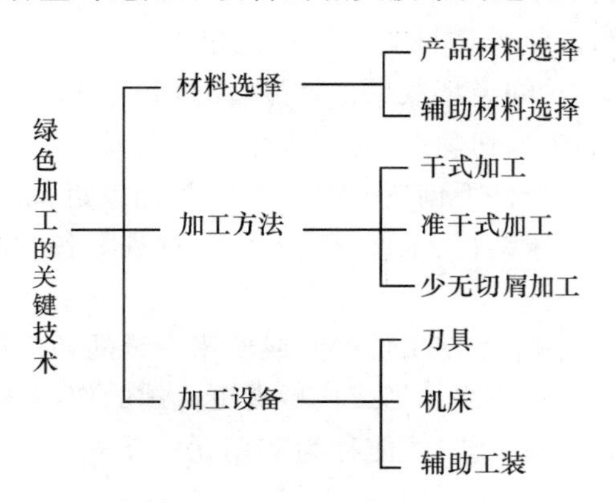

图 3-46 绿色加工的关键技术

1）刀具技术

干式加工对刀具材料要求很高，如要求材料要具有极好的红硬性和热韧性，以及良好的耐磨性、耐热冲击和抗黏结性能。刀具的几何参数和结构设计要满足干式切削对断屑和排屑的要求，加工韧性材料时尤其要解决好断屑问题。目前车刀三维曲面断屑槽的设计制造技术已经比较成熟，可针对不同的工件材料和切削用量很快设计出相应的断屑槽结构，大大提高切屑折断能力和对切屑流动方向的控制能力。同时，刀具材料的发展使刀片可承受更高的温度，减少了对润滑的要求；真空或喷气系统可以改善排屑条件；复杂刀具的制造可解决封闭空间的排屑问题。

2）机床技术

干式加工技术的出现给机床设备提出了更高的要求。干式加工在切削区域会产生大量的切削热，如果不及时散热，机床会因受热不均而产生热变形，这一热变形是影响工件加工精度的一个重要因素。因此机床应配置循环冷却系统，以带走切削热量；此外，在结构上还应采取良好的隔热措施。实验表明，干式切削的理想情况是在高速切削条件下进行，这样可以减少传到工件刀具和机床上的热量。干式切削时产生的切屑是干燥的，因此可以尽可能地将干式切削机床床身设计成立轴和倾斜式的。工作台上的倾斜盖板用绝热材料制成，可在机床上配置过滤系统以排出灰尘，并将机床主要部位隔离出来。

3）辅助设备技术

辅助设备作为制造系统中不可或缺的一环，它的绿色化程度对整个制造过程的绿色化水平有着极为重要甚至是关键性的影响。辅助设备包括夹具、量具等，辅助设备的绿色化主要体现在选用时尽量符合低成本、低能耗、少污染、可回收的原则。

3. 干式切削与磨削

目前，在切削加工工艺绿色化方面采取的主要措施是不使用切削液。使用切削液会带来许多问题，主要表现在以下几个方面。

(1) 未经处理的切削液会污染周围地区的生态环境。

(2) 直接污染车间环境，危害工人健康。

(3) 切削液是由矿物油、植物油、乳化剂等配制而成的，会造成大量的地球资源的耗费。

(4) 会增加生产成本。据国外资料统计，切削液的费用（采购、管理和处理）占工件制造相关总成本的16%，而切削刀具费用仅占3%～4%。日本一年耗费的切削液就达8亿升，而使用切削液所耗费的能量大约占整个机械制造工厂能量的1/10。可想而知，若不使用切削液，即使刀具的耐用度稍有降低，总的经济效果也是显著的，而且还会带来许多其他的好处。

然而，在不使用切削液的干式切削中，切削液带来的冷却、润滑、冲洗、防锈等作用将不复存在。如果要在没有切削液的条件下创造与湿式切削相同或近似的切削条件，就必须去研究干式切削机理，从刀具技术、机床结构、工件材料和工艺过程等各方面采取一系列的措施。

1）干式切削技术

在切削（含磨削）加工过程中，不使用切削液或使用少量的切削液（少于50 mL/h），且从加工质量和加工时间上来说与湿式切削相当或比后者更优越的切削技术称为干式切削。只有所有工序都实现了干式切削的切削工艺，才能称为实用化的干式切削。在实用化干式切削条件下，工件是干燥的。

要实施干式切削，就要对工艺系统中的每一个环节采取措施，而关键是在切削加工过程中减少切削热并合理分配切削热的流向。如果在某一切削速度下不使用切削液会使刀具后刀面产生扩散磨损，则在较高的切削速度下，采用干式切削与非直接冷却，将减少刀具磨损并延长刀具耐用度。

(1) 干式切削刀具　设计干式切削刀具时，不仅要选择适用的刀具材料和涂层，而且应当综合考虑刀具材料、刀具涂层和刀具几何形状之间的协调和优化。不同的切削加工方式对刀具设计有不同要求，干式切削刀具必须满足以下条件：刀具材料具有极好的红硬性和热韧性，以及良好的耐磨性、耐热冲击和抗黏结性；切屑与刀具之间的摩擦因数小；刀具的槽型能保证排屑流畅、易于散热等。下面分别从刀具材料、涂层和几何形状三个方面进行分析。

① 采用新型的刀具材料。目前用于干式切削的刀具材料主要有超细硬质合金、陶瓷、立方氮化硼和聚晶金刚石等超硬度材料。超细硬质合金比普通硬质合金具有更高的韧度、更好的耐磨性和耐高温性，可制作大前角的深孔钻头和刀片，用于干式铣削和钻削加工。陶瓷刀具材料具有很好的红硬性，适用于一般目的的干式切削。但由于其质地较脆，不适于断续切削，故较适合用于进行干式车削而不适合用于干式铣削。立方氮化硼(CBN)材料的硬度很高，达3 200～4 000 HV，仅次于金刚石；热导率好，达1 300 W/(m·K)；具有良好的高温化学稳定性，在1 200℃下热稳定性很好。采用CBN刀具加工铸铁，可大大提高切削速度；用于加工淬火钢，可以“以车代磨”。聚晶金刚石(PCD)刀具硬度非常高，可达7 000～8 000 HV，热导率可达2 100 W/(m·K)，线膨胀系数小。PCD刀具切削时产生的热可以很快从刀尖传递到刀体，从而可减少刀具热变形引起的加工误差。PCD刀具比较适合用于干式加工铜、铝及其合金工件，但在切削温度高于700℃以上时易出现炭化现象。

② 采用刀具涂层技术。对刀具进行涂层处理，是提高刀具性能的重要途径。涂层刀具分两大类：一类是硬涂层刀具，如TiN、TiC和Al_2O_3等涂层刀具。这类刀具表面硬度高，耐磨性好。其中TiC涂层刀具抗后刀面磨损的能力特别强，而TiN涂层刀具则有较高的抗“月牙洼”磨损能力。另一类是软涂层刀具，如MoS_2、WS等涂层刀具。这类涂层刀具也称为自润滑刀具，它与工件材料之间的摩擦因数很小，只有0.01左右，能有效减小切削力和降低切削温度。例如瑞士开发的MOVIC涂层丝锥，刀具表面涂覆有一层MoS_2。切削实验表明：用一个未涂层丝锥只能加工20个螺孔，用一个TiAlN涂层丝锥可加工1 000个螺孔，而用一个MoS_2涂层丝锥可加工4 000个螺孔。高速钢和硬质合金刀具经过PVD涂层处理后，可以用于干式切削。原来只适用于铸铁干式切削的CBN刀具，在经过涂层处理后也可用来加工钢、铝合金和其他超硬合金。

从机理上看，涂层有类似于切削液的功能，它可产生一层保护层，把刀具与切削热隔离开来，使热量很少传到刀具，从而能在较长的时间内保持刀尖的坚硬和锋利。表面光滑的涂层还有助于减少摩擦，从而减少切削热，保护刀具材料不受化学腐蚀作用。TiAlN涂层和MoS_2软涂层还可交替涂覆，形成多涂层，使刀具既有硬度高、耐磨性好的特性，又有摩擦因数小、便于切屑流出的优点。在干式切削中，刀具涂层发挥着非常重要的作用。

目前已开发出的纳米涂层(nanocoatings)刀具，可采用多种材料的不同组合(如金属/金属组合、金属/陶瓷组合、陶瓷/陶瓷组合、固体润滑剂/金属组合等)，以满足不同的功能和性能要求。纳米涂层可使刀具的硬度和韧度显著增加，具有优异的抗摩擦磨损及自润滑性能。

③ 优化刀具几何形状设计。干式切削刀具常以“月牙洼”磨损为主要失效形式，这是加工中没有切削液，以及刀具和切屑接触区域的温度升高所致。因此，通常应使刀具有较大的前角和刃倾角。但前角增大后，刀刃强度会受影响，此时应配以适宜的负倒棱或前刀面加强单元，使刀尖和刃口有足够体积的材料，能以较合理的方式承受切削热和切削力，同时可减轻冲击和月牙洼扩展对刀具的不利影响，使刀尖和刃口在较长的切削时间里保持足够的结构强度。

目前，国外已开发了许多大前角车削刀片(如美国Carboloy公司推出的一种硬质合金刀片，其前角达34°)，以及带正前角的螺旋形刀刃铣削刀片，这种刀片沿切削刃几乎有恒定不变的前角，背前角或侧前角可由负变正或由小变大，可通过减小切削力和机床的驱动功率、降低切削温度来满足干式切削的要求。日本三菱金属公司开发出的一种适用于干式切削的回转型车刀采用圆形超硬刀片，刀片的支承部分装有轴承，在加工中刀片会自动回转，使切削刃始终保持锋利，具有切削效率高、加工质量好、刀具寿命长等优点。

（2）干式切削机床　干式切削机床最好采用立式布局，至少床身应是倾斜的。理想的加工布局是工件在上、刀具在下，并在一些滑动导轨副上方设置可伸缩角形盖板，工作台上的倾斜盖板可用绝热材料制成，并尽可能依靠重力排屑。干式切削时易出现金属悬浮颗粒，故机床应配置真空吸尘装置并对机床的关键部位进行密封。干式切削机床的基础大件要采用热对称结构并尽量由热膨胀系数小的材料制成，必要时还应进一步采取热平衡和热补偿等措施。

（3）干式切削加工工艺　在高速干式切削方面，美国 Makino 公司提出了“红月牙”(red crescent)干切工艺。其机理是：由于切削速度很高，产生的热量聚集于刀具前部，使切削区附近的工件材料达到红热状态，造成材料的屈服强度明显下降，从而可提高材料去除率。实现“红月牙”干切工艺的关键在于刀具。目前主要采用 PCBN 和陶瓷等刀具来实现这种工艺，用 PCBN 刀具干式车削铸铁车盘切削速度已达到 1 000 m/min。当然，选用何种刀具材料还要视工件材料而定。如 PCBN 刀具主要是对高硬度黑色金属和表面热喷涂的硬质工件材料进行干式切削，由于 CBN 对铁素体有亲和力，故 PCBN 刀具不宜用于低硬度（45 HRC 以下）钢工件的加工。又如，金刚石刀具对铁元素有很强的化学亲和力，故不能用来加工黑色金属。

干式切削的难易程度与加工方法和工件材料的组合密切相关。从实际情况看，车削、铣削、滚齿等加工应用干式切削较多，因为采用这些加工方法时切削刃外露，切屑能很快离开切削区。而封闭式的钻削、铰削等加工，应用干式切削就相对困难一些，不过目前已有不少此类孔加工刀具出售，比如，德国 Titex 公司可提供适用于干式切削的特殊钻头 Alpa22，其钻深与直径之比达到 7～8。就工件材料而言，铸铁由于熔点高和热扩散系数小，最适合进行干式切削。钢的干式切削特别是高合金钢的干式切削较困难，但人们在这方面也已进行了大量试验研究并取得重大进展。

干式切削通常是在大气气氛中进行的，但在特殊气氛（如氮气气氛、冷风气氛或采用干式静电冷却技术形成的气氛）中而不使用切削液进行的切削也取得了良好的效果。

① 吹氮加工　吹氮加工是指在氮气气氛中进行干式切削。吹氮加工使用的氮气可借助氮气生成装置除去空气中的氧、水分和二氧化碳而获得，然后经由喷嘴吹向切削区。氮气是不可燃气体，切削加工在氮气气氛（氮气占空气的 79%）中进行自然不会起火，这对干式切削加工具有易燃性的镁合金很有价值。更重要的是，氮气气氛还可抑制刀具的氧化磨损，保护刀具涂层和防止切屑与刀具粘连，能提高刀具的耐用度。日本企业界曾经做过吹氮加工和以其他加工方式端铣碳钢的对比试验，发现吹氮加工时的刀具磨损量，特别是后刀面磨损量比吹空气干式切削时小得多。

② 干式静电冷却　这是苏联在 20 世纪 80 年代发明的干式切削技术。其基本原理是通过电离器将压缩空气离子化、臭氧化（所消耗的功率不超过 25 W），然后经由喷嘴送至切削区，在切削点周围形成特殊气氛。这样不仅可降低切削区的温度，更重要的是能在刀具与切屑、刀具与工件接触面上形成具有润滑作用的氧化薄膜，并使被加工表面受压应力。俄罗斯罗士技术公司曾做过大量试验，发现在多数情况下，采用干式静电冷却技术时刀具寿命与湿式切削时相当或较湿式切削时长，在少数情况下，也能达到湿式切削时刀具寿命的 80%～90%。

③ 冷风干式切削　冷风切削加工的原理和设计方案可简要归纳如下：让低温冷风射流机

生成的干燥低温冷风(−30℃～−50℃,有时也混入极微量的植物油)喷射到切削点,对刀具的前、后刀面实施冷却、润滑和排屑,以降低切削温度,同时引发被加工材料的低温脆性,使切削过程较为容易,并相应改善刀具磨损状况。其系统主要由空气压缩机、低温冷风射流机、微量油雾化器、喷射器、刀具等机构组成。

(4) 高速干式切削　高速切削具有切削效率高、切削力小、加工精度高、切削热集中、加工过程稳定,以及可以加工各种难加工材料等特点。随着高速机床技术的不断发展,切削速度和切削功率急剧提高,使得单位时间内的金属切除量大大增加,机床的切削液用量也越来越大。但高速切削时切削液实际上很难到达切削区,大量的切削液根本起不到实际的冷却作用,这样不仅会增加制造成本,还会加重切削液对资源、环境等的负面影响。

高速干式切削技术是在高速切削技术的基础上,结合干式切削技术或采用微量切削液的准干式切削技术,将高速切削与干式切削技术有机地融合,综合二者的优点,并对它们的不足进行有效补偿而形成的一项新兴先进制造技术。切削技术、刀具材料和刀具设计技术的发展,使高速干切削技术的实施成为可能。高速干式切削可以实现高效率、高精度、高柔性加工,同时又限制使用切削液,可消除切削液带来的负面影响,因此是符合可持续发展要求的绿色制造技术。

(5) 干式切削加工技术的应用　由于干式切削有利于环境保护和降低加工成本,因此干式切削加工技术得以发展并得到推广应用。

日本坚藤铁工所用其所开发的KC250H型干式滚齿机和硬质合金滚刀,在冷风冷却、微量润滑剂润滑的条件下进行高速滚齿加工,与传统的湿式滚齿机和高速钢滚刀加工相比,加工速度提高了2.3倍,加工质量可与普通滚齿工艺相媲美。汽车后桥的螺旋锥齿轮,在六轴五联动的计算机数控铣齿机上采用干式铣齿方式,从毛坯一次成形,不仅效率高,而且加工时螺旋锥齿轮工件温度很低,热量可被切屑带走。

铸铁最适合进行干式切削。Spur和Lachmund陶瓷刀具和CBN刀具高速切削铸铁的试验结果表明,CBN具有较高的导热系数,能快速带走工件的热量,因此CBN刀具比陶瓷刀具更适合铸铁材料的高速切削。切削用量为:v=1 000 m/min,f=0.22 mm/r,a_p=0.24 mm。

干式切削在孔加工方面也有应用。用加工中心在钢件上干式钻孔,解决排屑与断钻头等问题的措施有:加大排屑槽;加大钻头的背锥以增大容屑空间;采用TiN涂层刀具(可钻ϕ65 mm的孔)。对淬硬钢孔的精加工,可采用单刃铰刀进行铰削以取代传统的磨削与珩磨。这种单刃铰刀外形像镗杆,周向装有一个刀片和三个导向块,这种结构不仅能使刀具在孔内自导向,而且能避免刀杆歪斜。德国Bremen大学采用带内冷却系统的铰刀(刀片材料为PCBN,导向块材料为PCD)及极微量润滑技术对淬硬轴承钢100Gr6(相当于我国牌号GCr15,60 HRC)进行铰孔,切削用量为v=150 m/min,f=0.02 mm/r,a_p=0.08 mm,加工后孔的表面粗糙度小于Rz 3 μm,圆柱度小于5 μm,而且加工表面层材料的相变大大减小。

干式切削可用于加工难加工材料。加拿大McMaster大学采用立铣刀以v=1 000～2 000 m/min、f=0.2 mm/r的切削用量干铣高温合金(Inconel718)时,可获得Ra 0.7 μm的表面粗糙度。铝及铝合金是难以进行干式切削的材料,但通过采用极微量润滑的高速准干式切削,在解决切屑与刀具粘连及铝件热变形方面已获得突破,在实际生产中已有加工铝合金零件的准干式切削生产线投入运行。

2）干式磨削技术

磨削加工具有加工精度高、可加工高硬度零件等优点，有时是其他切削加工方法所不能替代的。由于磨削速度高，磨屑和磨料粉尘细小，易使周围空气尘化，为防止空气尘化，就要用磨削液，同时，为了防止工件烧伤、产生裂纹，也需要用磨削液冷却降温，从而带来了废液污染环境的问题。因此，世界各国都在进行有利于环境保护的磨削加工的研究，其基本的思路是不使用或少使用磨削液，于是就产生了干式磨削技术。干式磨削的优点在于：形成的磨屑易于回收处理，且可节省用于磨削液保存、回收处理等方面装备的费用，还不会造成环境污染。但干式磨削实现起来比较困难。这是因为原来由切削液承担的任务，如磨削区润滑、工件冷却及磨屑排除等，需要用别的方法去完成。其中，关键问题是如何减少磨削热的产生或使产生的磨削热很快地散发出去。为此可采取以下措施。

(1) 选择导热性好或能承受较高磨削温度的砂轮，降低磨削对冷却的要求。新型磨料、磨具的发展已为此提供了可能性，如具有良好导热性的CBN砂轮可用于干式磨削。

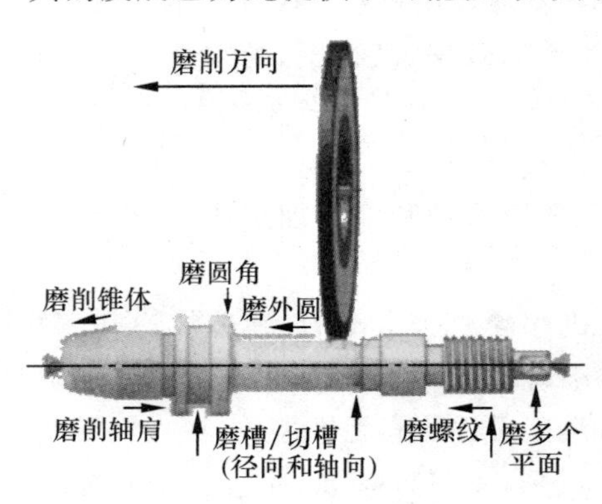

图 3-47　点式磨削

(2) 减少同时参与磨削的磨粒数量，以降低磨削热的产生，如采用图3-47所示的点式磨削。点式磨削是干式磨削的一种，是由德国容克股份公司首先发展起来的一种超硬磨料高效磨削新工艺，目前在我国汽车工业中已得到应用。该工艺具有极高的金属去除率和很高的加工柔性，通过一次装夹即可以完成工件所有外形的磨削，同时产生的热量少，散热条件好。

点式磨削是利用超高线速度(120～250 m/s)的单层CBN薄砂轮(宽度仅几毫米)来实现的。点式磨削主要有以下特点。

① 点式磨削用提高磨削速度的方法来提高加工效率，而CBN磨料的高硬度、高耐磨性为提高磨削速度提供了可能，并且所用砂轮是通过电镀和钎焊单层超硬磨料成形的，允许进行超高速磨削。这种磨削不仅去除率高，而且因磨削时变形速度超过热量传导速度，大量变形能转化的热量可被磨屑带走而来不及传到工件和砂轮上，砂轮表面温度几乎不升高，是一种冷态磨削。

② 点式磨削砂轮的厚度只有几毫米，这就有利于降低砂轮的造价，提高砂轮制造质量；同时，薄砂轮的重量和不平衡度小，与普通砂轮相比运转时施加在轴上的离心力大大降低了。

③ 为减少砂轮与工件间的磨削接触，加工时，砂轮轴线与工件轴线形成一定的倾角，使砂轮与工件的接触变成点接触(故名点式磨削)，这样可减小磨削接触区的面积，不存在磨削封闭区，更利于磨削热的散发。

④ 磨削力小，相当于增加了机床刚度，减轻了磨削产生的振动，使磨削平稳，同时提高了砂轮寿命和加工质量。

⑤ 点式磨削砂轮寿命长(可使用一年)，修整频率低(每修整一次可磨削20万件)。

(3) 在满足切磨条件的情况下，减小砂轮圆周速度 v_s 与工件圆周速度 v_w 间的比值 $q(q=v_s/v_w)$，这样可使磨削热源快速地在工件表面移动，热量不容易进入工件内部。

(4) 提高砂轮的圆周速度，以减少砂轮与工件的接触时间。同时为了保持速比 q 不变，应等量地提高工件的圆周速度。

(5) 采用强冷风磨削。这是日本明治大学的横川和彦教授开发成功的一项新技术。其具体方法:通过热交换器,把压缩空气用液态氮冷却到-110℃,然后经喷嘴喷射到磨削点上(由于温度下降,原来空气中的水分会冻结在管道中,因此需使用空气干燥装置),将磨削加工所产生的热量带走。同时,由于压缩空气温度很低,产生的热量小,所以在磨削点上很少有火花出现,因而工件热变形极小,工件加工后的圆度可控制在 10 μm 以内。

实施强冷风磨削时最好采用 CBN 砂轮,这是因为 CBN 磨粒的热导率是传统砂轮磨粒 Al_2O_3、SiC 及钢铁材料的 15 倍。如果用传统砂轮磨削,加工点上产生的热量不易从工件上散出,工件的温度会上升到 1 000℃左右;如果用 CBN 砂轮磨削,加工点上产生的热量可经热导率大的 CBN 磨粒传递出去,工件温度约为 300℃。这时再对磨削点实行强冷风吹冷,可得到良好的冷却效果。

3) 极微量润滑准干式切削与磨削技术

对于某些加工方式和工件材料的组合,纯粹的干式切削目前尚难以在实际生产中使用,故又产生了极微量润滑技术。极微量润滑的原理是:将极微量的切削油与具有一定压力的压缩空气混合并油雾化,然后一起喷向切削区,对刀具与切屑、刀具与工件的接触界面进行润滑,以减小摩擦和防止切屑粘连到刀具上,同时也冷却切削区并利于排屑,从而显著地改善切削加工条件。极微量润滑的目的是在切削中,使切削工作处于最佳状态(即不缩短刀具使用寿命,不降低已加工表面质量),同时使切削油的用量最小。

极微量润滑准干式切削效果相当好,曾经有人使用带 TiAlN 和 MoS_2 混合涂层的钻头在铝合金材料工件上进行钻孔试验。采用纯粹的干切削方式钻 16 个孔后,切屑就粘连在钻头的容屑槽上,使钻头不能继续使用;而采用极微量润滑方式,钻出 320 个合格孔时,钻头还没有明显的磨损和粘连。日本的稻崎一郎等人曾用直径 10 mm 的硬质合金端铣刀,以 60 m/min 的切削速度铣削碳钢,比较干式切削、吹高压空气切削、湿式切削(250 L/h 切削液)和准干式切削(20mL/h 切削液)四种加工方式下的刀具磨损量。尽管准干式切削所使用的切削液不及湿式切削的万分之一,但在该切削方式下铣刀后刀面的磨损量大大小于干式切削,而与湿式切削相近甚至比湿式切削略小。

采用极微量润滑的准干式切削,除了需要油气混合装置和确定最佳切削用量外,还要解决一个关键技术问题,就是如何保证将极微量的切削油顺利送入切削区。最简单的办法是从外部将油气混合物喷向切削区,但这种外喷法有时并不太有效。更有效的办法是让油气混合物经过机床主轴和工具间的通道喷向切削区,称为内喷法。

准干式磨削就是在磨削过程中施加微量磨削液,并采取一定的措施,使磨削液全部消耗在磨削区并大部分被蒸发掉,没有多余磨削液污染环境。使用较多的射流冷却磨削就是一种准干式磨削工艺。射流冷却是一种比较经济的冷却方法。它通过把冷却介质直接强行送入磨削区,可用较少的冷却介质实现大量浇注的效果,同时也可减少对环境的污染。依照射流介质不同,射流冷却又分为液体射流冷却、气体射流冷却、混合射流冷却三种。从环境角度讲,这三种射流方式中气体射流冷却是一种比较好的冷却方式。气体射流冷却是指选择一定的气压,通过各种控制元件将介质送到射流口,以冲刷加工区,加强磨削区与周围的热交换,改善磨削区的散热条件。射流冷却着重针对磨削区,比其他冷却方法更易使冷却介质进入磨削区,冷却的针对性强,效果显著。射流的冲刷作用使磨削时产生的磨屑粉末不易黏附在砂轮上,有利于加工质量的提高。

3.8.3 再制造技术

1. 再制造技术的内容与作用

在制造工艺发展的近几百年中，人类的资源消耗速度远远超过了大自然的恢复速度，打破了农耕时代“收支平衡”的循环状态。资源过快开采和过量消耗，造成资源短缺和濒临衰竭，环境污染和自然生态破坏已严重威胁到人类的生存。

再制造是以产品全生命周期理论为指导，以优质、高效、节能、节材、环保为准则，以先进技术和产业化为手段，用以修复、改造废旧产品的一系列技术措施或工程活动的总称。

图 3-48 所示为机电产品的物流示意图。由图可知，产品再制造与维修、再利用及再循环是有所区别的。

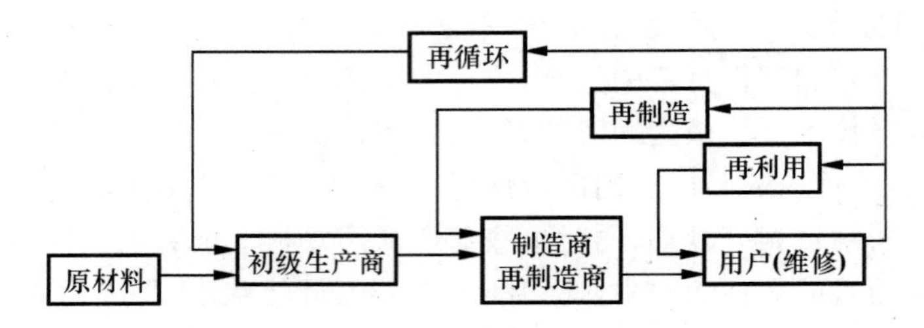

图 3-48　机电产品的物流示意图

(1) 产品维修是保持产品各机件正常运行而采取的各种措施，具有随机性、原位性和应急性，常以更换零部件为主。

(2) 再利用主要是指对经检验合格的废旧产品零部件的直接利用。达到技术寿命的废旧产品中，有不少零部件可能还是完好的，部分零部件的物质寿命可以是产品寿命的多倍，这些经检验合格的零部件可以直接使用，或用于产品再制造以生成再制造产品，或用于新产品组装以生成同类新产品，或用在产品维修中作为替换备件。零部件的再利用属于直接利用，消耗的能源和注入的新价值极少，并全部利用了原有的价值，所以在保证产品质量的前提下要尽可能采用。

(3) 再循环是指回收废旧产品中的材料或者能源的过程，主要包括原态再循环和易态再循环。

原态再循环是指使废旧机电产品零部件恢复到其原材料的状态，并且回收的材料与原材料具有完全相同的性能，如废玻璃生成新玻璃、废钢铁生成新钢铁。采用这种再循环方式可以减少原生材料量的 20%～90%。原态再循环可以节省大量的投资、降低成本、减少环境污染、保持生态平衡，具有一定的社会效益。但它只是将废旧产品恢复到了原料的状态，所以破坏了原产品在第一次制造过程中被赋予的全部附加值，仅回收了原料，并且在回收过程中注入了较多的新能量，会产生较多的废液、废气等污染物，是废旧机电产品资源化的一种初级形式。

易态再循环是将废旧机电产品的材料回收后制成其他低层次用途材料或者通过焚烧可燃物回收能量，如使塑料的分子结构在高温高压下发生氢化作用生成原油，用碎玻璃、废铝制成铝基复合材料。采用这种方式可以减少原生材料量的 25%。

目前，由于资源化技术的限制，对于电子类产品主要是采用再循环的方式进行资源化。

(4) 再制造则是以报废或过时机件为对象，采用新技术、新材料、新工艺，以及严格的质量标准和管理手段组织生产，使再制造产品在质量、性能上等同于或高于原产品，而在价格上更具优势。

图3-49所示为发动机再制造工艺流程图。由此图可以看出，一个完整的再制造过程可以划分为三个阶段：① 拆解阶段，即将装置的单元机构拆散为单一的零部件；② 对已拆卸的零部件进行检查，将不能继续使用的零部件进行再制造维修，并进行相关的测试、升级，使得其性能能够满足使用要求；③ 将维修好的零部件进行重新组装，但若发现装配过程中出现不匹配等现象，还需进行二次优化。

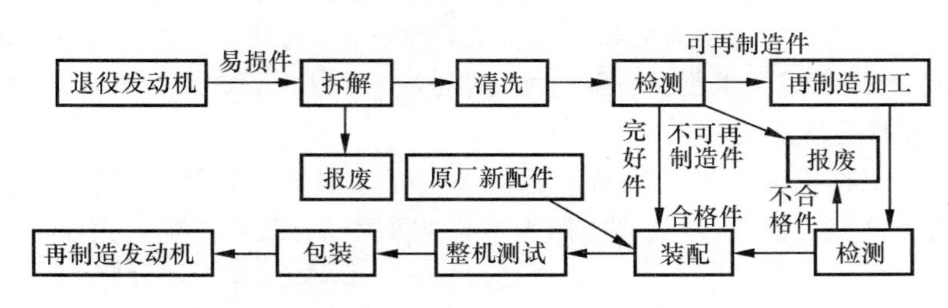

图3-49　发动机再制造工艺流程图

再制造工程的活动包括：① 产品修复，即通过测试、拆修、换件、局部加工等，将产品恢复到规定状态或使产品恢复规定功能；② 产品改装，即通过局部修改产品设计或连接方式，以及进行局部制造等，使产品适合于不同的使用环境或条件；③ 产品改进或改型，即通过局部修改和制造，特别是引进新技术等，使产品使用与技术性能得到提高，延长产品使用寿命；④ 回收利用，即通过对废旧产品进行测试、分类、拆卸、加工等，使产品或其零部件、原材料得到再利用。

再制造工程能够大量恢复设备及其零部件的性能，延长其使用寿命，降低其全生命周期成本，节能节材，减少环境污染，形成新的产业，创造更大价值，符合国策（人口、资源、环境）的要求，因而受到各国普遍重视，并已在许多领域付诸实施。汽车再制造业是美国最大的再制造行业，2001年汽车再制造零部件的年销售额为365亿美元。海湾战争时期，美国陆军支援大队在短短几个月时间里，就利用再制造技术恢复了战区70%的损坏装备，共修理和改造了34 000多个装备部件。对原零件进行翻新再制造的技术包括制配、补焊、铆接、黏结、矫正、喷涂、刷镀等。美国曾对钢铁材料的废旧产品进行再生产的环境效益分析，发现钢铁材料废旧产品再生产能够节约能源47%～74%，减少大气污染86%，减少水污染76%，减少固体废物97%，节约用水量40%。

欧美国家的再制造是在原型产品制造工业基础上发展起来的，主要采用尺寸修理法和换件修理法，再制造模式相对简单易行，但存在旧件再制造率低、节能节材的效果较差、机械加工后零件的互换性差等问题。与欧美国家的模式不同，我国实施的再制造工程是在维修工程、表面工程的基础上发展起来的，大量应用了寿命评估技术、复合表面工程、纳米表面工程等先进技术，可以使旧件的尺寸精度恢复到原设计要求的精度，并能提升零件的质量和性能，以及旧件的再制造率（指再制造旧件占再制造产品的重量比）。以斯太尔发动机为例，我国的再制造率比国外高10%。

另外，再制造的生态效益也非常显著。在材料的节省方面，相当于减少了对金属矿石、煤、石油及其他材料的开采。如通过再制造重新利用1 t的铜金属，至少可以少开采200 t铜矿。而开采这些矿石，需要大约1 t的硝酸铵炸药，还需要0.5 t化学药品用于矿石的浮选，需要大约1 t的焦炭或其他有机燃料用于矿石的熔炼。此外,在矿石的开采、熔炼、精炼过程中,还会产生大量的固体废弃物。最后,在熔炼和精炼过程中还会产生大约3 t的CO_2和SO_2气体,以及大量灰尘和烟雾。根据我国济南一家再制造公司的统计,再制造200万台斯太尔发动机,可以节省金属153万吨,节电29亿千瓦时,回收附加值达646亿元,可实现利润58亿元,减少CO_2排放量12万吨。

2. 再制造的关键技术

再制造是在报废的或过时的产品上进行的一系列修复或改造活动。要恢复、保持甚至提高原始产品的技术性能,具有很大的技术难度,须克服特殊的约束条件。这就要求在再制造过程中采用比原始产品制造技术更先进的再制造技术。

1) 再制造拆解与清洗技术

对废旧汽车、工程机械等机电产品的零部件进行无损拆解和绿色清洗,是对其进行再利用、再制造和循环处理的前提,对提高废旧零部件的利用率,提升再制造企业的市场竞争力具有重要意义,并已成为当前再制造产业的迫切需求。

要根据产品零部件的材料特性和使用状况,研究其拆解、清洁预处理工艺技术。主要是运用三维建模、力学分析、产品结构干涉分析等方法,进行面向再制造的产品无损拆解技术与装备研究;通过绿色清洗新材料和装备的研究,应用无污染、高效率、应用范围广、对零部件无损害的自动化超声清洗技术,以及热膨胀不变形高温除垢技术、无损喷丸清洗技术与设备,实现再制造清洗过程的绿色、高效与自动化。

2) 再制造损伤检测与寿命评估技术

再制造最核心的基础理论是再制造的寿命预测理论,它决定了有无必要进行再制造。由于再制造生产对象是已经制造完成并经历一定服役周期的装备零部件,为保证再制造产品的质量,需针对再制造生产流程中的再制造毛坯筛选、再制造过程控制和再制造产品评价三个关键环节,以先进的无损检测技术为支撑,评估再制造毛坯的损伤程度并预测其剩余寿命,控制再制造成形工艺以获得满意的涂覆层,评价再制造产品性能及服役寿命,确保再制造产品质量性能不低于新产品,在新一轮使用周期中运行安全可靠。

3) 再制造成形与加工技术

再制造成形技术是再制造工程的核心,也是再制造产业的技术支撑。在不远的将来,随着再制造应用领域的不断拓展,再制造产品对象也将由机械零部件逐步演变为以机械为载体的机电一体化系统及具备电、磁、声、光等特殊功能的器件。为此,再制造成形技术一方面应朝着智能化、复合化、专业化和柔性化等适合于批量再制造的方向发展,由纯机械零部件领域的再制造向机械/电子复合、机械/功能复合等的复合领域发展。涉及的关键成形技术主要有以下两种。

(1) 纳米复合再制造成形技术　将纳米材料、纳米制造技术与传统表面工程技术复合,研发出先进的再制造成形技术,如纳米颗粒复合电刷镀技术、纳米热喷涂技术等。纳米电刷镀技术是汽车零部件再制造关键技术之一,工艺简单灵活,所得涂层性能优异,对于轴、孔类零件小尺寸范围内的修复与再制造具有一定的技术优势。

(2) 能束能场再制造成形技术　利用激光束、电子束、离子束以及电弧等能量束和电场、磁场、超声场、电化学场等能量场实现机械零部件的再制造过程。为了发展当前装备零部件的快速成形与近净成形技术,需要加紧研制高稳定性的能量束和能量场再制造成形系统是当务之急;利用超高功率能束实现大型零部件的再制造成形也是再制造研究的一个新方向。实现不同形式能量的复合再制造成形工艺对提高再制造工作效率、拓宽再制造应用范围具有重要意义。

3.8.4 可重构制造系统

1. 可重构制造系统的产生

制造型企业中存在两类制造系统，即专用制造系统和柔性制造系统。通常前者成本较低，生产率高，但缺乏柔性；后者柔性好，能迅速响应市场变化，但造价高，软件冗余度大，且生产率较低。20 世纪 90 年代制造业市场发生了巨大的变化，为了响应市场或需求的突然变化，解决生产效率与柔性制造之间的矛盾，产生了可重构制造系统(reconfigurable manufacturing system，RMS)。采用可重构制造系统可大大缩短适应产品品种与产量变化的制造系统的规划、设计和建造时间及新产品的上市时间，大幅度地压缩系统建造的投资，降低生产成本，保证质量，合理利用资源，提高企业的市场竞争力和利润率。

在工业界和政府的推广下，发达国家从 20 世纪 90 年代中期开展了可重构制造系统的基础与应用研究，并已推广应用。1994—1999 年以美国密执安大学为中心的可重构制造系统课题组获得了美国国家科学基金会(National Science Foundation，NSF)与工业界 3 080 万美元的支持，进行了制造系统重构方式对系统性能的影响、产品装配过程的变流理论与建模等方面的研究，并以可重构的敏捷制造为课程进行了广泛的企业培训。与此同时，美国国家研究院在对世界上 40 位专家进行咨询后，于 1998 年提出了《2020 年制造业挑战预测》，其中把可重构制造系统列为 2020 年前制造业的十大关键技术之首。

2. 可重构制造系统的定义及特点

1999 年，Y. Koren 在国际生产工程研究学会(CIRP)年会上提出，可重构制造系统是一种为快速调整企业在一个零件族内的生产能力和生产功能以响应市场或客户需求的突然变化而设计的可快速改变结构、由硬件与软件构成的制造系统。该定义的特点是：① 将加工对象限定在成组分类的一个零件族内；② 强调重构是由生产能力和生产功能的变化驱动的；③ 要求一定的市场应变能力，以获得长期经济效益。

2000 年，盛伯浩等提出，可重构制造系统是一种能够按市场需求变化及系统规划与设计的规定，以重新组态、重复利用和更新系统组态或子系统的方式，实现低重构成本、短的系统研制周期和斜升时间、高的质量和投资效益，可快速调整生产过程工艺、生产功能和生产能力的可变制造系统。该定义的特点是：① 将加工对象定义在系统规划与设计的范围内；② 强调重构由生产过程工艺、生产功能和生产能力的变化驱动；③ 将重构层次由设备级扩展到系统级。

可重构制造系统是适应先进制造技术发展的新一代技术群体中一种重要的技术，对增强我国制造企业竞争力有重要意义。它与传统的制造系统规划、设计和建造的区别在于：企业可随时根据产品变化，由产品工艺过程变化驱动、快速进行组态规划和设计，在专门的多功能小组的支持下快速实施系统动态组态(重构)。它既是可改进、可革新的开放系统，又是存在寿命期、由产品状况决定的一种新的可变制造系统。

可重构制造系统的基本特征是可重构(可组态)性，同时还具有以下几个主要特征：① 可变性，即对产品/制造技术和过程变化的高柔性的适应能力；② 模块化，即可进行制造过程、制造功能和制造能力的模块化组合，而模块化技术是实现系统重构的核心技术；③ 可集成性，即可嵌套新模块与新装置或设备，能实现系统整合；④ 可优化物流，减少在制件数量，提高机床利用率5%～10%，提高变换后产品的生产质量；⑤ 可诊断性，即对产品质量缺陷和设备故障的可跟踪和可溯源性；⑥ 敏捷性，即以较强的市场扩展柔性增强企业竞争力，使企业获利。

3. 可重构制造系统的内涵

综合广义制造的内涵可知，制造系统可重构包括产品可重构、制造装备可重构、工艺过程可重构和生产组织可重构。

(1) 产品可重构　产品可重构即产品采用可重构设计方法。可重构设计是指利用已有产品，通过少量的变化和组合，迅速得到用户所需要的新产品。主要体现在：① 对大规模定制产品，在方案设计阶段就可以通过与用户对话的方式实现定制，也可以通过产品可调节性来实现用户的适应性定制，还可以在保证功能不变的条件下，通过产品外形的系列化实现定制化；② 进行面向模块化产品族的设计，在设计过程中充分考虑模块化程度、公共模块利用程度、模块可重用性等因素，从而在产品全生命周期内降低制造和销售成本。

(2) 制造装备可重构　可重构制造装备综合了刚性生产线和柔性制造系统的优点。如某研究单位开发完成的集成系统级模块化结构机床和设备，以及快速自找正定位型腔夹具和可拼接物流系统，可通过对18台数控机床和检测设备进行重组配置，组成摩托车零件加工的刚柔相济生产线。该制造系统的特点如下。

① 可通过增加或减少加工设备进行系统重组，也可通过更改添加主轴、改变刀具库和控制软件进行系统重构。

② 生产能力和生产功能处于柔性制造系统和刚性生产线之间，通过对刚性生产线配置相应的数控功能模块，可使加工柔性化、冗余功能减少，并可使调整成本和调整时间大为减少，还可通过数控和伺服检测技术的应用保证高质、高速加工。

③ 产品全生命周期成本比柔性制造系统低，甚至可能低于刚性生产线。通过增加运动轴、辅助装置、刀具容量及提高加工能力等方法，使系统具有可伸缩性，可获得长期效益。

实际运行表明，该装备投资额同比减少47%，生产成本降低30%。

(3) 工艺过程可重构　实现工艺过程的可重构，主要是要实现产品制造工艺的模块化设计，其中包括工艺延迟、工艺重构、工艺标准化三大部分。为了最大限度地满足顾客需求，应将产品的个性化工艺尽可能地推迟到整个产品制造过程或供应链环节中的最后环节。美国惠普公司为避免用户要求不同而导致的对整个电路板的测试工艺的重新设计，对测试工艺进行了模块化设计和重构。其将电路板测试分为装前测试与装后测试两个部分，装前对电路板驱动器等大部分共性部分进行测试，并将这部分工艺标准化；待用户定制要求最终确认后，再设计电路板定制部分装后测试工艺 。

(4) 生产组织可重构　产品工艺过程的重构会导致业务流程的重构，而业务流程的重构则要靠生产组织的重构来实现。因此，企业内部组织管理模式和生产管理流程要有可重构性，对企业外部则要考虑企业间制造资源的可重用性。

任何一方面的重构都需要考虑各制造单元企业的结构、单元企业间的接口方式及响应标准。不仅要实现功能及结构的模块化和兼容性，还要实现信息的可视化与对称性。同时，要注重实现制造系统重构的资金流、信息流、物流以及与员工技能相关的知识流的集成应用。

4. 可重构制造系统的主要研究内容

(1) 机床可移动性与性能测试评价的研究，即通过分析、设计和试验，开发功能与结构优化的机床设备、可移动弹性支持件产品系列，确立机床移动和重构的制造单元和系统的性能测试、评价系统和方法，逐步形成行业规范。

(2) 建立可重构制造系统技术平台。该平台应能提供以下功能：新产品工艺流程驱动的组态物流分析、优化和评价；系统或单元重组、布置的规划、设计、仿真和决策；系统创新设计和可诊断性设计；重组后制造产品质量缺陷和设备故障跟踪测试及溯源诊断的设计、评价；满足企业提出的可重构制造系统要求，以及软件试验和人员培训教育。

(3) 开发自主版权的计算机化与智能化技术与软件，包括当前企业迫切需要的通/专用夹具的CAFD(计算机辅助夹具)软件、CAPP软件，并应以微机版为主。

(4) 开发基于经济可承受性的投资、功能与成本或价值控制与决策支持系统及支持软件。

(5) 开发实施可重构制造系统技术的管理系统与团队组织管理和评价体系。

5. 实现制造系统可重构的方法

(1) 保持原制造系统组成不变，通过改变系统的生产计划，即改变零件的加工顺序和传输路径，实现制造系统的可重构。

(2) 通过在制造系统中添加、移走或替换机器，使得系统具有响应市场需求的可伸缩性和适应新产品的结构可调整性。

(3) 对可重构机床进行重构，如通过增加主轴头和轴、改变刀库等方法来实现机床的可重构。

(4) 与可重构硬件相适应，对控制系统进行重构。

3.9 生物制造技术

3.9.1 生物制造概述

生物制造(bio-manufacturing)技术是先进制造技术的一个分支，是传统制造技术与生命科学、信息科学、材料科学等多领域技术的综合，是采用生物形式实现制造或以制造生物活体为目标的一种制造技术。目前对生物制造尚无统一的定义，其最早是指运用现代制造科学和生命科学的原理和方法，通过单个细胞或细胞团簇的直接和间接受控组装，完成具有新陈代谢的生命体成形和制造。所制造的生命体经培养和训练，用以修复或替代人体病损组织和器官。显然，该定义具有狭义性。广义的生物制造包括仿生制造、生物质和生物体制造，即涉及生物学和医学的制造均可视为生物制造。随着生命科学和制造科学的迅速发展，尤其是快速原型技术在生命科学领域日益广泛的应用，生物制造工程的概念也逐渐清晰明确起来。

图3-50概略地描述了生物制造的对象与方法。

3.9.2 生物制造工程的研究方向

图3-51所示为生物制造工程的体系结构，它反映了生物制造的基本内容。生物制造是建立在分形理论，以及分布式制造、自组织生长、生长型制造等原理上的一种新的加工成形方式，其技术基础是制造科学、生命科学、材料科学和信息技术。生物制造主要分为仿生制造和生物成形制造两大类。

1. 仿生制造

仿生制造包括生物组织和结构仿生、生物遗传制造和生物控制仿生。

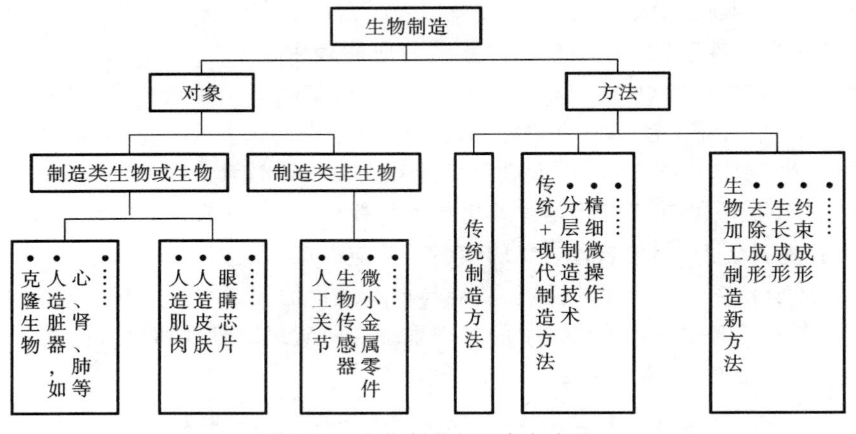

图 3-50　生物制造的对象与方法

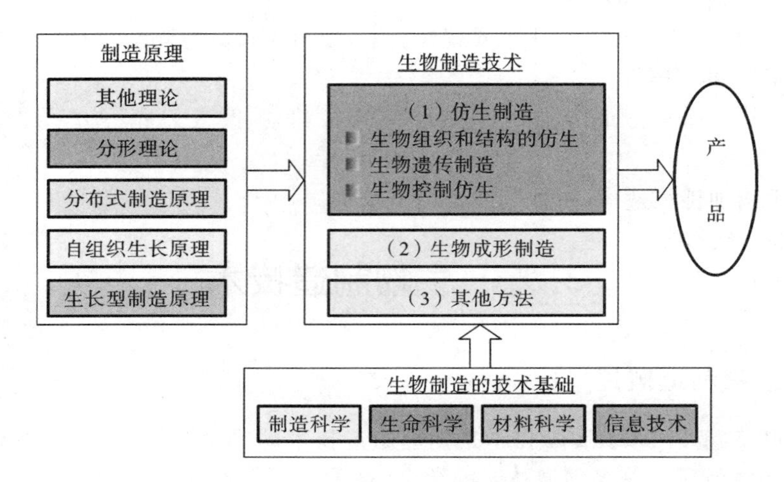

图 3-51　生物制造工程的体系结构

生物组织和结构仿生的原理是：选择一种能与生物相容，同时又可以降解的材料，用这种材料制造出一个器官的框架，在这个框架内加入可以生长的物质，使其在这个器官框架内生长，实现器官的人工工程化制造。用高分子材料可以制造出像人的肌肉一样的生物肌肉，这种肌肉具有弹性；通过生物分子的生物化学作用，可制造具有类人脑功能的生物计算机芯片。

生物遗传制造基于生物 DNA 分子的自我复制能力，人或动物的骨骼、器官、肢体，以及生物材料结构的机器零部件等可通过生物遗传来实现。通过人工控制内部单元体的遗传信息，能使生物材料和非生物材料有机结合，直接生长出任何人类所需要的产品。

生物所具有的功能比任何人工制造的机械的功能都优越得多，生物体的结构与功能在机械设计、控制等方面给了人类很大的启发。生物控制仿生是应用生物控制原理来计算、分析和控制制造过程，得到各种计算、设计、制造方法，通过这些方法设计制造先进的设备为人类服务。

2. 生物成形制造

生物成形制造包括：通过某类生物材料的菌种来去除工程材料，实现生物去除成形；通过对具有不同标准几何外形和取向差不大的亚晶粒的菌体的再排序或微操作，实现生物约束成形；通过对生物基因的遗传形状特征和遗传生理特征的控制，来构造社会所需产品的外形并赋予其生理功能，实现生物生长成形。图3-52所示为三种生物成形技术的内容。

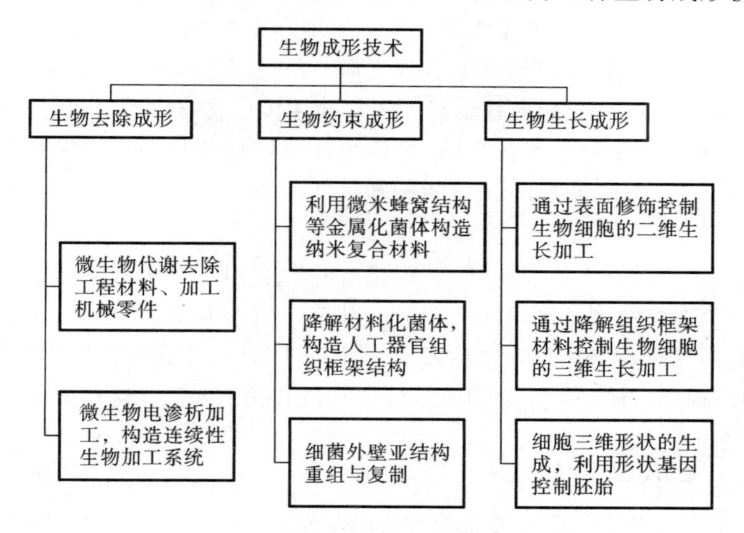

图3-52 生物成形技术的内容

为了实现生物加工，需要进行以下几方面的基础研究。

(1) 在精细微操作方面 包括：仿人微操作的数学模型、高精度力/位置伺服、微加工系统的标定与误差分析、三维微视觉系统模型和基于图像的视觉伺服。

(2) 在组织工程方面 组织工程指用组织工程材料，应用工程学和生命科学原理构造出活的替代物，用于修复、维持、改善人体组织和器官的功能，甚至培养出人体组织和器官的科学和技术的总称。这方面的研究内容有：信息模型的建立；物理模型的建立，包括框架结构与生长因子复合的机理、精密喷射成形方法、材料活性的保持、成形件活性及降解速度等；信息/物理过程的结合，包括成形过程仿真、降解过程仿真等。

(3) 在生物信息控制方面 包括：仿生体系统的运动控制，如结构动力学智能控制、运动协调控制、系统辨识与故障诊断等；模糊神经元网络控制及遗传算法；仿生体控制决策，如自适应与自学习方法、多传感器融合等；生物体行为控制原理及受控生物体仿生控制器的设计与实现。

(4) 在仿生体系统集成方面 包括：高效能源及微集成驱动控制器；多传感器及其集成与融合；机构的驱动-传感-控制一体化设计及其体系结构和可靠性；仿生体人机环境交互；自主与遥控，多自主体的群控。

3.9.3 生物制造的应用

1. 生物计算机

大规模集成电路的应用，大大缩小了计算机的体积并减轻了其重量，但也引发了难以解决的散热问题。

采用生物芯片取代硅芯片可以解决此类问题。可用于制造生物计算机的生物材料有以下几种。

(1) 细胞色素C 它具有氧化和还原两种状态，在这两种状态下其导电率相差1 000倍。

两种状态的转换可通过以适当方式施加或去掉1.5 V电压来实现。这种材料可用于制作记忆元件。

(2) 细菌视紫红质　它是一种光驱动开关的原型。由光辐射启动的质子泵在由细菌形成的紫膜两边形成的电位,经离子灵敏场效应放大后,可产生较强的开关信号。

(3) DNA分子　它以核苷酸碱基编码方式存储遗传信息,是一种存储器的分子模型。

(4) 导电聚合物　采用导电聚合物(如聚乙炔与聚硫氮化物)可制作分子导线,它们传递信息的速度与电子导电情况差别不大,但能耗却极低。

2. 眼镜芯片

美国已研制成功可使盲人重见光明的“眼镜芯片”,它由一个无线录像装置和一个激光驱动的、固定在视网膜上的微型计算机芯片构成。其工作原理为:装在眼睛上的微型录像装置拍摄到图像,并把图像进行数字化处理之后发送到计算机芯片,计算机芯片上的电极构成的图像信号则刺激视网膜神经细胞,使图像信号通过视神经传递到大脑,这样盲人就可以看到这些图像。

3. 定制化人工假体

人体骨骼是维持人类身体结构与运动的物质基础,一旦发生大面积的缺失,例如由于肿瘤或车祸等造成截肢或颜面部的缺陷等,如果没有相应的替代物进行补充修复,就会造成畸形甚至残疾。骨与关节的外形结构复杂,特别是关节连接如同零部件的装配,需要结合件的结构匹配,以实现身体或面部外形及骨骼生理功能。尽管人工关节等产品已经被广泛应用于关节的功能重建,但仍不能满足颅颌面修复、脊柱病变、青少年保肢手术等更为特殊的形体恢复或骨重建要求。

4. 髋关节

随着关节病患者的日益增多,人工关节的需求量也在不断增加,延长人工关节的使用寿命是人工关节研究的目标和难题。在人工髋关节的研究中,通常对髋臼/股骨头及股骨柄单独进行研究,而且在研究手段上以静态分析为主,较少涉及动态分析和疲劳分析。我国研究人员利用中国人髋关节生物力学特征,设计出了符合大多数人体解剖结构和生理功能的股骨柄和髋臼假体,并建立了人工髋关节耦合系统模型,如图3-53所示。通过分析该系统在静、动态条件下的生物力学效应,结合影像测量等实验研究,可研究人工髋关节的结构优化设计方法。

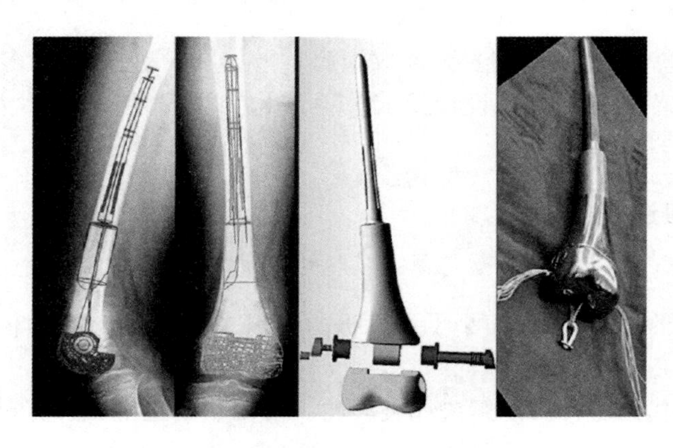

图3-53　人工髋关节耦合系统模型

5. 人工椎体与脊柱侧弯矫正

脊柱椎体或椎间盘的畸形或变异会造成脊柱变形，甚至功能损失。目前国内外常采用人工椎体置换术来填充骨缺损部位、重建脊柱稳定性。目前已有研究人员根据脊柱生理结构和手术要求设计并完成了自固定式人工椎体。该椎体采用自攻螺纹的套筒连接加上横向锁钉固定，不需使用脊柱内固定器，就能保证脊柱的即时稳定性。根据 X 光片修正模型而对患者脊柱进行快速建模，并在快速模型的基础上构建了生物力学模型，确定了矫形优化方法，如图 3-54 所示。利用该方法构建的椎骨几何和位置精度均足够(偏差小于 5%)，且建模时间只有建立 CT 模型所需时间的 1/10，避免了 CT 方案带给病人的辐射影响并降低了成本。矫形优化方法的提出可便于医生为病人提供个性化的手术方案和进行治疗效果的预测，并可降低手术风险，提高手术成功率。

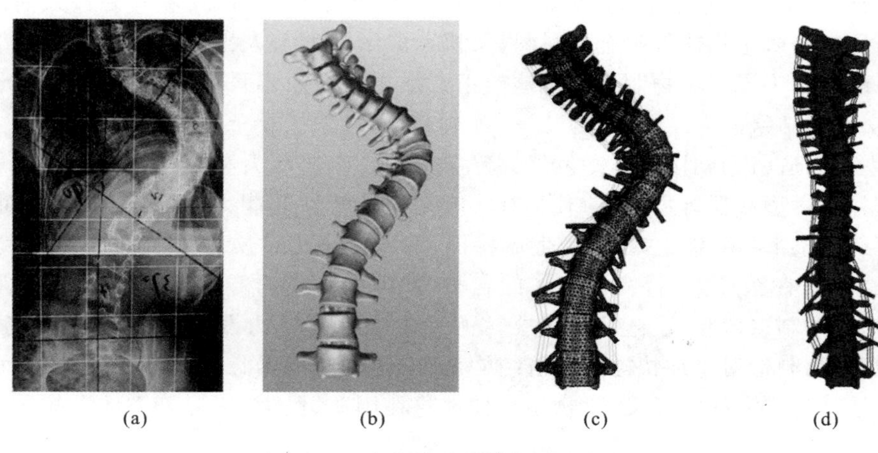

图 3-54　脊柱快速建模与矫正方案

(a) 患者正位 X 光片；(b) 快速模型正面；(c) 含神经结构的快速有限元模型；(d) 矫正后脊柱形态

6. 冠状动脉支架

冠状动脉粥样硬化会导致冠状动脉狭窄甚至阻塞(见图 3-55)，从而引发冠心病。20 世纪 80 年代初，一位阿根廷医生设想用支架撑开硬化、狭窄的心脏冠状动脉。1984 年，我国北京阜外心血管医院开展了第一例心脏支架介入手术。冠状动脉支架是一种可被球囊扩张开的起支撑作用的管状物，它附着在球囊的表面，由输送系统送至血管病变处释放，如图 3-56 所示。针对人群各种类型的冠心病，如稳定型心绞痛、不稳定型心绞痛、心肌梗死等，冠状动脉支架植入

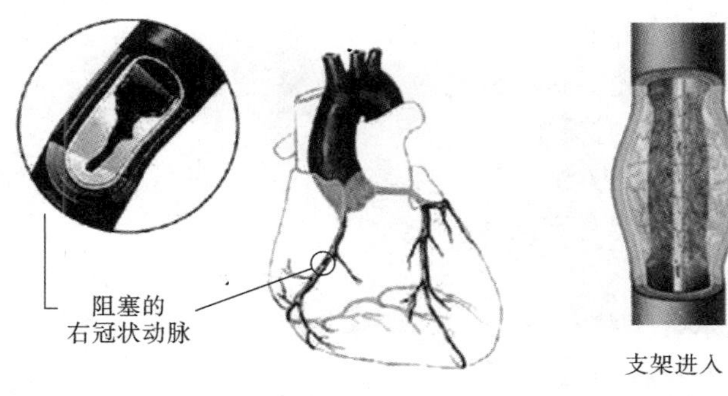

图 3-55　冠状动脉堵塞病变

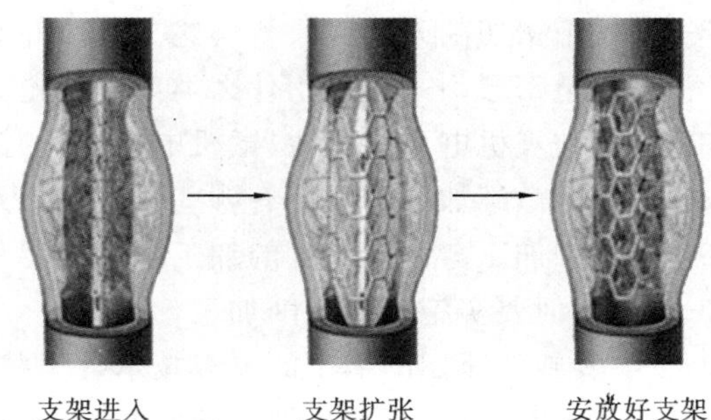

图 3-56　冠状动脉支架植入过程

术完全解决了冠状动脉球囊扩张术术后血管弹性回缩、负性重构所引起的再狭窄,使术后再狭窄率降低20%~30%。该技术不用开刀,手术时间短、疼痛小,是冠状动脉心肌梗死急救最佳选择。冠状动脉支架经历了金属支架、镀膜支架、可溶性支架的研制历程。其中可溶性支架可以在人体内自行溶解,被机体吸收。这种新型支架在动脉狭窄时可以起到扩张血管的作用。在急性期过去、支架作用完成、血管重新塑形后,它可以溶解、消失,从而可避免发生局部炎症反应这一不良后果。

3.9.4 生物制造技术展望

美国科学基金会在《2020年制造业挑战的展望》中将生物制造列为高新科技的十个主要方向之一,同时在《培育生物经济革命》中将生物基产品与生物能源列为生物经济的核心。我国《国家中长期科学和技术发展规划纲要》(2006—2020年)将生物技术列为八大前沿技术之一。目前已证实了微生物能加工金属材料,将快速成形技术与人工骨研究相结合能为康复医学提供很好的技术手段。生物制造系统这个正在形成的崭新学科,就是生物学和制造学相互渗透、相互交叉的结果。

未来,生物制造将会朝以下方向发展:将生物感知、生物动力和生物智能技术运用在机器人、微机电系统、微型武器等方面,使其具有人或动物的特性和能力;在纳米技术方面,实现纳米尺度裁剪或连接DNA双螺旋,改造生命特征;实现各种蛋白质分子和酶分子的组装,构造纳米人工生物膜;在医疗方面,复制人体的各种器官,使人类的寿命得以延长;在生物加工方面,通过生物方法制造微颗粒、微功能涂层、微管、微器件、微动力设备、微传感器、微系统等。

在我国,生物制造对于加快国家经济结构调整、转变经济增长方式,建立绿色与可持续的产业经济体系具有重大战略意义,生物制造技术将在国防、民生、资源等方面影响国家未来的战略优势。

思考题与习题

3-1 什么是先进制造工艺技术?其主要内容是什么?

3-2 何谓超精密加工技术?根据加工特点,超精密加工技术可分为哪几类?

3-3 超精密加工的关键技术有哪些?

3-4 超精密加工对机床设备和环境有何要求?

3-5 超精密切削刀具应具备哪些主要条件?

3-6 超精密磨削一般采用什么类型的砂轮?这些砂轮应如何修整?

3-7 与常规机电系统相比,微机电系统具有哪些特点?

3-8 何谓微细加工?目前有哪些微细加工方法?

3-9 微细加工与一般尺度的加工主要有哪些不同?

3-10 为何要实施高速切削加工?

3-11 实施高速切削加工的关键技术有哪些?

3-12 为什么要采用特种加工技术?特种加工有何特点?

3-13 现代特种加工技术主要有哪些?它们各适应什么场合?

3-14　试述快速原型制造技术的基本原理。快速原型制造技术有何工艺特点？

3-15　试述分层实体制造的工艺原理。它有何特点？

3-16　试述选择性激光烧结的工艺原理。它有何特点？

3-17　直接激光制造与选择性激光烧结相比有何特点？

3-18　绿色制造的定义与内涵是什么？简述绿色制造的特点。

3-19　试从污染控制方面简述两种绿色加工方法。

3-20　绿色制造涉及的三个问题、三项内容各是什么？

3-21　绿色制造的目标是什么？

3-22　绿色设计包含哪些主要内容？绿色设计的基本内涵是什么？

3-23　何谓绿色材料？在绿色设计中选择材料的原则是什么？

3-24　绿色加工的关键技术有哪些？

3-25　干式切削的关键技术有哪些？

3-26　何谓再利用、再制造、再循环？

3-27　何谓可重构制造系统？它有哪些特征？

3-28　可重构制造装备与柔性制造系统、传统的刚性生产线的区别何在？

3-29　仿生制造技术包括哪几个方面？

3-30　简述仿生制造和生物成形制造的基本内容。

第4章　制造自动化技术

4.1　制造自动化技术概述

4.1.1　制造自动化技术的内涵

自动化是美国人D. S. Harder于1936年提出的。他认为，在一个生产过程中，机器之间的零件转移不用人去搬运就是“自动化”，这是早期制造自动化的概念。

制造自动化的概念有一个动态发展过程。过去人们认为自动化是以机器代替人的体力劳动，自动地完成特定的作业。随着计算机和信息技术的发展和应用，制造自动化的功能目标不再仅仅是代替人的体力劳动，而且还包括代替人的部分脑力劳动去自动地完成特定的作业。随着制造技术、电子技术、控制技术、计算机技术、信息技术、管理技术等的发展，制造自动化已远远突破了上述传统的概念，而具有更加宽广和深刻的内涵。制造自动化的广义内涵至少包括以下几点。

(1) 在形式方面，制造自动化有三层含义：一是代替人的体力劳动；二是代替或辅助人的脑力劳动；三是实现制造系统中人、机及整个系统的协调、管理、控制和优化。

(2) 在功能方面，制造自动化可用T(time)、Q(quality)、C(cost)、S(service)、E(environment)这五个功能目标(简称为TQCSE)模型来描述。其中T有两方面的含义：一是采用自动化技术可缩短产品制造周期；二是采用自动化技术可提高生产率。Q的含义是采用自动化系统能提高和保证产品质量。C的含义是采用自动化技术能有效地降低成本，提高经济效益。S也有两方面的含义：一是利用自动化技术能更好地进行市场服务工作；二是利用自动化技术能替代或减轻制造人员的体力和脑力劳动，直接为制造人员服务。E的含义是制造自动化应该有利于充分利用资源、减少废弃物和环境污染，有利于实现绿色制造。

(3) 在范围方面，制造自动化不仅涉及具体生产制造过程，而且涉及产品寿命周期中的所有过程。一般来说，制造自动化技术的内涵是指制造技术的自动化和制造系统的自动化。

4.1.2　制造自动化技术的发展历程

制造自动化技术的发展与制造技术的发展密切相关。制造自动化技术经历的几个发展阶段如图4-1所示。

第一阶段：刚性自动化阶段。刚性自动化生产线包括自动单机和刚性自动线，这一技术在20世纪40—50年代已相当成熟。在这一阶段中应用传统的机械设计与制造工艺方法，采用专用机床和组合机床、自动单机或自动化生产线进行大批量生产。其特征是高生产率和刚性结构，很难实现生产产品的改变。该阶段引入的新技术有继电器程序控制技术、组合机床技术等。

第二阶段：数控加工阶段。数控技术包括硬件逻辑数控和计算机数控技术，数控加工设备包括数控机床、加工中心等。数控加工的特点是柔性好、加工质量高，适于多品种、中小批量

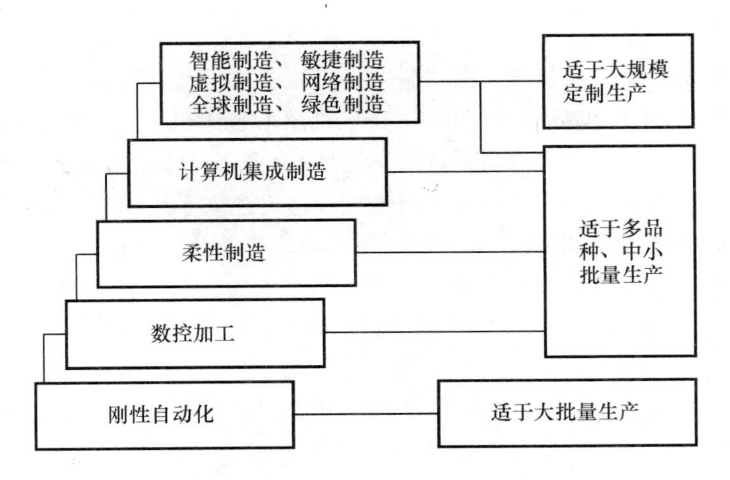

图 4-1 制造自动化技术的五个发展阶段

(包括单件)产品的生产。该阶段引入的新技术有数控技术、计算机编程技术等。

第三阶段:柔性制造阶段。该阶段的特征是强调制造过程的柔性和高效率,适于多品种、中小批量的生产。此阶段主要涉及成组技术、计算机直接数控和分布式数控(distributed numerical control,DNC)技术、柔性制造单元、柔性制造系统、柔性加工线、离散系统理论和方法、仿真技术、车间计划与控制技术、制造过程监控技术、计算机控制与通信网络技术等。

第四阶段:计算机集成制造和计算机集成制造系统阶段。其特征是强调制造全过程的系统性和集成性,以解决现代企业生存与竞争的 TQCSE 问题。

第五阶段:新的制造自动化模式阶段。这些新的制造模式包括智能制造、敏捷制造、虚拟制造、网络制造、全球制造和绿色制造等。

4.1.3 制造自动化技术的发展趋势

1. 制造敏捷化

敏捷化是面向 21 世纪的制造环境和制造过程必然发展趋势。制造环境和制造过程的敏捷化包括三个方面的内容:① 柔性,如机械装备的柔性、工艺过程的柔性、系统运行的柔性等;② 重构能力,如能实现系统的快速重组,组成动态联盟;③ 快速化的集成制造工艺,如快速原型制造工艺。

2. 制造网络化

基于网络技术的制造已成为当今制造业发展的必然趋势,其主要包括:制造环境内部的网络化,以实现制造过程的集成;制造环境与整个制造企业的网络化,以实现制造环境与企业中的工程设计、信息管理系统等各子系统的集成;企业与企业间的网络化,以实现企业间的资源共享、组合与优化利用,通过网络实现异地制造。

3. 制造全球化

随着互联网技术的发展,制造全球化的研究和应用发展迅速。制造全球化的内容主要包括:市场的国际化;产品开发的国际合作及产品制造的跨国化;制造企业在世界范围内的重组与集成;制造资源的跨地区、跨国家的协调、共享和优化利用,形成全球制造的体系结构。

4. 制造虚拟化

制造虚拟化主要是指虚拟制造。虚拟制造是以制造技术和计算机技术支撑的系统建模技术和仿真技术为基础，集现代制造工艺技术、计算机图形技术、并行工程技术、人工智能技术、虚拟现实技术和多媒体技术等多种高新技术于一体，由多学科知识形成的一种综合系统技术。利用虚拟制造技术可将现实制造环境及其制造过程通过建立系统模型映射到计算机及其相关技术所支撑的虚拟环境中，在虚拟环境下模拟现实制造环境及其制造过程的一切活动，并对产品制造及制造系统的行为进行预测和评价。制造虚拟化的核心是计算机仿真，通过仿真来模拟真实系统，发现设计和制造中可避免的错误，保证产品制造一次成功。

5. 制造智能化

智能制造系统是一种由智能机器和人类专家共同组成的人机一体化智能系统，它在制造过程中能进行诸如分析、推理、判断、构思和决策等智能活动。智能制造技术的目标在于通过人与智能机器的合作，去扩大、延伸和部分地取代人类专家在制造过程中的脑力劳动，以实现制造过程的优化。智能制造系统是制造系统发展的最高阶段。

6. 制造绿色化

如何使制造业尽可能少地产生环境污染是当前环境问题研究中的一个重要课题。绿色制造是一种综合考虑环境影响和资源利用效率的现代制造模式，其目标是使产品在从设计、制造、包装、运输、使用到报废处理的整个寿命周期过程中，对环境的负面影响最小，资源利用效率最高。对制造环境和制造过程来说，绿色制造主要涉及资源的优化利用、清洁生产和废弃物的最少化及综合利用。

4.2 现代数控加工技术

计算机数控（computer numerical control，CNC）是集机械、电子、自动控制、计算机和检测技术于一体的机电一体化高新技术，它是实现制造过程自动化的基础，是自动化柔性系统的核心，也是现代集成制造系统的重要组成部分。

4.2.1 数控机床概述

1. 数控机床定义

数控机床（numerical control machine tools）是利用计算机，通过数字信息来自动控制机械加工过程的机床。它是集计算机应用技术、自动控制、精密测量、微电子技术、机械加工技术于一体的一种具有高效率、高精度、高柔性并且高度自动化的光机电一体化数控设备。

2. 数控机床的组成

数控机床一般由数控系统、伺服驱动系统、主传动系统、强电控制装置、机床本体和各类辅助装置组成。图 4-2 所示为一种较典型现代数控机床的构成框图。

(1) 数控系统　数控系统是机床实现自动加工的核心，主要由操作系统、主控制系统、可编程控制器、各类 I/O 接口等组成。其主要功能有：多坐标控制和多种函数的插补（如直线插补、圆弧插补等）功能，多种程序输入、编辑和修改功能，信息转换功能，补偿功能，多种加工方法选择与显示功能，自诊断功能，通信和联网功能。可编程控制器主要用于开关量的输入与控

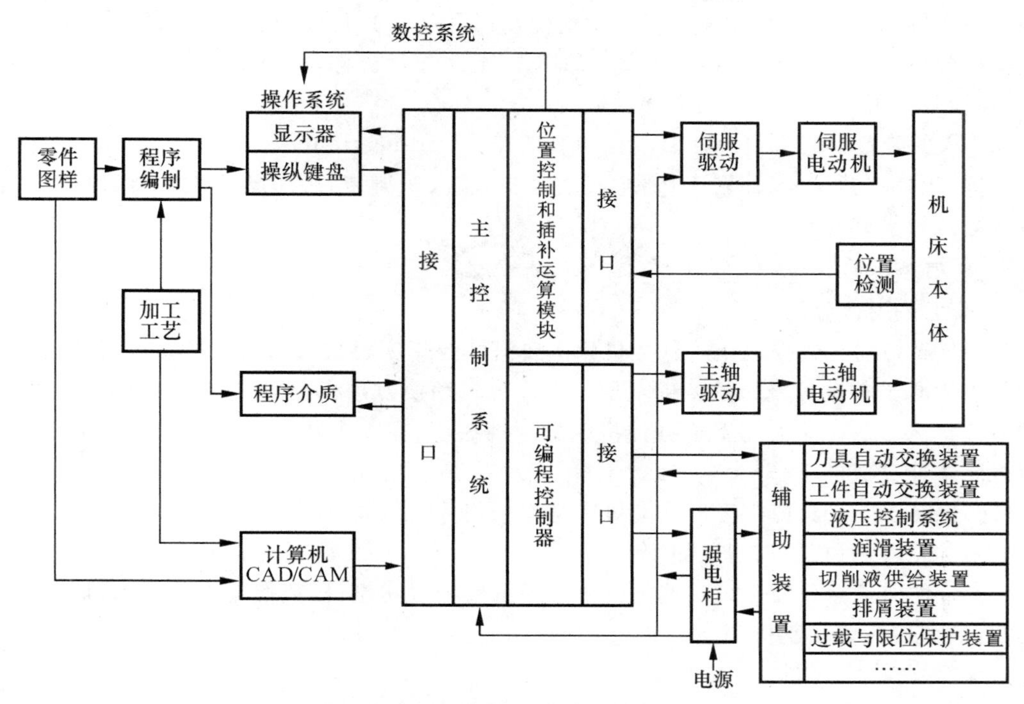

图4-2 典型现代数控机床的构成

制，如主运动部件的变速、换向和启停，切削液泵电动机的启停，工件和机床部件的松开、夹紧，刀具选择和变换，分度工作台的转位等。

(2) 伺服驱动系统 它是数控系统的执行部分，主要由伺服电动机、驱动控制系统及位置检测反馈装置等组成，与机床上的执行部件和机械传动部件一起构成数控机床的进给系统。它根据数控装置发来的速度和位移指令控制执行部件的进给速度、方向和位移。伺服驱动系统有开环、半闭环和闭环之分。在半闭环和闭环伺服驱动系统中，还要使用位置检测装置去间接或直接测量执行部件的实际进给位移，并与指令位移进行比较，按闭环原理，将其误差转换放大后控制执行部件的进给运动。

(3) 主传动系统 它是机床切削加工时传递扭矩的主要部件之一，一般分为齿轮有级变速的和电气无级调速的两种类型。但较高档的数控机床都要求实现无级调速，以满足各种加工工艺的要求。它主要由主轴驱动控制系统、主轴电动机以及主轴机械传动机构等组成。

(4) 强电控制装置 强电控制装置是介于数控装置与机床机械、液压部件等之间的控制系统，主要由各种中间继电器、接触器、变压器、电源开关、接线端子和各类电气保护元器件等构成。其主要作用是接收数控装置输出的主运动变速、刀具选择交换、辅助装置动作等指令信号，经必要的编译、逻辑判断、功率放大后直接驱动相应的电器及液压、气压元件和机械部件，以完成指令所规定的动作。此外，行程开关信号和监控检测信号等也要由强电控制装置送到数控装置进行处理。

(5) 机床本体 它指的是数控机床的机械结构实体。它与普通机床相同，也由主传动机构、进给传动机构、工作台、床身以及立柱等部分组成，但数控机床的整体布局、外观造型、传动机构、刀具系统及操作机构等相对普通机床都发生了很大的变化。主要体现在：采用高性能的主传动及主轴部件，进给传动采用高效传动件，有较完善的刀具自动交换和管理系统，有工件自动交换装置(automatic pallet changer，APC)、工件夹紧机构，床身机架具有很高的动、静刚度，采用全封闭罩壳。

(6) 辅助装置　它主要包括刀具自动交换装置(automatic tool changer，ATC)、工件自动交换装置、工件夹紧机构、回转工作台、液压控制系统、润滑装置、切削液供给装置、排屑装置、过载与限位保护装置等。

3. 数控机床的种类

1) 按工艺用途分类

(1) 金属切削类数控机床　这类机床主要有数控车床、数控铣床、数控钻床、加工中心等。其中加工中心是在数控铣床的基础上配以刀库和自动换刀系统所构成的一种具有自动换刀功能的数控机床。加工中心与普通数控机床的区别在于，在一台加工中心上能完成由多台普通数控机床才能完成的工作。

(2) 金属成形类数控机床　这类机床是指采用冲、挤、压、拉等成形工艺的数控机床，如数控折弯机、数控弯管机、数控压力机等。

(3) 特种加工类数控机床　这类机床主要有数控线切割机、数控电火花加工机床、数控激光切割机、数控火焰切割机等。

2) 按运动轨迹分类

(1) 点位控制数控机床　这类机床主要有数控钻床、数控镗床、数控冲床、数控三坐标测量机等。点位控制数控机床用于加工平面内的孔系，它通过控制在加工平面内的两个坐标轴，带动刀具相对工件从一个坐标位置快速移动到下一个坐标位置，然后控制第三个坐标轴进行钻、镗削加工。这类机床在定位移动过程中不进行切削加工，因此对运动轨迹没有任何要求，但要求有较高的定位精度。

(2) 点位直线控制数控机床　这类机床主要有数控车床、数控铣床、数控磨床和加工中心等。其特点是除了要求保证点与点之间的位置关系准确外，还要控制两相关点之间的移动速度和轨迹，但其轨迹是与机床坐标轴平行的直线。在移动过程中刀具能以指定的进给速度进行切削，一般只能加工矩形、阶梯形零件。其数控装置的控制功能比点位控制系统复杂，不仅要控制直线运动轨迹，还要控制进给速度，并具有自动循环加工等功能。一般情况下，这类机床有二至三个可控轴，但同时控制的坐标轴只有一个。

(3) 轮廓控制数控机床　这类机床主要有数控车床、数控铣床、数控线切割机、加工中心等。轮廓控制的特点是能够对两个或两个以上坐标轴的位移和速度同时进行连续控制，以加工出任意斜率的圆弧、任意的平面曲线(如抛物线、阿基米德螺旋线等)或曲面。按所控制的联动坐标轴数，轮廓控制数控机床又可分为二轴联动、二轴半联动、三轴联动、四轴联动、五轴联动等类型。五轴联动的数控机床是功能最全、控制最复杂的一种数控机床。

3) 按伺服控制方式分类

(1) 开环控制数控机床　这类机床的进给伺服系统没有位置检测反馈装置，其驱动电动机只能采用步进电动机。图 4-3 所示为典型的开环进给伺服系统。开环控制的最大特点是控制方便、结构简单、价格便宜，但机床的速度及精度都较低。

(2) 闭环控制数控机床　图 4-4 所示为典型的闭环进给伺服系统，其位置检测装置安装在进给系统末端的执行部件上，以实测执行部件的位置或位移量。数控装置随时将位移指令

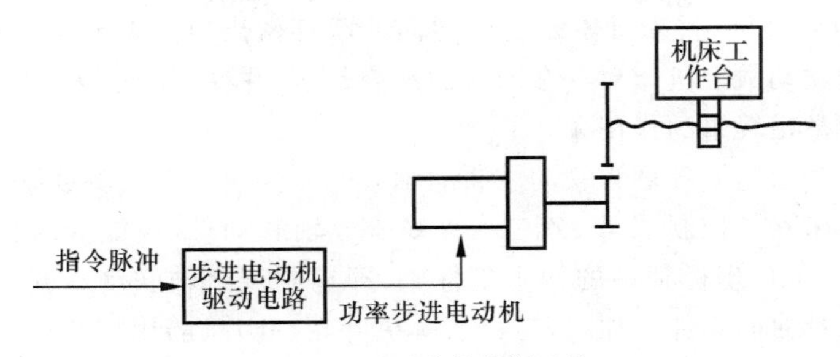

图 4-3 开环进给伺服系统

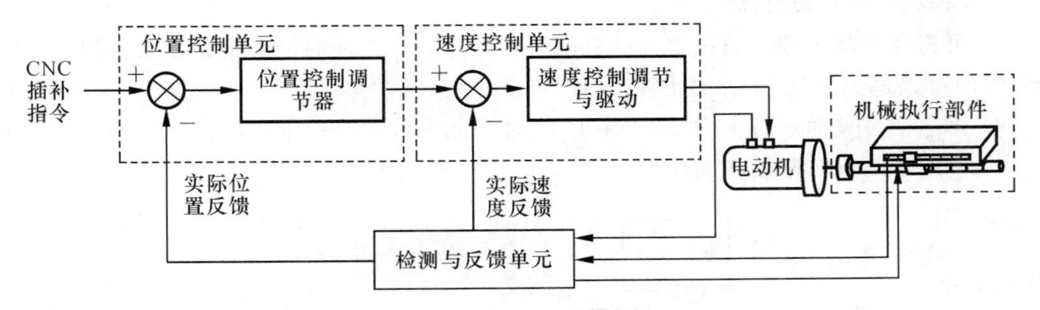

图 4-4 闭环进给伺服系统

与位置检测装置测得的实际位置反馈信号进行比较,根据其差值与进给速度的要求,按一定的规律进行转换后,得到进给伺服系统的速度指令。另一方面,还利用与伺服驱动电动机同轴、刚性连接的测速元器件,随时实测驱动电动机的转速,得到速度反馈信号,将它与速度指令信号相比较,并根据比较的结果即速度误差信号,对驱动电动机的转速随时进行校正。闭环控制方式主要用于精度要求很高的数控坐标镗床、数控精密磨床等。

(3) 半闭环数控机床 如果将位置检测装置安装在伺服电动机或丝杠的端部,间接测量执行部件的实际位置或位移,这时的系统就是半闭环进给伺服系统,如图 4-5 所示。与闭环系统相比,其大部分机械传动环节都未包括在系统的闭环环路内,故易于实现系统的稳定性。现在大多数数控机床都采用了这种半闭环控制方式。

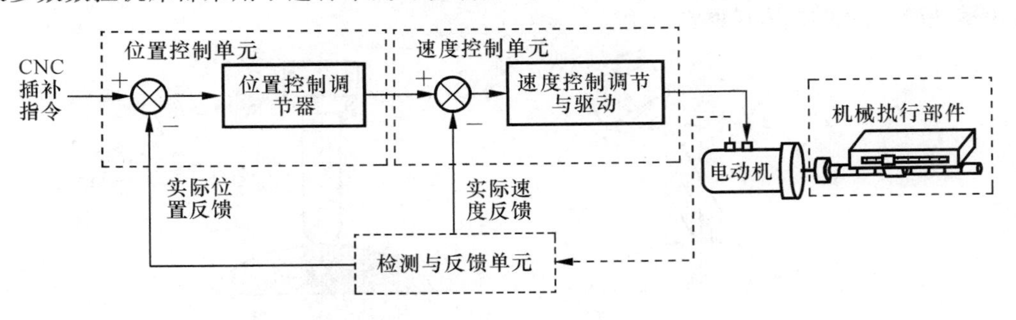

图 4-5 半闭环进给伺服系统

4.2.2 五轴联动数控机床

五轴联动数控机床是一种科技含量高、精密度高、专门用于加工复杂曲面的机床。长期以来,一些工业发达国家都将大型精密高档五轴联动数控机床视为重要的战略物资,对其实行出口许可制度。20 世纪 80 年代末日本东芝公司向苏联秘密出口大型五轴联动数控铣床的“东芝事件”表明，五轴联动数控机床对一个国家的航空航天、军工、精密器械等行业，对国民经济的迅速发展都有着举足轻重的作用。

数控轴同时移动参与插补称为联动。联动轴数的多少通常用来衡量数控机床的曲面加工能力。五轴联动机床除了控制 X、Y、Z 三个直线坐标轴联动外，还能同时控制围绕这三个直线坐标轴旋转的 A、B、C 坐标轴中的两个坐标轴，即控制五个轴联动。五轴联动数控机床系统能适应多面体和带曲面零件的加工，是目前解决叶轮、叶片、船用螺旋桨、重型发电机转子、汽轮机转子、大型柴油机曲轴等的加工问题的唯一手段。

1. 五轴联动加工的特点

（1）可避免刀具干涉。通过增设的机床回转轴，刀具/工件的位姿角在加工过程中可随时调整，因而可以避免刀具/工件的干涉，如图 4-6 所示。

（2）可一次装夹而进行多面、多工序加工，加工效率高并有利于提高各表面的相互位置精度。图 4-7 所示为五轴联动多面加工。

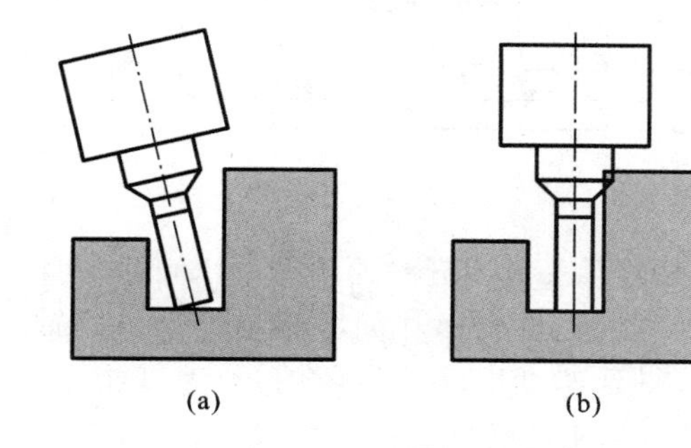

图 4-6 五轴联动加工凹槽

（a）五轴联动加工；（b）三轴联动加工

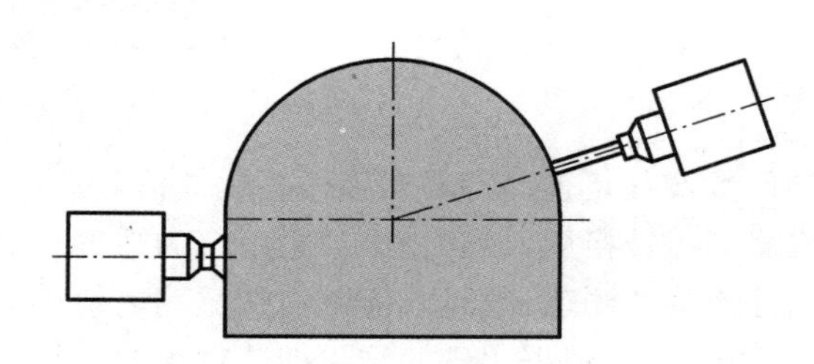

图 4-7 五轴联动多面加工

（3）五轴联动加工时，刀具相对于工件表面可处于最有效的切削状态，例如使用球头刀时可避免用球头底部切削（见图 4-8），有利于提高加工效率。同时，由于切削状态可保持不变，刀具受力情况一致、变形一致，可使整个零件表面上的误差分布比较均匀，这对于保证某些高速回转零件的平衡性能具有重要作用。

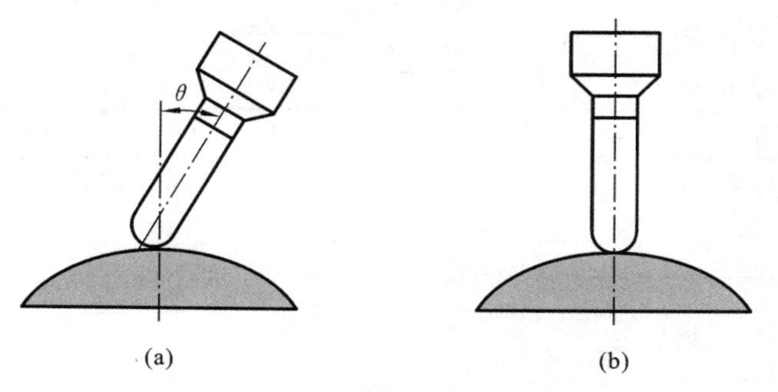

图 4-8 五轴与三轴联动加工曲面对比

（a）五轴联动加工；（b）三轴联动加工

（4）在加工斜面时，通过刀具或工件的摆动，可以使刀具更好地接近加工表面（见图 4-9），并可缩短刀具伸出长度。对于倾斜面，通过一次装夹就可完成加工，从而提高加工效率和加工

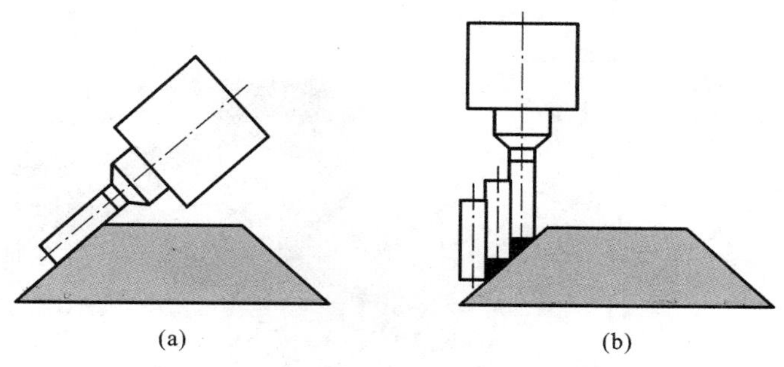

图 4-9 五轴与三轴联动加工斜面对比

(a) 五轴联动加工;(b) 三轴联动加工

质量。

(5) 清根彻底,零件加工精度高。如加工空间受到限制的通道或组合曲面的过渡区域,可采用较大尺寸的刀具避开干涉,刀具刚度高,有利于提高加工效率与精度,如图 4-10 所示。

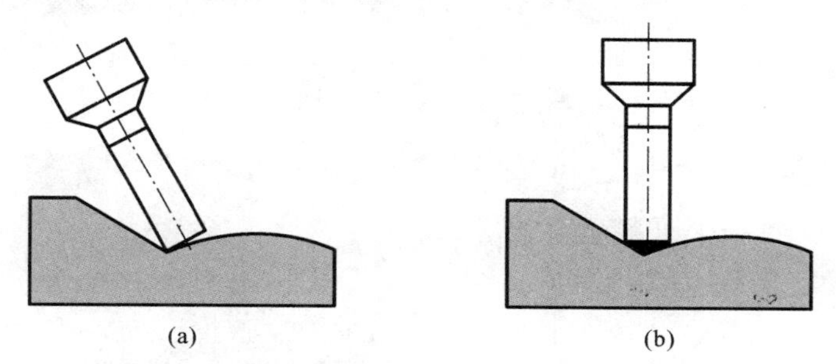

图 4-10 五轴与三轴联动加工曲面的过渡区

(a) 五轴联动加工;(b) 三轴联动加工

2. *五轴联动数控机床的结构类型*

五轴联动数控机床除了具有 X 轴、Y 轴和 Z 轴这三个直线运动坐标轴外,还至少有两个旋转坐标轴以实现旋转进给运动,而且主轴头和工作台可以多轴联动,实现连续回转进给运动,进行曲面加工。五轴联动数控机床的结构配置多种多样。从运动设计的角度,假定传动链从工件开始到刀具,直线运动以 L 表示,回转运动以 R 表示,具有三个移动轴和两个回转轴的五轴加工中心的运动组合共有七种:LRRLL、LLRRL、LLLRR、RLRLL、RRLLL、RLLRL 和 RLLLR。其中最常见的运动组合有 LLLRR、RRLLL 和 RLLLR。这三种运动组合及其典型结构配置如图 4-11 所示。

图 4-11(a)所示的动梁式龙门加工中心,其运动组合采用 LLLRR。工件安装在固定工作台上不动,横梁在左右两侧立柱顶部的滑座上移动(Y 轴),主轴滑座沿横梁运动(X 轴),主轴滑枕上下移动(Z 轴),双摆铣头做 A 向和 C 向偏转。

图 4-11(b)所示的立式加工中心,其运动组合采用 RRLLL。工件固定在 A-C 轴双摆工作台上,横梁沿左右两侧立柱移动(X 轴),主轴滑座沿 Y 轴移动,主轴滑枕沿 Z 轴上下移动。

图 4-11(c)所示的立式加工中心,其运动组合采用 RLLLR。工件固定在 C 轴回转工作台上,工作台沿 X 轴移动。主轴滑座沿 Y 轴和 Z 轴移动,万能铣头可绕 B 轴回转。

每种运动组合可以有不同的结构配置方案。例如,动梁式龙门加工中心和动柱式龙门加工中心都采用 LLLRR 运动组合,车铣复合加工和铣车复合加工大多通过 RLLLR 运动组合

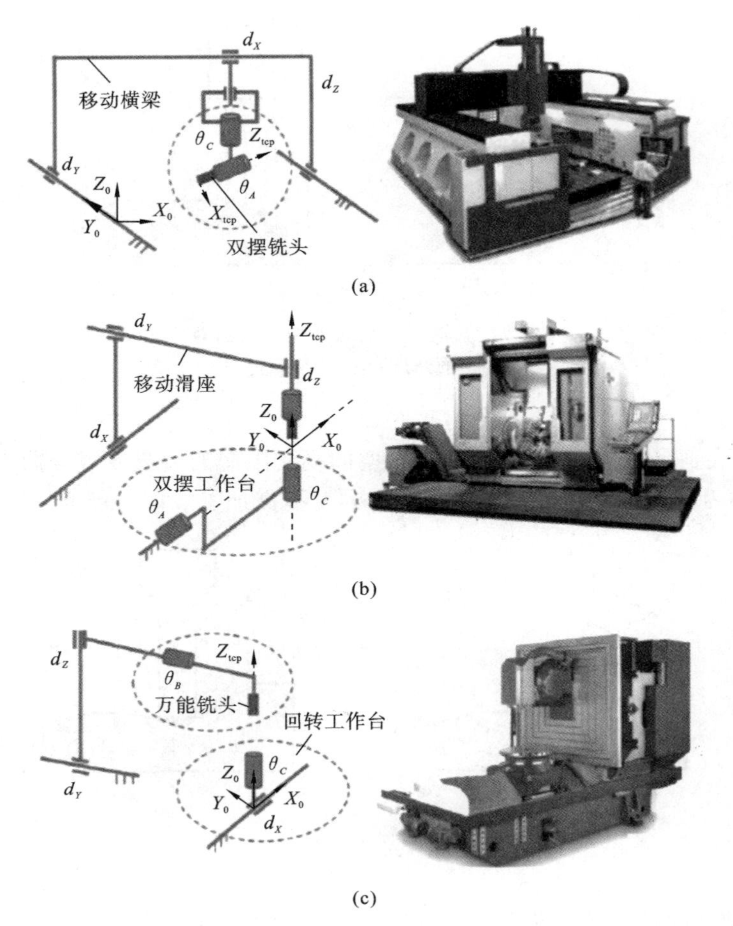

图 4-11　五轴联动数控机床的运动组合和结构配置

(a) LLLRR 组合和结构配置；(b) RRLLL 组合和结构配置；(c) RLLLR 组合和结构配置

来实现，而 RRLLL 运动组合可实现 *A-C* 轴和 *B-C* 轴双摆。具有不同双摆工作台的四种五轴加工中心如图 4-12 所示。

3．五轴联动数控机床的优势

与其他机床相比，五轴联动数控机床在零件加工方面具有很多优势。如采用五轴联动数控机床加工零件可以减少夹具的使用数量。另外，由于五轴联动数控机床可在加工中省去许多特殊刀具，因此可降低刀具成本。五轴联动数控机床在加工中能增加刀具的有效切削刃长度，减小切削力，提高刀具使用寿命。其具体优势如下。

（1）更广的适用范围　五轴联动数控机床能够加工一般三轴联动数控机床不能加工或者无法通过一次装夹完成加工的连续光滑的自由曲面。例如航空发动机转子、大型发电机转子、大型船舶螺旋桨等。由于在加工过程中刀具相对于工件的角度可以随时调整，避免了刀具的加工干涉，因此五轴联动数控机床可以完成三轴联动数控机床不能完成的许多复杂的加工。

（2）更好的加工质量　五轴联动数控机床可以提高自由空间曲面的加工精度、加工效率和加工质量。对于一般的型腔复杂的工件，五轴联动数控机床可以在一次装夹中完成加工，并且由于五轴联动数控机床加工时可以随时调整位姿角，以更好的角度加工工件，可避免多次装

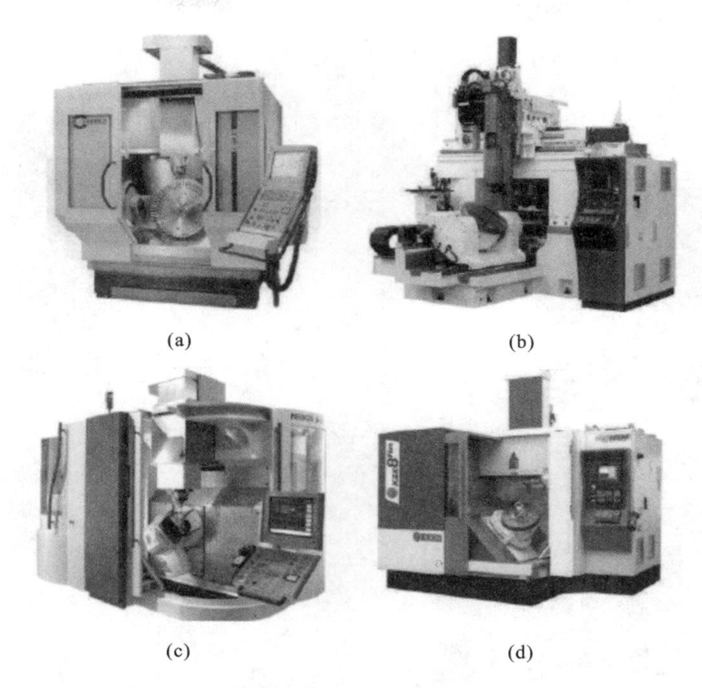

图 4-12　具有不同双摆工作台的五轴加工中心
(a) 纵向摇篮布局;(b) 横向摇篮布局;(c) 正面悬臂布局;(d) 侧面悬臂布局

夹,从而能大大提高加工效率、加工质量和加工精度。

(3) 更高的工作效率　五轴联动数控机床较传统的三轴联动数控机床的工作效率显著提升。在三轴联动数控机床加工过程中,大量的时间被消耗在搬运工件、上下料、安装调整等环节上。五轴联动数控机床可以完成数台三轴联动数控机床才能完成的加工任务,能大大节省占地空间和工件在不同加工单元之间运转的时间耗费,工作效率相当于普通三轴联动数控机床的 2～3 倍。

4. 几种先进的五轴联动数控机床简介

1) 哈默 C52 加工中心

图 4-13 所示为德国哈默(Hermle)公司的 C52 加工中心。这是一种采用摇篮式双摆工作台的五轴联动数控加工机床,适用于航空航天、模具制造、能源和半导体工业。

摇篮式双摆工作台呈纵向布局,采用伺服电动机和无背隙齿轮传动,摆动范围为 100°～－130°,可以进行五轴联动的立/卧式车削加工或五轴联动铣削加工,以及五面铣削加工。为了提高机床的动态性能,机床移动部件采用轻量化设计。框架式主轴十字滑座在高台式床身的顶部,可沿 X、Y 方向移动;主轴滑枕可沿垂直于 Z 轴的方向移动,采用盘式刀库。

主轴下层滑座由安装在床身左右两侧壁上的伺服电动机通过滚珠丝杠驱动,可沿三根线性导轨移动,以实现重心驱动,避免移动过程的偏斜,提高了机床的工作精度。

2)西田 YMC430-Ⅱ精密加工中心

日本西田公司的 YMC430-Ⅱ精密加工中心主要用于加工微小的高精度零件,在结构设计上特别注意提高刚度和减少热变形的影响,其总体布局如图 4-14 所示。

由图 4-14 可见,横截面呈 H 形、左右前后四个方向都对称、断面系数大的整体龙门式双

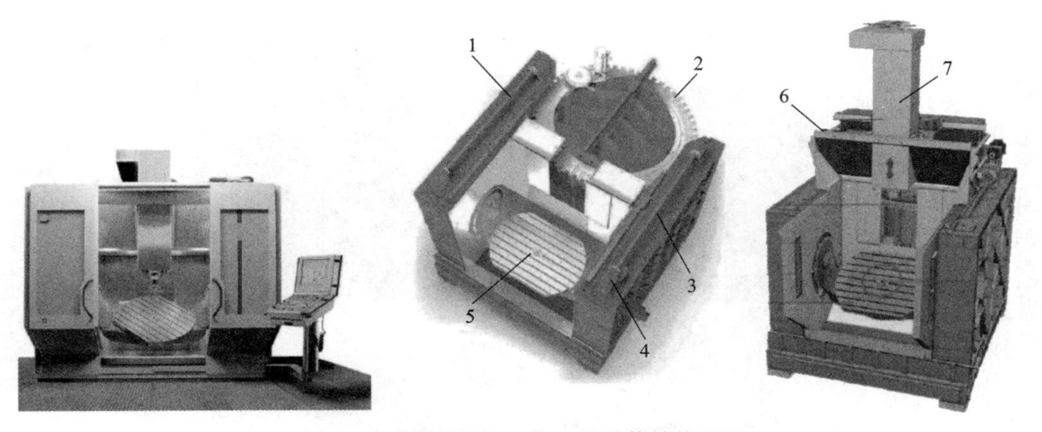

图 4-13　哈默 C52 加工中心的总体结构配置

1—线性导轨;2—刀库;3—滚珠丝杠;4—伺服驱动装置;5—双摆工作台;6—主轴十字滑座;7—主轴滑枕

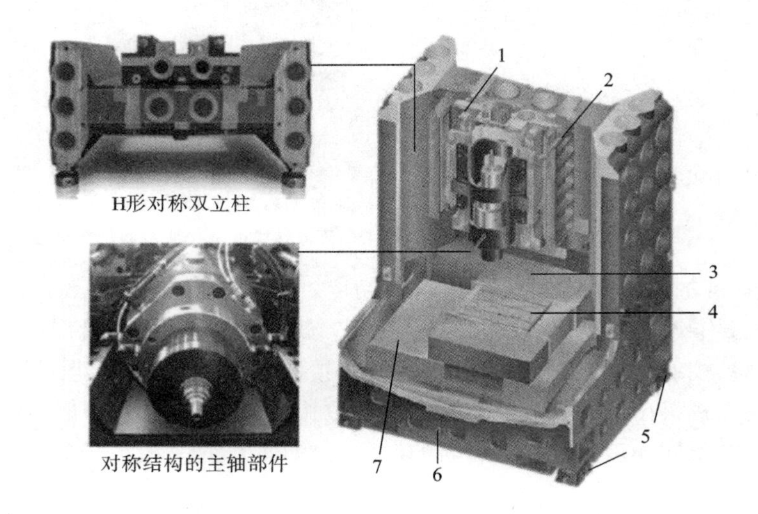

图 4-14　西田 YMC430-Ⅱ精密加工中心的总体结构配置

1—主轴平衡块;2—Z 向滑座;3—纵向滑座;4—工作台;5—四点支承;6—床身;7—横向滑座

立柱保证了机床结构的高刚度、高精度和热稳定性。主轴滑座和主轴部件位于 H 形立柱的正前方,具有重量平衡系统,以保证 Z 轴移动的精度,且结构对称,基本上可抵消热变形所引起的刀具中心点相对工作台的偏移量。

YMC430-Ⅱ精密加工中心的 X、Y、Z 轴皆由相互对称配置的两个直线电动机驱动,行程范围分别为 420 mm、300 mm 和 250 mm,快速进给 20 m/min,采用高刚度和高精度的线性导轨(小直径滚珠、八滚道循环、加长型滑块)导向,以提高移动精度和刚度,简化机械结构,避免反向背隙,保证机床的动态性能。

4.2.3　并联运动机床

1. 并联运动机床概述

1994 年,美国 Giddings & Lewis 公司在美国芝加哥国际制造技术博览会(IMTS'94)上推出了 Variax 加工中心,如图 4-15 所示。

在Variax加工中心上根本看不到如传统机床上的床身、导轨、立柱和横梁等支承部件，其结构的最大特点是采用三角形构架结构取代了传统的床身、立柱等，可以伸缩的六条“腿”支承并连接上平台（装有主轴头）与下平台（装有工作台）。每条“腿”均由各自的伺服电动机与滚珠丝杠驱动，伸缩这六条“腿”就可使装有主轴头的上平台进行六坐标轴运动，从而改变主轴与工件的相对空间位置，满足加工中刀具运动轨迹的要求。

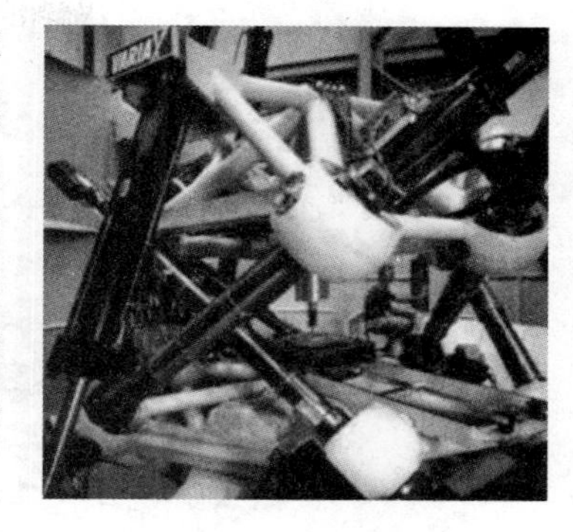

图4-15　Variax加工中心

Variax加工中心的刚度比一般加工中心的刚度高5倍。它完全无悬臂结构，各构件只受拉力或压力而无弯曲力矩，因而无须像传统机床那样靠增加质量来提高刚度。六条“腿”与上、下平台通过万向接头连接，每个万向接头可绕两个坐标轴做回转运动，以免使弯曲力矩传递到“腿”上。万向接头采用结构简单、刚度高的回转轴承，并加有密封装置以防止脏物进入，即使在恶劣环境下仍能保持可靠性。

Variax加工中心上安装有激光干涉装置，用以实时确定每条“腿”的长度，保证主轴与工件的精确定位。其达到的统计精度是体积精度，这是坐标测量机所采用的精度标准。机床中只有Variax加工中心才能做到。

机床采用CAD/CAE技术优化机床结构，使其空间框架结构能以最轻的重量获得最大的刚度。机床自成整体，不需专用地基，由三点支承安放在吸震垫上与车间地面环境隔离，以获得良好的震动阻尼，提高动刚度和精度，并易于移地重新安装，便于车间的灵活布置。Variax加工中心以全新的结构、奇异的造型、独特的工作方式和极高的轮廓加工速度，引起了整个机床制造业的广泛关注。

Variax加工中心实际上是一台以Steward平台为基础的立式加工中心。它标志着并联机构开始应用于机床设计。并联运动机床（parallel kinematic machine）是指采用由两个或两个以上运动链组成的并联机构，以实现工具或工件所需运动的机床。

2. 并联运动机床与传统机床的比较

并联运动机床与传统机床的结构如图4-16所示。

传统机床布局的基本特点是：以床身、立柱、横梁等作为支承部件，主轴部件和工作台的滑板沿支承部件上的直线导轨移动，按照X、Y、Z向运动叠加的串联运动学原理，形成刀头点的加工表面轨迹。

并联运动机床布局的基本特点是：以机床框架为固定平台的若干杆件组成空间并联机构，主轴部件安装在并联机构的动平台上，改变杆件的长度或移动杆件的支点，即按照并联运动学原理形成刀头点的加工表面轨迹。

与传统机床相比，并联运动机床具有以下优点：

（1）刚度重量比大。因采用并联闭环静定或非静定杆系结构，且在准静态情况下，传动构件理论上为仅受拉压载荷的二力杆，故传动机构的单位重量具有很高的承载能力。

（2）动态性能好。运动部件惯性的大幅度降低有效地改善了伺服控制器的动态品质，允许动平台获得很高的进给速度和加速度，因而特别适合于高速加工。

（3）机床结构简单，集成化、模块化程度高。

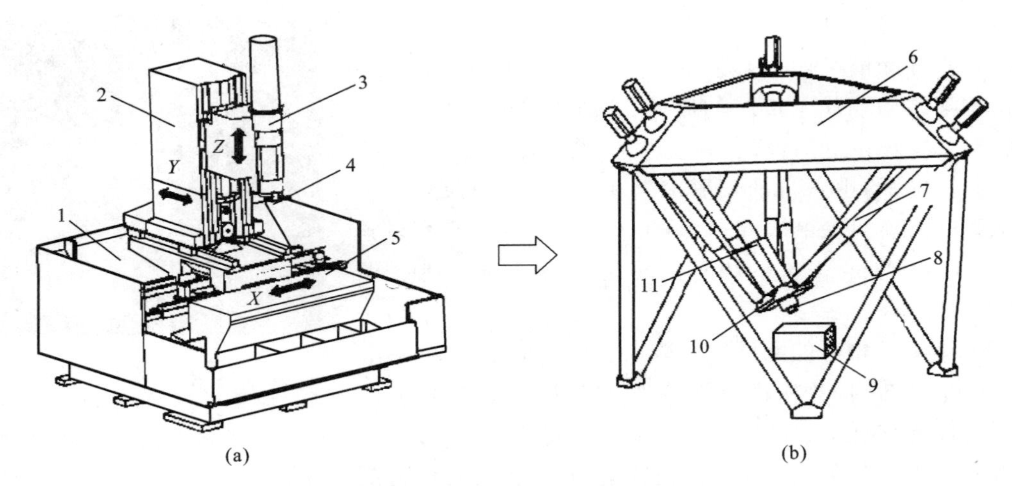

图 4-16　并联运动机床与传统机床的比较

(a) 传统机床;(b) 并联运动机床

1—床身;2—立柱;3—主轴部件;4、8—刀头点;5、9—工作台;

6—机床框架(固定平台);7—伸缩杆;10—动平台;11—主轴部件

(4) 变换坐标系方便。由于没有实体坐标系,机床坐标系与工件坐标系的转换全部靠软件完成,非常方便。

(5) 使用寿命长。并联机床由于没有传统机床导轨,避免了导轨磨损、锈蚀、划伤等现象。

但并联运动机床也存在一些缺点,如:并联运动机床的驱动杆多,互相牵制,导致工作空间小;每个驱动支路的关节较多,影响了整体刚度;驱动杆的反馈困难,运动精度难以保证,目前并联机床的加工精度还难以和传统高精度机床相匹敌。

3. 国内外并联运动机床研究现状

自 1994 年 Variax 加工中心在国际上首次展出之后,国内外许多公司和科研院所也纷纷投入力量进行并联运动机床的研究。德国 Mikromat 机床公司的 6XHexa 立式加工中心是欧洲第一台商品化的并联运动机床。德国 DS Technologie 机床公司在 1999 年推出了 Ecospeed 大型五坐标卧式加工中心,用于加工飞机机身的结构件。德国 Index 机床公司在 2000 年率先推出了采用并联机床的车削中心。俄罗斯的 Lapis 公司将 Stewart 平台并联机构用在了 TM-1000 型精密加工中心上。法国 Renault Automation 公司在 1999 年推出了 Urane SX 卧式加工中心,用于加工 Renault 汽车齿轮变速箱体的平面和孔。另外,美国、英国、日本、瑞士等国的公司和科研单位都致力于并联运动机床和并联结构的开发和应用研究。

我国并联机床的研究与开发几乎与世界同步。由清华大学和天津大学合作开发的我国第一台并联机床,曾在 1998 年的北京机床展览会上展出。在 1999 年中国国际机床展览会(CIMT'99)上展出了哈尔滨工业大学研制的 BJ-30 型并联机床。在 2001 年中国国际机床展览会(CIMT'2001)上,哈尔滨工业大学又与哈尔滨量具刃具厂合作推出了一台商品化的并联机床。该机床可以对水轮机叶片等复杂曲面进行加工,加工精度可达0.02 mm。后来这两家单位继续合作,不断推出新型并联机床。哈尔滨量具刃具集团于 2007 年应用瑞典艾克斯康公司最新技术(并联机构 Tripod),推出了一种全新结构的机床 LINKS-EXE 700。该机床是面向全球市场的最新一代并联机床。它实际上是一种串并联机床,并联部分由定平台和动平台以及三个分支组成，串联部分由两个轴线互相垂直的转动副组成。该型机床具有较高的刚度和加工精度，更大的工作空间；在一次装夹中可实现高速、敏捷、复合角度的五面体或六面体的加工；实现了加工功能复合化，并可自动换刀，加速度可达 $3g$。该机床是近年来我国在国际机床领域的一项重大突破性成果。

4. 并联机床的发展趋势

并联机床作为一种新型的加工设备，已成为当前机床研究领域的一个重要研究方向，受到了国际机床行业的高度重视。并联机床克服了传统串联机床移动部件质量大、系统刚度低、刀具只能沿固定导轨进给、作业自由度偏低、设备加工灵活性和机动性不够等固有缺陷。并联机床可完成从毛坯至成品的多道加工工序，实现并联机床加工的复合化。

为了充分利用并联机床和串联机床的优点，克服两者的不足，将并联机构与串联机构合理结合而形成的串并联机床（如 LINKS-EXE 700 机床），是继并联机床之后的又一研究热点，也是并联机床最有潜力的发展分支之一，并已成为并联机床的一个重要发展方向。

4.2.4 开放式计算机数控系统

1. 现代数字化装备的发展对数控系统的要求

由于传统的计算机数控系统均采用专用的计算机硬件系统和专用的软件系统，因此无法使用最新的计算机技术，造成数控系统开发费用高，且升级能力和可扩展能力都比较差，从而严重制约了数控技术的应用和发展。高速、高效、复合、精密、智能、环保等是世界数字化装备的发展趋势，而网络化、智能化、开放式的计算机数控系统是实现高水平装备的保证。其核心是开放式特性，包括系统各模块与运行平台的无关性、系统中各模块之间的互操作性和人机界面及通信接口的统一性。开放式体系结构使数控系统有更好的通用性、柔性、适应性、扩展性，并向智能化、网络化方向发展。

如前所述，并联运动机床的轨迹控制是由若干杆件的空间运动综合形成的，加之其结构和配置形式的多样化，很难有一种控制系统能够适合所有并联运动机床的要求，而只能用一种控制平台，由机床开发者自行配置硬件和软件。因此，对并联运动机床的控制来说，需要一种完全以微机为基础的、和谐的、标准化的软件环境，以根据用户需要实现复杂的控制功能，在缩短加工时间的同时提高加工质量和增强加工柔性。

2. 开放式计算机数控系统的概念与特征

目前，关于开放式计算机数控系统还没有一个统一、明确的定义，但符合系统规范的应用程序可运行在多个销售商的不同平台上，可与其他的系统应用程序实现互操作，并且具有风格一致的交互界面。

开放式计算机数控系统的主要特征表现为：① 功能模块具有可移植性；② 功能相似的模块之间可互相替换，并且模块具有可扩展性；③ 有即插即用功能，具有能根据需求变化、方便有效地重新配置的可缩放性；④ 使用标准 I/O 和网络功能，容易实现与其他自动化设备互连的互操作性。表 4-1 列出了传统专用数控系统与开放式数控系统的区别。

3. 基于 PC 的开放式计算机数控体系结构

1）PC 嵌入 NC 型

PC 嵌入 NC 型结构，是在传统的非开放式计算机数控系统上插入一块专门的、开放的 PC

表 4-1 传统专用数控系统与开放式数控系统的区别

比较项	传统专用数控系统	开放式数控系统
系统结构及可伸缩性	硬件专用	硬件基于 PC(个人计算机)
	软件专用	软件基于通用操作系统
	不易伸缩	系统可根据需要进行伸缩
系统可维护性	随着技术进步,需开发、生产专用的硬件,难以适应日益激烈竞争的要求	紧跟 PC 技术发展,容易升级换代
软件发展难易性	须用专用软件,开发难度大	用 C 语言编写,开发时间短
软件的透明性	软件为 CNC 制造商独占,机床厂、用户难以进行二次开发以引入独创部分	使用开放软件平台,机床制造商、用户可根据需要开发自己的软件
特殊专用系统开发	对特殊、专用系统开发不容易,需花大量时间	使用开放软件平台和 C++等高级语言,容易开发
联网性	需用专用硬件和专用通信技术(方法),联网成本高	与 PC 联网技术相同,联网成本低
PLC 软件	需用制造商专用语言,难以移植,维护困难	使用符合标准的 PLC,可移植性强,可维护性好
接口	用专用接口,只能使用制造商产品	使用标准化接口,容易与各类伺服、步进电动机驱动装置及主轴电动机连接

模板而形成的,可使传统计算机数控系统实现 PC 的特性。在这种模式下,计算机数控部分与原来的计算机数控部分一样进行实时控制,PC 承担非实时控制任务。这种结构改善了数控系统的图形显示、切削仿真、编程和诊断功能,使系统部分具有较好的开放性。采用此结构的典型产品有德国西门子 840C 多坐标联动数控系统和日本的 FANUC-S16 五坐标联动数控系统等。

2) NC 嵌入 PC 型

NC 嵌入 PC 型结构以 PC 为基础。在这种模式下,要将运动控制板或整个计算机数控单元(包括集成的可编程控制器)插到 PC 的标准槽中。同样,PC 做非实时处理,实时控制由计算机数控单元或运动控制板承担。利用 PC 强大的 Windows 图形用户界面、多任务处理能力以及良好的软、硬件兼容能力,结合运动控制卡和运动控制软件形成高性能、高灵活性和开放性好的数控系统,从而使用户可以开发自己的应用程序。这种模式正成为以 PC 为基础的 CNC 系统的主流。采用这种结构的典型产品为美国Delta Tau Data System 公司的 PMAC-NC,其在 PC 中插入了一块可编多轴运动控制器(PMAC),由 PMAC 板执行全部实时控制任务,包括轮廓加工、插补运算、伺服控制、刀具半径补偿和螺距补偿等。采用这种模式的 CNC 系统可实现开放式结构,因而能满足机床制造商和最终用户的种种需求。这种控制技术的柔性,使得用户可方便地把 CNC 应用在几乎所有的场合。

3) 纯 PC 型(全软件型)

采用这种体系结构的系统的 CNC 软件全部装在计算机中,外围连接主要采用计算机的相关总线标准，这是最新的开放式 CNC 体系结构。用户可在 Windows 平台上，利用开放的 CNC 内核开发所需的各种功能，构成各种类型的高性能数控系统。与前两种系统相比，全软件型开放式数控系统通过软件智能替代复杂的硬件，已成为数控系统发展的重要对象。采用这种结构的典型产品有美国 MDSI 公司的 Open CNC、德国 PA 公司的 PA8000 NT 等。

4. 开放式数控系统实例——华中Ⅰ型数控系统

华中Ⅰ型数控系统采用工业计算机配上运动控制卡（I/O 板、位置板等）组成开放式系统，如图 4-17 所示。这种系统较好地实现了模块化、层次化，且可扩展性、伸缩性好。系统品种可减少，以便于批量生产，提高可靠性、降低成本。

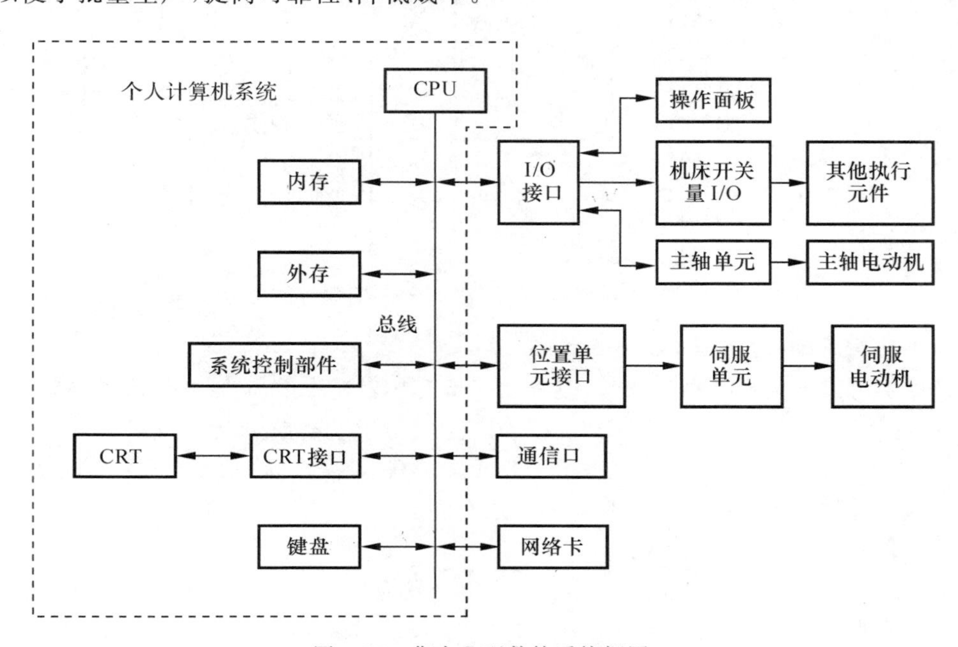

图 4-17　华中Ⅰ型数控系统框图

注：CRT 指阴极射线显像管。

华中Ⅰ型数控系统在软件上采用面向对象建模方法，可分解为三个层次：系统、控制单元和基本类。其中基本类是数控系统功能分解的结果，是组成开放系统的最小单位，称为软件芯片。控制单元由一系列功能相关的基本类组成，以完成一定功能。系统是由一系列控制单元组成的某种类型的数控系统软件。它可包含某个控制单元或基本类的一个或多个对象。图 4-18 所示为采用面向对象方法划分 CNC 系统的功能。数控系统软件的各部分之间以及与操作系统平台之间通过通信子系统进行通信与协作。采用面向对象的方法划分数控软件功能，在很大程度上提升了软件的可重用性。

4.2.5　机床数控技术的发展趋势

数控技术是当今先进制造技术的核心。大力发展以数控技术为核心的先进制造技术已成为世界各发达国家加速经济发展、提升综合国力和国家地位的重要途径。数控机床自诞生以来已经历了数代的发展。高速高精加工、复杂曲面多轴联动加工、开放式数控系统，已成为数控技术及其装备的发展目标和该领域研究热点。

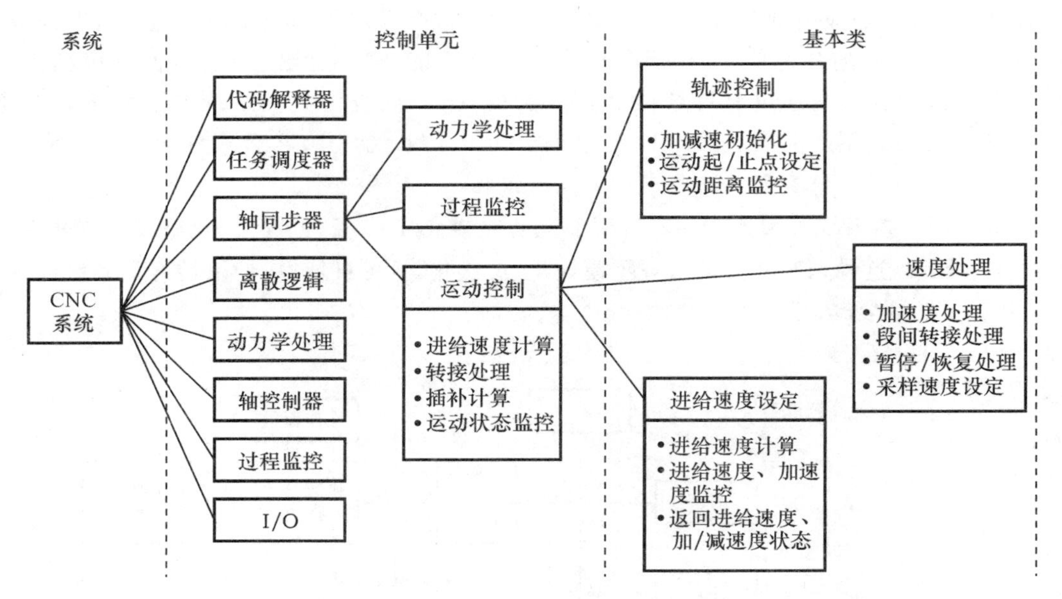

图 4-18　采用面向对象方法划分 CNC 系统的功能

1. 加快发展高速、高精加工技术及装备

高速加工可以极大地提高生产率,改善加工精度和表面质量,实现整体薄壁结构零件和高强度、高硬度脆性材料的加工。高速加工技术广泛应用于航空航天装备、模具、汽车零部件的加工,也常用于精密零件的加工。它适用于表面质量高、精度高、形状复杂的三维曲面的加工,可解决薄壁零件的加工问题。高速复合加工还有利于减少搬运次数、装夹次数,避免重复定位带来的加工误差。

20 世纪 90 年代以来,美、日及欧洲各国争相开发应用新一代的高速数控机床,加快了机床高速化发展步伐,高速主轴单元(电主轴,转速为 15 000～100 000 r/min)、高速进给运动部件(快移速度为 60～120 m/min,切削进给速度高达 60 m/min)、高性能数控和伺服系统以及数控工具系统都出现了新的突破。由于采用了新型数控系统和刀具,车削和铣削速度已达到 5 000～8 000 m/min 以上;主轴转速在 30 000 r/min 以上,有的高达 100 000 r/min;进给速度在分辨率为 1 μm 时达100 m/min 以上(有的高达200 m/min),在分辨率为 0.1 μm 时达 24 m/min 以上;自动换刀时间在 1 s 以内;小线段插补进给速度达到 12 m/min。

2. 快速发展五轴联动加工和复合加工机床

进入 20 世纪 90 年代以来,复杂曲面的加工几乎全部采用高速切削的方式,目的是为了提高生产效率、降低产品的成本,同时提高工件的形状精度、降低其表面粗糙度。复杂曲面加工涉及并联机床结构、数字伺服系统开发、CAD/CAM 的应用、并联结构加工误差与精度分析、机构结构参数标定及机床刚度的提高等方面的技术。

采用五轴联动机床加工三维曲面零件,可用具有最佳几何形状的刀具进行切削,不仅可使加工表面粗糙度小,而且可使切削效率得到大幅度提高。一般认为,一台五轴联动机床的效率可与两台三轴联动机床的相等,特别是使用 PCBN 等超硬材料铣刀进行淬硬钢零件高速铣削时,五轴联动加工可比三轴联动加工发挥更高的效益。但过去因五轴联动数控系统、主机结构复杂等原因,五轴联动机床价格要比三轴联动数控机床高出数倍,加之编程技术难度较大,五轴联动机床的发展受到了制约。电主轴的出现，使得实现五轴联动加工的复合主轴头结构大为简化，制造难度和成本大幅度降低，数控系统的价格差距也因此而缩小，这就促进了采用复合主轴头的五轴联动机床和复合加工机床的发展。

3. 智能化、开放式、网络化

21世纪的数控装备将是具有一定智能化水平的装备，智能化的内容包括：追求加工效率和加工质量方面的智能化，如加工过程的自适应控制、工艺参数的自动生成；提高驱动性能及使用连接方面的智能化，如前馈控制、电动机参数的自适应运算、自动识别负载、自动选定模型、自整定等；简化编程、简化操作方面的智能化，如智能化的自动编程、智能化的人机界面等；智能诊断、智能监控，以方便系统的诊断及维修等。

为解决传统的数控系统封闭性和在数控应用软件的产业化生产方面存在的问题，目前许多国家都对开放式数控系统进行了研究。目前的开放式数控系统有美国的NGC(next generation controller，下一代控制器)系统、欧盟的OSACA(open system architecture for control within automation systems，自动化系统中的开放式系统体系结构)系统、日本的OSEC(open system Environment for controller，控制器开放系统环境)系统、中国的ONC(open numerical control，开放数控)系统等。开放式数控系统的体系结构规范、通信规范、配置规范和运行平台、数控系统功能库以及数控系统功能软件开发工具等是当前研究的核心。

数控装备的网络化将极大地满足生产线、制造系统、制造企业对信息集成的需求，同时，数控装备也是实现新的制造模式如敏捷制造、虚拟制造、全球制造的基础单元。国内外一些著名数控机床和数控系统制造公司都相继推出了相关的新概念和样机，如日本山崎马扎克公司展出了智能生产控制中心(cyber production center, CPC)，日本大隈机床公司展出了信息技术广场(IT Plaza)，德国西门子公司展出了开放制造环境(open manufacturing environment, OME)等，反映出数控机床加工向网络化方向发展的趋势。

4. 重视新技术标准、规范的建立

(1) 数控系统设计规范　开放式数控系统有更好的通用性、柔性和可扩展性，如美国、日本等国家和欧共体等组织纷纷实施战略发展计划，并进行开放式数控系统规范(如OSEC、OSACA)的研究和制定，世界上三个最大的经济体在短期内进行了几乎相同的科学计划和规范的制定，预示了数控技术新的变革时期的来临。我国自2000年就已开始进行ONC数控系统的规范框架的研究和制定。

(2) 数控标准　数控标准是制造业信息化发展的一种趋势。数控技术诞生后的五十多年间的信息交换都基于ISO 6983标准，即采用G、M代码描述如何加工，其本质是面向加工过程。显然，这种标准已越来越不能满足现代数控技术高速发展的需要。为此，国际标准化组织制定了新的计算机数控系统标准——ISO 14649(STEP-NC)，其目的是提供一种不依赖于具体系统的中性机制，能够描述产品整个寿命周期内的统一数据模型，从而实现整个制造过程，乃至各个工业领域产品信息的标准化。

STEP-NC的出现可能是数控技术领域的一次革命。首先，STEP-NC提出了一种崭新的制造理念。传统的制造理念中，数控加工程序都集中在单个计算机上。而在新标准下，数控程序可以分散在互联网上，这正是数控技术开放式、网络化发展的方向。其次，STEP-NC数控系统还可大大减少加工图纸(约75%)、加工程序编制时间(约35%)和加工时间(约50%)。目前，欧美国家非常重视STEP-NC的研究。欧洲国家已发起了STEP-NC的智能制造系统计划,参加这项计划的有来自欧洲和日本的20个CAD/CAM/CAPP/CNC用户、厂商和学术机构。美国的STEP Tools公司是全球范围内制造业数据交换软件的开发者,该公司已经开发了用于数控机床加工信息交换的超级模型,其目标是用统一的规范描述所有加工过程。目前,这种新的数据交换格式已经在配备了SIEMENS、FIDIA以及欧洲OSACA-NC数控系统的原型样机上进行了验证。

4.3 工业机器人技术

4.3.1 工业机器人的基本概念

1. 工业机器人的定义

机器人(robot)这个名词起源于捷克作家Karel Capek于1920年发表的一部名为《罗萨姆的万能机器人》的科幻剧本。Capek把剧本中主人公的名字"Robota"(捷克语意为苦力、劳役)写成了"Robot"。

目前对机器人并没有一个统一的定义。1967年在日本召开的第一届机器人学术会议对机器人的定义有两个。一是森政弘与合田周平提出的"机器人是一种具有移动性、个体性、智能性、通用性、半机械半人性、自动性、奴隶性等七个特征的柔性机器"。二是加藤一郎提出的定义。他认为具备如下三个条件的机器可称为机器人:① 具有脑、手、脚等三要素的个体;② 具有非接触传感器和接触传感器;③ 具有平衡觉和固有觉传感器。后一种定义强调机器人可以模仿人,即它靠手进行作业,靠脚实现移动,由脑来统一指挥。非接触传感器和接触传感器相当于人的五官,使机器人能够识别外界环境,而平衡觉和固有觉传感器则是机器人感知本身状态所不可缺少的传感器。

我国科学家对机器人的定义是:"机器人是一种自动化的机器,所不同的是这种机器具备一些与人或生物相似的智能能力,如感知能力、规划能力、动作能力和协同能力,是一种具有高度灵活性的自动化机器。"1987年国际标准化组织对工业机器人的定义是:"工业机器人是一种具有自动控制的操作和移动功能,能完成各种作业的可编程操作机。"

综合上述定义可以得出以下结论:工业机器人是一种可以搬运物料、零件、工具或完成多种操作功能的专用机械装置;它由计算机控制,是无人参与的自主、自动化控制系统;它是可编程的具有柔性的自动化系统,可以允许人机联系。这一概念反映人类研制机器人的最终目标是创造一种能够综合人的所有动作和智能特征,延伸人的活动范围,具有通用性、柔性和灵活性的自动机械。工业机器人已成为柔性制造系统和计算机集成制造系统等自动化制造系统中的重要设备。

2. 机器人的分类

我国的机器人专家从应用环境出发,将机器人分为工业机器人和特种机器人。所谓工业机器人,是指面向工业领域的多关节机械手或多自由度机器人。而特种机器人则是指除工业机器人之外的、用于非制造业并服务于人类的各种先进的机器人,包括服务机器人、水下机器人、娱乐机器人、军用机器人、农业机器人、机器人化机器等。一般机器人的分类如表4-2所示。

表 4-2 一般机器人的分类

分类名称	简要解释
操作型机器人	能自动控制,可重复编程,多功能,有多个自由度,可固定或运动,用在相关自动化系统中
程控型机器人	可按预先要求的顺序及条件,依次控制机器人的机械动作
示教再现型机器人	通过引导或其他方式,先教会机器人动作,输入工作程序,机器人则自动重复进行作业
数控型机器人	不必使机器人动作,通过数值、语言等对机器人进行示教,机器人根据示教后的信息进行作业
感觉控制型机器人	利用传感器获取的信息控制机器人的动作
适应控制型机器人	机器人能适应环境的变化,并能控制其自身的行动
学习控制型机器人	机器人能"汲取"工作经验,具有一定的学习功能,并将所"学"的经验用在工作中
智能机器人	以人工智能决定其行动的机器人

3. 工业机器人的基本组成

工业机器人一般由执行机构、控制系统、驱动系统以及位置检测装置等几个部分组成。

(1) 执行机构　执行机构是一组具有与人的手脚功能相似的机械机构,也称为操作机,通常由手部、腕部、臂部、机身、机座及行走机构组成。手部又称抓取机构,用于直接抓取工件或工具。工业机器人的手部有机械夹持式、真空吸附式、磁性吸附式等不同的结构形式。腕部是连接手部和手臂的部件,用以调整手部的姿态和方位。臂部是支承手腕和手部的部件,由动力关节和连杆组成,用以承受工件或工具负荷,改变工件或工具的空间位置,并将它们送至预定的位置。机身又称立柱,是支承臂部的部件。机座及行走机构是支承整个机器人的基础件,用以确定或改变机器人的位置。

如图 4-19 所示,该机器人有五个基本运动,其中 A 为臂部摆动,B 为竖直俯仰,C 为径向伸缩,D 为腕部弯曲,E 为手臂偏摆。

(2) 控制系统　控制系统是机器人的"大脑",控制与支配机器人按给定的程序运动,并记忆人们示教的指令信息,如动作顺序、运动轨迹、运动速度等,同时对执行机构发出执行指令。

(3) 驱动系统　驱动系统包括驱动器和传动机构,常和执行机构连成一体,驱动臂杆完成指定的运动。常用的驱动器有电动机、液压和气动装置等,目前使用最多的是交流伺服电动机。传动机构常用的有谐波减速器、RV 减速器、丝杠,以及链传动、带传动等传动装置。

(4) 位置检测装置　通过力传感器、位移传感器、触觉传感器等检测机器人的运动位置和工作状态,并随时反馈给控制系统,以便使执行机构以一定的精度和速度达到设定的位置。

4. 工业机器人的性能特征

工业机器人的组成反映了其构造特征,而工业机器人的性能特征则影响着机器人的工作效率和可靠性。在设计和选用机器人时应考虑以下几点。

(1) 运动自由度　运动自由度是指运动件相对于固定坐标系所具有的独立运动数。每个

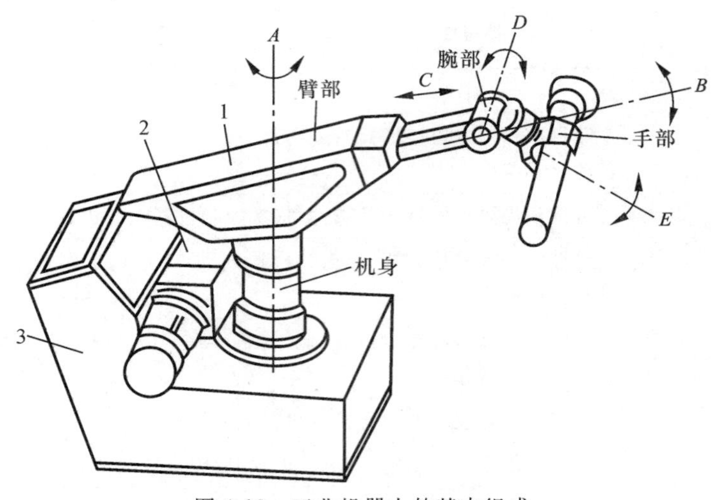

图 4-19　工业机器人的基本组成

1—执行机构;2—驱动系统;3—控制系统

自由度需要一个伺服轴实现,因而自由度数越高,机器人可以完成的动作越复杂,机器人通用性越强,应用范围越广,机器人技术的难度也越大。一般情况下,通用工业机器人有3~6 个自由度。工业机器人的运动方式可以分为直线运动(P)和旋转运动(R)。可用 P 和 R 这两个符号表示机器人运动自由度的特点,如 RPRR 表示机器人具有 4 个自由度,从机座开始到臂端,关节运动的方式依次为旋转—直线—旋转—旋转。

(2) 工作空间　工作空间是指机器人臂杆的特定部位在一定条件下所能到达空间的位置集合,其形状和大小反映了机器人工作能力的大小。工作空间取决于机器人的结构形式和每个关节的运动范围。圆柱坐标机器人的工作空间为一圆柱体,球坐标机器人的工作空间为一球体,而直角坐标机器人的工作空间则为一个矩形体。

(3) 提取重力　提取重力是反映机器人负载能力的一个参数,按提取重力大小可大致把机器人分为五种类型:① 微型机器人(小于 10 N);② 小型机器人(10~50 N);③ 中型机器人(50~300 N);④ 大型机器人(300~500 N);⑤ 重型机器人(大于 500 N)。

(4) 运动速度　速度和加速度是衡量机器人运动特性的主要指标。运动速度影响机器人的工作效率。运动速度高,机器人所承受的动载荷就大,在加、减速时必将承受较大的惯性力,机器人的工作平稳性和位置精度从而会受到影响。最大加速度受到驱动功率和系统刚度的限制。

(5) 位置精度　位置精度的高低取决于位置控制方式,以及机器人运动部件本身的精度和刚度,此外还与提取重力和运动速度等因素有密切的关系。典型工业机器人的定位精度一般在±(0.02~5) mm 范围内。

4.3.2　工业机器人的控制系统

1. 工业机器人控制系统的组成及其特点

控制系统是机器人的重要组成部分,其可使机器人按照指令要求去完成所规定的作业。机器人的控制系统通常由控制计算机、示教盒、操作面板、存储器、检测传感器、I/O接口、通信接口等部分组成,如图 4-20 所示。它具有以下几个特点。

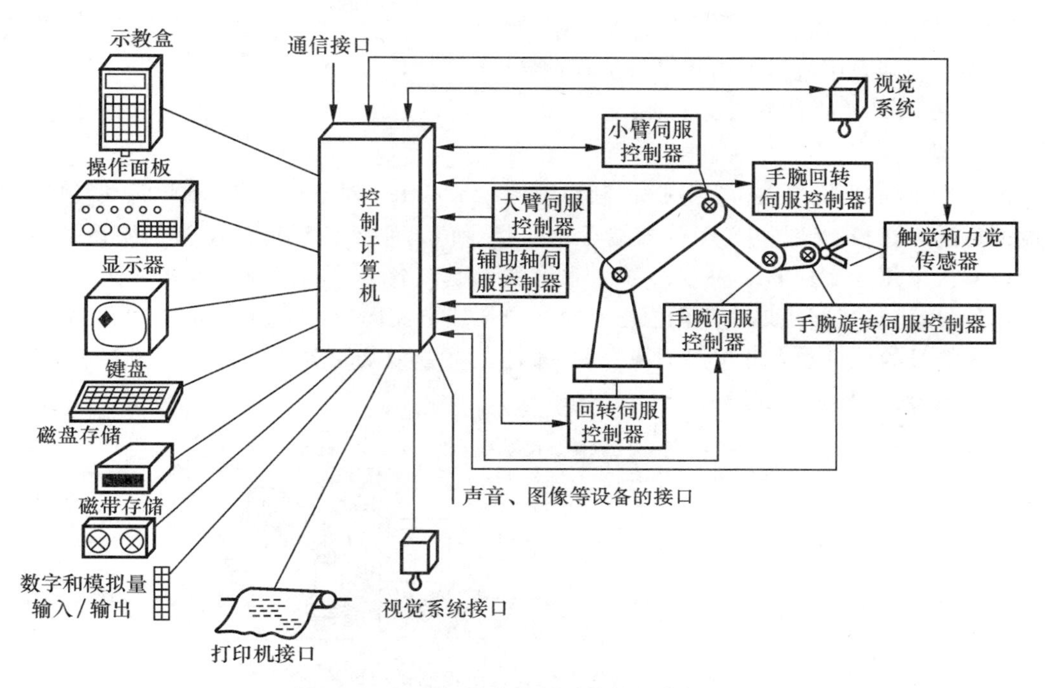

图 4-20　工业机器人控制系统的组成框图

(1) 机器人有若干个关节,典型的工业机器人有 5～6 个关节,每个关节由一个伺服系统控制,多个关节的运动要求各个伺服系统协同工作。

(2) 机器人的工作任务是实现末端操作器的空间点位运动或轨迹运动。要实现对机器人运动的控制,需要进行复杂的坐标变换运算,以及矩阵函数的逆运算。

(3) 机器人的数学模型是一个多变量、非线性、变参数复杂模型,各变量之间还存在着耦合,因此,在机器人的控制系统中经常使用前馈、补偿、解耦、自适应等复杂控制技术。

(4) 对于较高级的机器人,要求其对环境条件、控制指令进行测定和分析,采用计算机建立宏大的信息库,用人工智能的方法进行控制、决策、管理和操作,并按照给定的要求自动选择最佳控制规律。

2. 工业机器人控制系统的分类

由于机器人的类型很多,其控制系统的形式也多种多样。

(1) 按驱动方式,可分为液动、气动和电动控制系统。

(2) 按控制方式,可分为顺序控制、程序控制、适应控制和人工智能控制系统。

(3) 按机器人手部运动控制轨迹,可分为点位控制、连续轮廓控制系统。在点位控制中,机器人每个运动轴单独驱动,不对机器人末端操作器的速度和运动轨迹做出要求,仅要求实现各个坐标的精确控制。机器人的轮廓控制与 CNC 系统有所不同,在机器人控制系统中没有插补器,在示教编程时要求将机器人轮廓轨迹运动中的各个离散坐标点及运动速度同时存入控制系统的存储器,再现时按照存储的坐标点和速度来控制机器人完成规定的动作。

(4) 按控制总线标准,可分为国际标准总线控制系统和自定义总线控制系统。

(5) 按编程方式,可分为物理设置编程、示教编程和离线编程控制系统。物理设置编程控制是指由操作者设置固定的限位开关,实现启动、停车的程序操作,用于简单的抓取和放置作业;示教编程控制是指通过人的示教来完成操作信息的记忆,然后再现示教阶段的动作过程;离线编程控制则采用机器人语言进行编程控制。

3. 工业机器人的典型控制方法

1) 工业机器人的位置伺服控制

图 4-21 所示为机器人位置伺服控制系统构成示意图。对于机器人控制,常关注的是手臂末端的运动。在控制装置中,手臂末端运动的指令值与手臂的反馈信息为伺服系统的输入。不论机器人采用什么样的结构形式,其控制装置都是以各关节的当前位置 $\boldsymbol{q}$ 和速度 $\boldsymbol{q}'$ 作为检测反馈信号,直接或间接地决定伺服电动机的电压或电流向量,通过各种驱动机构达到控制位置矢量 $\boldsymbol{r}$ 的目的。机器人的位置伺服控制,大体上可分为基于关节空间的伺服控制和基于作业空间(手部坐标)的伺服控制。

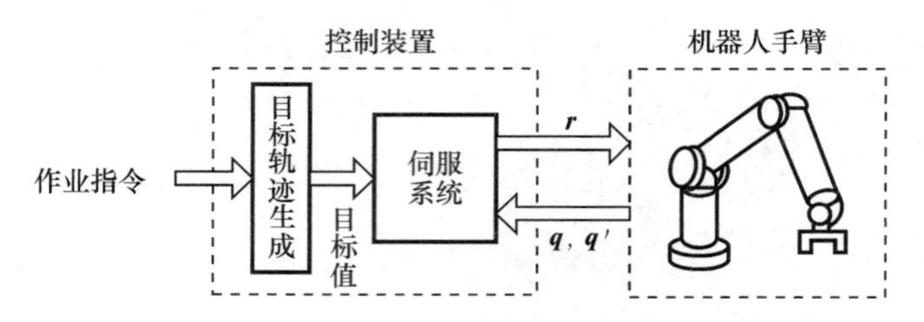

图 4-21 机器人位置伺服控制系统的构成

(1) 基于关节空间的伺服控制 基于关节空间的伺服控制大多以非直角坐标机器人为控制对象。图 4-22 所示为关节伺服控制系统的构成原理图,它把每一个关节作为独立的单输入、单输出系统来处理。令各关节位移指令目标值为 $\boldsymbol{q}_{\mathrm{d}}=[q_{\mathrm{d1}} \quad q_{\mathrm{d2}} \quad \cdots \quad q_{\mathrm{d}n}]^{\mathrm{T}}$,且各关节独立构成一个个伺服系统。每个指令目标值 $\boldsymbol{q}_{\mathrm{d}}$ 与实际末端位置值 $\boldsymbol{r}_{\mathrm{d}}$ 之间存在对应关系:$\boldsymbol{q}_{\mathrm{d}}=R(\boldsymbol{r}_{\mathrm{d}})$。对于每个末端位置值 $\boldsymbol{r}_{\mathrm{d}}$,均能求取一个指令值 $\boldsymbol{q}_{\mathrm{d}}$ 与之对应。这种关节伺服系统结构十分简单,目前大部分关节机器人采用的都是这种关节伺服控制系统。过去这类系统通常采用模拟电路,而随着微电子和信号处理技术的发展,现已普遍采用数字电路形式。数字电路能进行更精确的控制,例如,各关节的增益 $K_{\mathrm{p}i}$、$K_{\mathrm{v}i}$ 可以设计成变化的,这样可获得手臂不同姿态的响应特性。

(2) 基于作业空间的伺服控制 在关节伺服系统中,对各关节是独立进行控制的,所以难以预测由各关节实际控制所得到的末端位姿的响应,也难以调节各关节伺服系统的增益。在三维空间内对手臂进行控制时,很多场合都要求直接给定手臂末端运动的位姿,例如将手臂从某一点沿直线运动到另一点时。因而,出现了将末端位置矢量 $\boldsymbol{r}_{\mathrm{d}}$ 作为指令目标值的伺服控制系统,这种伺服控制系统是将机器人手臂末端位置矢量 $\boldsymbol{r}_{\mathrm{d}}$ 固定于空间内某一个作业坐标系来描述的,称为作业坐标伺服系统。

2) 工业机器人的自适应控制

20 世纪 80 年代中期,在机器人控制领域基本形成了模型参考自适应控制和自校正适应控制两种控制形式。

(1) 模型参考自适应控制 在这种方法中,控制器的作用是使系统的输出响应趋近于某指定的参考模型,因而必须设计相应的参数调节机构,如图 4-23 所示。Dubowsky 等在这个参考系统中采用二维弱衰减模型,然后采用最陡下降法调整局部比例和微分伺服可变增益,使

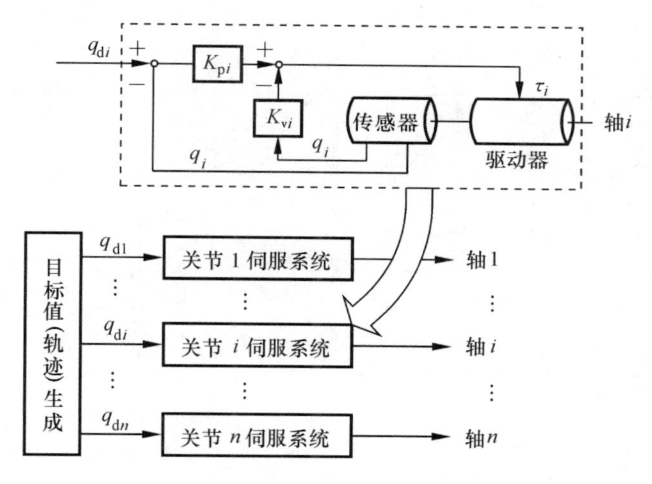

图4-22 关节伺服控制系统的构成原理

实际系统的输出和参考模型的输出之差为最小。然而,该方法从本质上忽略了实际机器人系统的非线性项和耦合项,它是针对单自由度的单输入、单输出系统进行设计的。此外,该方法也不能保证用于实际系统时自适应调整律的稳定性。

(2) 自校正适应控制 图4-24所示为自校正适应控制系统原理框图,它由表现机器人动力学的离散时间模型、各参数的估计机构与用参数估计计算结果来决定的控制器增益或控制输入部分组成,采用输入/输出数与机器人自由度数相同的模型。

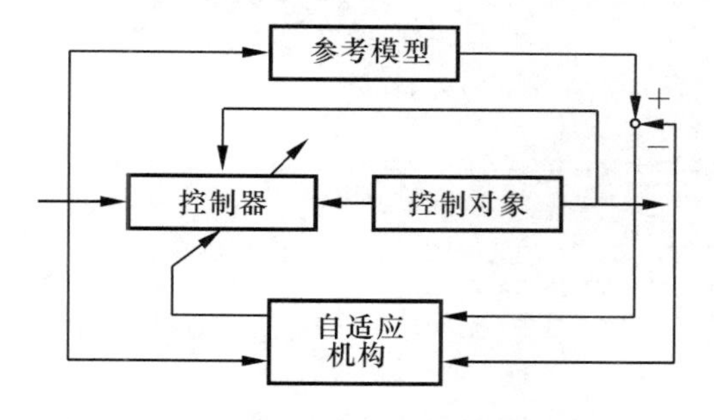

图4-23 模型参考自适应控制系统原理框图

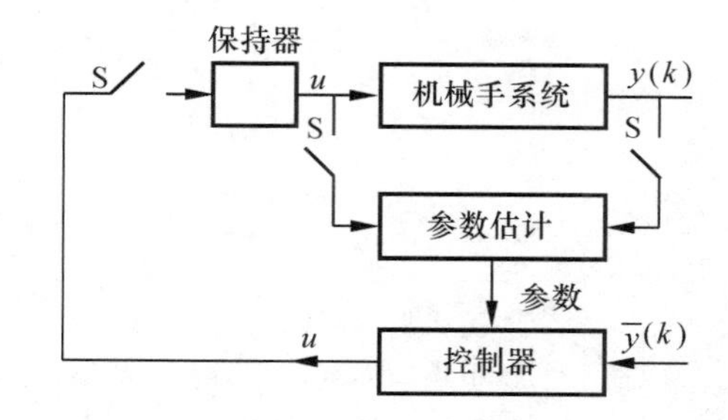

图4-24 自校正适应控制系统原理框图

4.3.3 工业机器人的应用

1. 机器人的应用范围

自20世纪50年代末第一代机器人在美国问世以来,工业机器人的研制和应用有了飞速的发展。20世纪80年代,全球工业机器人数量每年增长的速度为20%~40%。目前,机器人拥有量最大的是日本,其次是美国,然后是德国。在工业发达国家,机器人已进入越来越多的产业部门,如汽车及汽车零部件制造业、机械加工行业、电子电气行业、橡胶及塑料工业、食品工业、木材与家具制造业等。在工业生产中,弧焊机器人、点焊机器人、分配机器人、装配机器人、喷漆机器人及搬运机器人等工业机器人都已被大量采用。随着科学与技术的发展,机器人的应用领域也在不断扩大。目前,机器人不仅仅是应用于传统制造业如采矿、冶金、石油、化学、船舶等领域,更是已开始扩展到核能、航空航天、医药、生化等高科技领域以及家庭清洁、医疗康复等服务业领域。机器人的应用范围如表 4-3 所示。

表 4-3　机器人应用范围

产业	机器人应用方面
通用机械	① 工件搬运、装配、检测； ② 零部件焊接； ③ 铸件去毛刺； ④ 工件研磨、激光切割、等离子切割； ⑤ 自动仓库堆垛、包装； ⑥ 自动生产线及 CIMS 系统
汽车及零部件	① 弧焊、点焊； ② 搬运、装配、冲压； ③ 喷涂、涂胶； ④ 水、激光、等离子切割
电子和电气	① 插件、搬运； ② 洁净装配、检测； ③ 自动传输
冶金、铸造	① 钢、合金锭等的搬运、堆垛； ② 铸件去毛刺、浇口切割
石油、采矿	① 油罐、管道自动清洁、喷绘、检测； ② 自动开采钻孔、喷装输送
化工、纺织	① 纱锭的搬运、包装、堆垛； ② 橡胶、尼龙等切割、检测
电力电站	① 动力线路自动布置、巡查； ② 高压管检查、维修、拆卸
建筑建材	① 防火材料喷涂、内饰喷涂； ② 玻璃墙面的清洁、检查、喷涂； ③ 混凝土地面修整、贴瓷砖； ④ 桥梁的自动检查、喷涂； ⑤ 细管和电缆的地下铺设、检修； ⑥ 建材的搬运、输送、包装； ⑦ 卫生器具的喷釉、焙烧

产业	机器人应用方面
食品	① 包装、搬运； ② 洁净包装
家电及家具	① 装配、搬运； ② 打磨、抛光、喷漆； ③ 玻璃制品的切割、雕刻
农林渔	① 剪羊毛、自动摘果、剪枝、伐木； ② 猪、鸡、鱼类的自动切割加工和分选包装
医疗及护理	① 做神经外科手术； ② X 射线照相自动诊断； ③ 进行血管检查和血管介入手术； ④ 护理病人
家庭自动化	① 做卫生、洗盘子，进行安全防护； ② 防火、救援
海洋	① 海底勘测和开采； ② 海底设备的维护和建造
空间	① 空间站的装配、检查、修理； ② 飞行器修复； ③ 资源的收集、分析
军事	① 防爆、排雷和放射性检测； ② 军火的搬运和销毁

2. 工业机器人的应用举例

1）工业机器人在焊接方面的应用

（1）点焊机器人　图 4-25 所示为点焊机器人。点焊机器人在汽车制造生产线和装配工序中较为常见，广泛应用于焊接薄板材料。目前，装配每台汽车车体一般需要完成 3 000～4 000个焊点，其中 60%是由点焊机器人完成的。点焊机器人采用的是点位控制系统，点焊所要求的位置精度一般在 1 mm 左右，一般的机器人都可以满足要求。

（2）弧焊机器人　图 4-26 所示为一种弧焊机器人，其组成和原理与点焊机器人基本相同。一般的弧焊机器人是由示教盒、控制盘、机器人本体及自动送丝装置、焊接电源等部分组成的，可以在计算机的控制下实现连续轨迹控制和点位控制，还可以利用直线插补和圆弧插补功能焊接出由直线及圆弧所组成的空间焊缝。弧焊机器人主要有熔化极焊接作业机器人和非熔化极焊接作业机器人两种类型，具有可长期进行焊接作业，可保证焊接作业的高生产率、高质量和高稳定性等特点。弧焊机器人的应用范围很广，除汽车行业外，在通用机械金属结构等许多行业中都有应用。随着技术的进步，弧焊机器人正向着智能化的方向发展。

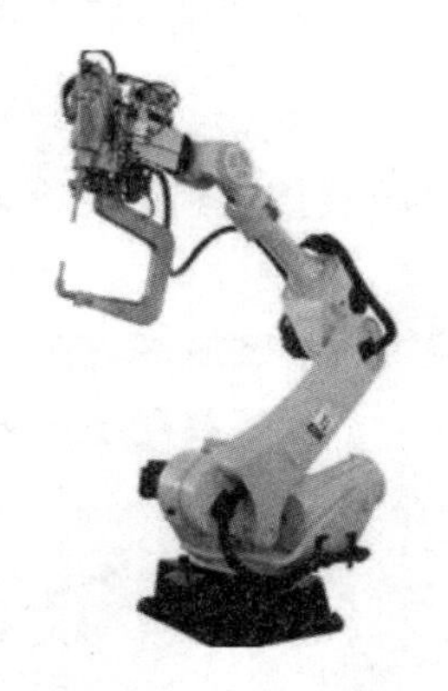

图 4-25 点焊机器人

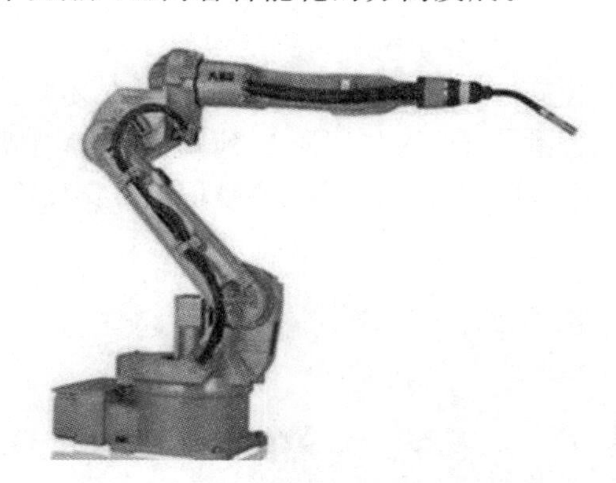

图 4-26 弧焊机器人

2）工业机器人在装配方面的应用

装配是机械产品制造过程中的最后一个环节。目前，整个机械制造过程中自动化程度最低的是装配工序。随着市场竞争的加剧，多品种、小批量产品的装配自动化问题显得越来越突出。在装配生产中使用机器人将有助于加速产品装配自动化的进程。图 4-27 所示为一种具有反馈装置的精密装配机器人装配作业示意图。该机器人系统由主机器人、辅助机器人、零件输送机构、电视摄像机视觉系统、触觉传感器反馈机构等组成。图中机器人正在将基座、连接

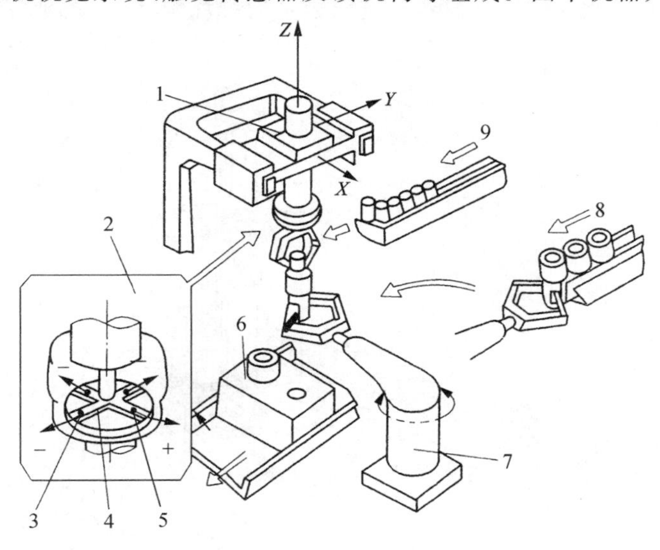

图 4-27 精密装配机器人装配作业示意图

1—主机器人；2—柔性手腕；3、5—触觉传感器(应变片)；4—弹簧片；
6—基座零件的传送、定位装置；7—辅助机器人；8—连接套供料机构；9—小轴供料机构

套和小轴这三个零件组装起来。装配时，主、辅机器人各抓取所需组装的零件并互相配合，使零件尽量接近，其中主机器人向孔的中心方向移动。由于手腕的柔性，所抓取的小轴会产生稍微的倾斜；当小轴端部到达孔的位置附近时，由于弹簧力的作用，轴端会落入孔内。通过检测柔性机构在 Z 方向的位移变化，确定主机器人在 OXY 平面的位置，通过触觉传感器检测轴线相对孔中心线的倾斜方向，然后一边修正小轴的姿态，一边将小轴插入连接套孔，完成装配作业。

图 4-28 所示为飞机装配机器人。

3. 工业机器人在物料储运方面的应用

随着计算机集成制造技术和现代物流技术的发展，工业机器人在现代制造业中的应用也越来越广泛。搬运机器人如图 4-29 所示，其可用来将零件从一个输送装置传送到另一个输送装置，或从一台机床上将加工完的零件取下再安装到另一台机床上去。

图 4-28　飞机装配机器人

图 4-29　搬运机器人

图 4-30 所示为一种搬运机器人布局示意图。该机器人主要由搬入/搬出机械部件、机器人主体部件和控制系统等几部分组成，用于抓取、搬运来自输送带或输送机上流动的物品。其可根据被搬运物品的形状、材料和大小等，按照给定的堆垛模式，自动地完成物品的堆垛和搬运操作。

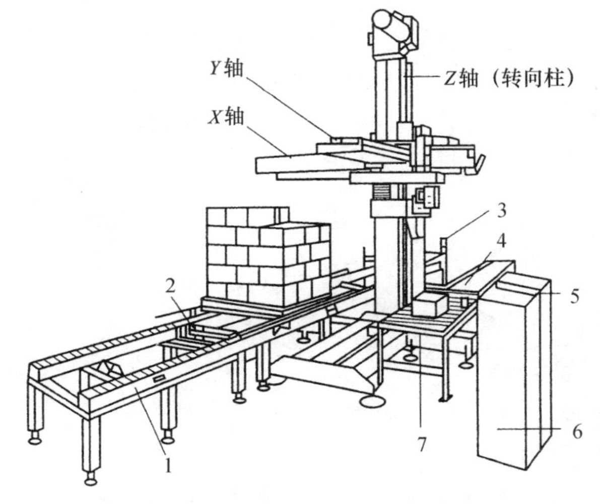

图 4-30　搬运机器人布局示意图

1—装卸输送机；2—极式输送机；3—极式分配器；4—横进给式输送机；5—操作台；6—控制台；7—多工位式输送机

4. 工业机器人在自动化检测中的应用

零件制造过程中的检测以及成品检测都是保证产品质量的关键工序。将三坐标测量技术和机器人技术相结合，可实现机器人高精度在线测量。图4-31所示为检测机器人。检测机器人主要有两个工作内容：确认零件尺寸是否在允许的公差范围内，控制零件按质量分类。在工业自动化领域，机器人需要传感器提供需要的信息，才能正确执行相关的操作。机器人开始应用大量的传感器以提高适应能力。很多协作机器人集成了力矩传感器和摄像机，以确保在操作中拥有更好的视角，保证工作区域的安全。

5. 工业机器人在喷涂作业中的应用

图4-32所示为喷涂机器人。喷涂机器人广泛用于汽车车体、家电产品和各种塑料制品的喷涂作业。一般在三维表面进行喷漆和喷涂作业时，机器人末端操作器至少要有五个自由度。由于可燃环境的存在，驱动装置必须具备防燃防爆能力。在大件上作业时，往往把机器人装在一个导轨上，以便机器人行走。

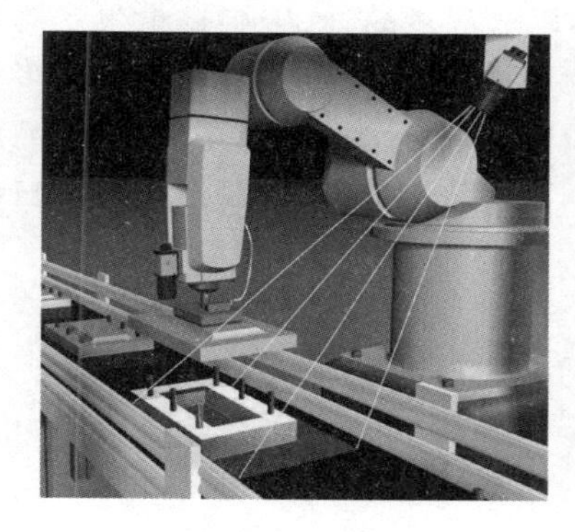

图4-31　检测机器人

图4-32　喷涂机器人

4.4　柔性制造技术

4.4.1　柔性制造技术概述

面对当前日益激烈的市场竞争和复杂多变的市场需求，如何生存和可持续发展已成为企业必须首先考虑的问题。传统的高生产率、低柔性、大批量制造系统不能适应多变的市场需求，这就迫使工业界不得不努力寻找一种具有高柔性、高生产率、高质量和低成本的产品零件加工制造系统。

为满足产品不断更新的需求，适应多品种、小批量生产自动化的需要，柔性制造技术迅速发展，出现了柔性制造系统、柔性制造单元、柔性制造自动线等一系列现代制造设备和系统，它们对制造业的进步和发展发挥了重大的推动和促进作用。

柔性制造技术(flexible manufacturing technology，FMT)是一种主要用于多品种、中小批量或变批量生产的自动化技术，它是对将各种不同形状的加工对象有效地且适应性地转化为成品的各种技术的总称。柔性制造技术是电子计算机技术在生产过程及其装备上的应用，是将微电子技术、智能化技术与传统加工技术融合在一起，具有先进性，柔性化、自动化、高效率的制造技术。柔性制造技术是从机械转换、刀具更换、夹具可调、模具转位等硬件柔性化技术的基础上发展起来的,是自动化制造系统的基本单元技术。

4.4.2 柔性制造系统

1. 柔性制造系统的定义和特征

对柔性制造系统至今仍未有统一的定义。美国国家标准局对柔性制造系统的定义为:由一个传输系统连接起来的一些设备(通常是具有自动换刀装置的加工中心机床),传输装置把工件放在托盘或其他连接装置上送到各加工设备,加工设备和传输系统在中央计算机控制下,使工件加工准确、迅速和自动化。日本国际贸易与工业部对柔性制造系统的定义为:由两台或更多数控机床组成的系统,这些机床与自动物料管理设备一一连接,在计算机或类似设备控制下完成自动加工或处理操作,从而可加工多个不同形状和尺寸的工件。

综上所述,柔性制造系统就是由若干台数控加工设备、物料运输装置和计算机控制系统组成,并能根据制造任务或生产品种的变化迅速进行调整,以适应多品种、中小批量生产的自动化制造系统。其主要特征是:① 高柔性,柔性制造系统能在不停机调整的情况下,实现多种具有不同工艺要求的零件的加工;② 高效率,柔性制造系统能采用合理的切削用量,实现高效加工,同时使辅助时间和准备终结时间缩短到最低限度;③ 高度自动化,柔性制造系统可自动更换工件、刀具、夹具,实现自动装夹和输送、自动监测加工过程,有很强的系统软件功能。

2. 柔性制造系统的组成

图 4-33 所示是一种较典型的柔性制造系统结构框图。该系统由以下九个部分组成。

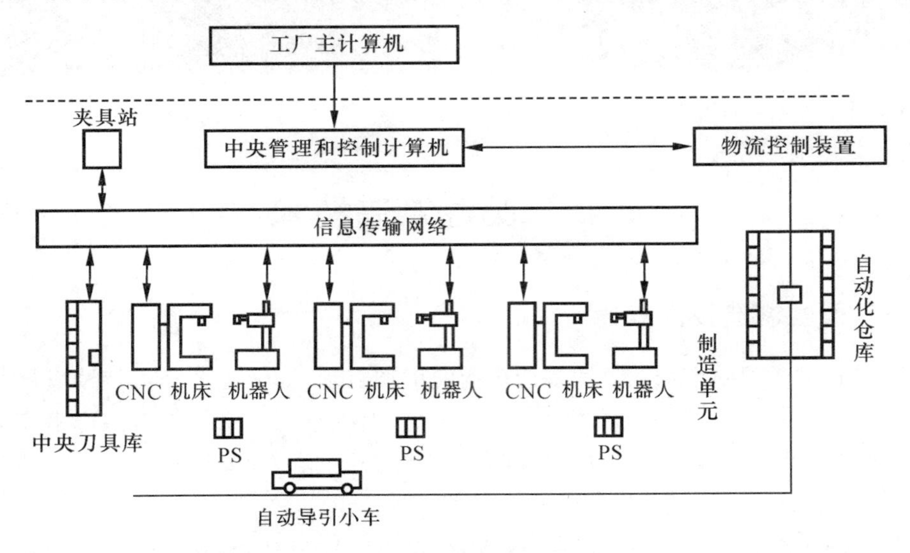

图 4-33 柔性制造系统结构框图

(1) 中央管理和控制计算机 它用于接收来自工厂主计算机的指令,对整个柔性制造系统实行计划调度、运行控制、物料管理、系统监控和网络通信等。

(2) 物流控制装置 它用于对自动化仓库、无人输送台车、加工毛坯、半成品和成品、夹具、刀具等实现集中管理和控制。

(3) 自动化仓库 它用于对毛坯、半成品和成品等进行自动调用或存储。

(4) 自动导引小车　工件、刀具、夹具等的运输都由此台车来完成，它行走于各机床之间、机床与自动化仓库之间、机床与中央刀具库之间。

(5) 制造单元　它由多台不同类型的计算机数控机床及工业机器人组成。其中，计算机数控机床也包括加工中心或柔性制造单元。

(6) 中央刀具库　它是刀具的集中存储区。

(7) 夹具站　它用于实现对夹具的调整、维护及存储。

(8) 信息传输网络　它是柔性制造系统中的通信系统。

(9) 柔性制造系统随行工作台　它用于实现从无人输送台车到制造单元之间的传送缓冲功能。

图 4-34 所示是一个典型的柔性制造系统布局图。

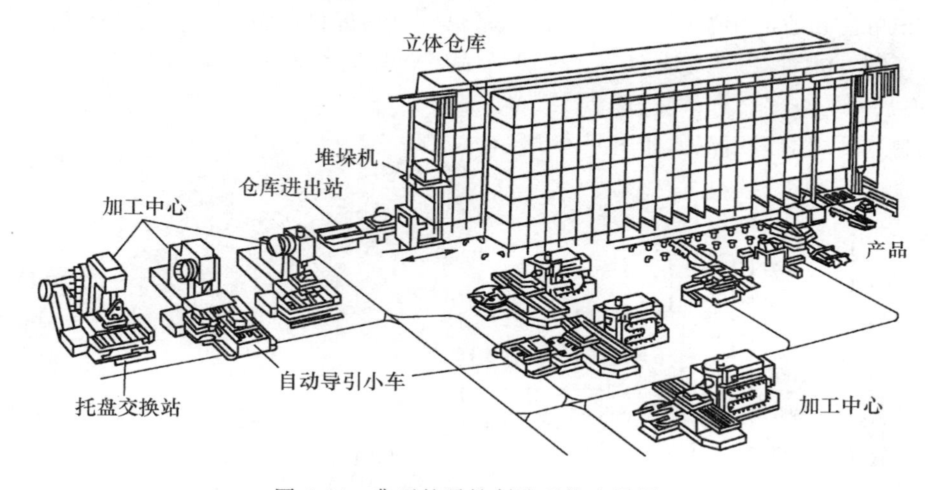

图 4-34　典型的柔性制造系统布局图

3. 柔性制造系统的类型和适用范围

广义的柔性制造系统可分为柔性制造单元、柔性制造系统(狭义)、柔性生产线。

(1) 柔性制造单元　图 4-35 所示为一柔性制造单元的示意图。它由卧式加工中心、环形工作台、托盘及托盘交换装置(automatic pallet changer，APC)组成。环形工作台是一个独立的通用部件，装有工件的托盘，在环形工作台的导轨上由环形链条驱动而进行回转。当一个工件加工完毕时，托盘交换装置将加工完的工件连同托盘一起拖回至环形工作台的空位，然后，按指令将下一个装有待加工工件的托盘转到交换工位，由托盘交换装置将工件送到机床的工

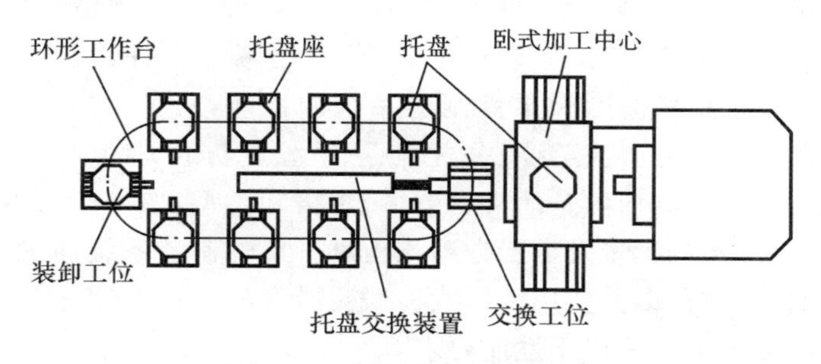

图 4-35　柔性制造单元示意图

作台上,定位夹紧以待加工。已加工好的工件连同托盘一起被转至工件的装卸工位,由人工卸下,托盘再装上待加工的工件。托盘搬运方式多用于箱体类零件和大型零件。柔性制造单元自成体系,占地面积小,功能完善,有廉价、小型柔性制造系统之称。

(2) 柔性制造系统　柔性制造系统由两个以上柔性制造单元或多台计算机数控机床、加工中心组成,由一个物料输送系统将机床联系起来。工件被装在夹具和托盘上,自动地按加工顺序在机床间逐个输送。柔性制造系统的控制与管理功能比柔性制造单元强大,但其对数据管理和通信网络要求较高。柔性制造系统适用于多品种(10～50 个品种)、中小批量(1 000～30 000 件/年)的生产规模。

(3) 柔性生产线　它与传统的刚性生产线的不同之处在于能同时或依次加工少量不同的零件。其加工设备在采用通用数控机床的同时,更多地采用数控组合机床。当需更换零件时,其生产节拍可做相应的调整。各机床的主轴箱也可自动进行调整。这种生产线相当于数控化的自动生产线。柔性生产线适合于 2～10 个品种、生产率达 5 000～200 000 件/年的生产规模。

柔性制造系统的适用范围如图 4-36 所示。

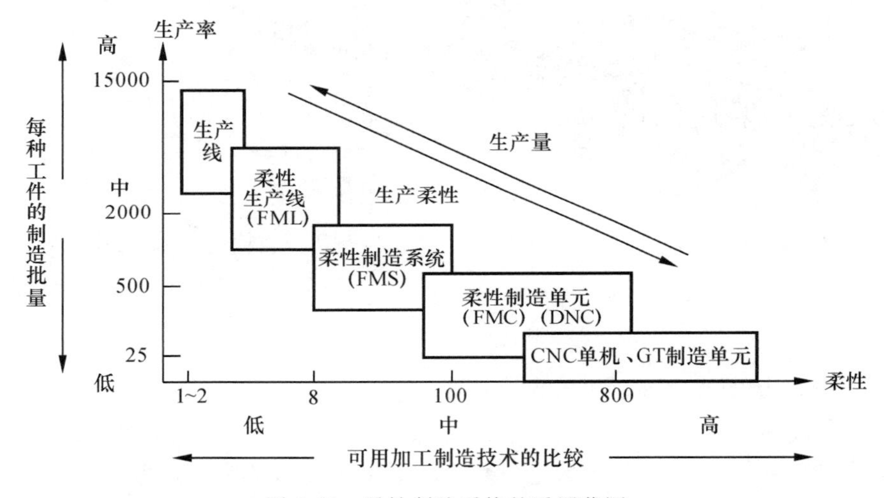

图 4-36　柔性制造系统的适用范围

4.4.3　柔性制造系统的加工系统

1. 加工系统的功用与要求

加工系统承担着把原材料转化为最终产品的任务,是柔性制造系统最基本的组成部分。它主要由数控机床、加工中心等加工设备(有的还带有工件清洗、在线检测等辅助设备)构成。加工系统的性能直接影响柔性制造系统的性能,且其耗资在柔性制造系统中所占比重最大,因此恰当地选用加工系统是柔性制造系统成功的关键。

加工系统的结构形式及其所配备的机床数量、规格和类型,取决于工件的形状、尺寸和精度要求,同时也取决于生产的批量及加工自动化程度。柔性制造系统加工系统的配置原则是可靠、自动化、效率高、易控制以及实用。一般根据被加工对象的类型、材料、规格、精度等基本要求进行配置。加工系统应满足以下性能要求。

(1) 工序集中。宜选用多功能机床、加工中心等,以减少装夹次数来保证加工质量,以减少工位数来减轻物流负担。

(2) 控制功能强,扩展性好。选用模块化机床结构,系统外部通信功能和内部管理功能强、有内装的可编程控制器,易于与上/下料、检测辅助装置等连接,调整与扩展方便,以减轻通信网络和上级控制器的负载。

(3) 刚度高、精度高、速度高。应选用功能强大、质量稳定、切削效率高的机床。

(4) 自保护与自维护性好。应设有过载保护、行程与工作区域限制装置等,导轨和各相对运动件等无须润滑或能自动润滑,具有故障诊断和预警功能。

(5) 运行经济性好。导轨油可回收,断屑、排屑处理快速、彻底,以延长刀具使用寿命,能保证系统安全、稳定、长时间自动运行而不需人干预。

(6) 具有环境适应性与友好性。对工作环境的温度、湿度、粉尘浓度等要求不高,无泄漏,能及时排除烟雾和异味,噪声、振动小。

2. 加工系统常用配置形式

对于加工棱柱体类零件的柔性制造系统,其机床设备一般选用立式、卧式或立卧两用的加工中心。图4-37所示为一台卧式加工中心。对于加工回转体零件的柔性制造系统,通常选用数控车床或车削加工中心(见图4-38)。

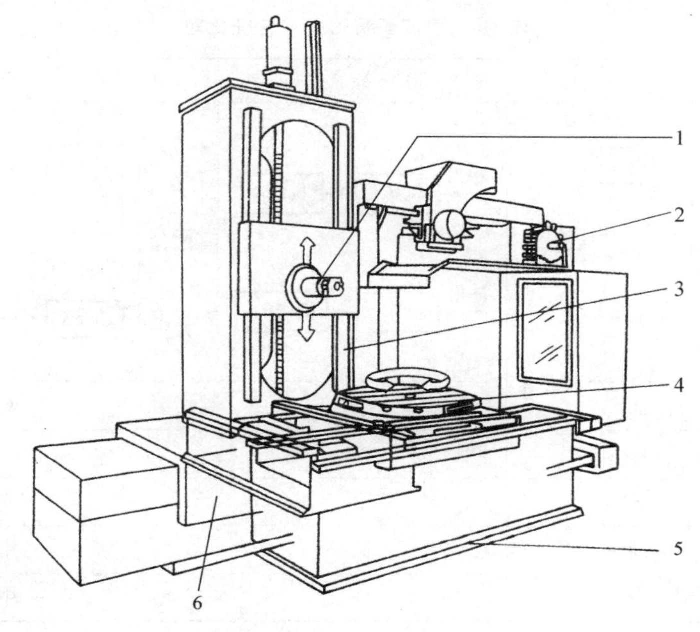

图4-37　卧式加工中心

1—主轴头;2—刀库;3—立柱;4—回转工作台;5—工作台底座;6—立柱底座

柔性制造系统中机床设备的配置有互替式、互补式以及混合式等多种形式,表4-4列出了几种机床配置形式的简图及其特征。

(1) 互替式配置　机床布局呈并联关系,各机床功能可以互相代替,当某台机床出现故障时,系统仍能维持正常的工作。

(2) 互补式配置　机床布局呈串联关系,机床功能是互相补充的,各机床分别完成特定的加工任务,具有较高的生产率,但系统的可靠性低。

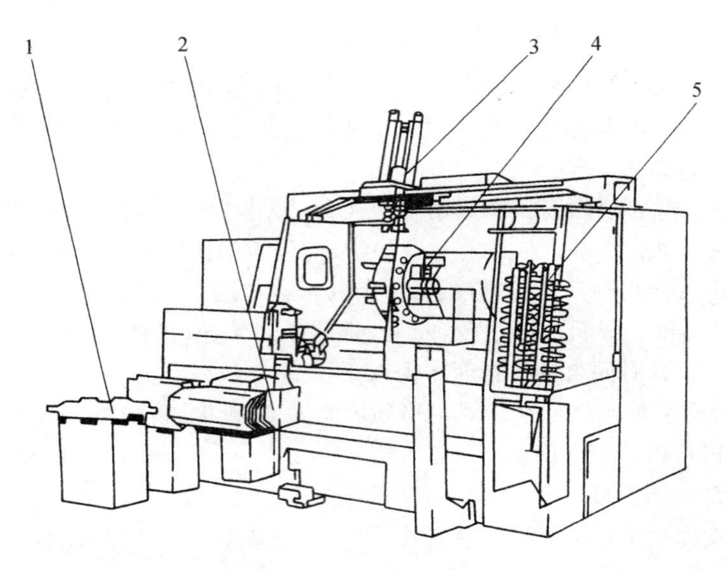

图 4-38　车削加工中心

1—工件存储站；2—上、下工件机器人；3—换刀机械手；4—回转刀架；5—刀库

表 4-4　机床配置形式与特征比较

特　征	互　替　式	互　补　式	混　合　式
简图	输入 机床1 机床2 ⋮ 机床n 输出	输入 机床1 机床2 ⋮ 机床n−1 机床n 输出	输入 机床1 机床2 ⋮ 机床k 机床k+1 机床k+2 ⋮ 机床n 输出
生产柔性	低	中	高
生产率	低	高	中
技术利用率	低	中	高
系统可靠性	高	低	中
投资强度比	高	低	中

（3）混合式配置　有些机床按互替形式布置，有些则按互补形式布置，以发挥各自的优点。

3. 加工系统的辅助装置

加工系统的辅助装置包括机床夹具，托盘，自动上、下料装置等。

（1）机床夹具　柔性制造系统机床夹具的合理选用，不仅影响加工的精度和可靠性，还直接影响工件装夹时间、加工循环周期、机床的数量、工件输运系统的类型和速度以及整个系统的投资成本。柔性制造系统夹具要求尽可能一次装夹便能完成工件所有部位的加工，以减少装夹定位次数，避免不必要的累积误差。若条件允许，还应尽可能考虑单一夹具能安装多个工件，这样，可大大减少托盘和刀具的更换次数，节省辅助工作时间，提高机床的利用率。

目前，用于柔性制造系统的夹具有两个重要的发展趋势：一是大量使用组合夹具，使夹具零部件标准化，提高夹具的重复利用率；二是开发柔性夹具，使一个夹具能为多个加工对象服务。

（2）托盘　在柔性制造系统中，托盘是工件和夹具的一个承载体。当工件在机床上加工时，托盘成为机床工作台，支承工件以完成加工任务；当工件在运输时，托盘又承载着工件和夹具在机床之间进行传输。从某种意义上说，托盘是一种工件和机床之间的硬件接口。为使各台机床连接成为一个系统整体，系统中的所有托盘必须采用同一种结构形式。托盘一般都是带有倒角较大的棱边、T形槽，以及用于夹具定位的凸榫的正方形部件。

（3）自动上、下料装置　加工中心最常用的自动上、下料装置是托盘交换装置。它不仅是加工系统输送工件的接口，也是工件的缓冲站。托盘交换装置按其运动方式有回转式和直线往复式两种。图4-39所示为回转式托盘交换装置，其上有两条平行的导轨以供托盘移动导向之用，托盘的移动和交换装置的回转由液压驱动。这是一种两工位的托盘交换装置，机床加工完毕后，交换装置从机床工作台上移出装有已加工零件的托盘，然后旋转180°，将装有待加工零件的托盘送到机床的加工位置。图4-40所示为多托盘的往复式托盘交换装置。它由一个托盘库和一个托盘交换装置组成。当工件加工完毕时，工作台横向移动到卸料位置，将装有加

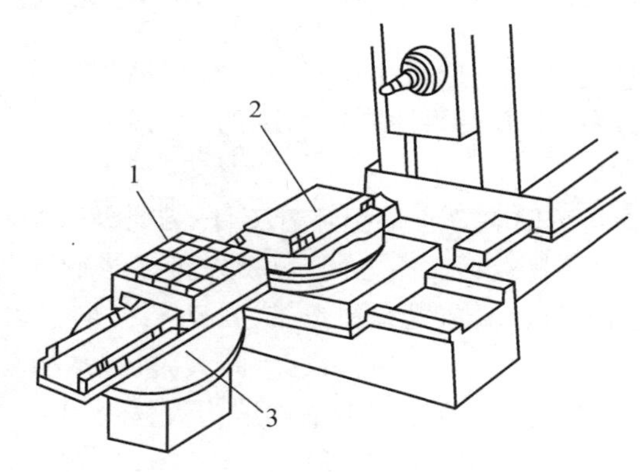

图4-39　回转式托盘交换装置

1—托盘；2—托盘紧固装置；3—用于托盘装卸的回转工作台

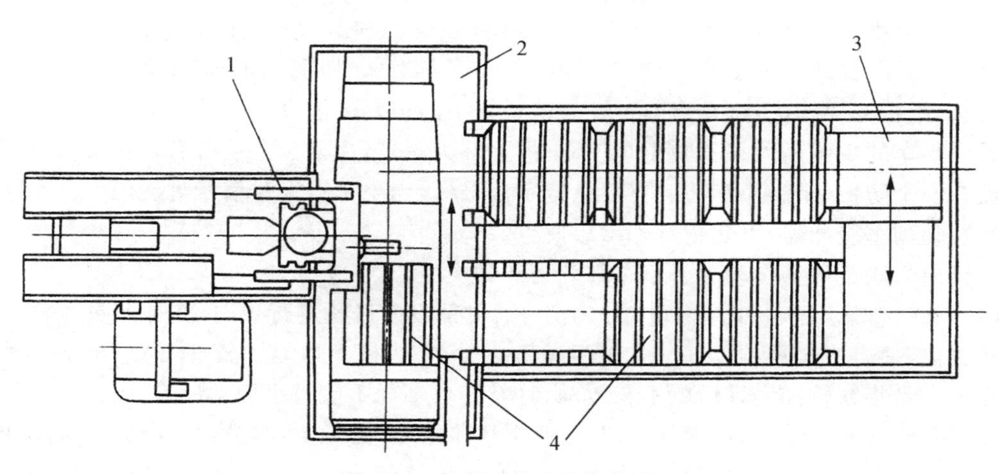

图4-40　往复式托盘交换装置

1—加工中心；2—工作台；3—托盘库；4—托盘

工好的工件的托盘移至托盘库的空位上，然后工作台横移至装料位置，由托盘交换装置将待加工的工件移至工作台上。

4.4.4 柔性制造系统的物料运储系统

1. 物料运储系统的组成

物料运储系统(material handling system，MHS)是柔性制造系统的重要组成部分，一般包含工件装卸站、托盘缓冲站、自动化仓库和物料运输装置等几部分。物料运储系统主要用来完成工件、刀具、托盘以及其他辅助设备与材料的装卸、运输和存储工作。

(1) 工件装卸站　工件装卸站设在柔性制造系统的入口处，通常由人工完成对毛坯和已加工工件的装卸。

(2) 托盘缓冲站　由于柔性制造系统各加工机床不会像刚性自动线那样有完全一致的生产节拍，因而在某些加工单元前免不了会产生排队现象，为此设置托盘缓冲站，以发挥缓冲物料的作用。托盘缓冲站一般设置在机床附近，可存储若干个工件/托盘组合体。当机床发出已准备好接收工件的信号时，系统便通过托盘交换装置将工件从托盘缓冲站送到机床上进行加工。

(3) 自动化仓库　自动化仓库一般采用多层立体布局结构形式，由计算机控制。这种自动化仓库的布置和物料的存放，以方便柔性制造系统的工艺处理为原则，分为毛坯库、在制品库和成品库等多个存储单元。

(4) 物料运输装置　物料运输装置直接担负着工件、刀具及其他物料的运输任务，包括物料在加工机床之间、自动仓库与托盘存储站之间，以及托盘存储站与机床之间的输送与搬运任务。柔性制造系统中常见的物料运输装置有传送带、自动导引小车和搬运机器人等。传送带一般用于小零件加工系统中的短程运输，因其占据空间大，机械结构复杂，且易磨损和失灵，故在新设计的系统中用得越来越少。自动导引小车按结构大体上可分为有轨式和无轨式两种。随着柔性制造系统控制技术的成熟，采用自动导引无轨小车的也越来越多。搬运机器人由于工作灵活性强且具备独有的视觉和触觉能力，近年来在柔性制造系统中应用越来越广。

2. 自动导引小车

自动导引小车(automatic guided vehicle，AGV)是一种由计算机控制、按照一定程序或沿轨道自动完成运输任务的运输工具。自动导引小车具有柔性高、实时监视性强、定位精度高、安全可靠、维护方便等优点，是当前柔性制造系统中的主要运输设备和装置。如图 4-41 所示，自动导引小车的主体是无人驾驶小车，小车的上部为一平台，平台上装备有托盘交换装置。小车上设有安全防护装置，小车前后有黄色警示信号灯，当小车行走时信号灯会闪烁。小车的两端装有自动刹车缓冲器，以防止意外事故发生。

按导向方法又可将自动导引小车细分为四种类型。

(1) 有轨小车　有轨小车由电动机牵引，通过铺设的铁轨进行导向，其加速过程和移动速度都比较快，适合搬运重型零件。在短距离移动时，它的机动性能比较好，停靠准确。其不足之处在于一旦将铁轨铺设好后就不易改动，且其转弯半径不能过小。

(2) 线导小车　线导小车是利用电磁感应制导原理(见图 4-42)进行导向的。采用线导小车时，须在地面上埋设引导电缆，并通以 5～10 kHz 的低压电流。小车上装有对称的一组信号拾取线圈，当小车偏向右方时，右方的感应信号便减弱，左方感应信号增强，控制器根据信号的强弱控制小车的舵轮，从而保证小车始终沿着导线方向前行。

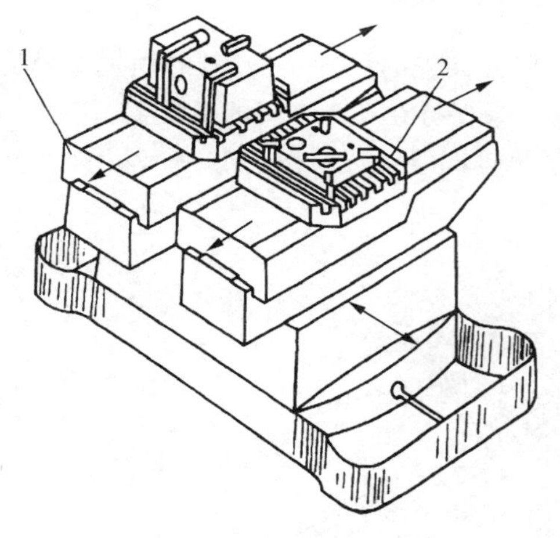

图4-41 自动导引小车
1—托盘装卸机构；2—装夹工件的托盘

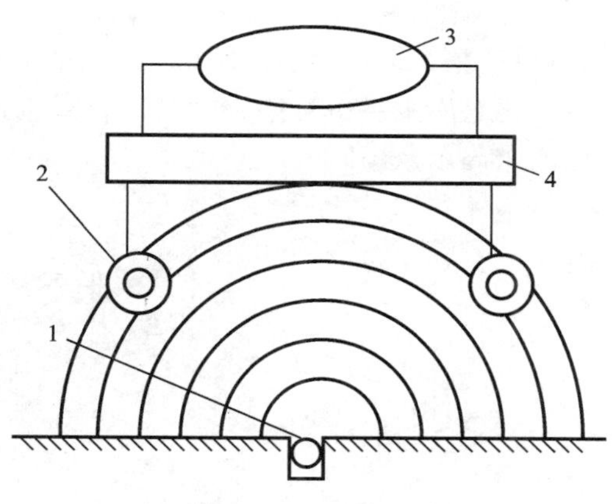

图4-42 电磁感应制导原理
1—引导电缆；2—信号拾取线圈；
3—转向舵；4—比较放大电路

（3）光导小车 这种小车采用光学导向原理，其具体做法是沿小车预定路径在地面上涂上一层荧光材料，或敷设一层涂有荧光材料的铂漆或色带，小车上装有发光器和受光器。发出的光经反光带反射后由受光器接收，并将该光信号转换成电信号来控制小车的舵轮（见图4-43）。

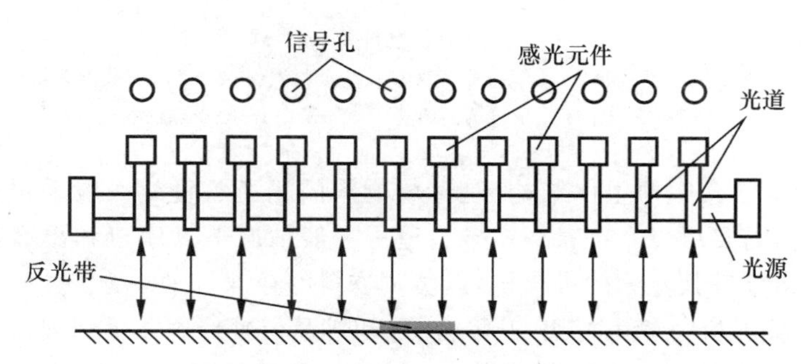

图4-43 光学引导原理

（4）遥控小车 这种小车没有传递信息的电缆，而是利用无线电发送、接收设备传送命令和信息。其活动范围和路线基本上不受限制，故柔性较大。当然，其控制系统和操纵机构较复杂。目前这种小车正处于实验研究阶段。

3. 自动化仓库

在柔性制造系统中，以自动化仓库为中心组成了一个毛坯、半成品、配套件或成品的自动存储、自动检索系统。其作用是在信息管理系统的支持下，实现自动存取。

自动化仓库具有以下几种功能。

（1）实现物料的自动存储与检索。

（2）形成柔性制造系统的物料信息网。进入柔性制造系统的物料首先要在自动化仓库的自动存储与检索系统中注册；随着物料的流动，生成各种新的物料信息并向各个工作站点传输；物料以成品入库时，又重新在自动存储与检索系统中登记，从而获得物料流中的毛坯、半成品、成品的全部信息。

（3）支持物料需求计划的执行。自动化仓库利用其完善的管理功能，及时向加工单元供应物料，以使整个柔性制造系统协调地工作，并使库存量保持在一个合理的水平上。

自动化仓库主要由货架、堆垛机、计算机控制系统等部分组成。图 4-44 所示为一个自动化仓库的布局示意图。

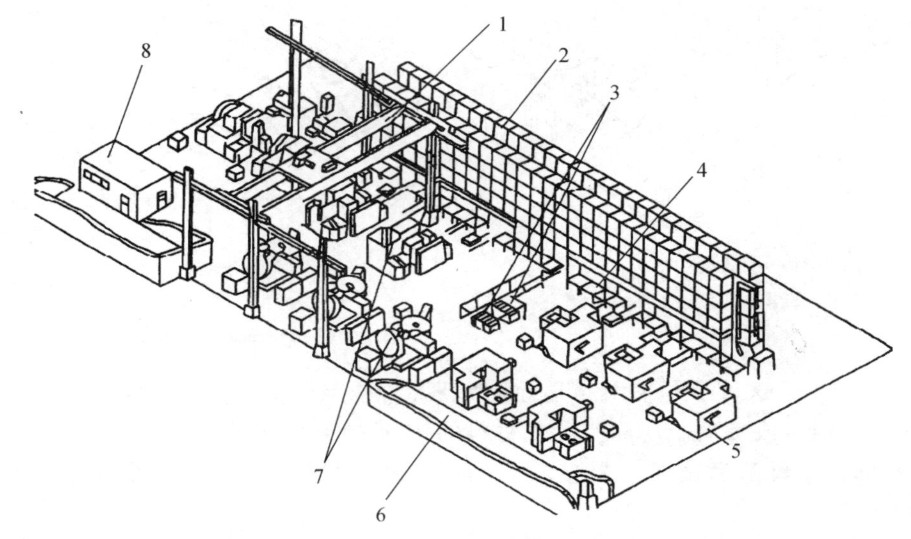

图 4-44　自动化仓库布局示意图

1—自动输送起重机；2—自动分类货架；3—托盘收发站；4—工件安装准备站；5—数控车床；6—刀具预调处；7—加工中心；8—检查室

（1）货架　货架是仓库的主体结构，是存放物料的场所。货架一般采用金属结构。货架之间留有巷道，根据需要可以有一条或多条巷道。一般情况下入库口和出库口都布置在巷道的某一端，每个巷道都有其专用的堆垛机，以负责物料的存取。

（2）堆垛机　堆垛机一般由托架、升降台、电动机及位置传感器等组成。堆垛机上的电动机带动堆垛机沿巷道移动和驱动托盘升降，一旦堆垛机找到需要的货位，就可以将零件或货箱自动堆入货架，或将零件或货箱从货架中拉出。堆垛机上有检测横向移动和起升高度的传感器，以辨认货位的位置和高度，有时还可以阅读货箱内零件的名称以及其他有关零件的信息。

（3）计算机控制与管理系统　计算机控制与管理系统主要承担三项任务。一是物料信息的登记和识别。在柔性制造系统运行过程中，物料信息与物料实际流动是同步的，物料信息网要求计算机控制系统在物料入库时就必须对其进行登记。物料自动识别是自动化仓库运行的关键：首先须对货箱进行编码，然后将条形码贴在货箱的适当部位，当货箱入库时，条形码阅读器自动扫描条形码，将货箱零件的有关信息自动录入计算机。二是物料自动存取。自动化仓库的入库、搬运和出库都是由仓库计算机系统自动控制的。由于物料入库时已将其信息通过条形码输入计算机，计算机便控制堆垛机在巷道内移动，自动检索待存放物料的存储地址，一旦到达指定地点，堆垛机便停止移动，并将工件推入存储笼内。当要从仓库内提取某一物料时，在输入待取的物料代码后，由计算机查找出该物料的存放地址并控制堆垛机移动检索，到指定地址的存储笼内取出所需物料，并送出仓库。三是仓库管理。计算机控制管理系统可对全仓库进行物资、账目、货位以及其他物料信息的管理，并定期（或不定期）地打印各种报表。当系统出现故障时，须及时对发生故障的巷道进行封闭，以便管理人员从事修复工作。

4.4.5　柔性制造系统的刀具管理系统

1. 刀具管理系统的组成

刀具管理系统的主要负责刀具的运输、存储和管理，适时向加工单元提供所需的刀具，监控刀具的使用情况和管理刀具，及时取走已报废或寿命已耗尽的刀具，在保证正常生产秩序的同时，最大限度地降低刀具成本。刀具管理系统的功能和柔性程度直接影响到整个柔性制造系统的柔性和生产率。

柔性制造系统的刀具管理系统非常复杂。由于柔性制造系统加工的工件种类繁多，加工工艺以及加工工序的集成度高，因此柔性制造系统运行时需要的刀具种类和数量很多，而且这些刀具需频繁地在柔性制造系统的各机床之间、机床和刀库之间、中央刀库与刀库之间进行变换。另外，刀具磨损、破损后以旧换新造成的强制性或适应性换刀，使得刀具的管理和刀具监控变得异常复杂。柔性制造系统的刀具管理系统对刀具的管理主要有两种形式：一种是在加工中心配置一定容量的刀库，其缺点是每台加工中心的刀库容量有限。另一种是设置独立的中央刀库，采用换刀机器人或刀具输送小车，为若干台加工中心进行刀具交换服务。各加工中心可以共享中央刀库的资源，以保证加工中心连续加工，提高系统的柔性程度。这种形式是刀具管理系统发展的方向。

典型的柔性制造系统刀具管理系统由刀库系统、刀具预调及刀具装卸站、刀具交换装置以及管理和控制刀具流的刀具工作站计算机组成。刀库系统由中央刀库和加工中心刀库组成。进入柔性制造系统的刀具需经过一系列的准备工作方可投入使用。

2. 刀具交换装置

柔性制造系统中的刀具交换通常由换刀机器人或刀具输送小车来实现。它们负责完成在刀具装卸站、中央刀具库以及各加工单元（机床）之间的刀具搬运和交换。

（1）自动换刀装置　表4-5列出了数控机床自动换刀装置的主要类型、特点和适用范围。

表4-5　数控机床自动换刀装置的主要类型及其特点和适用范围

类型		特点	适用范围
转塔式	回转刀架	多顺序换刀，换刀时间短、结构简单紧凑、容纳刀具较少	各种数控机床，数控加工中心
	转塔头	顺序换刀，换刀时间短，刀具主轴都集中在转塔头上，结构紧凑。但刚度较低，刀具主轴数受限制	数控钻、镗、铣床
刀库式	刀具与主轴之间换刀	换刀运动集中，运动部件少，但刀库容量受限	各种类型的自动换刀数控机床，尤其是使用刀具的数控镗铣床类立式、卧式加工中心。要根据工艺范围和机床特点，确定刀库数量和自动换刀装置的类型
	用机械手配合刀具进行换刀	刀库只有选刀运动，由机械手进行换刀，刀库容量大	

自动换刀装置应当满足换刀时间短、刀具重复定位精度高、刀具储存量足够、刀库占地面积小,以及安全可靠等基本要求。机械手是一种常见的自动换刀设备,其灵活性强、所需换刀时间短。换刀机械手一般具有一个或两个刀具夹持器,因而又可称为单臂式机械手或双臂式机械手。

(2) 刀库及其选刀方式　加工中心上常用的刀库是盘式刀库和链式刀库。密集型的鼓筒式刀库和格子式刀库虽然占地面积小,但是由于结构的限制,已很少用于单机加工中心。密集型的固定刀库目前多用于柔性制造系统中的集中供刀系统。盘式刀库结构简单,应用较多,但刀库的外径较大,转动惯量也大,选刀时间较长。因此,盘式刀库一般适用于刀具容量较小的刀库。链式刀库的结构紧凑,刀库容量较大,刀具数量在30～120把时,多采用链式刀库。

刀库的选刀方式有三种:顺序选刀、按刀具编码选刀、按刀套编码选刀。顺序选刀方式是指:将刀具按加工工序依次放入刀库的每一个刀座内,每次换刀时,刀库按顺序转动一个刀座的位置,并取出所需要的刀具;已经使用过的刀具可以放回到原来的刀座内,也可以按顺序放入下一个刀座内。这种方式不需要刀具识别装置,驱动控制也较简单,可以直接由刀库的分度机构来实现,具有结构简单、工作可靠等优点。但刀库中的刀具在不同的工序中不能重复使用,这样就降低了刀具和刀库的利用率。此外,因为是人工装刀,装刀时必须十分谨慎。这种方式适合于加工批量较大、工件品种较少的中、小型加工中心。按刀具编码和按刀套编码选刀都需要在刀具或刀套上配备识别用的编码条。按刀具编码选刀时,刀具可以放在刀库中的任何一个刀座内,这样,不仅刀库中的刀具可以在不同的工序中多次重复使用,而且换下的刀具也不用放回原来的刀座内,这对装刀和选刀都十分有利,刀库的容量也可以相应地减小,同时还可以避免由于刀具顺序出现差错而造成的事故。但是每把刀具上都带有专用的编码系统,会使刀具的长度加长,刀具制造困难,且会使刀具的刚度降低,刀库和机械手的结构变得比较复杂。对刀套编码时,一把刀具只对应一个刀套,从一个刀套中取出的刀具必须放回同一个刀套中,取送刀具十分麻烦,换刀时间长。因此,无论是对刀具编码还是对刀套编码,都会给换刀系统带来麻烦。

3. 柔性制造系统的刀具管理

柔性制造系统在加工时,刀具处在动态变化中,因此对刀具的管理就显得十分必要,且较为复杂。刀具管理包括刀具监控和刀具信息管理。

(1) 刀具监控　进行刀具监控主要是为了及时了解每时每刻在使用的大量刀具因磨损、破损而发生的性质变化。目前,监控主要从刀具寿命、刀具磨损、刀具破损以及其他形式的刀具故障等方面进行。刀具寿命值可用计算或试验法求得后记录在各刀具文件中。将刀具装入机床后,管理员可通过计算机查询刀具的使用情况,并决定当前刀具的更换计划。刀具磨损和破损监测,需要采用专门的监测装置来实现。对于柔性制造系统,有较好发展前景的监测方法为电动机功率与电流方法、切削力方法、声发射方法和光学方法。

(2) 刀具信息管理　柔性制造系统中的刀具信息分为动态信息和静态信息。所谓动态信息是指在刀具使用过程中不断变化的一些参数,如刀具寿命、刀具工作直径、刀具工作长度以及参与切削加工的其他几何参数。这些信息随加工过程的延续不断发生变化,直接反映了刀具使用时间的长短、磨损量的大小及其对工件加工精度和表面质量的影响。而静态信息是一些加工过程中固定不变的信息,如刀具的编码、类型、属性、几何形状以及一些结构参数等。为了便于刀具的输入、检索、修改和输出控制，柔性制造系统以数据库形式对刀具信息进行集中管理。

4.4.6 柔性制造系统的控制系统

柔性制造系统的控制系统由计算机、工业控制机、可编程控制器、通信网络、数据库和相应的控制与管理软件组成，以实现对柔性制造系统加工过程中的物流过程的控制、协调、调度、监测和管理。

1. 柔性制造系统的控制系统的体系结构

柔性制造系统除了少数操作由人工控制外，绝大多数工作均由控制系统自动控制。目前，几乎所有的柔性制造系统都采用了多级计算机递阶控制结构，由此来分担主控计算机的负荷，提高控制系统的可靠性，同时也便于控制系统的设计和维护。

图 4-45 所示柔性制造系统的控制系统的多级递阶控制结构。其底层一级是设备控制层，是机器人、铣床、坐标测量机、自动导引小车、传送装置以及储存/检索系统等的控制层。这一级控制系统向上与工作站通过接口连接，向下与设备连接。设备控制层的功能是直接控制各类加工设备和物料系统的自动工作循环，接收和执行工作站的控制指令，并向工作站控制系统反馈现场数据和控制信息。中间级是工作站控制层。这一级控制系统负责指挥和协调车间中一个设备小组的活动。一个典型的加工工作站可由一台机器人、一台机床、一个物料储运装置和一台控制计算机组成。加工工作站负责处理由物料储运系统运来的零件托盘。工作站控制层通过工件调整、零件夹紧、切削加工、切屑清除、加工过程中检验、卸下工件及清洗工件等操作对设备级的各子系统进行调度。柔性制造系统控制系统的最上层是单元控制层，通常也称为柔性制造系统单元控制器，是柔性制造系统全部生产活动的总体控制系统，用于全面管理、协调和控制单元内的制造活动，同时它还是承上启下、与上级(车间)控制器进行信息沟通与联系的桥梁。

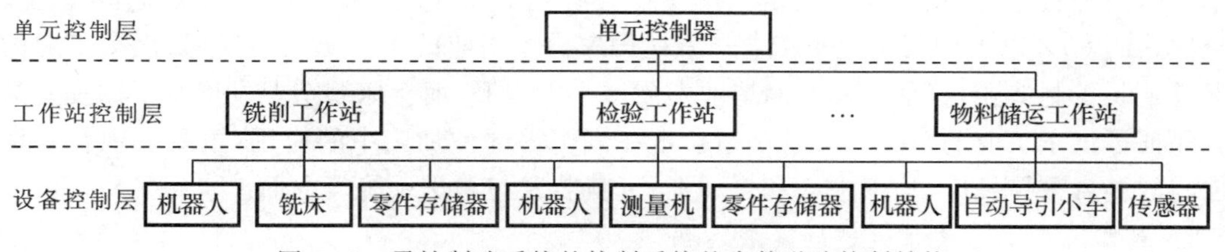

图 4-45 柔性制造系统的控制系统的多数递阶控制结构

柔性制造系统单元控制器的主要任务是实现给定生产任务的优化分批，实现单元内工作站和设备资源的合理分配和利用，控制并调度单元内所有资源的活动，按规定的生产控制和管理目标高效地完成给定的全部生产任务。

2. 柔性制造系统的控制系统的信息流

为了实现柔性制造系统单元控制层的各项功能，必须使它与各子系统之间进行有效、合理的信息流动，建立系统各层之间、各设备工作站之间的数据联系。图 4-46 所示为柔性制造系统的控制系统的信息流程图，它说明了单元控制层与各设备工作站之间的通信联系，包括所涉及的信息内容、类型和流动方向等。

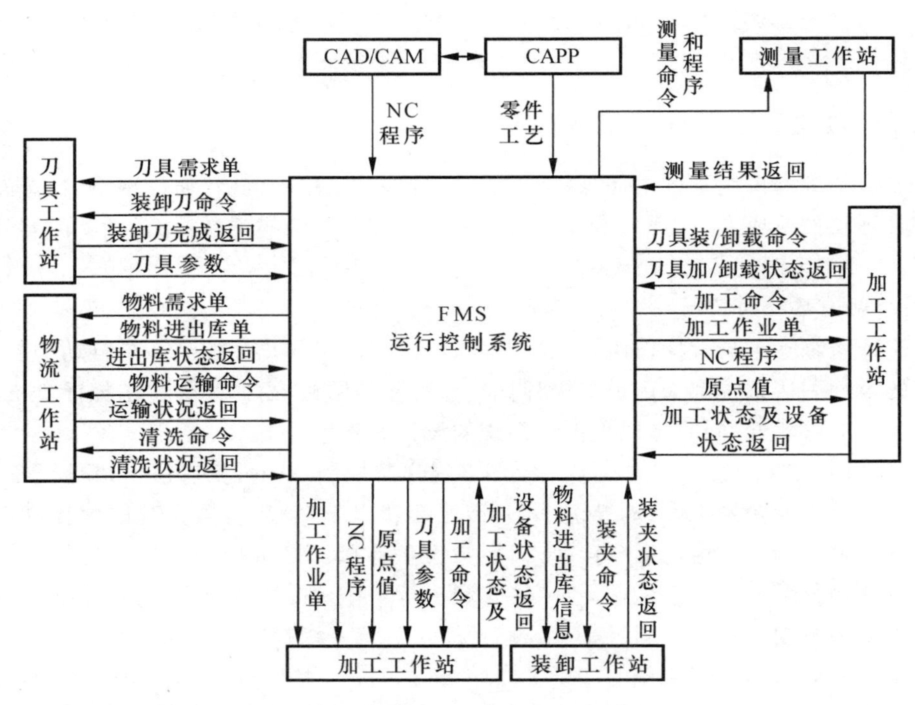

图 4-46　柔性制造系统的控制系统的信息流程图

4.4.7　柔性制造系统的应用案例——汽车零件的柔性制造

进入21世纪以来,中国汽车工业一直保持着持续发展的势头。20世纪90年代以前,国内汽车工业的主导产品是货车,经过近十年的发展,出现了以轿车为主导的可喜格局。各行各业中,与装备制造业关联最大的就是汽车工业。有关资料表明,在美国,机床的50%以上、工业机器人的60%以上均用于汽车工业。发达国家汽车工业的发展史无不证明:汽车工业的发展促进了装备制造业,特别是机床制造业发展水平的提升,而机床制造业发展水平的提升又支撑和保证了汽车工业的繁荣。柔性制造技术在汽车零部件加工中的应用,主要表现在由计算机控制的多台数控机床、加工中心和自动上、下料装置与输送系统等方面。

1. 我国汽车工业柔性制造的发展现状

早在20世纪80年代,随着改革开放进程加快,我国汽车工业就已开始向发达国家汽车工业系统地学习先进的生产方式,其中就包括柔性制造。20世纪80年代中后期,汽车工业的主要生产厂家开始在一些工艺流程和产品制造中尝试柔性制造,初步积累了经验。

从20世纪末至今,随着汽车工业的发展、国内汽车企业实力的增强,以及国外公司的大规模进入和生产装备的改善,汽车零部件加工开始逐步向柔性制造方向发展。主要汽车生产厂家,如一汽集团等,在一些生产领域开始实施柔性制造,如在焊装车间使用多种机器人、在某些加工工序中使用机械手和自动化设备,这在一定程度上实现了多品种的混线生产。一汽大众汽车有限公司采用柔性自动线生产轿车变速器和离合器壳体,自动线节拍达到40.5 s,年生产能力为36万件,工序能力系数 $C_p>1.33$,可实现连续四周无故障生产;上海通用汽车公司拥有的柔性化生产线,涵盖了各大总成及整车组装等环节,提高了产品换代速度。随着汽车工业的发展，汽车零部件加工也在向柔性制造方向发展。柔性制造系统带来了加工的高度灵活性，在保持高生产率的同时还能生产更多种类的零件。加工中心作为汽车零部件生产线的重要组成模块，为满足汽车零部件生产的可靠性和高效性要求提供了保证。

2. 汽车零件的柔性制造

奇瑞汽车股份有限公司的小排量系列发动机由于功率大、输出扭矩大、耗油量低且尾气排放量低，所配车型的产销量日益攀升。这样，即使是用当初规划的加工设备满负荷运行，也不能满足发动机装机需求。于是，奇瑞公司决定招建472缸盖生产线。当时奇瑞公司曾考虑采用欧洲制造的设备或按专机线方案规划，但是经过综合考虑投资成本、投资回收期、加工柔性和投资风险后，决定让加工部分由小巨人机床有限公司承包组线。

小巨人机床有限公司承包的奇瑞472缸盖生产线采用立式加工中心VTC160AN和卧式加工中心HCN5000(6000)Ⅱ混合组建。一条生产线经过简单切换，30 min内即可满足0.8 L、1.1 L、1.2 L及卧式1.2 L等几款发动机缸盖的加工要求。而且，VTC160AN可支持多工件加工(一个加工循环可加工四个工件)，双交换台加工又缩短了重复换刀时间和上、下料辅助时间，能够获得很高的加工效率。

4.5 自动检测与监控技术

为了保证柔性制造系统的正常运行及其制造质量，需要对系统运行状态进行自动检测与监控。检测监控系统用来采集、传输、处理和利用制造系统的工况数据(包括原材料检验数据、制造过程工艺数据、设备状态数据、产品检测数据、能源动力数据以及环境状态数据等)，监视系统的运行状态并做必要的干预控制，预测系统的未来，诊断系统的故障或问题，提供系统优化和维护修理的咨询，为制造系统的运行控制和优化调度提供决策依据。

4.5.1 传感技术基础

1. 传感器及其组成

传感器是一种以测量为目的、以一定的精度把被检测的机械参量转换为与之有确定关系且便于处理的另一种物理量的测量器件。传感器的输出信号多为易于处理的电参量，如电压、电流、频率等。传感器由敏感元件、传感元件及测量转换电路三部分组成。其中，敏感元件是在传感器中直接感受被测参量的元件，即被测参量通过传感器的敏感元件转换成与被测参量有确定关系、更易于转换的非电参量。这一非电参量通过传感元件后就被转换成电参量。测量转换电路的作用是将传感元件输出的电参量转换成易于处理的电压量、电流量或频率量。应该指出，并非所有的传感器都有敏感、传感元件之分，在有些传感器中它们是合二为一的。

2. 传感器的分类

由于工作原理、测量方法和被测对象不同，传感器的分类方法也不同。

(1) 按其用途，传感器分为力传感器、加速度传感器、位移传感器、温度传感器、流量传感器等。

(2) 按能量关系，传感器分为有源和无源传感器。光电式传感器、热电式传感器等为有源传感器，电阻式、电容式和电感式传感器等参数型传感器为无源传感器。

(3) 按其测量方式，传感器分为接触式和非接触式传感器。电阻应变式传感器和压电式传感器为接触式传感器,光电式传感器、红外线传感器、涡流式传感器和超声波传感器等为非接触式传感器。

(4)按输出信号的形式,传感器分为模拟式传感器和数字式传感器。

3. 传感器基本特性

传感器的特性一般指输入、输出特性,它有静态、动态之分。反映传感器基本特性的指标有如下一些。

(1) 灵敏度　灵敏度是指传感器在稳态下,单位输出变化值 Δy 与输入变化值 Δx 之比。

(2) 分辨率　它表征传感器在规定测量范围内有效辨别输入量最小变化量的能力。

(3) 线性度　线性度又称非线性误差,指传感器实际特性曲线与拟合直线(有时也称理论直线)之间的最大偏差与传感器满量程输出之百分比,即

$$\gamma_{\mathrm{L}} = \frac{\Delta L_{\max}}{\Delta y} \times 100\%$$

式中:$\Delta L_{\max}$——传感器实际特性曲线与拟合曲线之间的最大偏差;

Δy——传感器满量程输出,$\Delta y = y_{\max} - y_{\min}$。

(4) 阈值　假设一个传感器的输入从零开始极缓慢地增加,只有在达到了某一最小值后,传感器才能测出并输出变化量,这个最小值就称为传感器的阈值。分辨率反映传感器可测出的最小输入变量,而阈值则说明传感器可测出的最小输入量。

(5) 量程　又称满度值,表征传感器能够承受最大输入量的能力,其数值是传感器示值范围上、下限之差的模;当输入量在量程范围以内时,传感器正常工作并保证预定的性能。

(6) 精确度　传感器的精确度常称为精度,是指传感器在其全量程内任一点的输出值与其理论输出值的偏离程度,是评价传感器静态性能的综合性指标。

(7) 漂移　在保持输入信号不变时,检测系统输出信号随时间或温度发生的缓慢变化称为漂移。随时间的漂移称为时漂,随环境温度的漂移称为温漂。

(8) 可靠性　可靠性反映检测系统在规定的条件和时间内保持原有技术性能的能力。

传感器的主要性能指标如表 4-6 所示。

表 4-6　传感器的主要性能指标

<table>
<tr><th colspan="3">项　目</th><th colspan="3">主要性能指标</th></tr>
<tr><td rowspan="7">基本参数</td><td colspan="2" rowspan="3">量　程</td><td>测量范围</td><td colspan="2">在允许误差限内传感器的被测量值的范围</td></tr>
<tr><td>量程</td><td colspan="2">测量范围的上限(最高)和下限(最低)值之差</td></tr>
<tr><td>过载能力</td><td colspan="2">传感器在不致引起规定性能指标永久改变的条件下,允许超过测量范围的能力,一般用允许超过测量上限(或下限)的被测量值与量程的百分比表示</td></tr>
<tr><td colspan="2">灵敏度指标</td><td colspan="3">灵敏度、分辨率、阈值、满量程输出</td></tr>
<tr><td colspan="2">静态精度</td><td colspan="3">精确度、线性度、重复性、迟滞、灵敏度误差、稳定性、漂移</td></tr>
<tr><td rowspan="2">动态性能指标</td><td>频率特性</td><td colspan="2">频率响应范围、幅频特性、临界频率</td><td rowspan="2">时间常数、固有频率、阻尼比、动态误差</td></tr>
<tr><td>阶跃特性</td><td colspan="2">上升时间、响应时间、超调量、衰减率、临界速度、稳态误差</td></tr>
</table>

续表

项目		主要性能指标
环境参数	温度	工作温度范围、温度误差、温度漂移、温度系数、热滞后
	振动、冲击	允许各向抗冲击振动的频率、振幅及加速度，冲击振动所允许引入的误差
	其他	耐潮湿能力、耐介质腐蚀能力、抗电磁场干扰能力等
可靠性		工作寿命、平均无故障时间、保险期、疲劳性能、绝缘电阻、耐压
使用条件		电源(直流、交流、电压范围、频率、功率、稳定度) 外形尺寸、重量、备件、壳体材料、结构特点、安装方式、馈线电缆、出厂日期、保修期、校准周期
经济性		价格、性能价格比

4. 传感检测方法

(1) 直线位移检测　常用于检测直线位移的传感器有：① 电感式传感器，如线性差动变压器式、衔铁移动电感式、涡流式传感器；② 电容式传感器，如变面积、变间隙电容式传感器；③ 激光式传感器，如全息显微测长、调试法测距、扫描法测尺寸、量子干涉测长传感器；④ 其他形式传感器，如感应同步器，光栅、磁栅、光纤式传感器以及霍尔效应式传感器。

(2) 力和力矩检测　常用的力和力矩传感器有：① 电阻丝应变传感器，它是利用电阻丝变形使其电阻值发生变化而进行检测的；② 弹性杆轴向载荷传感器，它是利用力作用与弹性元件产生微小位移并通过位移传感器转换成电量来进行检测的；③ 悬臂梁式力传感器，特别适合于检测垂直于悬臂梁轴线的两个相互垂直轴的弯曲力矩；④ 压电晶体传感器，它是将压电元件与弹性元件装在一起，通过弹性元件将力或压力作用到压电晶体上，使压电晶体产生电荷变化而进行检测的；⑤ 扭矩传感器，它是用被测扭矩使圆筒扭转而产生应变，再用应变传感器将应变转换成电量而进行检测的。

(3) 转速检测　转速传感器可分为模拟式和数字式两种。模拟式传感器包括电容式转速传感器和涡流式转速传感器两种。电容式转速传感器是将被测轴转速转换为电容量变化而实现转速测量的传感器。涡流式转速传感器的原理是：将用高导电材料制造的元件安装在转轴上，当轴转动时，传感器线圈的电感和电阻发生变化，其变化量是轴转动速度的函数。涡流转速传感器具有很高的分辨力，其速度范围为 0～50 000 r/min。

4.5.2　检测与监控系统的组成

自动化制造系统的检测与监控系统的功能可分为系统运行状态检测与监控、加工过程检测与监控，如图 4-47 所示。运行状态检测与监控功能主要是检测与收集自动化制造系统各基本组成部分与系统运行状态有关的信息，把这些信息处理后传送给监控计算机，以保证系统的正常运行。加工过程检测与监控主要是对零件加工精度的检测和对加工过程中刀具的磨损和破损情况的检测与监控。

自动化制造系统运行状态信息通常指以下信息。

(1) 刀具信息　包括刀具是否损坏、属于哪台机床、刀具型号、损坏的形式、有无备用刀具、是否已处理、刀具使用情况统计等。

(2) 机床状态信息　包括机床是否在正常使用、机床主轴工作情况、机床工作台工作情

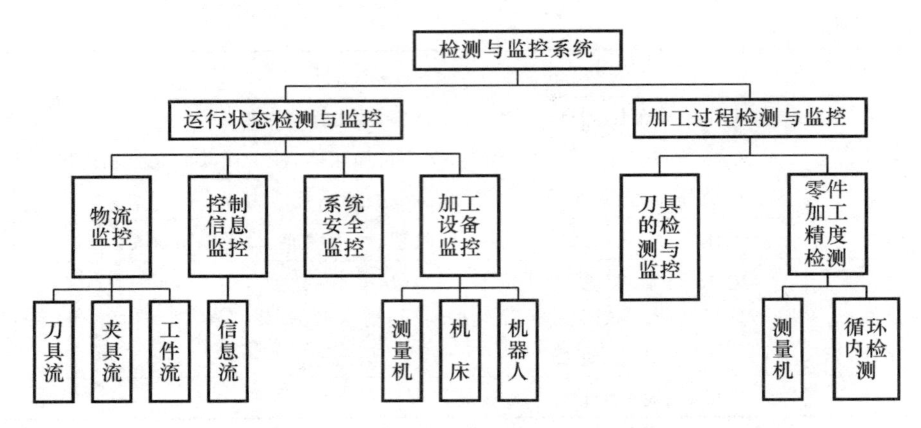

图 4-47 检测与监控系统的组成

况、换刀机构工作情况、影响加工质量的振动情况、主要的继电器工作情况、停机时间等。

(3) 系统运行状态信息 包括小车位置状态、小车空闲情况、托盘位置、托盘空闲情况、托盘站空闲情况、工件的位置、机器人工作状态、清洗站是否有工件、中央刀具库刀具情况等。

(4) 在线尺寸测量信息 包括合格信息、不合格信息等。

(5) 系统安全情况信息 包括电网电压情况、火灾情况、温度情况、湿度情况、人员情况等。

(6) 仿真信息 包括零件的数控程序是否准确、有无碰撞干涉情况、仿真综合结果等。

检测与监控软件对自动化制造系统的运行状态信息进行分析处理后,可根据需要对系统运行过程进行必要的干涉和控制。

4.5.3 自动化加工系统的检测

1. 工件尺寸精度检测

工件尺寸精度是直接反映产品质量的指标,因此在许多自动化制造系统中都采用直接测量工件尺寸的方法来保证产品质量和系统的正常运行。

1) 专用的主动测量装置

在大规模生产条件下,常将专用的自动检测装置安装在机床上,不必停机,就可以在加工过程中自动检测工件尺寸的变化,并能根据测得的结果发出相应的信号,控制机床的加工过程(如变换切削用量、刀具补偿、停止进给、退刀和停机等)。自动测量原理如图4-48所示。机床、执行机构与测量装置构成一个闭环系统,在机床加工工件的同时,自动测量头对工件进行测量,将测得的工件尺寸变化量经信号转换放大器,转换成相应的电信号并经过放大后返回机床控制系统,从而通过机床的执行机构控制加工过程。

2) 三坐标测量机

三坐标测量机是自动化制造系统的基本测量设备。使用时,由工件输送系统将清洗后的工件连同安装工件的托盘一起送至系统中的三坐标测量机上。测量机能够按事先编制的程序(或来自 CAD/CAM 系统)实现自动测量,效率比人工高十倍,而且可测量具有复杂曲面零件的形状精度。测量结束后,还可以将测量结果通过检验与检测系统送至机床的控制器,从而修正数控程序中的有关参数,补偿机床的加工误差,确保系统具有较高的加工精度。

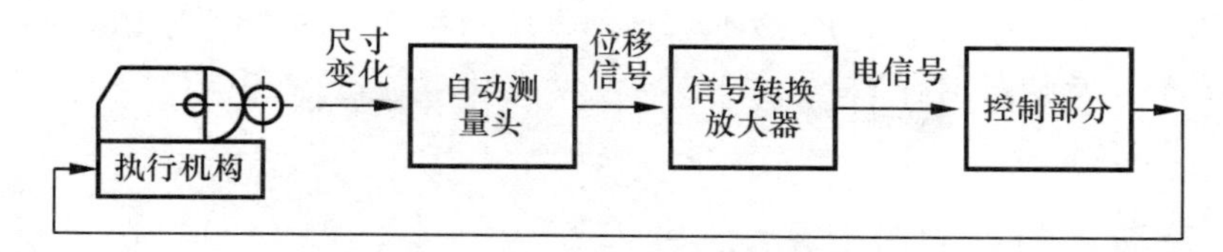

图 4-48 加工过程中自动测量原理图

3）三维测头与循环内检测技术

三坐标测量机的测量精度很高，但它对地基和工作环境的要求也很高，必须远离机床安装。如果零件的检测需要在几个不同的阶段进行，零件就需要反复搬运几次，对于质量控制要求不是特别高的零件，这样做显然是不经济的。可将三坐标测量机上用的三维测头直接安装在加工中心上，它的柄部结构与刀杆一样，因此可以将它装入加工中心的主轴，也可由换刀机械手放入刀架，测量运动由程序控制。这样，数控加工中心实质上成了一台临时的三坐标测量机。整个系统通过测量模块与机床数控系统进行通信。

4）机器人测量技术

机器人测量特别适合于自动化制造系统中的工序间和过程测量。与坐标测量机相比，机器人测量成本低，使用灵活且易在生产线上使用。机器人测量分直接测量和间接测量。直接测量称为绝对测量，它要求机器人具有较高的运动精度和定位精度，因此机器人造价也较高。间接测量也称辅助测量，特点是在测量过程中机器人不参与测量过程，它的任务是模拟人的动作，将测量工具或传感器送至测量位置。这种测量方法有如下特点：① 机器人可以是一般的通用工业机器人，如在车削自动线上，机器人可以在完成上、下料工作后进行测量，而不必为测量专门设置一个机器人，使机器人在线具有多种用途；② 对传感器和测量装置要求较高，由于允许机器人在测量过程中存在运动或定位误差，因此，传感器或测量仪器具有一定的智能和柔性，能进行姿态和位置调整并独立完成测量工作。

2. 刀具磨损和破损的监测

在切削过程中，刀具工况（如磨钝、破损和刀刃塑变等）与砂轮工况（如砂轮磨钝和砂轮修整控制等）对切/磨削过程有重要的影响。统计数据表明：刀具失效是引起数控机床加工中断的首要因素，它占机床故障停机总时间的 22.4%；砂轮与工件的接触监控可以提高磨削效率 10%～30%。在自动化的制造系统中，必须设置刀具磨损、破损的检测与监控装置，以防止发生工件成批报废和设备损坏事故。

1）直接测量法

由于在加工中心和柔性制造系统中，大多是采用多品种、小批量生产方式，除专用刀具外，各种工具均用于加工多种工件或同一工件的多个表面。直接测量法就是直接检测刀具的磨损量，并通过控制系统控制补偿机构进行相应的补偿，保证各加工表面应具有的尺寸精度。在刀具磨损量的直接检测中，不同的切削工具，测量的参数也不尽相同。对于切削刀具，可以测量刀具的后面、前面或切削刃的磨损量；对于磨削工具，可以测量砂轮半径磨损量；对于电火花加工，可以测量电极的耗蚀量。

2）间接测量法

切削力对刀具的破损和磨损十分敏感。当刀具磨钝或轻微破损时，切削力会逐步增大。而当刀具突然崩刃或破损时，三个方向的切削力会明显增大。车削加工时，以进给力 F_f 为最敏感，吃刀抗力 F_p 次之，主切削力 F_c 最不敏感。可以用切削力的比值或比值的导数作为判别依据。譬如，一般正常切削时，$F_f/F_c=40\%$，$F_p/F_c=28.2\%$，刀具损坏时判别基准均比上述值高 13%以上。

4.5.4 自动化加工的监控系统

1. 监控系统的组成

加工过程的在线监控涉及很多相关技术，如传感器技术、信号处理技术、计算机技术、自动控制技术、人工智能技术等，并涉及切削机理。自动化加工的监控系统主要由信号检测、特征提取、状态识别、决策与控制四个部分组成，如图 4-49 所示。

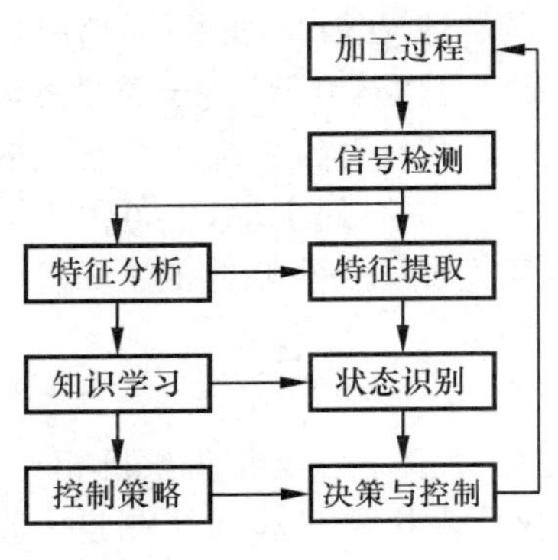

图 4-49 自动化加工的监控系统的一般结构

(1) 信号检测 加工过程的状态信号较多，它们可从不同角度反映加工状态的变化。常见的检测信号包括切削力信号、切削功率信号、电压信号、电流信号、声发射信号、振动信号、切削温度信号、切削参数信号、切削扭矩信号等。

(2) 特征提取 特征提取是对检测信号的进一步加工处理，从大量检测信号中提取出与加工状态变化相关的特征参数，其目的在于提高信号的信噪比，增强系统的抗干扰能力。提取特征参数的质量对监控系统的性能和可靠性具有直接的影响。

(3) 状态识别 状态识别实质上是通过建立合理的识别模型，根据所获取加工状态的特征参数对加工过程的状态进行分类判断。从数学角度来理解，模型的功能就是特征参数与加工状态的映射。当前建模方法主要有统计方法、模式识别方法、专家系统方法、模糊推理判断方法、神经网络方法等。

(4) 决策与控制 根据状态识别的结果，在决策模型指导下对加工状态中出现的故障做出判别，并进行相应的控制和调整，例如改变切削参数、更换刀具、改变工艺等。

当前在加工过程监控领域所开展的研究工作，主要包括机床状态监控、刀具状态监控、加工过程监控、加工工件质量监控等几个方面。其中机床状态监控包括机床主轴部件监控、机床导轨部件监控、机床伺服驱动系统监控、机床运行安全监控、机床磨损状态监控等。刀具状态监控包括刀具磨损状态监控、刀具破损状态监控、刀具自动识别、刀具自动调整、刀具补偿、刀具寿命管理等。加工过程监控包括加工状态监控、切削过程振动监控、切削力监控、加工中温度监控、加工工序识别、冷却润滑系统监控等。加工工件质量监控包括工件尺寸精度监控、工件形状精度监控、工件表面粗糙度监控、工件安装定位监控、工件自动识别等。

2. 刀具的自动监控

刀具的磨损是逐渐发生的，刀具的破损则是随机的，它们引起切削力的变化情况也不同。加工条件（如工件材质、刀具材料以及切削用量等）不同，切削状态（连续切削和断续切削）不同，还有切削环境不同（如有无切削液等），都会使刀具监控复杂化。刀具监控系统要能根据刀具的破损形式确定其特征量和判别基准，在破损发生（或即将发生）时能立即发出信号，使机床迅速采取响应的措施，以免发生事故。刀具磨损最简单的监测方法是记录每把刀具的实际切削时间，并与刀具寿命极限值进行比较，当达到极限值时就发出换刀信号。刀具破损最简单的监测方法是将每把刀具在切削加工开始前或切削加工结束后移动到固定的检测装置,以检测其是否破损。上述两种方法得到了广泛的应用。刀具的自动监控还有其他几种方法。

(1) 机电式监控方法 用机械接触的方法去检查刚用过的刀具或刚加工过的工件,以发现刀具是否折断或破损。如在自动线和多工位组合机床上使用机电式孔深检查装置监控钻头的破损,在加工中心上使用机电式刀具破损监控装置检查刀具破损等。

(2) 光电式监控方法 一般将刚用过的刀具回转到一个特定的位置,使其刀尖(或切削刃)正好处于红外线光束的通路。若刀刃损坏,红外传感器会发出相应的信号。这种监控仪一般采用超小型的红外发射器,其体积小,检测精度高,工作稳定可靠,抗干扰能力强,既可用于柔性加工系统、加工中心,也可用于一般自动化机床的刀具检查。缺点是不能实时监控。

(3) 切削力/扭矩实时监控方法 切削力(分力与力矩)的实时检测值是切削过程动态优化的重要参数。同时,它表征了切削过程中刀具、工件与设备的工况状态,是重要的过程参数。切削研究证明,切削力通常随着刀具磨损的增加而增大,在刀具破损时,切削力或切削力矩呈现瞬态下降的跃变。因此,常用监控切削力或扭矩的方法间接监控刀具磨损或破损,并由此来监控切削过程状态或实现切/磨削力的优化控制。利用切削力特征参数进行刀具监控的方法有切削力导数法、切削分力比率法和能量法。其中,切削力导数法和能量法只能实现刀具磨损转变点的判别,不能实现刀具磨损量的实时测定。采用切削分力比率法时需对走刀抗力进行自相关分析,通过建立自相关系数与刀具磨损量 VB 间的关系识别磨损值。

(4) 功率/电流实时监控方法 利用主轴电动机或进给电动机的有关变量,如电流、电压、相位、功率等与刀具磨损、破损或切削过程颤振等工况的相关性,实现对刀具工况、切削过程状态的监控。也可先将功率实测值换算成切削力或力矩,再按力/力矩与刀具工况进行识别。

(5) 声发射监控方法 材料或构件受外力或内力作用产生变形或断裂,以弹性波形式释放出应变能的现象称为声发射。在金属切削过程中可产生频率范围为几十千赫兹至几兆赫兹的声发射信号。产生声发射信号的原因包括工件的断裂、工件与刀具的磨损、切削变形、刀具的破损及工件的塑性变形等。正常切削时,信号器所拾取信号为一个小幅值连续信号。当刀具破损时,声发射信号各增长幅值远大于正常切削时的幅度。根据大量试验知,此增大幅度为正常切削时的 3～7 倍,并与刀具破损面积有关。因此,声发射信号产生的阶跃突变是用于级识别刀具破损的重要特征。声发射监控方法是一种很有前途的刀具破损监控方法。

3. 加工设备的自动监控与诊断

设备在运行过程中,其内部零部件由于受到力、热、摩擦、磨损等多种作用,其运行状态不断变化,一旦发生故障,往往会导致严重后果。因此,必须在设备运行过程中对设备的运行状态及时做出判断,采取相应的决策,以避免事故的发生。加工设备的自动监控与故障诊断主要包含以下四方面的内容。

(1) 状态量的监测 状态量监测就是用适当的传感器实时监测设备与运行状态相关的参数。例如:用加速度计、温度计分别监测回转机械的振动幅值和温度变化情况,以判别该机械的轴承是否损坏、各紧固件是否发生松动等;用振动传感器监测机械设备的振动情况。

加工设备状态监控与诊断中通常监测的对象有振动(位移、速度或加速度)、温度、压力、油料成分、电压、电流、声发射信号等。通过监测振动的幅值和频谱变化可以判断机床等机械设备的运行状态,振动幅值或振动的频谱发生变化超出正常范围,说明机械设备的轴承、齿轮、转轴等出现磨损、破损、破裂等故障;通过监测设备的温度可以判别机床主轴、轴承、刀具的磨损、破损状态；通过监测油压、气压能及时预报油路、气路的泄漏状况，防止夹紧力不够而出现故障；通过监测润滑油的成分变化可以预测轴承等运动部件磨损、破损的出现；通过监测电压、电流可以判断电子元件的工作状态以及负荷情况；通过监测声发射信号可以判断切削状态（刀具磨损、破损，切屑缠绕等）以及轴承、齿轮的破裂等故障。

（2）加工设备运行异常的判别　运行异常判别是指对状态量的测量数据进行适当的信息处理，判断是否出现设备异常信号。对于状态量逐渐变化造成运行异常的情况，可以根据其平均值进行判别。但是，在某些情况下，如果状态量的平均值不变化，而状态参数值的变化却在逐渐增大，此时，仅根据运行状态量的平均值是不能判别设备是否已出现异常情况的，这时将需要根据状态量的方差值进行判别。

（3）设备故障原因的识别　根据设备状态量监测和运行异常判别只能判断某台设备是否出现故障，而不能识别出故障发生的原因和位置。但是，不知道故障发生的原因和位置就很难排除故障，更不能阻止该故障重新出现。识别故障原因是故障诊断中最难、最耗时的工作，因为随着科学技术的进步，机械设备结构愈来愈庞大、复杂，而且涉及机械、电子技术、液压、计算机、通信、系统工程等专业技术。对一种故障往往需要多个维修专家联合诊断才能找出其真正的原因。

（4）控制决策　找出故障的发生地点及原因后，就要对设备进行检修，排除故障，以保证设备能够正常工作。为了减少故障出现对生产造成的损失，可在生产现场通过更换元件、部件以及整块印制电路板的方法来解决。

状态量监测是故障诊断的基础，故障诊断是对监测结果的进一步分析和处理，而控制决策是在监测和诊断的基础上做出的。因此，这三者必须有机地联系在一起。

思考题与习题

4-1　制造自动化的含义是什么？

4-2　广义制造中的制造自动化与狭义制造中的制造自动化有何区别？

4-3　制造自动化的目标是什么？

4-4　刚性自动化的特点是什么？柔性自动化主要解决什么问题？其典型代表是什么？

4-5　数控技术的含义是什么？简述数控机床的构成。

4-6　现代数控机床与普通数控机床有哪些区别？

4-7　何谓五轴联动数控机床？五轴联动数控机床在零件加工方面具有哪些优势？

4-8　何谓并联运动机床？它与传统机床相比具有哪些优点？

4-9　什么是开放式数控系统？为什么要开发开放式数控系统？

4-10　开放式数控系统具有哪些主要特征？

4-11　基于PC的开放式数控系统有哪几种体系结构？各有什么特点？

4-12　何谓柔性制造系统？其由哪几部分组成？

4-13　为什么说人在柔性制造系统中仍起着重要作用？人的主要任务是什么？

4-14　广义的柔性制造系统有哪几种类型？各适用于何种场合？

4-15　柔性制造系统加工系统常用的配置形式有哪几种？分析互替式与互补式机床配置形式的特点。

4-16　物料运储系统起什么作用？它一般由哪几个部分组成？

4-17　计算机控制与管理系统的主要任务有哪些？

4-18　柔性制造系统中常见的物料运输装置有哪些？

4-19　刀具管理系统的主要职能是什么？典型的柔性制造系统的刀具自动管理系统由哪几个部分组成？

4-20　柔性制造系统的控制系统由哪几个部分组成？一般采用哪三级递阶控制结构？

4-21　自动导引小车的导向方法各有何特点？

4-22　分析自动化仓库的组成和功能。

4-23　在自动化加工系统中是如何实现工件尺寸精度检测的？

4-24　刀具的自动监控方式有哪些？

第5章　现代制造企业的信息管理技术

5.1　概　述

5.1.1　制造信息及其特点

制造系统有三大主流，即物质流、能量流和信息流，其中信息流已成为最活跃的驱动因素。当前企业间的竞争已从生产规模和资本的竞争转向快速获取信息和运用信息的竞争，其主要表现是，利用信息技术(IT)和互联网技术实现企业的信息化，在信息技术支持下实现企业的先进制造战略，从而使物质、知识、资本以及信息等资源得到最佳利用。

制造过程中的制造信息分为设计信息和制造信息。设计信息是指设计人员设计出的具体产品的几何尺寸信息、几何公差信息、表面结构信息以及几何形体物理信息(如强度、刚度、硬度等)。制造过程就是实现设计信息所描述的产品的过程。制造信息包括制造资源配置以及对制造资源的控制信息，通常表现为加工工艺规程、装配工艺规程等工艺文件。制造信息有以下特点。

(1) 多态性　在制造系统中，除一般的结构化信息外，还有大量的非结构化信息，如图形信息、实体模型、数控程序、超长文本、专家知识、设计经验等数据信息，存在信息的频繁变化与交换，因此制造信息呈现明显的多态性。在数据库的设计过程中，必须考虑各种信息的分类和各自的特点，为这些种类和变化繁多的数据类型建立合理的存储和管理机制。

(2) 结构复杂性　制造系统中的许多信息，如图形、实体模型、数控程序、工艺文件等信息结构十分复杂，很难采用或参照模型表的形式进行存储和处理，这对关系型数据库提出了更高的要求。

(3) 分布性　制造信息分布在制造系统的各个应用单元中，并且数据库建立的时间、系统环境、应用目的等存在差异，因而数据库的结构、应用环境具有明显的异构性，这就给保证数据的一致性、安全性和可靠性以及信息转换和通信带来了较大的难度。

(4) 实时性　如对底层制造系统要考虑实时加工和监控信息的收集、分析和管理，这就要求采用实时数据库技术。

(5) 集成性　在生产过程中，各个信息管理子系统之间频繁地进行着数据交换，为了实现信息的共享，减少信息的冗余，在数据库设计时必须考虑信息的集成要求。须根据信息是共享数据还是局部数据来设计数据的存储位置和分布方式，根据共享数据的特点来规划各个信息管理系统之间的数据交换内容和数据集成方式。

产品设计和制造过程设计都是信息的处理过程。产品设计是把功能和性能要求映射为产品设计信息，制造过程设计则是把产品设计信息映射为制造信息。设计信息决定制造信息，是产生制造信息的输入；制造是产品设计的物化过程。制造信息又会制约设计信息，产品设计时必须考虑可制造性。设计信息和制造信息之间具有交互性和统一性，设计和制造的最终目的是生产出能够满足顾客需求的产品。

5.1.2　制造业信息化的内涵

在传统制造企业中，信息的产生、传递、复制和存储主要依赖于图纸、文件、报表和各种会议，信息的传递不仅缓慢，而且经常中断，不能形成连续的信息流，从而导致管理层次多、机构重叠，各级人员相互推诿责任，工作效率低下。

制造业信息化就是将IT技术、自动化技术、现代管理技术与制造技术相结合，带动产品设计方法和工具的创新、企业管理模式的创新、企业间协作关系的创新，实现产品设计制造和企业管理的信息化、生产过程控制的智能化、制造装备的数控化、咨询服务的网络化，全面提升制造业的竞争力。制造业信息化的内涵主要体现在以下方面：

(1) 信息化的产品设计、工艺设计、数控加工、坐标测量、柔性制造以及快速成形等。

(2) 信息化的营销和管理，主要涉及信息管理系统、制造资源规划(manufacturing resource planning，MRPⅡ)、产品数据管理(product data management，PDM)和企业资源计划等相关技术。

(3) 制造仿真和虚拟制造。

(4) 基于Internet和局域网的网络制造、电子化制造(e-manufacturing)。

(5) 智能制造。

(6) 虚拟企业和供应链、企业动态联盟。

(7) 制造工程数据库及决策支持系统。

IT技术的推广应用，使制造企业的产品开发、业务流程、管理体制和生产模式发生了根本性变革，制造业信息化将给企业带来巨大的经济效益。通过网络实现的信息快速传递和共享，可使传统制造企业的多层金字塔式管理模式转变为层次较少的扁平结构，从而加速决策过程。

制造业越来越依赖IT技术，各种先进制造模式，如计算机集成制造、并行工程、敏捷制造、智能制造、虚拟制造，无不以IT技术为支持技术。IT技术对制造技术发展的促进作用已居于首位，给传统制造技术带来了质的变化，加速了设计技术的现代化，加工制造的精密化、快速化，自动化技术的柔性化、智能化，制造系统的网络化、全球化。

制造业信息化涉及产品开发、生产和营销过程价值链，它改变了制造商、供应商和客户之间单纯的钱、货交易关系，通过供应链管理(supply chain management，SCM)使得供应商可以参与产品的制造和运输，通过客户关系管理(customer relationship management，CRM)和产品生命周期管理(product lifecycle management，PLM)使得客户能够参与所购买产品的设计和制造过程，便于企业为客户解决产品的使用、维护和废弃处理中的各种问题。

5.1.3　企业管理及其信息化的内涵

1. 企业管理的内涵

企业管理是指为了适应企业内外部环境变化，对企业的资源进行有效配置和利用，最终达到企业既定目标的动态创造性过程。对制造业来说，人力资源、财务资源和物业资源等三大类资源的信息需要管理。这三大类资源的信息不仅数量大，而且有异构特点。如果没有成熟、可靠的计算信息处理系统，是很难对其进行管理的。因此，企业管理必须实现信息化。

2. 企业信息化的内涵

企业信息化是指信息技术在企业产品开发设计、生产、管理、商务及办公等领域的全方位应用，即运用信息技术对企业的各种生产经营活动进行全方位的改造，充分开发企业的人、财、物资资源及企业内外信息资源，降低生产和管理成本，提高经济效益。企业信息化也就是运用先进的管理思想和方法，以计算机和网络技术为手段，整合企业现有的生产、经营、设计、制造和管理能力，为企业的决策提供及时、准确和有效的数据信息，以便对顾客要求做出快速反应。企业信息化的本质是加强企业的核心竞争力。

企业信息化可分为四个主要的业务领域，相应地涉及四种信息管理系统——企业资源计划系统、供应链管理系统、客户关系管理系统和产品生命周期管理系统，这四种信息管理系统的有机结合构成了企业信息化体系。企业可根据自身情况，面向某类特定的业务问题，选用一种或几种系统来构建自己的企业信息化框架体系。

要使企业管理信息化实施获得成功，首先企业必须运行正常、有良好的管理机制。在企业信息化项目中，产品供应商和系统集成商(指为企业提供信息管理系统的机构)都可能从自身利益出发，高估需求而可能导致资源浪费。因此，只有在对需求进行理性化分析的基础上进行科学可行的信息化规划，并在此规划的指导、协调、控制下实施信息化，才能使信息化管理取得预期效果。

5.1.4 工业化和信息化的融合

信息化的基础是工业化，只有实现工业化、信息化的“两化”融合，才有可能发挥信息化的作用，推动工业化的进展。表 5-1 所示为工业化、信息化及“两化”融合的比较。

表 5-1 工业化、信息化及“两化”融合的比较

项　目	分　类		
	工业化	信息化	“两化”融合
功能	手的延伸——机器	脑的延伸——计算机、网络	手、脑融合的延伸——硬、软件
发展动力	资本为第一推动力	技术为主要动力	可持续发展
发展基础	农业化	工业化	工业化＋信息化
发展手段	主要靠竞争	竞争＋合作	社会、经济、环境协调
管理模式	物质生产——流水线 信息传递——垂直方向	信息传输——网络化管理	电子化管理

就制造业而言，“两化”融合具体体现在以下几方面：

(1) 实施制造业信息化工程，构建数字化企业；利用信息技术发展数字化、智能化产品；利用信息技术提高企业的效率和效益。

(2) 利用信息集成和信息协同手段优化供应链管理，实现制造业和物流业的对接、联动；在网络市场中推行网络制造生产模式，培育制造业新的经济增长点。

(3) 实施信息化工程，主要围绕制造企业，围绕产品创新等合理推进信息化应用以及企业资源计划的应用。

(4) 实现电子化，抛弃依赖纸质图、表的企业管理模式。

(5) 使制造企业变成一个市场适应能力强、和谐的工厂，网络化的工厂和学习型的工厂。

(6) 在产品与装备中融入信息技术。将新的信息技术融入产品，生产出数字化的产品与装备,为用户提供智能化工具。在产品和装备中融入信息技术,实现数控化、智能化、自动化后,产品与装备的附加值也会相应提高。

(7) 将信息技术融于节能减排。在产品研发中,利用计算机仿真技术产品进行试验,从而减少物质消耗。

"两化"融合将催生新技术产业,随着"两化"融合的深度、广度不断拓展,新技术创新层出不穷,制造模式不断更新,很多小的企业可得以壮大。

5.2 企业资源计划

5.2.1 企业资源计划的概念与发展

20世纪80年代末和90年代初,随着世界各国市场的开发和信息化管理手段的应用,企业逐步形成规模化发展局面并进入国际化发展空间,任何企业都要承受来自国际化企业的竞争压力,企业生产什么就卖什么的年代一去不复返。在这种市场背景下,企业资源计划在制造资源规划的基础上应运而生。2001年,美国生产与库存管理协会(American Production and Inventory Control Society, APICS)将企业资源计划定义为"一种高效规划与控制全部所需资源的获取、制作、采购的方法,并在制造、分配或服务过程中考虑顾客的订单"。企业资源计划的基本思想是对企业的所有资源进行全面集成管理。它利用信息科学的最新成果,根据市场的需求对企业内部和其供应链上各环节的资源进行全面规划、统筹安排和严格控制,以保证人、财、物、信息等各类资源得到充分、合理的应用,从而达到提高生产效率、降低成本、满足顾客需求、增强企业竞争力的目的。图5-1所示为企业资源计划的基本思想框图。

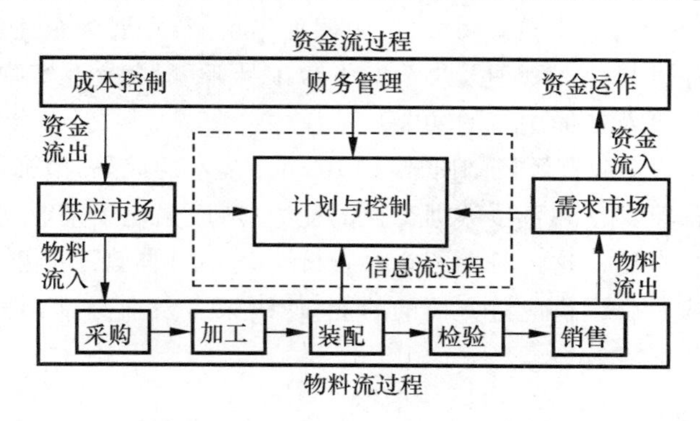

图5-1 企业资源计划的基本思想框图

1) 企业资源与企业资源计划

厂房、生产线、加工设备、检测设备、运输工具等都是企业的硬件资源,人力、管理能力、信誉、融资能力、组织结构、员工的劳动热情等都是企业的软件资源。在企业运行中,这些资源相互作用,形成企业进行生产活动、完成客户订单、创造社会财富、实现价值的基础,反映企业在竞争发展中的地位。

企业资源计划系统的管理对象便是上述各种资源及生产要素。采用企业资源计划可使企业的生产部门能及时、高质量地完成客户订单,最大限度地发挥这些资源的作用,并根据客户订单及生产状况做出调整资源的决策。

2）调整和运用企业资源

企业发展的重要标志便是合理调整和运用上述的资源。在没有企业资源计划系统这样的现代化管理工具时，企业资源状况及调整方向不清楚，要做调整安排是相当困难的，调整过程会相当漫长，企业资源计划的成功推行必使企业能更好地运用资源。

3）信息技术对资源管理作用的发展过程

计算机技术，特别是数据库技术的发展为企业建立信息管理系统，甚至对改变管理思想起到了不可估量的作用，管理思想的发展与信息技术的发展是互成因果的环路。实践证明，信息技术已在企业的管理层面扮演越来越重要的角色。信息技术对资源管理的作用大致经历了以下几个发展阶段。

(1) 信息管理系统(management information system, MIS)阶段　20世纪50—60年代，企业开始应用计算机进行库存控制、发票执行与跟踪、工资核算等。企业的信息管理系统主要是记录大量原始数据，支持查询、汇总等方面的工作。

(2) 物料需求计划(material require planning, MRP)阶段　20世纪70年代，企业利用信息管理系统对产品构成进行管理，借助计算机的运算能力及信息管理系统对客户订单、在库物料、产品构成的管理能力，实现依据客户订单，按照产品结构清单展开物料需求计划，来实现减少库存、优化库存的管理目标。

(3) 制造资源规划阶段　20世纪80年代，在物料需求计划管理的基础上，信息管理系统增加了对企业生产中心、加工工时、生产能力等的管理功能，以实现计算机生产排程，同时也将财务功能囊括进来，在企业中形成了以计算机为核心的闭环管理系统，这种管理系统已能动态监测产、供、销的全部生产过程。

(4) 企业资源计划阶段　20世纪90年代，以计算机为核心的企业级的信息管理系统更为成熟，增加了包括财务预测、生产能力调整、资源调度等功能，发展为企业资源计划系统。企业资源计划系统作为企业进行生产管理及决策的平台工具，可配合企业实现准时管理、全面质量管理和生产资源调度管理及辅助决策的功能。

(5) 电子商务时代的企业资源计划阶段　Internet技术的成熟，增强了企业信息管理系统与客户或供应商实现信息共享和直接数据交换的能力，从而强化了企业间的联系，在各企业之间形成了共同发展的生存链。这一时期的企业资源计划系统体现了企业的供应链管理思想，企业资源计划系统相应具备了供应链方面的功能，使决策者及业务部门能实现跨企业的联合作战。

5.2.2　制造资源规划

既然企业资源计划是在制造资源规划的基础上发展起来的，就有必要对制造资源规划做一简单介绍。

1）制造资源规划的基本原理

制造资源规划系统的作用是对整个企业的物料、设备、人力、资金、信息等制造资源进行全面规划和优化控制，它是对制造资源进行综合计划、优化管理和合理利用的有效工具，可以使企业在有限资源条件下获得最大效益。其功能覆盖市场经营计划、物资供应、采购管理、设备管理、成本管理、车间管理、库存管理等方面，是以经营计划、销售计划、主生产计划(master production schedule, MPS)、物料需求计划、采购计划、生产能力计划、生产作业计划等为中心的一体化管理系统。制造资源规划系统的基本结构如图 5-2 所示。

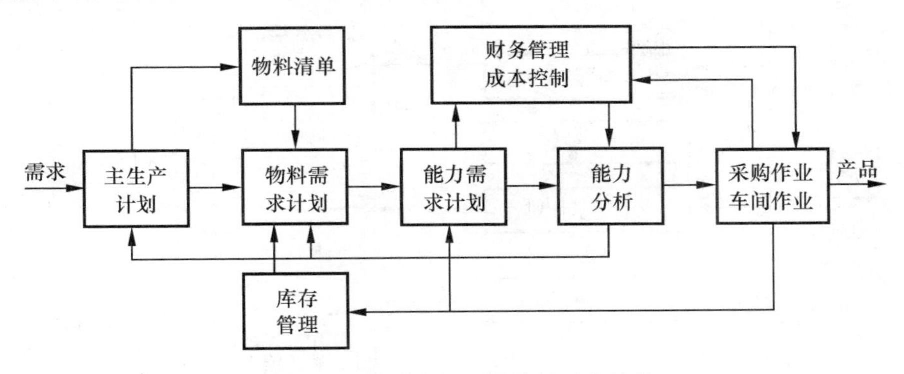

图 5-2　制造资源规划系统的基本结构

制造资源规划以订单及预测为输入，从而产生预测与生产要求，通过主生产计划建立生产计划和粗资源需求计划，并且将主生产计划输入物料需求计划模块，同时，将制造标准数据中的产品结构表和库存管理中的库存状况信息也输入物料需求计划模块，通过毛需求量、净需求量计算，产生零部件生产计划，作为能力需求计划模块的输入数据。能力需求计划模块还接收来自制造标准数据的工序信息、工作中的信息及采购管理中的采购实绩信息，并经过处理输出能力需求计划，产生生产作业详细计划和生产负荷标准化计划。如果经能力分析发现计划不满足要求，则生成相应的反馈信息并将其反馈给物料需求计划和主生产计划模块，以进行适当调整。

虽然不同软件所能提供的功能可能有较大差别，但制造资源规划系统的功能体系一般都包括生产控制（计划、制造），物流管理（分销、采购、库存管理）及财务管理（财务、成本、资金）三个模块。

（1）生产控制系统　利用生产控制系统，可按照预测的销售前景，同时考虑销售单的实际情况来编制生产大纲，再按主生产计划的排程，编制物料需求计划，据此采购原材料和零件，并安排部件的生产，以期将在制品、原材料及成品数量控制在最优水平上。此外，还可利用该系统，根据物料需求计划的结果核算生产能力，调整主生产计划，尽量维护生产能力的平衡。生产线的信息（车间管理和重复生产信息）反馈也可以与财务系统、物流管理系统集成。

（2）物流管理系统　该系统可向供、销部门和库房管理部门提供灵活的日常业务处理功能，并能自动将信息传达到财务部门和其他有关部门。

（3）财务管理系统　该系统自动集成了供销部门的应付和应收信息，到货和发货信息，库房管理部门的出、入库信息，以及在库物品的数量、在制品数量、废/次品信息等所有财务部门所需的信息，使财务部门可方便地应用计算机系统处理其所有的业务和报表及核算生产成本，帮助管理企业资金。

2）制造资源规划系统的主要功能模块

制造资源规划系统的主要技术环节涉及生产规划、销售与运作计划、主生产计划、物料需求计划、能力需求计划、物料（库存与采购）管理控制、车间作业控制及生产成本管理。制造资源规划系统的功能模型如图 5-3 所示。计划和控制过程自上而下包含以下六个层次：经营计划、生产计划大纲、主生产计划、物料需求计划、能力需求计划、车间作业控制计划。

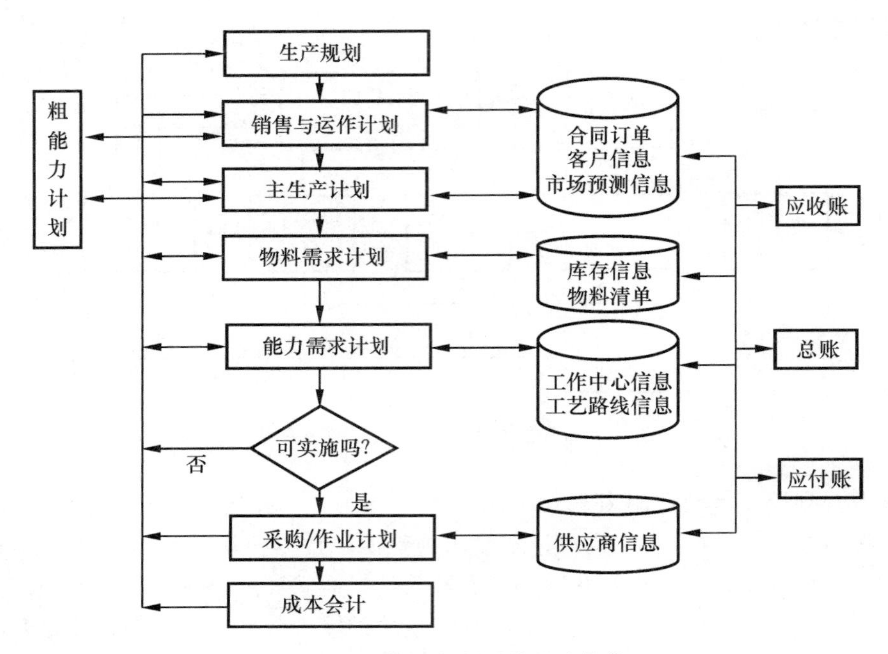

图 5-3　制造资源规划系统的功能模型

(1) 编制生产计划大纲　生产计划大纲是为了体现企业经营规划而制订的产品系列生产大纲,它可用于协调满足经营规划所要求的产量与可用资源之间的差距。生产计划大纲是生产规划的表现形式,是与销售规划对应的生产目标规划,用以说明企业在可用资源的条件下,在计划展望期(一般为1～3年)内本企业生产产品的品种和市场定位、月产量、年产量。所有产品的年汇总量都应与经营规划中的市场目标相适应。

在生产计划大纲中要确定符合经营规划要求的年销售收入、利润等,确定单位时间的产出率,以均衡利用资源、稳定生产。生产规划的作用包括:① 把经营规划中用货币表达的目标转换为系列产品的产量来表达;② 制订一个均衡的月产率;③ 控制拖欠或库存量;④ 作为编制主生产计划的依据。

生产计划大纲的审批是企业高层领导的职责。企业通过生产规划来规划目标,确定适当的生产率,并进行组织运作,实现企业经营规划,还可以通过调节生产率来调节未来库存和未完成订单量,通过它所控制的主生产计划来调节将要采购的物料量以及将要实现的在制品量。

(2) 编制主生产计划　主生产计划用来规定在计划期内要完成的目标及进度,是对企业生产计划大纲的细化。主生产计划用于协调生产需求和可用资源的差距,平衡物料和能力的供求。主生产计划既是生产部门的工具,又是联系市场销售和生产制造的桥梁,其作用是使生产计划和能力计划符合销售计划及其优先顺序,并能适应不断变化的市场需求;同时,又能向销售部门提供生产和库存信息。

编制主生产计划时应考虑的内容有生产计划大纲、市场预测和客户订单、可用的原材料和部件、制造和采购的提前期、生产准备时间、合理的生产顺序等。所涉及的工作包括收集需求信息,编制主生产计划、粗能力计划,评估和下达主生产计划等。编制主生产计划时应遵循下述准则:① 用最少的项目数安排主生产计划;② 只列出可构造项目;③ 列出对生产能力、财务和关键材料有重大影响的项目;④ 对有多种选择的产品,用成品装配计划简化主生产计划的处理过程;⑤ 适当安排预防性维护的时间。

由于可能出现订单变化、产品结构工艺变化、加工零件报废、采购件到货延期等情况,对生产计划的修改是不可避免的。当某时间阶段结束时,对未完成计划的相关工作需要重新进行安排。因此,主生产计划是一个不断更新的滚动计划。

(3) 物料需求计划 在制造资源规划中,物料是所有产品、半成品、在制品、原材料、配套件、协作件、易耗品等与生产有关物料的统称。物料需求计划是根据产品结构和各种物料数据,自动地计算出构成这些产品的部件、零件、原材料的相关需求量,以及生产进度日程或外协、采购日程。物料需求计划系统实质上既是一种较精确的生产计划系统,又是一种有效的物料控制系统,用于计划生产活动和采购活动,以保证在满足物料需求的前提下,使物料的库存水平保持在最小值内。

物料需求计划是主生产计划需求的进一步展开,也是实现主生产计划的保证和支持。物料需求计划系统的工作原理如图5-4所示。系统的输入信息有三种:主生产计划、库存状态信息、物料需求计划。输出为完成该主生产计划所需的物料需求计划,包括企业要生产的全部加工件和采购件的需求量;按照产品出厂的优先顺序,计算出全部加工件和采购件的需求时间,提出建议性的计划订单。

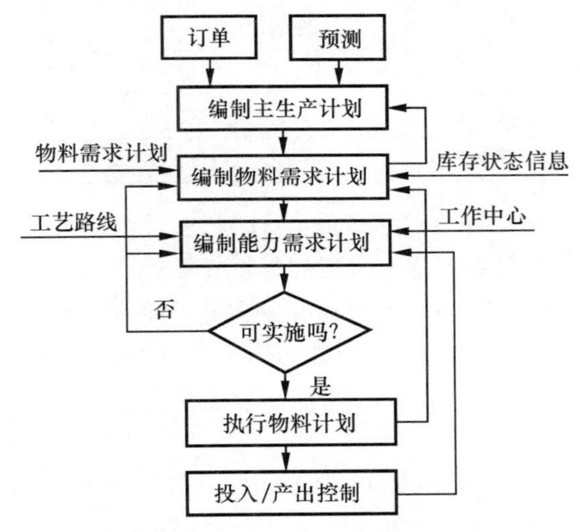

图5-4 物料需求计划系统的工作原理

库存状态信息应包括所有产品、零部件、在制品、原材料的库存状态信息,主要是当前库存量、计划入库量、提前期、订购(生产)批量、安全库存量等信息。

产品结构又称为零件(材料)明细,如图5-5所示。图中括号中的数字表示装配数。为了便于计算机识别,可以把用图表达的产品结构转化成某种数据格式。这种以数据格式来描述产品结构的文件就是物料清单(bill of material,BOM)。物料清单是关键的基础数据,它用来描述产品组成结构的从属关系,即一个产品由哪些物料(部件、组件、零件、原材料)组成,这些物料在组成时的结构关系、数量关系及所需的时间。

(4) 能力需求计划 能力需求计划(capacity requirement planning,CRP)是对生产过程中所需要的能力进行核算的计划方法。能力需求计划用于分析和检验生产计划大纲、主生产大纲、主生产计划和物料需求计划的可行性,将生产需求转换成相应的能力需求,估计可用的

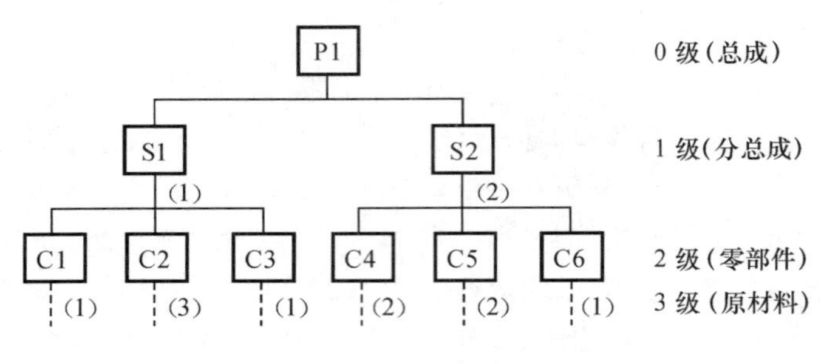

图 5-5 产品结构树

能力并确定应采取的措施,以协调生产能力和生产负荷的差距。

对于生产管理的不同层次,有不同的能力计划与之相协调,形成包括资源需求计划、粗能力需求计划、细能力需求计划、生产能力控制的能力需求计划层次体系,如表 5-2 所示。它们分别对应于于生产规划、主生产计划、物料需求计划和车间作业管理等不同层次。

表 5-2 能力需求计划层次体系

能力计划名称	对应的生产计划	计划展望期	计划周期	计划频度
资源需求计划	生产规划	长期	季、月	每月
粗能力需求计划	主生产计划	中长期	月	需要时
细能力需求计划	物料需求计划	中期	月、周	每周
生产能力控制	车间作业管理	短期	周、天	每周

资源需求计划是与生产计划大纲对应的能力计划,表示在编制生产规划、确定产品系列的生产量时,要协调生产这些产品系列需要占用的有效资源。

粗能力需求计划(rough-cut capacity planning,RCCP)的处理过程是将成品的生产计划转换成相关的工作中心的能力需求的过程。粗能力需求计划既可用于生产计划大纲,也可用于主生产计划。其目的在于对生产计划大纲、主生产计划进行能力需求计算和对生产中所需的关键资源进行计算、分析。

细能力需求计划(capacity requirement planning, CRP)也常被称为能力需求计划,它是短期的、当前实际应用的计划。编制细能力需求计划时需根据已下达但尚未完成的任务与计划下达的任务,计算各工序、各时段的能力需求。能力需求计划只说明能力需求情况,不能直接提供解决方案,还需要计划人员进行分析与判断,通过软件模拟,找出解决能力与需求矛盾的办法。

生产能力控制计划则用于车间作业层的协调控制管理,通过对生产过程中各种实时状况的监测来发现实际生产过程中使用能力与计划能力之间的偏差,并通过控制手段处理偏差,使生产按计划稳定地正常进行。

能力需求计划是制造资源规划中重要的反馈环节,如果发现能力不足,可以进行设备负荷的调节和人力的补充。如果能力实在无法平衡,可以调整产品的主生产计划。能力需求计划还能为企业的技术改造规划提供有价值的信息,以找出真正的瓶颈问题。

(5) 物料管理控制 物料管理控制包括采购管理与库存控制两个方面。物料管理的意义在于保证供应链上物流的畅通,实现对企业计划的支持与监控。采购管理的目标是用最低的采购成本、最小的库存保证生产活动的持续进行。而库存管理的目标是根据产品计划的要求来合理控制库存，既控制销售量的变化、防止不稳定的物流引起人员与设备停工、满足市场需求，又避免库存过多、占用大量资金。

采购管理的工作内容包括货源调查和供应商评审、建立供应商档案记录、采购订单跟踪、抽检货品质量、控制进度、安排运输、到货验收入库、验收报告登录、库存事务处理、退货、退款、补充货品、返工处理等。

库存控制分为综合级、中间项目级和单独项目级。综合级库存控制包括政策、计划、经营目标的综合制订及实施。库存控制的重点在项目级。项目级的库存控制包括对装配件、子装配件、零部件和采购物料的管理。为了有效地进行库存控制，将物料按价值分为A、B、C类。对A类物料的收发予以严格控制，库存记录准确详细并随时更新；对B类物料的收发进行正常控制，库存记录准确，成批更新；对C类物料的收发进行简便控制，库存记录简化，成批更新。

库存控制包括对物流、库存量、安全库存与安全提前期、订货批量的控制等。为了保证库存信息准确，需要对库存物料进行周期盘点。对A、B、C类物料采用不同的盘点周期，A类物料盘点周期最短，一般每月一次。

(6) 生产作业控制　生产作业控制(production activity control，PAC)属于制造资源规划中执行层次的生产管理，它是在企业生产目标的指导下，根据由主生产计划编制的产品生产计划、由物料需求计划产生的零部件生产计划，对车间生产的有关事务进行运作管理和分析控制。

生产作业控制的重心在车间。车间生产作业控制的目标是通过对制造过程中车间层及车间层以下各层次物料流的合理计划、调度与控制，缩短产品的制造周期，减少在制品，降低库存，提高生产资源(特别是主要设备)的利用率，最终达到提高生产效率的目的。

5.2.3　企业资源计划的构成及其主要功能

企业资源计划从物料需求计划和制造资源规划发展而来，除继承了制造资源规划的基本思想(关于制造、供销和财务)外，还大大地扩展了管理模块，融入了如多工厂管理、质量管理、设备管理、运输管理、分销资源管理、过程控制接口、数据采集接口、电子通信等模块在内的多种模块。它融合了离散型生产和流程型生产的特点，扩大了管理的范围，便于更加柔性地开展业务活动，实时地响应市场需求。与制造资源规划一样，企业资源计划的主线也是计划，但已将管理的重心转移到财务上，在整个经营运作过程中贯穿了财务成本控制的概念。总之，企业资源计划极大地扩展了业务管理的范围(包括质量、设备、分销、运输、数据采集接口的管理、多工厂管理等)及深度，涉及企业的所有供需过程，实现了对供应链的全面管理。企业运作的供应链如图5-6所示。

由图5-6可以看出，企业资源计划的运行过程是包括物流、资金流、信息流在内的复杂的循环过程，这一过程由许多具备特定功能的模块共同完成。这些模块组合在一起，构成了一个有机整体，发挥着企业资源计划的功能。各模块之间的关系如图5-7表示。

5.2.4　企业资源计划系统项目的实施流程

在企业资源计划系统项目的实施过程中，项目管理贯穿整个企业资源计划项目的全过程，

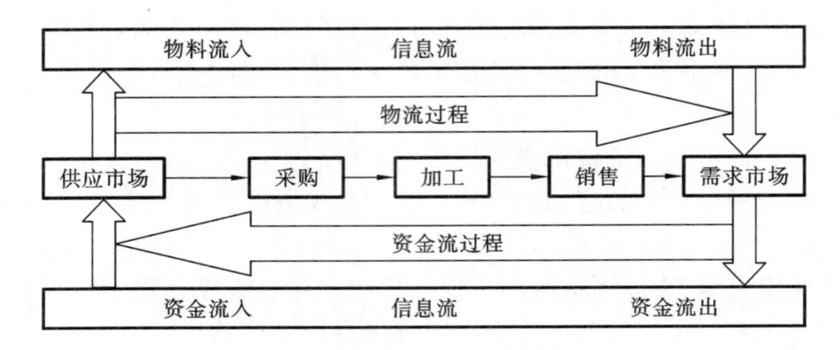

图 5-6　企业运作的供应链图

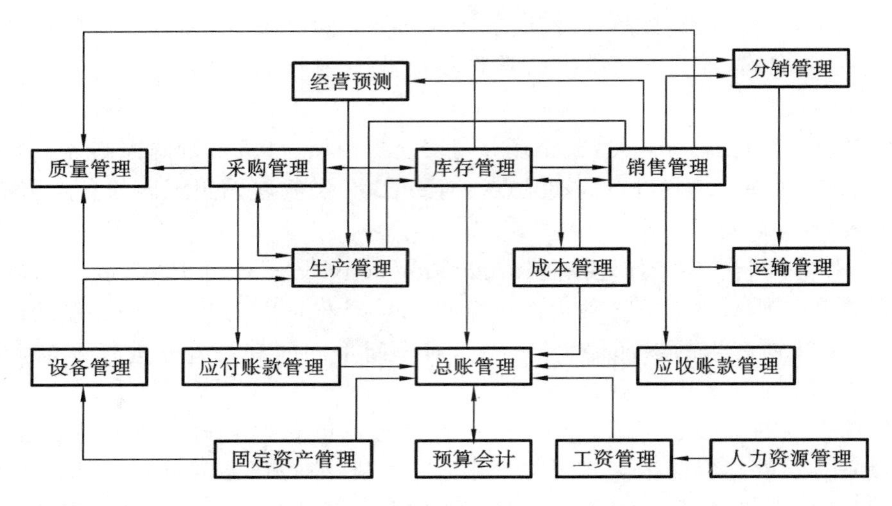

图 5-7　企业资源计划系统总流程图

包括对项目的立项授权、需求分析、软/硬件的评估选择，以及对企业资源计划系统项目实施过程进行的全面管理和控制。典型的企业资源计划项目管理循环通常包括前期工作、项目选型、项目计划、项目执行、项目评估及更新和项目完成六项主要内容。

1. 前期工作

企业资源计划系统项目实施的前期工作是关系到企业能否取得预期效益的第一步。在这个阶段，企业主要对企业资源计划系统项目的需求、实施范围和可行性进行分析，制定项目的总体安排计划，并以项目合同的方式与企业资源计划项目咨询公司共同确定项目责任并向咨询公司授权。

1）需求分析

毋庸置疑，实施企业资源计划系统能够给企业带来巨大的效益，但同时也伴随着巨大的风险。据德国 SAP 公司和英国德勤公司评价，企业资源计划系统项目实施难度非常大，成功率在国际上也不到 20%。因此企业引入企业资源计划系统一定要谨而慎之，切不可盲目随大流，而要首先针对自己的实际情况进行需求分析，明确企业对企业资源计划项目实施成果的期望和目标。需求分析主要包括：

（1）外部竞争压力分析　进入知识经济时代后，企业间竞争日趋激烈，产品更新换代的速度明显加快，企业仅靠产品、价格已无法长期保持在市场中的优势地位，如不适时引入先进的管理模式,企业将在竞争中处于劣势而无法获利,甚至无法生存。

(2) 内在需求分析　企业业务数据处理量大,数据处理工作会占用企业业务人员大量的时间,引入信息管理系统能够大大提高数据处理速度和准确度,并且实现数据的即时共享,明显提高管理效率。

2) 可行性分析

可行性分析涉及管理、技术、人员、资金等几个方面。

(1) 管理层的构成分析　企业资源计划系统项目号称"一把手工程",各级领导的有力支持是不可或缺的。企业要有一个强有力的领导班子,各级管理者应富有改革、开拓与进取的精神,并具有全局观念。

(2) 管理基础分析　企业要有扎实的管理基础、规范的管理规程和先进的管理思想,能迅速贯彻企业资源计划的管理理论,适应企业资源计划应用的要求。

(3) 技术和人员基础分析　企业应具备一定的技术设备基础和人员配置,各级人员应有较高的文化素质并掌握一定的操作技能,能操作计算机或通过培训能操作计算机。

(4) 资金状况分析　引入企业资源计划系统,需要企业有大量的资金投入,而且初期可能得不到立竿见影的收益。企业实施过程中因资金短缺而不得不中断企业资源计划项目的例子屡见不鲜,企业绝不可忽视这个因素的制约作用。

只有满足了上述条件,企业才能考虑实施企业资源计划项目,否则即使勉强实施,恐怕也难以消化,不但不能收到期望的效果,反而还会被"噎"坏,倒不如先着手解决以上几个方面的问题再考虑实施企业资源计划项目,须知"磨刀不误砍柴工"的道理。

3) 项目总体安排

经过需求分析和可行性分析,明确了企业的整体需求和期望以及企业为配合项目而能采取的措施和投入的资源之后,企业要成立一个由项目领导小组、项目实施小组、项目应用小组构成的三级小组,并对项目的时间、进度、人员等做出总体安排,制订项目总体计划。

4) 项目授权

企业资源计划项目的成功实施离不开咨询公司的参与。企业要选择合适的企业资源计划项目咨询公司,与其签订项目合同,明确双方职责,并根据项目的需要对咨询公司进行项目管理的授权。

2. 项目选型

前期工作完成后即进入项目选型阶段。这个阶段的主要工作是为企业选择合适的软件系统和硬件平台。选型对企业来说至关重要,只有选对了正确的软件,才能保证企业在以后的工作中沿着正确的道路做正确的事情。选型的一般过程如下。

(1) 筛选候选供应商　目前企业资源计划软件市场上有许多供应商,不同供应商提供的软件各有侧重,如 PeopleSoft 的人力资源软件非常出色,而 SAP 以其财务和供应链系统见长,Baan 则以其灵活的生产制造软件而著称。实施企业资源计划系统项目失败的企业中,有相当一部分软件选型不当,因此企业在选型时应非常慎重,应根据需要选择真正适合自己的软件。

企业选型时要把握一个原则:最适合自己的才是最好的。企业和项目咨询公司要根据企业的期望和需求,综合分析评估可能的候选软件供应商的产品,筛选出若干家重点候选对象。

(2) 候选系统演示　确定出重点候选对象后,由重点候选对象根据企业的具体需求,向企业的管理层和相关业务部门做针对性的系统演示。

(3) 系统评估和选型　项目咨询公司根据演示结果对重点候选对象的优劣势做出详细分析,向企业提供参考意见,然后企业结合演示结果和咨询公司的参考意见,确定初步选型,在经过商务谈判等工作后,最终决定入选系统。

在项目选型阶段的主要管理工作是进行系统选择的风险控制,包括:正确全面评估系统功能,合理匹配系统功能和自身需求,综合评价供应商的产品功能和价格、技术支持能力等因素,以及避免在系统选型过程中可能出现的贿赂舞弊等行为。

3. 项目计划

项目计划阶段是企业资源计划项目进入系统实施的启动阶段,在这个阶段主要需进行以下工作。

(1) 确定详细的项目范围　企业会同咨询公司进行业务调查和需求访谈,了解自身具体需求并据以制定系统定义备忘录,明确企业的现状、具体需求和系统实施的详细范围。

(2) 定义递交的工作成果　企业与实施咨询公司讨论确定系统实施过程中和实施结束时需要递交的工作成果,包括相关的实施文档和最终上线运行的系统。

(3) 评估实施的主要风险　由实施咨询公司结合企业的实际情况对实施系统进行风险评估,对预计的主要风险采取相应的措施来加以预防和控制。

(4) 制定项目的时间计划　在确定详细的项目范围、定义递交的工作成果和明确预计主要风险的基础上,根据系统实施的总体计划,进行详细的实施时间安排。

(5) 制定成本和预算控制计划　根据项目总体的成本和预算计划,结合实施时间安排,编制具体的系统成本和预算控制计划。

(6) 制定人力资源计划　确定实施过程中的人员安排,包括咨询公司的咨询人员和企业的关键业务人员;对企业方面参与实施的关键人员,需要对其日常工作做出安排,以确保对实施项目的时间投入。

4. 项目执行

项目执行阶段是实施过程中历时最长的一个阶段,贯穿于企业资源计划项目的业务模拟测试、系统开发确认和系统转换运行三个步骤中。实施的成败与该阶段项目管理进行的好坏息息相关。在项目执行阶段进行的项目管理的主要内容包括:

(1) 实施计划的执行　根据预定的实施计划开展日常工作,及时解决实施过程中出现的各种人力资源、部门协调、人员沟通、技术支持等方面的问题。

(2) 时间和成本的控制　根据项目实施的实际进度控制时间和成本,并与计划进行比较,及时根据超出计划时间或成本的情况采取措施。

(3) 实施文档　对实施过程进行全面的文档记录和管理,重要的文档需要报送项目实施领导委员会和所有相关的实施人员。

(4) 项目进度汇报　以项目进度报告的形式定期向实施项目的所有人员通报项目实施的进展情况、已经开展的工作和需要进一步解决的问题。

(5) 项目例会　定期召开由企业的项目领导、各业务部门的领导以及实施咨询人员参加的项目实施例会,协调解决实施过程中出现的各种问题。编写出所有的项目例会和专题讨论会等的会议纪要,对会议做出的各项决定或讨论的结果进行文档记录,并分发给与会者和有关的项目实施人员。

5. 项目评估及更新

项目评估及更新阶段的核心是项目监控，就是利用项目管理工具和技术来衡量和更新项目任务。项目评估及更新同样贯穿于企业资源计划项目的业务模拟测试、系统开发确认和系统转换运行三个步骤中。

6. 项目完成

项目完成阶段是整个项目的最后一个阶段。此时，工作接近尾声，已经取得了项目实施成果。在这个阶段，企业切莫掉以轻心，而要开展以下几项项目管理工作：①行政验收，结合项目最初对系统的期望和目标，对项目实施成果进行验收；②项目总结，对项目实施过程和实施成果做出回顾和总结；③经验交流，交流分享在实施过程中得到的经验和教训；④正式移交，系统正式运转及使用，由企业的计算机部门进行日常维护和提供技术支援。

除以上工作外，在企业资源计划系统项目实施过程中还必须进行业务流程重组。

业务流程重组(business process reengineering，BPR)应遵循的指导思想和原则以及实施的方法如下。

(1) 指导思想和原则　业务流程重组必须遵循科学的指导思想和原则：①打破传统管理模式下职能部门的界限，以业务流程为导向调整组织结构；②让执行者有足够的决策权，以消除信息传输过程中的延时和误差，同时对执行者也起到激励作用；③让高层领导支持并参与业务流程重组，以提高业务流程重组成功的概率；④选择能获得阶段性收益或对实现企业战略目标有重要影响的关键流程作为对象进行重组，使员工尽早看到成果，在企业中营造乐观、积极地参与变革的气氛，以减少员工的顾虑，促进业务流程重组在企业中的推广；⑤建立通畅的交流渠道，企业管理层与职工要不断交流，尽量取得职工的支持。

(2) 实施方法　业务流程重组分为三个阶段，即发现阶段、再设计阶段和实现阶段，各阶段的组件、任务与典型活动如表5-3所示。

表5-3　业务流程重组各阶段的组件、任务与典型活动

阶　　段	组　　件	任务与典型活动
第一阶段：发现	动员、评估、挑选、参与	启动项目；开发沟通战略；挑选和建立变革团队；建立愿景；评估组织文化
第二阶段：再设计	动员、分析、革新、实施、委任	对既有流程(涉及文化、技术因素)进行持续性的评估；概括、总结并肯定组织变革
第三阶段：实现	动员、行动、沟通、衡量、维持	全面整合组织变革所涉及的组织结构、流程、技术、人员等各种因素

5.2.5　企业资源计划应用案例——联想集团的企业资源计划系统项目实施之路

1. 联想集团实施企业资源计划系统项目的必要性

(1) 自身发展的需要　联想集团成立于1984年，是一家以研究、开发、生产和销售自主品牌的计算机系统及其相关产品为主，在信息、产业领域内多元化发展的大型企业集团。联想集团在1997年后步入了迅猛发展的高速增长期，从1994年到1998年公司的销售额

平均增长率高达43%。这种高速增长对集团内部的管理能力，尤其是信息管理系统的要求越来越高，而集团原有的管理软件已经很难支撑这种高速运转。尽管在1996年联想集团就已经取得国内PC市场销售量第一的业绩，但这更多地是依靠“毛巾里拧水”的运作管理而不是系统的信息化管理能力的提升。加之联想集团旗下几家在不同的发展背景下成长起来的公司具有各自的信息管理系统，各自孤立，互不兼容，一度出现了“头”对“手、脚”指挥失灵的状况。新的企业格局对信息管理系统提出了全新的要求：除原有的准确与及时性外，还要求提供集成的全国性的、可指导业务运作的数据支持。

（2）市场竞争的需要　IT技术发展的日新月异、国内外同行业竞争的加剧，使联想集团面临着国内外各大公司的巨大挑战，而且联想集团还制定了进军世界500强的目标。在这种形势下，联想集团需要引入先进的管理系统以实现快速稳步增长。引进企业资源计划系统是联想集团在新形势下最终赢得胜利的必然选择。

2．实施企业资源计划的可行性

联想集团通过在高速发展中进行“跑动中调整”，初步具备了实施企业资源计划系统项目的实力和抵御企业资源计划系统项目实施所带来的风险的能力。

（1）在联想集团的企业文化中，“创新意识”和“学习型企业”是很重要的两个内涵，使联想集团能够在不断的学习中探索创新的方向。

（2）联想集团已经培养起一支优秀的管理队伍，并具备了良好的管理基础。

（3）清晰的业务流程基础和实事求是的工作作风以及雄厚的资金和技术支持，为联想集团成功实施企业资源计划项目提供了可能性。

3．系统选型

选型过程中，考虑到企业正面临着强大的业务经营方面的压力，无法投入大量人力进行大规模的开发，联想集团决定购买成熟的企业资源计划软件产品。当时国内好的企业资源计划软件产品普遍规模较小，功能的完备性较差，为了保证系统的先进性和稳定可靠，联想集团决定购买国际上先进的管理软件。经过调研论证，决定采用SAP公司的管理软件——R/3系统作为企业管理的平台。

4．项目实施

（1）实施进程　1998年11月，联想集团正式启动企业资源计划项目。一期工程主要围绕制造、代理和系统集成这三大业务实施，分为财务模块、管理会计模块、销售与分销模块、物料管理模块和生产计划模块等五大部分。2000年5月，联想集团启动联想神州数码二期工程，明确了项目实施的实施范围、组织保障、原则范围、目标计划及奖惩措施。业务范围包括物料管理、销售与配送、财务会计/成本控制、人力资源等。

（2）组织变革　联想集团刚开始实施企业资源计划系统项目时，只是把它当作一个IT项目来做，虽然投入上千万的资金，但项目开展了4个月后仍没有多大成效。于是，联想集团于1999年4月，毅然重组企业资源计划项目组。各业务部门主要负责人带动一大批部门骨干员工加入企业资源计划系统项目团队。业务部门梳理现有的流程，在技术项目组的全面支持下对原有业务进行了调整，实现了业务流程系统化、集成化，然后将优化后的流程投入企业资源计划系统，实现了流程电子化。

（3）“一把手工程”　联想集团的企业资源计划项目总监由一位集团副总裁担任，集团各平台总监任平台项目总监，集团财务、运作、管理工程部的副总担任项目经理及各模块的组长，各平台商、财、物的经理担任平台项目经理或数据负责人。可见，联想集团在企业资源计划项目实施中真正实行了“一把手工程”。

很多重大决策涉及企业运作程序的调整，这对很多企业来说是一个难点。当实际业务流程与企业资源计划系统的业务流程出现矛盾时，有些时候只能先按照企业资源计划系统的业务流程去做，再逐步优化。由于实施企业资源计划系统项目要进行业务流程重组，会发生人事变动、岗位增减和职能调整等，这些并非个人能够简单地决定，往往需要领导班子对此进行深入讨论，最后在高层领导的主持下做出决策。因此在实施企业资源计划系统项目的过程中，“一把手”不仅仅是要简单地“挂帅”，更重要的是要在复杂、动荡的业务流程优化过程中做出一系列重大决定，这一点在联想集团的企业资源计划系统项目实施中得到了充分体现。图5-8所示为联想集团企业资源计划系统组织结构示意图。

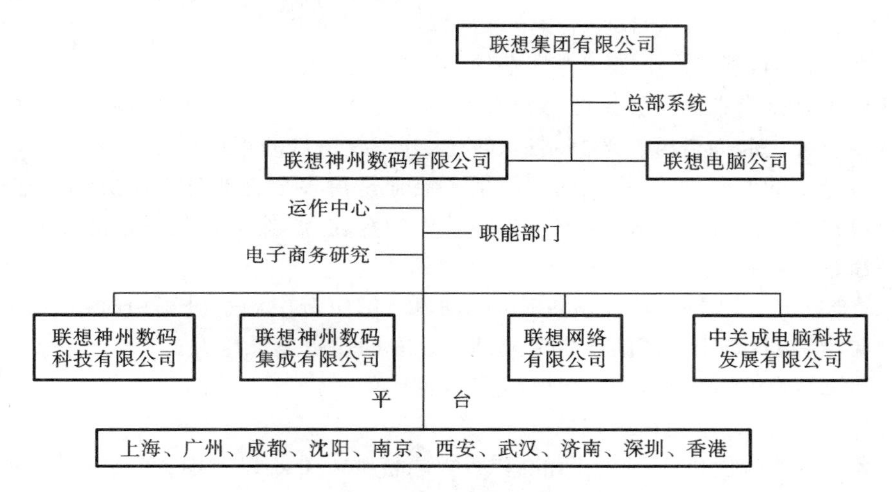

图5-8　联想集团企业资源计划系统组织结构

5. 实施效果

联想集团实施企业资源计划项目后，取得了明显的效果。主要表现如下：

(1) 培养了一批具有典型联想精神的人才。企业资源计划项目的实施，进一步为联想集团培养了一批具有典型联想精神的骨干人才。这批人才具有业务、IT和管理三方面知识，在知识结构和素质方面实现了向复合型人才的转变，代表和体现了行业发展的需要，也体现了联想集团未来人才培养的方向。

(2) 市场反应速度加快，业务运作效率提高。企业资源计划系统增强了联想集团的动态应变能力，将客户需求和企业内部的制造活动、供应商的制造资源整合在一起，使联想集团适应市场与客户需求快速变化的能力增强。管理人员可随时根据企业内外环境条件的变化迅速做出响应，及时决策和调整，保证生产计划正常进行。

(3) 企业运作成本降低。企业资源计划的实施使联想集团的业务流程得到优化和集成，减少和避免了因重复环节而造成的损耗。此外，从公司的IT拥有成本来看，企业资源计划的实施能够降低IT的运作成本。

(4) 对风险的控制能力得到了加强。通过实时、有效地进行数据的长期积累，推动了企业的财务会计、管理会计、资产管理、供应链管理、生产制造、人力资源管理等的流程的规范化、集成化、自动化和现代化，为公司的决策提供了迅速灵活的信息，进而提供了能支持长期增长的先进的集成信息管理平台,增强了联想集团抵御风险的能力。

(5) 能为集团战略的制定提供支持。联想集团企业资源计划系统项目的实施,为企业进行信息的实时处理、做出相应的决策提供了有利条件,并能够对历史数据进行积累,使企业的业务流程能够预见并响应环境的变化,最终为集团科学战略的制定提供支持。

5.3 供应链管理

5.3.1 供应链管理的概念与产生背景

1. 供应链管理的概念

供应链是指在商品生产与流通过程中,由供应商、制造商、批发与零售商等依据供求关系所连接成的链锁结构,其实质上是一个完整的商品生产流程。

供应链管理则是指在满足一定的客户服务水平的条件下,把供应商、制造商、批发与零售商等有效地组织在一起而进行的产品制造、转运、分销及销售的管理方法。

随着社会分工的不断细化,完整的商品生产流程是由多个企业分别完成的。在这种条件下,信息是阶段性传递、分散处理的,由于牛鞭效应的存在,必然会导致需求波动的增大,从而引发下列现象:

(1) 商品的生产、流通环节增多,供货周期加长,供应链中制造过程用时比重减少,运输、存储过程用时增加,其费用占产品全生命周期总成本的比重越来越大。

(2) 信息的不确定性和时滞现象难以避免,企业的生产与市场的实际需求之间总是存在差异,经常会出现缺货或产品积压现象。

(3) 没有系统整体优化,企业之间的有效协作、优势互补难以实现,产品开发周期长,生产系统适应能力差。

供应链管理特征主要体现在:

(1) 系统整体优化　改造传统的只注意企业自身的生产系统,将管理范围延伸到供应商的供应商和用户的用户,根据供应链系统整体的资源约束,进行计划、控制与流程优化。

(2) 信息共享　改变企业之间信息封闭和分散处理现象,实行信息集中处理,最大限度地减少或消除系统中信息的不确定性和时滞现象。

(3) 集成管理　供应链管理是一种新的企业生产战略,它强调多个企业的功能集成,强调组织间的市场开发、产品设计、物料供应、加工制造、经营管理等要素竞争性、动态性组合,构造一种适应性强、响应迅速的生产系统。

2. 供应链管理提出的背景

(1) 全球一体化的需要　随着全球经济一体化进程的加快,企业跨国经营越来越普遍。就制造业而言,产品的设计可能在日本,而原材料的采购可能在中国大陆或者巴西,零部件的生产可能在中国台湾及印尼等地同时进行,然后在中国大陆组装,最后销往世界各地。在产品进入消费市场之前,相当多的公司事实上参与了产品的制造,而且这些公司具有不同的地理位置、生产水平、管理能力,从而形成了复杂的产品生产供应链网络。这样的一个供应链,在面对市场需求波动的时候,一旦缺乏有效的系统管理,就必然会使得"牛鞭效应"在供应链的各环节中被放大,从而严重影响整个供应链的价值产出。

（2）横向产业模式发展的需要　在汽车产业领域，一些汽车零部件供应商脱离了整车生产商而逐渐成为零部件制造业的巨头。这种模式变革渐渐使人们意识到，在今天，由一家庞大的企业控制从供应链的源头到产品分销的所有环节已经几乎不可能，在每个环节都有一些企业占据着核心优势地位，并通过横向发展强化这种优势地位，集中资源发展优势能力。而现代供应链则是由这些分别拥有核心优势能力的企业环环相扣而形成的。同时企业联盟和协同理论正在形成，以支撑这种稳定的链状结构的形成和发展。

面对全球一体化浪潮和横向产业模式的发展，企业也已经意识到其自身处在供应链的一个环节之上，需要在不断增强自身实力的同时，加强与上下游之间的联系。这种联系是建立在相互了解、协同作业的基础之上的，只有相互为对方带来源源不断的价值，这种联系才能够持续。随着互联网技术的发展，这种共享、协作的观念也跨越了企业。供应链管理正是为了实现这种观念而进行的一种实践。

5.3.2　供应链管理系统的体系结构

供应链管理系统的运行模式如图5-9所示。

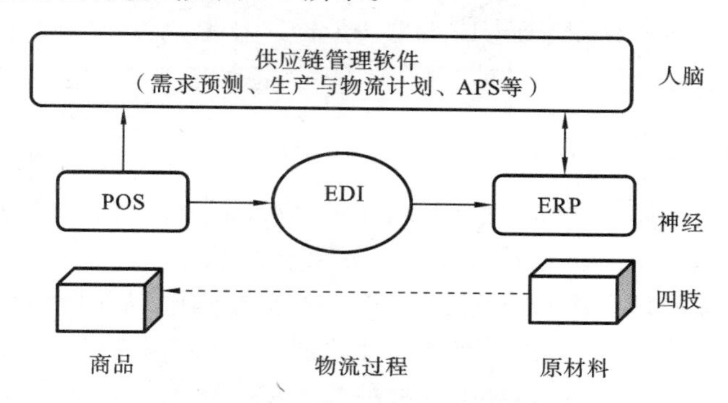

图5-9　供应链管理系统的运行模式

供应链管理系统的主要功能包括：

（1）合作预测与需求管理（gather and demand management，GDM）　以往的需求预测大多是采用统计分析方法，根据历史统计数据推测未来需求（如指数平滑法等）。合作需求预测的原理是：在集中信息的基础上，考虑需求变化和各企业的行为而综合做出的预测会更精确。

（2）生产物流计划（production logistics planning，PLP）　这是供应链管理的核心计划。它与以单独一个企业的资源为依据制订生产计划的不同之处，在于要根据供应链中多个企业的资源约束做出生产计划。

（3）生产日程计划（advanced planning and scheduling，APS）　生产日程计划的功能一般是根据约束理论（theory of constraint，TOC），分析企业内部及供应链中相关的各种约束，构造产品及工程网络，运用人工智能（artificial intelligence，AI）及运筹学技术，快速地推算及优化生产日程计划。

（4）订货响应　在供应链信息共享的条件下，确定产品价格及完成交货期的计算，响应生产计划及营销部门对定价和交货期的要求，支持顾客在供应链环境下的订货业务。

（5）运营分析　根据各功能模块提供的计划、库存数据进行综合的多元分析，对计划及运营结果进行评价。供应链管理系统的运行需要企业内部信息系统的支持，以及企业之间信息的共享。如目前企业内部较广泛采用的企业资源计划系统和销售终端(point of sells,POS)系统等,基本上都是面向供应链管理的信息系统。支持供应链管理的信息系统的体系结构如图5-10所示。

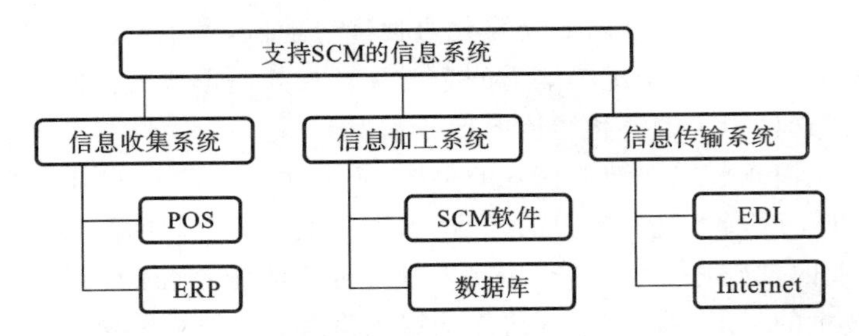

图5-10　支持供应链管理的信息系统的体系结构

信息收集系统是供应链中各个企业提供基础数据及计划、库存等动态变化数据的系统,是实现供应链管理的基本前提。信息加工系统是完成供应链计划功能的软件系统,以及汇集各企业的基础信息、支持决策与计划的数据库系统。信息传输系统是基于广泛的信息共享、电子数据交换(electronic data interchange,EDI)和Internet技术,实现企业之间经济、快捷的数据交换的系统。

5.3.3　供应链管理的原理

供应链管理的方法、手段、技术等的研究和应用应该基于正确的管理理论,应该以供应链管理原理为指导。供应链管理的原理可以从以下几个方面阐述。

(1) 资源横向集成原理　该原理认为,在经济全球化迅速发展的今天,企业仅靠原有的管理模式和自己有限的资源,已经不能满足快速变化的市场对企业所提出的要求。企业必须放弃传统的基于纵向思维的管理模式,朝着新型的基于横向思维的管理模式转变。企业必须横向集成外部相关企业的资源,形成"强强联合,优势互补"的战略联盟,结成利益共同体去参与市场竞争,以达到在提高服务质量的同时降低成本、在快速响应顾客需求的同时给予顾客更多选择的目的。

不同的思维方式对应着不同的管理模式以及企业发展战略。纵向思维对应的是"纵向一体化"的管理模式,企业的发展战略是纵向扩展;横向思维对应的是"横向一体化"的管理模式,企业的发展战略是横向联盟。该原理强调的是优势资源的横向集成,即供应链各节点企业均以其能够产生竞争优势的资源来参与供应链的资源集成,在供应链中以其优势业务的完成来参与供应链的整体运作。

(2) 系统原理　系统原理认为,供应链是一个系统,是由相互作用、相互依赖的若干组成部分结合而成的具有特定功能的有机整体。供应链是围绕核心企业,通过对信息流、物流、资金流的控制,把供应商、制造商、销售商、物流服务商,以及最终用户连成一个整体功能网链的结构模式。供应链系统的整体功能集中表现在供应链的综合竞争能力上,这种综合竞争能力是任何一个单独的供应链成员企业都不具有的。

(3) 多赢互惠原理　多赢互惠原理认为,供应链是相关企业为了适应新的竞争环境而组成的一个利益共同体,其密切合作建立在共同利益的基础之上,供应链各成员企业之间通过一种协商机制来谋求多赢互惠。供应链管理改变了企业的竞争方式,将企业之间的竞争转变为供应链之间的竞争，强调核心企业通过与供应链中的上、下游企业建立战略伙伴关系，强强联合，使每个企业都发挥出各自的优势，在价值增值链上达到多赢互惠的效果。

(4) 合作共享原理　合作共享原理具有两层含义，一是合作，二是共享。

合作原理认为，由于任何企业所拥有的资源都是有限的，它不可能在所有的业务领域都获得竞争优势，因而企业要想在竞争中获胜，就必须将有限的资源集中在核心业务上。与此同时，企业必须与全球范围内的在某一方面具有竞争优势的相关企业建立紧密的战略合作关系，将本企业中的非核心业务交由合作企业来完成，充分发挥各自独特的竞争优势，从而提高供应链系统整体的竞争能力。

共享原理认为，实施供应链合作关系意味着管理思想与方法的共享、资源的共享、市场机会的共享、信息的共享、先进技术的共享以及风险的共担。其中，信息共享是实现供应链管理的基础，掌握准确可靠的信息可以帮助企业做出正确的决策。供应链系统的协调运行是建立在各个节点企业高质量的信息传递与共享基础之上的，信息技术的应用有效地推动了供应链管理的发展，提高了供应链的运行效率。

(5) 需求驱动原理　需求驱动原理认为，供应链的形成、存在、重构，都基于一定的市场需求，在供应链的运作过程中，用户的需求是供应链中信息流、产品流、服务流、资金流运作的驱动源。在供应链管理模式下，供应链的运作是以订单驱动方式进行的，商品采购订单是在用户需求订单的驱动下产生的，然后商品采购订单驱动产品制造订单，产品制造订单又驱动原材料(零部件)采购订单，原材料(零部件)采购订单再驱动供应商。这种逐级驱动的订单驱动模式，使供应链系统得以准时响应用户的需求，从而降低库存成本，提高物流的速度和库存周转率。

(6) 快速响应原理　快速响应原理认为，在全球经济一体化的大背景下，随着市场竞争的不断加剧，经济活动的节奏也越来越快，用户在时间方面的要求也越来越高。用户不但要求企业按时交货，而且要求的交货期越来越短。因此，企业必须能对不断变化的市场做出快速反应，必须有很强的产品开发能力和快速组织产品生产的能力，源源不断地开发出满足用户多样化需求的、定制的“个性化产品”去占领市场，以赢得竞争。

(7) 同步运作原理　同步运作原理认为，供应链是由不同企业组成的功能网络，其成员企业之间的合作关系存在着多种类型，供应链系统运行业绩的好坏取决于供应链合作伙伴关系是否和谐，只有和谐而协调的系统才能发挥最佳的效能。供应链管理的关键就在于供应链上各节点企业之间的密切合作，以及企业相互之间在各方面的协调。

供应链的同步化运作，要求供应链各成员企业通过同步化的生产计划来解决生产的同步化问题，只有供应链各成员企业之间以及企业内部各部门之间保持步调一致，供应链的同步化运作才能实现。

(8) 动态重构原理　动态重构原理认为，供应链是动态的、可重构的。供应链是在一定的时期内，针对某一市场机会，为了适应某一市场需求而形成的，具有一定的生命周期。当市场环境和用户需求发生较大的变化时，围绕着核心企业的供应链必须能够快速做出响应，能够进行动态快速重构。

市场机遇、合作伙伴选择、核心资源集成、业务流程重组以及敏捷性等是供应链动态重构的主要因素。从发展趋势来看，组建基于供应链的虚拟企业将是供应链动态快速重构的一种表现形式。

5.4 产品数据管理技术

5.4.1 产品数据管理的概念

产品数据管理技术产生于20世纪70年代。当时,企业在设计和生产过程中已开始使用CAD、CAM等技术,计算机辅助技术已经有了较为充分的发展。但是由于各项自动化单元技术独立发展、自成体系,彼此之间缺少有效的信息沟通与协调,形成了所谓的"信息孤岛"。在这种情况下,许多企业意识到,实现信息的有序管理将成为使其在未来的竞争中保持领先地位的关键因素。

产品数据管理正是在这一背景下产生的一项新的管理思想和技术。实施产品数据管理最初是为了解决大量工程图样、技术文档以及CAD文件的计算机管理问题,之后又逐渐扩展到产品开发过程中的三个主要领域:设计图样和文档的电子管理、材料明细表管理及其与工程文档的集成、工程变更的跟踪与管理。由于早期对产品数据进行管理的软件功能比较单一,各自解决问题的侧重点也完全不同,所以有的称为文档管理软件,有的称为工程数据管理软件,等等。现在所说的产品数据管理是对工程数据管理、文档管理、产品信息管理、技术数据管理、图像管理及其他产品信息管理技术的一种概括与总称。近年来产品数据管理技术突飞猛进,在美国、日本等国家的企业中得到了广泛应用,在我国企业中也得到了越来越多的应用。

产品数据管理可以定义为以软件技术为基础,以产品管理为核心,实现对所有与产品相关的信息(包括电子文档、数字化产品模型、数据记录等)、过程(包括工作流程和更改流程等)和资源进行的集成化管理。它包括产品全生命周期过程中的信息管理,并可在企业内或企业间建立一个并行化的产品开发协作环境。

利用产品数据管理系统进行信息管理的两条主线是静态的产品结构和动态的产品设计流程。所有的信息组织和资源管理都是围绕产品设计展开的,这也是产品数据管理系统有别于其他的信息管理系统,如物料管理系统、项目管理系统的关键所在。

根据上述定义,产品数据管理根据具体情况可分为四个层次:图样的电子化管理、部门级的数据管理、企业级的数据管理、企业间的数据管理。在后两个层次中,产品数据管理系统将成为企业产品开发的集成平台或框架,成为虚拟产品集成开发的重要使能器。

5.4.2 产品数据管理系统的体系结构

产品数据管理系统的内部构造是层次化的,如图5-11所示。产品数据管理系统的体系结构可分为四层:用户界面层、功能模块及开发工具层、核心框架层和系统支撑层。

用户界面层是实现产品数据管理各种功能的手段、媒介,处于系统的最上层。它向用户提供交互式的图形界面,包括可视化的浏览器、各种菜单、对话框等,用于支持操作命令、信息的输入和输出。

功能模块及开发工具层是建立在对象管理框架之上的各种产品数据管理系统的功能框架,包括系统管理、电子仓库与文档管理、产品结构与配置管理、工作流程管理、零件分类管理与检索、工程变更管理、集成工具等功能模块。

核心框架层是实现产品数据管理各种功能的核心结构与架构。产品数据管理系统的对象

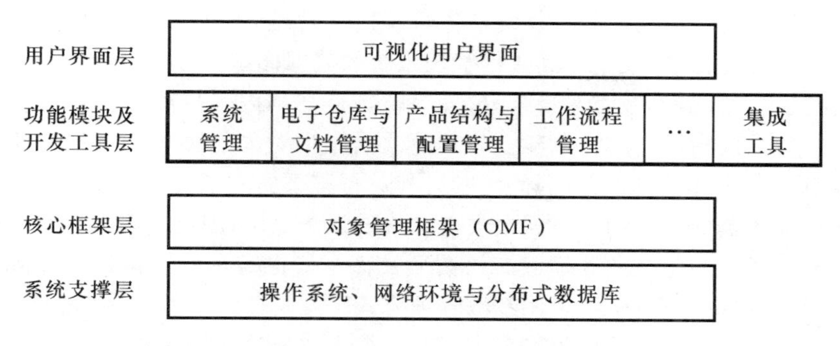

图 5-11 产品数据管理系统的体系结构

管理框架具有屏蔽异构操作系统、网络、数据库的特性，可实现用户在应用各种功能时对数据的透明化操作、对应用的透明化调用和对过程的透明化管理等。

系统支撑层是系统的支撑平台，包括操作系统、网络环境和分布式数据库等，可通过数据库的数据操作功能支持产品数据管理系统对象在底层数据库的管理。

5.4.3 产品数据管理系统的功能分析

目前在全球范围内，商品化的产品数据管理软件众多。这些产品虽然有很大差异，但一般都具有以下一些主要功能。

1. 电子仓库与文档管理

产品数据管理系统的电子仓库和文档管理模块提供了对分布式异构数据的存储、检索和管理功能。在产品数据管理系统中，数据的访问对用户来说是完全透明的，用户无须关心电子数据存放的具体位置，以及自己得到的是否最新版本。

1）电子仓库

电子仓库(data vault)是在产品数据管理系统中实现某种特定数据存储机制的元数据(管理数据的数据)库及其管理系统。它用于保存所有产品的相关物理数据和文件的元数据，以及物理数据和文件的指针(指向存放物理数据的数据库记录和存放物理文件的文件系统与目录)。可以认为，电子仓库是产品数据管理系统最基本、最核心的功能，是实现系统中其他相关功能的基础。

产品数据管理系统通过建立元数据与物理数据的联系，并将这种联系与元数据保存在电子仓库中，达到快速检索与节省存储空间的目的。

电子仓库提供给用户的主要数据操作功能包括数据对象的检入和检出、改变数据对象的状态、转换数据对象的属主关系、按对象属性进行检索、数据对象的动态浏览与导航、数据对象的归档、数据对象的安全控制与管理等。

2）文档管理

在产品的全生命周期过程中与产品相关的信息以文件或图档的形式存在，统称为文档。这些文档分属于不同的部门，有动、静态之分，例如，设计部门中的设计规范、标准、技术参数文件等为静态文档，而在设计过程中生成的零部件二维图样、三维模型、技术文件、有限元分析报告、产品结构分析报告、测试报告等为动态文档。同时，也可将文档分为文本文件、数据文件、图形文件、表格文件和音像文件等。

文档的管理方法有两种：一种是将文档进行“打包”管理，即将文档作为一个整体对象，规定其名称、大小等描述信息，放到产品数据管理系统的数据库中，由产品数据管理系统管理，而文档的物理位置仍然在操作系统的目录下；另一种是将文档内容打散，放到数据库中，由产品数据管理系统提供分类查询功能，或建立与其他数据库中对象的关联。文本文件以说明性的文字为主，信息不便于计算机识别，因此一般对其进行整体打包管理；数据文件与音像文件信息量大，数据脱离了具体的应用程序就会失去意义或无法显示，因此也以采用整体管理方式为好；对图形文件，如 CAD 的三维模型或二维图形文件一般也实行整体管理。表格文件具有数据结构化与逻辑性强的特点，一般采用打散管理方式。

文档管理的功能如下：文档对象的分类、创建、检入、检出；文档对象的编辑，即改变对象位置及组织关系；文档对象的浏览与查询；文档的版本管理；文档的安全控制等。

2. *产品结构与配置管理*

产品结构与配置管理是产品数据管理系统的核心功能之一，利用此功能可以实现对产品结构与配置信息和物料清单的管理，而用户可以利用产品数据管理系统提供的可视化界面来对产品结构进行查看和编辑。

1）产品结构管理

相互关联的一组零件按照特定的装配关系可组装成部件，一系列零件和部件装配在一起则构成产品。将产品按照部件、零件进行分解，直到不可再分为止，由此形成的分层树状结构称为产品结构树（见图 5-14）。产品结构管理包括以下内容。

（1）产品结构层次管理　产品数据管理系统采用产品结构树的形式来管理产品结构，主要满足对单一、具体产品所包含的零部件的基本属性的管理，并要维护它们之间的层次关系。如图 5-12 所示，在产品结构树中根节点代表产品（或部件），枝节点和叶节点分别表示部件（或组件）或零件。在产品设计中，用物料清单来描述上述产品结构中各零、部件的层次关系以及每个零件的名称、数量、材料等属性信息。

（2）基于文件夹的产品-文档关系管理　产品数据管理系统通过文件夹和数据库，把与节点对象相关的设计、工艺、制造等文档，以及各种属性表、数据表与该节点关联起来。就整个产品结构树而言，即把构成该产品的各个零、部件都与各自相关的工程数据、属性信息、文档信息等关联起来。树上各节点的信息可以分属于不同的电子仓库、不同的计算机、不同的产品数据管理用户，即可以具有不同的物理地址。经过这样的信息关联以后，产品结构树就成为代表该产品的完整信息模型。

（3）版本管理　通过版本管理，可以掌握事物对象和数据对象的动态变化情况，前者如零件、部件、文件夹等，后者如各种文档等。

2）产品配置管理

单一形式的材料明细表和简单的版本管理不能够满足企业复杂产品信息管理的需求。物料清单是企业进行设计、生产、管理的核心，不同的部门对其有不同的要求。针对产品设计中同一产品的不同批次，或同一批次中不同的阶段（如设计、制造、组装等），也需要采用不同的物料清单。为了满足这些要求，必须将产品结构中的零部件按照一定的条件进行重新编排，得到该条件下的特定的产品结构，这种做法称为配置，其中的条件称为配置条件。利用各种不同的配置条件形成产品结构的不同配置，称为产品结构的配置管理。在配置管理中通过建立配置规则实现对产品结构变化的控制与管理。

产品配置规则分为两种:结构配置规则和可替换件配置规则。结构配置规则与结构有效性类似,控制的都是零部件在某个具体的装配关系中的数量,它们可以组合使用;可替换件配置规则控制的是可替换件组中零件的选择。配置规则由事先定义的配置参数经过逻辑组合而成。用户可以通过选择各配置变量的数值和设定具体的时间及序列数来得到同一产品的不同配置。在企业中,同一产品的产品结构形式在不同的部门(如设计部门、工艺部门和生产计划部门)并不相同,因此产品数据管理系统还提供按产品视图来组织产品结构的功能。通过建立相应的产品视图,企业的不同部门可以按其需要的形式来对产品结构进行组织。而当产品结构发生更改时,可以通过网络化的产品结构视图来分析和控制这一更改对整个企业的影响。

运用上述配置规则,可以进行单一产品配置、系列化产品配置和产品结构多视图管理。

3. 工作流与过程管理

产品数据从生成到报废是由一系列有序状态组成的,例如从设计开始,经过审批、发放、生产、使用、变更与报废等状态,这一有序的状态称为产品数据的全寿命周期。面向某类或某几类数据对象的多个过程的有序组合称为一个工作流。数据对象在其全寿命周期中从一种状态变到另一种状态时应进行的操作或处理的规则集合,称为过程。过程为工作流程的基本构成单元。

产品数据管理的工作流与过程管理模块管理着产品数据的动态定义过程,包括宏观过程(产品寿命周期过程)和各种微观过程(如图样的审批流程)。对产品寿命周期的管理包括保留和跟踪产品从概念设计、产品开发、生产制造到停止生产的整个过程中的所有历史记录,以及定义产品从一个状态转换到另一个状态时必须经过的处理步骤。管理员可以通过对产品数据的各基本处理步骤的组合来构造产品设计流程或更改流程,这些基本的处理步骤包括指定任务、审批和通知相关人员等。流程的构造是建立在对企业中各种业务流程的分析结果之上的。

工作流与过程管理可分为三种类型。

(1)任务管理　主要包括某人在某时对哪些数据对象做了哪些操作,对其他哪些数据产生了影响,应该通知哪些人等内容。

(2)工作流管理　在产品设计与制造过程中,工程图样的审批、发放或更改,零部件设计、分析、制造,都要依照一定流程来完成。建立工作流程涉及三个模型:工作流程模型,即如上所述过程的有序组合;资源模型,包括用户、用户组、角色与应用工具等,它们是过程中的任务执行者;数据模型,用于定义和追踪提交工作流的数据对象的类型。

(3)任务历史管理　正如数据的版本管理是维护产品数据有效性和核查演变过程的重要手段一样,对任务的完成情况及其过程有完善的记录,可便于将来查询。

工作流与过程管理模块主要有以下几个方面的功能:① 规则驱动的结构化工作流功能;② 面向任务或临时插入、变更的工作流功能;③ 触发器、提醒和报警功能;④ 电子邮件接口功能;⑤ 图形化工作流设计功能。

4. 零件分类管理与检索

零件分类管理与检索的主要目的是最大限度地重用现有零件,以加速新产品的开发。根据成组技术的思想,对零件进行分类,形成层次结构树。将零件区分为标准件、自制件与外协件等;在标准件、自制件下继续分层,由此构建出零件分类层次结构树模型。通过零件层次结构树可快速查到相应的零件族,由零件族找到族中的零件,并可查看到零件的特征参数。

零件分类管理与检索模块提供的基本功能包括:① 基于属性的相似零件、标准零件和文档对象的检索;② 建立零件、文档对象与零件族的关系;③ 定义与维护分类模式(如分类码、分类结构、标准接口等)的基本机制;④ 定义与维护缺省的或用户自定义的属性关系。

5. 浏览和圈阅

该模块为计算机化审批检查过程提供支持。利用浏览工具,可以浏览产品数据管理系统中存储的各种类型的文本文件或图像文件。除了浏览外,用户还可以利用图形覆盖技术对浏览的文件进行圈点和注释。某些高级的浏览工具还能提供图像的装配与合并功能。

6. 电子协作

电子协作模块主要实现人与产品数据管理数据之间高速、实时的交互功能。电子协作模块提供的功能包括:电子会议的流程管理,实现会议审核、批示、通知发放、纪要管理等;网上用户管理;网上共享信息查询;电子公告牌;电子论坛。

7. 集成开发接口

各企业的情况千差万别,用户的要求也是多种多样的,没有哪一种产品数据管理系统可以适应所有企业的情况,这就要求产品数据管理系统必须具有强大的客户化开发和二次开发能力。现在大多数产品数据管理产品都提供了二次开发工具包,产品数据管理实施人员和用户可以利用这类工具包来进行针对企业具体情况的定制工作。

(1) 系统定制　产品数据管理系统从两方面提供了定制的帮助。一是在系统安装时,可以按照用户的需求合理配置需要的功能模块;二是提供面向对象的定制工具,包括图形界面编程工具、客户编程工具、系统编程工具和对象编程工具。

(2) 集成工具　为了使不同应用系统间能够共享信息以及对应用系统所产生的数据进行统一管理,要求把外部应用系统"封装"或集成到产品数据管理系统中,实现应用系统与产品数据管理数据库,以及应用系统与应用系统间的信息集成。产品数据管理系统提供了集成工具,以便在此基础上进行集成开发。所谓集成工具,一般是由一系列接口函数组成的函数集,这些函数可以被其他高级语言调用。

另外,产品数据管理系统还具有其他功能,如工程变更管理、项目管理等。

5.4.4　产品数据管理系统项目的实施

1. 产品数据管理系统项目实施的步骤

一个企业要获得产品数据管理系统项目实施的成功,一方面应考虑本企业的应用目标和企业文化,另一方面要有正确的实施方法和步骤。产品数据管理系统项目实施的步骤如图 5-12 所示。

2. 产品数据管理系统的建模方法与技术特征

产品数据管理系统项目实施的关键是要建立六个信息模型,即人员管理模型、产品对象管理模型、产品结构管理模型、产品配置管理模型、过程模型以及信息集成模型。以上模型在产品数据管理系统中以可视化方式定义后,即由流程管理器执行过程控制。产品数据管理系统采用面向对象的建模方法。

产品数据管理系统应具有以下几个基本特征。

(1) 开放性　开放主要包括数据的开放、功能的开放和系统建模方法的开放。开放性主要表现在可移植性、可扩展性、互操作性、可裁剪性等方面。

(2) 集成性　所谓集成是指产品数据管理系统提供的一组机制,该机制使系统能够和其他软件工具和系统协调工作。从系统之间的关系看,集成可以分为三个层次:工具的集成、信息的集成和应用的集成。

(3) 分布性　产品数据管理系统建立在操作系统、网络环境和分布式数据库的基础上。

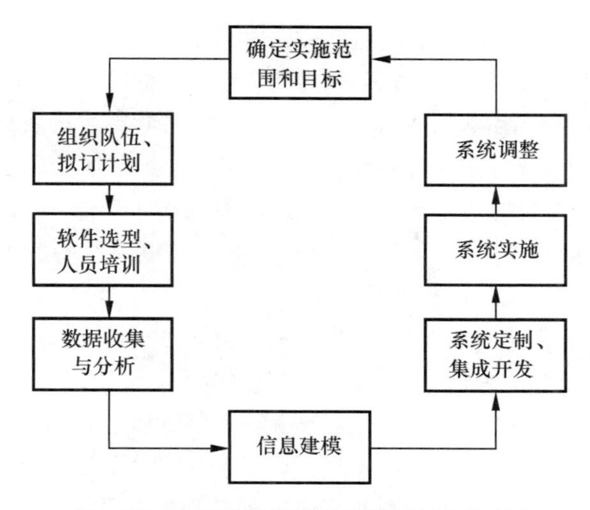

图 5-12 产品数据管理系统项目实施的步骤

从总体上看，当前产品数据管理系统大多采用分布式的客户机/服务器(client/server)结构，服务器端负责公共数据的存储、多用户的同步等功能，客户端主要负责与用户的交互、客户私有数据的管理等。同时，产品数据管理系统的内部构造是层次化的。对象管理框架是产品数据管理系统的核心模块，它的重要性表现在两个方面：一方面，对象管理框架集中管理着产品数据管理系统中的全部信息实体；另一方面，对象管理框架是整个产品数据管理系统信息建模思想的具体体现。产品数据管理涉及的所有实体，如人员、数据、过程以及实体之间的关系，最终都是以对象的形式由对象管理框架统一管理的。对象管理框架为整个产品数据管理系统提供了统一数据管理的基石。建立在对象管理框架之上的是各种产品数据管理系统的功能框架，包括产品结构管理框架、产品配置管理框架、集成工具框架、工作流管理框架等。

基于网络的分布式计算技术也是近年来取得很大进步的技术之一。以分布式计算技术为基础，基于构件的系统体系结构将逐渐取代模块化的系统体系结构。在分布式计算技术的标准方面，一直存在着两大阵营，一个是以对象管理组织(Object Management Group，OMG)组织为核心的CORBA(公共对象请求代理体系结构)标准，另一个是以微软为代表的基于分布式组件对象模型(distributed component object model，DCOM)的ActiveX标准。近年来，OMG组织在CORBA标准的制定和推广方面付出了巨大的努力，许多CORBA标准的产品也在逐渐成熟和发展；同时，由于微软在操作系统方面占据绝对统治地位，ActiveX标准在Windows系列平台上显得更加实用，相应的工具也更加成熟。目前，这两大标准的竞争仍然没有结束，许多商品化软件都同时支持这两个标准。

5.5 制造执行系统

5.5.1 制造执行系统的产生与定义

制造执行系统作为企业信息化的重要组成部分，它的产生和发展是与企业信息化的发展历程紧密相关的。在制造业信息化的早期阶段，受到当时环境限制，工厂业务管理的信息化与生产设备的自动化通常被作为两个独立的任务分别进行。由不同部门、基于不同看法而建成的一系列单一功能的信息系统,产生了以下两种长期存在的信息阻断问题。

(1) 信息孤岛　在 20 世纪 70 年代末期,随着社会和科学技术的发展及物资的日益丰富,企业面临的压力越来越大,市场全球化导致竞争日趋激烈,企业为了求得在下一世纪的生存和发展,纷纷寻求适合自己的先进的生产管理方式和信息化技术。这时,工厂内出现了生产调度系统、工艺管理系统、质量管理系统、设备维护系统、过程控制系统等相互独立的系统,这些系统之间相互独立,缺乏数据共享,从而导致功能重叠、数据矛盾等一系列问题。信息孤岛造成了工厂中制造信息在水平方向上的阻断,所带来的问题严重地制约着工厂内各种系统间的协调,阻碍了系统的发展,降低了制造领域信息化的整体作用。

(2) 信息断层　进入 20 世纪 80 年代,全球市场竞争更加激烈,上层计划管理系统受市场影响越来越大,计划的适应性问题愈来愈突出。面对客户对交货期的苛刻要求,面对更多产品的改型和订单的不断调整,企业的决策者逐渐认识到计划的制订和执行受市场和实际的作业执行状态的影响越来越严重,而由于企业级的业务管理系统无法得到及时准确的生产实绩信息,无法把握生产现场的真实情况,上层计划的制订越来越困难,计划准确性和可行性难以得到保证。同时,生产现场人员与设备得不到切实可行的生产计划与生产指标,使得车间调度系统失去了它应有的作用。这样一方面造成在制品库存量过多,车间管理出现混乱以及资金占用过多,并且出现延误交货期等问题;另一方面,由于设备空闲,造成资源浪费,进而造成了企业生产经营信息在垂直方向上的阻断,严重阻碍了企业级的业务管理系统与工厂级的输出管理系统之间的集成,阻碍了企业信息化的发展。

20 世纪 80 年代中后期,随着消费者对产品的需求愈加多样化,制造业的生产方式开始由大批量的刚性生产转向多品种小批量的柔性生产;随着计算机网络和大型数据库等 IT 技术的发展,企业的信息系统也开始从局部的、事后处理系统转变为全局的、实时处理系统。

尽管各个企业信息化领域都有了长足的发展,但是在工厂以及企业范围的信息集成实践过程中,信息孤岛和信息断层所带来的各种问题仍然难以得到妥善解决。例如:生产计划制订人员在计划制订过程中无法准确及时地把握生产实际状况;生产人员在生产过程中得不到切实可行的作业计划;工厂管理人员和操作人员难以跟踪产品的生产过程,不能有效地控制在制品库存;用户无法了解订单的执行状况。产生这些问题的主要原因仍然在于生产管理业务系统与生产过程控制系统相互分离,计划系统和过程控制系统之间的界限模糊,缺乏紧密的联系。在这种情况下,面向企业生产执行层的信息系统——制造执行系统(manufacturing execution system,MES)应运而生。

1990 年美国先进制造研究机构的报告中首次提出"制造执行系统"这一概念,并将制造执行系统定义为"位于上层的计划管理系统与底层的工业控制之间的面向车间层的信息管理系统"。该系统集成了车间中生产调度系统、工艺管理系统、质量管理系统、设备维护系统、过程控制系统等相互独立的系统,使这些系统之间的数据实现完全共享,完全解决了原来的信息孤岛状态下的数据重叠和数据矛盾的问题。同时,制造执行系统可以收集生产过程中产生的大量实时数据,在实现对实时事件的及时处理的同时可与计划层和生产控制层保持双向通信,从上、下两层接收相应数据并反馈处理结果和生产指令。

5.5.2 制造执行系统与其他信息系统的关系

制造执行系统在计划管理与底层控制之间架起了一座桥梁，填补了两者之间的空隙，如图5-13所示。

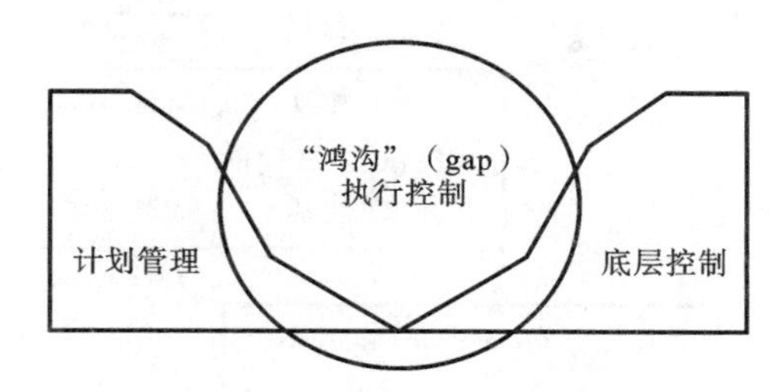

图 5-13 制造执行系统的桥梁作用

图5-14是20世纪90年代被提出的企业集成模型，该图清楚地描述了制造执行系统在企业系统中的位置。

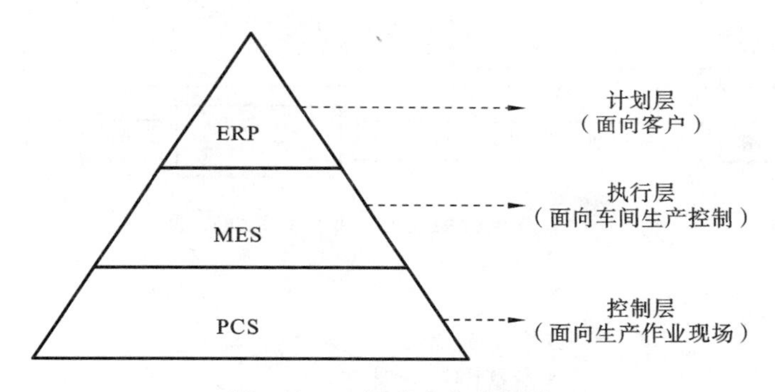

图 5-14 三层企业集成模型

计划层强调企业的计划性。它以客户订单和市场需求为计划源头，充分利用企业内的各种资源，来实现降低库存、提高企业效益的目标。执行层强调计划的执行和控制，通过制造执行系统把企业资源计划与企业的生产作业现场控制有机地集成起来。控制层强调设备的控制，它包括分布式控制系统、可编程控制器等。过程控制系统（process control system，PCS）结合了包括顺序控制、运动控制和过程控制在内的多种控制平台，具备强大的信息处理能力。这种技术提供了开放的工业标准、增强的区域功能以及公共的开发平台。

以上三层在企业经营与生产过程中既相互独立，又紧密联系，并在部分功能上存在着信息重叠的现象，如图5-15所示。

制造执行系统是面向制造过程的，它必然与其他的制造管理系统共享和交互信息，这些系统包括供应链管理系统、企业资源计划管理系统、销售和客户服务管理系统、产品及工艺管理系统，以及底层过程控制系统等。制造执行系统起连接以上各信息系统的作用。制造执行系统与以上各信息系统之间都存在着功能信息的重叠，同时以上各系统之间也存在着功能信息重叠的关系。图5-16反映了制造执行系统与企业其他管理系统之间的关系。

作为车间生产管理系统核心，制造执行系统可被看作一个通信工具，它为企业各种其他应用系统提供现场的数据信息。制造执行系统向上层企业资源计划系统、供应链管理系统提交

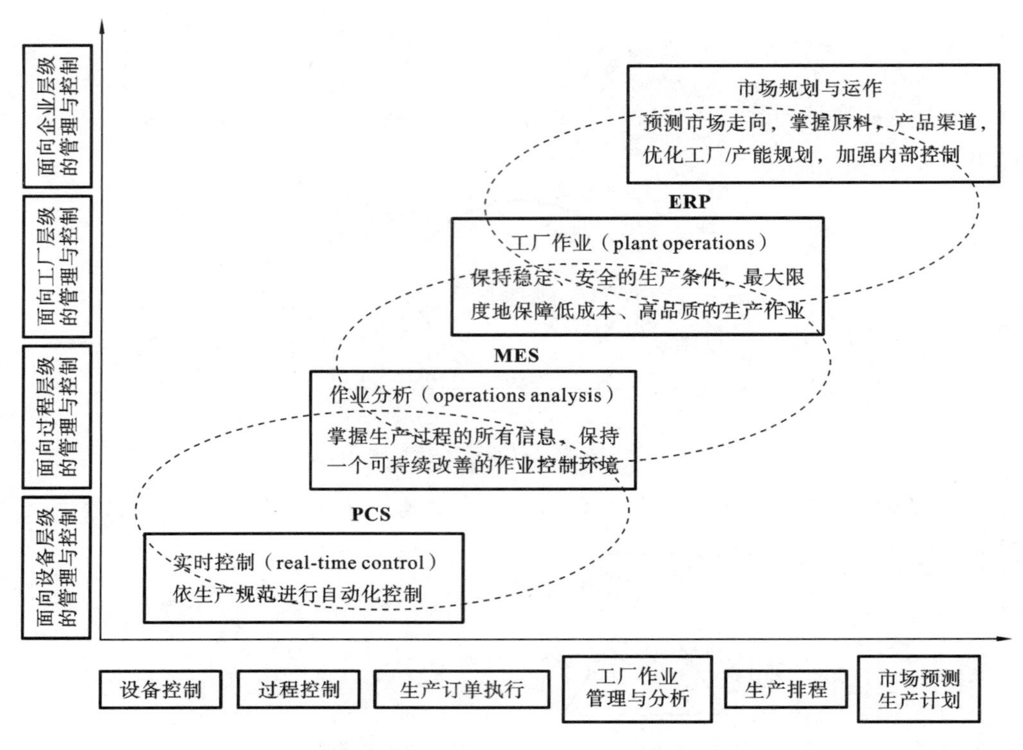

图 5-15　制造执行系统在企业信息系统中的定位

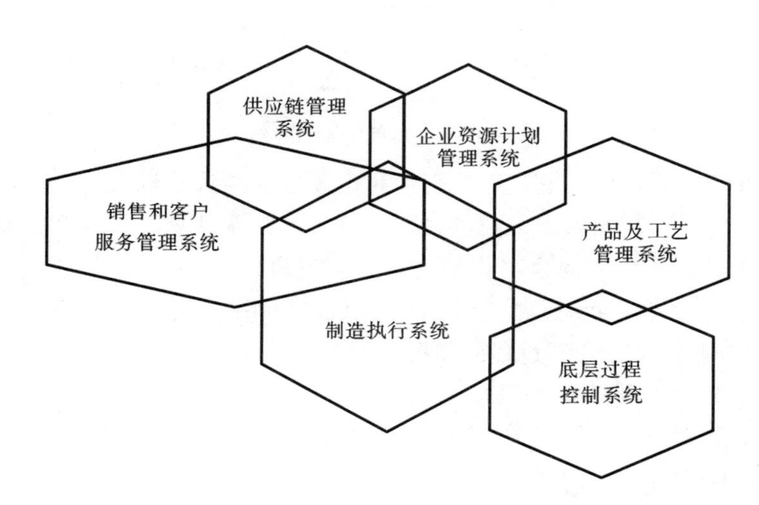

图 5-16　制造执行系统与企业其他管理系统之间的关系图

周期盘点次数、生产能力、材料消耗量、劳动力和生产线运行性能、在制品的存放位置和状态、实际订单执行情况等涉及生产运行的信息，向底层过程控制系统发布生产控制指令及有关生产线运行状况的各种参数等；通过制造执行系统的产品产出和质量数据可以优化生产工艺管理。另一方面，制造执行系统也要从其他的系统中获取自身需要的数据，这些数据保证了制造执行系统在工厂中的正常运行。例如：制造资源规划系统、企业资源计划系统提供的数据是制造执行系统进行生产调度的依据；供应链管理系统通过外来物料的采购和供应时间控制着生产计划的制订和某些零件在工厂中的生产活动时间；销售和客户服务管理系统提供的产品配置和报价为实际生产订单提供基本的数据参考；产品及工艺管理系统提供实际生产的工艺文件和各种配方及操作参数；从底层过程控制系统传来的实时生产状态数据被制造执行系统用于实际生产性能评估和操作条件的判断。总之，制造执行系统须充分利用企业管理系统的各种信息资源，来实现优化调度和合理资源配置。图 5-17 反映了几种系统之间的信息交互。

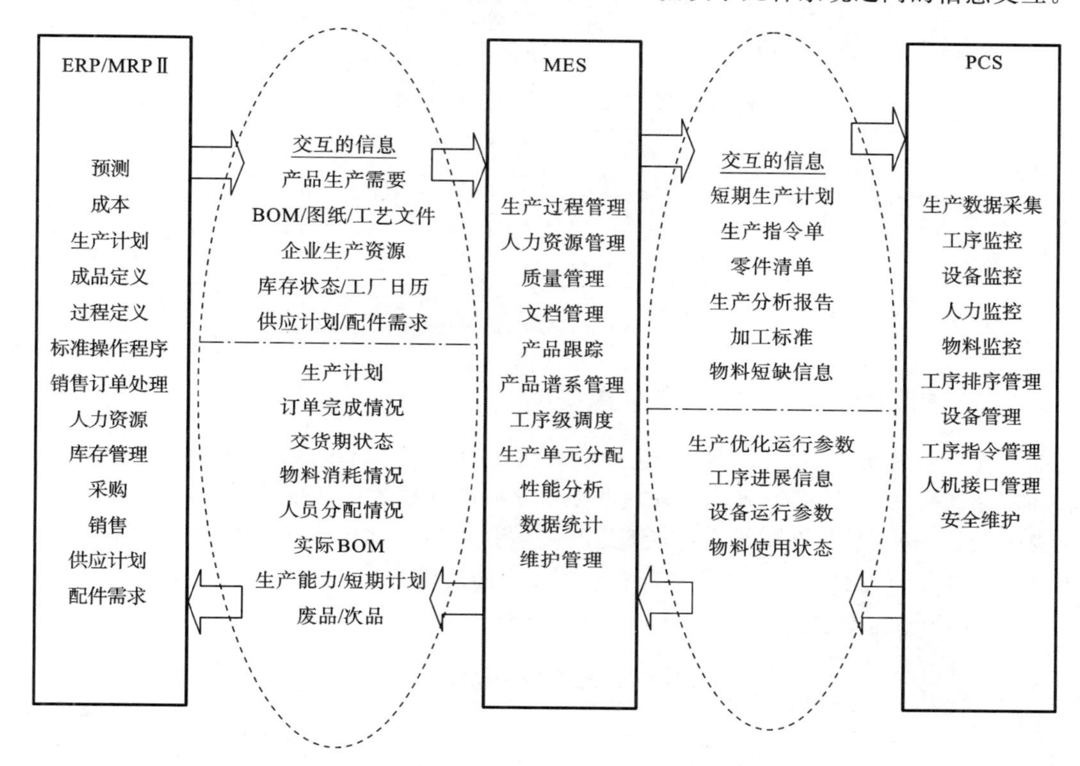

图 5-17 几种系统之间的信息交互

制造执行系统国际联合会在制造执行系统白皮书中给出了在企业生产管理中 ERP/MRPⅡ系统、制造执行系统、底层过程控制系统三层之间的操作、交互活动和信息流，如图 5-18 所示。企业资源计划系统根据客户订单确定产品需求和为制造执行系统安排生产计划，制造执行系统通过任务单和来自车间层的资源状态信息制定生产指令和控制参数并传送至底层过程控制系统，底层过程控制系统将生产现场的设备信息、工装信息和人员信息以及任务状态、设备状态和加工参数传送给制造执行系统，使制造执行系统实现资源检查、在制品跟踪和加工过程控制等功能，并根据底层过程控制系统提供的信息对车间生产计划的制订、实时调度、现场控制指令等做出实时调整。同时，制造执行系统可以查询订单状态、在制品状态和其他性能数据，以便做出符合实际的预测和决策。从时间因素分析，在制造执行系统之上的计划系统考虑的问题域是中长期生产计划（时间因子＝100 倍），执行层系统——制造执行系统处理的是近期生产任务的协调安排问题（时间因子＝10 倍），控制层系统——底层过程控制系统则必须实时地接收生产指令，使设备正常加工运转（时间因子＝1 倍）。它们相互关联、互为补充，共同实现企业的连续信息流。

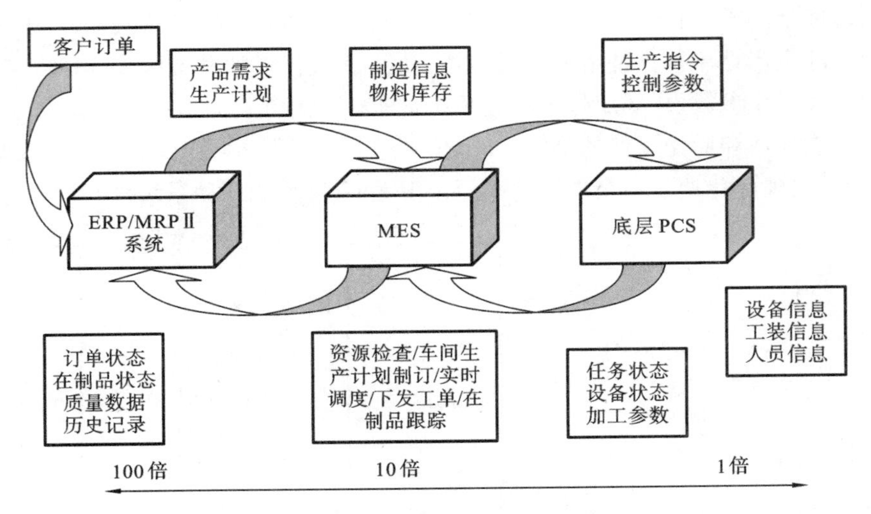

图 5-18　ERP/MRPⅡ、MES、PCS 层之间的信息流

5.5.3　制造执行系统的典型结构

制造执行系统集成了车间中生产调度管理系统、生产质量管理系统、设备维护管理系统、过程控制系统等相互独立的系统，在使这些系统之间的数据实现共享的同时，制造执行系统起着信息集线器的作用，使企业的计划管理层与控制执行层之间实现数据的流通。制造执行系统的功能如图5-19所示。制造执行系统有以下几个功能模块。

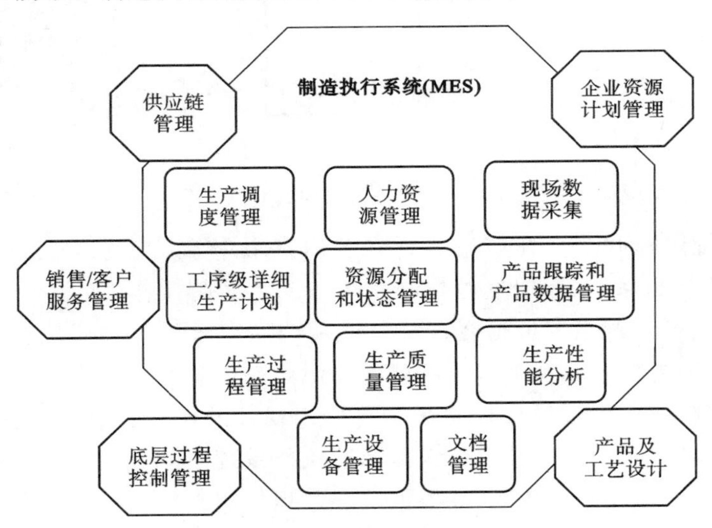

图 5-19　制造执行系统功能图

(1) 资源分配和状态管理模块　对资源状态及分配信息进行管理，包括对机床、辅助工具(如刀具、夹具、量具等)、物料、劳动者等其他生产能力实体以及开始进行加工时必须具备的文档(工艺文件、数控设备的数控加工程序等)和资源等方面的详细历史数据进行管理。对资源的管理还包括为满足生产计划的要求而对资源所做的预留和调度。

(2) 工序级详细生产计划模块　负责生成工序级操作计划，即详细计划，提供与指定生产单元相关的优先级、属性、特征、方法等的作业排序功能。其目的就是要安排一个合理的序列以最大限度地压缩生产过程中的辅助时间，这个计划是基于有限能力的生产执行计划。

(3) 生产调度管理模块　以作业、订单等形式管理和控制生产单元中的物料流和信息流。生产调度管理模块能够调整车间规定的生产作业计划，对返修品和废品进行处理，用缓冲管理的方式控制每一个节点的在制品数量。

(4) 文档管理模块　文档管理与生产单元相关，文档包括图样、配方、工艺文件，以及工程变更记录单据等。文档管理包括对存储的生产历史数据进行维护的操作。

(5) 现场数据采集模块　现场数据采集模块采集的是生产现场中各种必要的实时更新数据信息。这些现场数据可以从车间手工输入或由各种自动方式获得。

(6) 人力资源管理模块　提供实时更新的员工状态信息数据。人力资源管理模块可以与设备的资源管理模块相互作用来决定最终的优化分配方案。

(7) 生产质量管理模块　对从制造现场收集到的数据进行实时分析以控制产品质量，并确定生产中需要注意的问题。

(8) 生产过程管理模块　监控生产过程，自动修正生产中的错误，提高加工效率和质量，并提供在制品生产行为的决策支持。

(9) 生产设备维护管理模块　指导企业维护设备和刀具并予以跟踪，以保证制造过程的顺利进行，产生除报警外的阶段性、周期性和预防性的维护计划，对需要维护的问题进行响应。

(10) 物料跟踪和产品数据管理模块　通过监视工件在任意时刻的位置和工艺状态来获取每一个产品的历史记录，该记录可供用户追溯产品组及每个最终产品的使用情况。

(11) 性能分析模块　能提供实时更新的实际制造过程的结果报告，并将这些结果与过去的历史记录及所期望出现的经营目标进行比较。

(12) 外协生产管理模块　在敏捷制造模式下，当车间的任务不能完成时，可直接通过网络寻求合作伙伴，实现跨车间乃至跨厂的资源组合，实现企业之间加工设备及资源的共享，构成一个虚拟车间；另一方面，车间也可直接接受其他车间或企业的生产任务，作为其他虚拟企业/虚拟车间的一部分。

以上是制造执行系统本身具有的功能。如果要起到"信息集线器"的作用，制造执行系统还必须具有良好的集成性。能实现与其他系统的信息集成是制造执行系统的一个重要特性。

思考题与习题

5-1　制造信息包括哪些内容？制造信息有哪些特点？

5-2　制造信息化和企业信息化各自包含哪些内容？

5-3　信息化和工业化的关系是什么？为什么要强调"两化"融合？

5-4　企业资源计划指的是什么？企业资源计划系统由哪几个子系统构成？

5-5　企业资源计划系统存在哪些缺点？实施企业资源计划系统项目的程序是什么？

5-6　制造资源规划的基本原理是什么？

5-7　制造资源规划的主要技术环节有哪些？并简述之。

5-8　什么是主生产计划？什么是能力需求计划？

5-9　什么是供应链管理？成功的供应链管理能为企业带来哪些好处？

5-10　供应链管理的竞争力包含哪几方面？

5-11　制造企业实施企业资源计划系统项目应注意哪些问题？

5-12　什么是产品数据管理？产品数据管理系统的基本功能是什么？

5-13　产品数据管理系统的体系结构分为哪几个层次？

5-14　简述制造执行系统的定义及其主要功能。

5-15　试述制造执行系统与企业其他管理系统之间的关系。

第6章　先进制造模式

6.1　先进制造模式的概念

6.1.1　制造模式的概念与演化

1. 制造模式的含义

制造模式(manufacturing mode)是指企业体制、经营、管理、生产组织和技术系统的形态和运作的模式。制造模式可以理解为“制造系统实现生产的典型方式”。

制造模式与管理的区别是:制造模式是制造系统某些特性的集中体现,也是制造企业所有管理方法与工程技术融合的结晶。管理是一门学科,也是企业界的一项职能。制造模式是表征制造企业管理方式和技术形态的一种状态,而管理是面向一切组织的一种过程。

2. 制造模式的演化

制造模式的发展已有漫长的历史。但长期以来,人类社会一直处于手工业时期,制造模式的真正形成与发展,还只有近两百年的时间。回顾历史,制造模式的发展大致经历了四个主要阶段。

(1) 手工与单件生产　1765年瓦特蒸汽机的发明,引发了第一次工业革命,促使制造业发生革命性的变化,出现了工场式的制造厂,从手工作业到机器作业、从作坊到批量生产,生产率有了较大提高,近代工业化大生产的序幕由此拉开。

(2) 大批量生产　从19世纪中叶到20世纪中叶,E. Whitney提出互换性与大批量生产理念,O. Evans将传送带引入生产系统,F. W. Taylor提出科学管理思想,H. Ford开创汽车装配自动流水生产线,这一系列事件使制造业开始了第一次生产方式的转换,即转向大批量生产。这种模式推动了工业化进程,为社会提供了大量的经济产品,促进了市场经济的高度发展,成为各国竞相采用的生产模式。

(3) 柔性自动化生产　1952年美国麻省理工学院试制成功世界上第一台数控铣床,揭开了柔性自动化生产的序幕。1958年人们成功研制出自动换刀镗、铣加工中心;1962年在数控技术基础上,成功研制出第一台工业机器人、自动化仓库和自动导引小车;1966年出现了用一台大型通用计算机集中控制多台数控机床的计算机数控系统;1968年英国莫林公司和美国辛辛那提公司建造了第一条由计算机集中控制的自动化制造系统,并将其命名为柔性制造系统;20世纪70年代,出现了各种微型机数控系统、柔性制造单元、柔性生产线和自动化工厂。

与刚性自动化的工序分散、固定节拍和流水生产的特征相反,柔性自动化的特征是:工序相对集中,没有固定的节拍,物料非顺序输送;将高效率和高柔性融于一体,生产成本低;具有较强的灵活性和适应性。

(4) 高效、敏捷与集成经营生产　自20世纪70年代以来,不同时期、不同国家的经济增长、繁荣、停滞、衰退交替出现,企业所处的外部环境日趋复杂多变,使得当今的企业面临一系列前所未有的挑战。

近些年来,在日本、美国有关制造模式的新概念层出不穷,例如精益生产、敏捷制造、智能制造、并行工程等,这些新方法的出现彻底动摇了原有的管理理论和制造模式。制造模式的发展过程可用图 6-1 来描述。

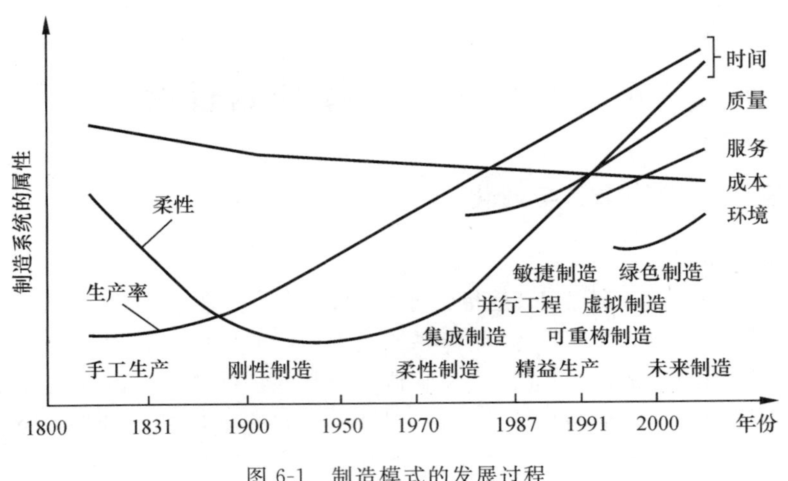

图 6-1 制造模式的发展过程

6.1.2 先进制造模式的内涵与类型

1. 先进制造模式的内涵

从广义上讲,先进制造模式(advanced manufacturing mode,AMM)是作用于制造系统的具有相似特点的一类先进方式、方法的总称。它以获取生产有效性为首要目标,以制造资源的快速有效集成为基本原则,以人、组织、技术相互结合为实施途径,使制造系统获得精益、敏捷、优质与高效的特征,以适应市场变化对时间、质量、成本、服务和环境的新要求。

先进制造模式与先进制造技术应是制造系统中两个不同的概念。过去之所以没有明确区别,是因为二者具有十分密切的相关性,并把先进制造模式归为先进制造技术的系统管理技术。事实上,先进制造技术是实现先进制造模式的基础。先进制造技术强调功能的发挥,形成了技术群;先进制造模式强调制造哲理的体现,偏重于管理,强调环境、战略的协同。

2. 先进制造模式的类型

制造模式具有鲜明的时代性。先进制造模式是在传统的制造模式发展、深化和逐步创新的过程中形成的。工业化时代的福特大批量生产模式是以提供廉价的产品为主要目的的;信息化时代的柔性生产模式、精益生产模式、敏捷制造模式等是以快速满足顾客的多样化需求为主要目的的;未来发展趋势是知识化时代的绿色制造模式,它是以有利于环境保护、减少能源消耗为主要目的的。在传统制造技术逐步向现代高新技术发展、渗透、交汇和演变,形成先进制造技术的同时,出现了一系列先进制造模式。

(1) 柔性生产模式 这种模式由英国莫林斯公司首次提出,于 20 世纪 70 年代末得到推广应用。该模式主要依靠具有高度柔性的以计算机数控机床为主的制造设备来实现多品种小批量的生产,以增强制造业的灵活性和应变能力、缩短产品生产周期、提高设备利用率和员工劳动生产率。

(2) 计算机集成制造模式 计算机集成制造的突出特点是:强调制造过程的整体性,将需求分析、销售和服务等都纳入了制造系统范畴，充分面向市场和用户；计算机辅助手段提高了产品研制和生产能力，加速了产品的更新换代；物流集成增强了制造过程的柔性，提高了设备利用率和生产率；信息集成促进了经营决策与生产管理的科学化；等等。

（3）智能制造模式　该模式是在制造生产的各个环节中，应用智能制造技术和系统，以一种高度柔性和高度集成的方式，通过计算机模拟专家的智能活动，进行分析、判断、推理、构思和决策，以取代或延伸制造过程中人的部分脑力劳动，并对人类专家的制造智能进行完善、继承和发展。

（4）精益生产模式　该模式是由美国 MIT 公司于 1990 年在总结日本丰田汽车生产经验时提出的。其基本特点是可消除制造企业因采用大量生产方式所造成的企业机构过于臃肿和容易造成资源浪费的缺点，实施"精简、消肿"的对策，贯彻"精益求精"的管理思想。该模式要求产品优质，且充分考虑人的因素，采用灵活的小组工作方式和强调合作的并行工作方式，采用适度的自动化技术，使制造企业的资源能够得到合理配置与充分利用。

（5）敏捷制造模式　该模式的特点是将柔性制造的先进技术，熟练掌握的生产技能、有素质的劳动力，以及企业内部和企业之间的灵活管理集成在一起，利用信息技术对千变万化的市场机遇做出快速响应，最大限度地满足顾客的要求。

（6）虚拟制造模式　该模式的特点是利用制造过程的计算机仿真来实现产品的设计和研制。在产品投入制造之前，先在虚拟制造环境中以软产品原型（soft prototype）代替传统的硬样品（hard prototype）进行试验，并对其性能进行预测和评估，从而大大缩短产品设计与制造周期，降低产品开发成本，提高其快速响应市场变化的能力，以便更可靠地进行产品研制、更经济地投入、更有效地组织生产，进而实现制造系统全面最优的制造生产模式。

（7）极端制造模式　极端制造是指在极端环境下制造极端尺度或极高功能的器件和系统。当前，极端制造集中表现在微细制造、超精密制造、巨系统制造等方面，如制造航天飞行器、超常规动力装备，以及微纳电子器件、微纳光机电系统等尺寸极小、精度极高的产品。

（8）绿色制造模式　绿色制造是综合运用生物技术、绿色化学、信息技术和环境科学等方面的成果，使得在制造过程中没有或极少产生废料和污染物的工艺或制造系统的综合集成生态型制造技术。日趋严格的环境与资源约束，使绿色制造显得越来越重要。绿色制造是实现制造业可持续发展的制造模式。

6.1.3　先进制造模式的战略目标

表 6-1 列出了传统制造模式和先进制造模式的主要特征。由此可概括出先进制造模式的主要战略目标及共性。

表 6-1　传统制造模式和先进制造模式的主要特征

主要特征	制造模式					
	大批量生产	制造自动化	柔性生产	精益生产	敏捷制造	精益敏捷柔性生产
制造价值定向	产品	产品	顾客	顾客	顾客	顾客
制造战略重点	成本	质量	品种	质量	时间	时间
制造指导思想	技术主导	技术主导	技术主导	组织精益	组织变革	组织创新 人因发挥

续表

主要特征	制造模式					
	大批量生产	制造自动化	柔性生产	精益生产	敏捷制造	精益敏捷柔性生产
竞争优势	低成本	高效率	柔性	精益性	灵捷	精益性、灵捷性、柔性
手段或动因	机器	技术	技术进步	人因发挥	组织创新	技术、人因组织集成
原则或机制	分工与专业化	自动化	高技术集成	生产过程管理	资源快速集成	资源快速集成
制造经济性	规模经济性	规模经济性	范围经济性	范围经济性	集成经济性	集成经济性

当今复杂多变的市场环境，特别是消费者需求的主体化与多样化倾向使得生产的有效性问题凸显出来。先进制造模式不得不将生产有效性置于首位，为此导致制造价值定向（从面向产品到面向顾客）、制造战略重点（从成本到时间）、制造原则（从分工到集成）、制造指导思想（从技术指导到组织创新和人因发挥）等出现一系列的变化。

制造是一种多人协作的生产过程，这就决定了分工与集成是一对相互依存的组织制造的基本形式。制造分工与专业化可大大提高生产效率，但同时会造成制造资源（技术、组织和人员）的严重割裂。制造分工曾使大批量生产模式获得巨大成功，而制造专业化则使大批量生产模式在新的市场环境下陷入困境。先进制造模式的经济性体现在制造资源快速有效集成所表现出的制造技术的充分运用、各种形式浪费的减少、人的积极性的发挥、供货时间的缩短和顾客满意程度的提高等方面。

技术、人员和组织是制造生产中不可缺少的三大资源。技术是实现制造的基本手段，人是制造生产的主体，组织则反映制造活动中人与人的相互关系。技术作为用于实际目的的知识体系，它本身就源于人的实践活动，也只有被人所掌握与应用才能发挥其作用。而在制造活动中人的行为又受到他所在组织的影响、诱导、制约和激励。所以，制造技术的有效应用有赖于人的积极主动性的发挥，而人因的作用在很大程度上取决于组织的作用。显然，先进制造模式着眼于组织与人因才是抓住了问题的关键。

6.1.4　先进制造模式的管理

从沿用的原理和管理角度来看，先进制造模式针对的是未来企业之间的竞争，除了资源和技术外，还涉及组织的创新优化。如图6-2所示，制造系统的组织优化包括空间组织优化和时间组织优化。空间组织优化侧重于制造系统的结构优化，包括逻辑结构和物理结构优化。时间组织优化则主要针对信息流与物料流结构。

现代企业组织结构的特性主要体现在以下几个方面。

(1) 灵活性　可利用不同地区的现有资源，迅速组合成为没有围墙、超越空间约束、靠电子手段联系的统一指挥的经营体——虚拟企业或虚拟单元。虚拟企业和虚拟单元具有企业功能上的不完整性、地域上的分散性和组织结构上的非永久性。这种组织结构不是固定不变的，而是可以根据目标和环境的变化进行组合和动态调整的。

(2) 分散性　由于知识、信息的分散性，制造企业面临的环境具有随机性、动态性和竞争

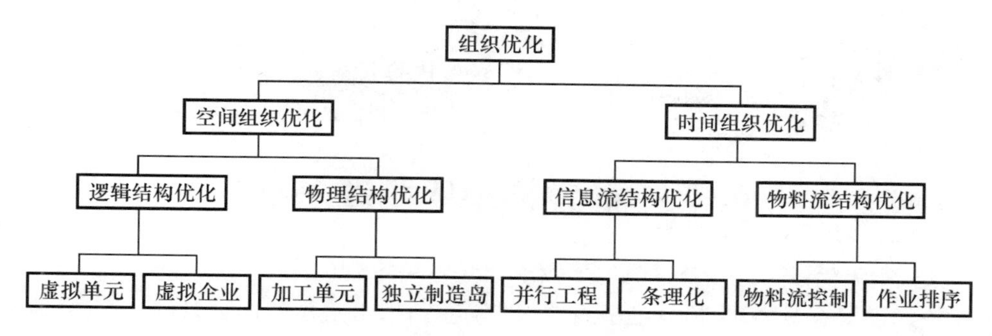

图 6-2　制造系统组织优化原理框图

性。企业内部管理日趋复杂，为了将资源信息快速、准确地提供给组织内各个潜在的决策者，也为了使决策者能迅速调动所需资源，需要用信息网络将组织成员连接起来，使组织结构网络化。

(3) 动态性　图 6-3 所示描绘了从传统企业一维组织形式逐步过渡到多维的动态组织形式，以及未来的能够重组的组织形式这一制造企业的组织结构变化情况。由图可见，为实现企业的目标，企业的组织结构将从传统的、递阶层次的“机械结构型”向更适合市场竞争的“化学分子型”和“生物细胞型”转变，成为扁平的多元化“神经网络”。这种组织结构在整个产品生产周期内是动态变化的，可及时重组和解体。

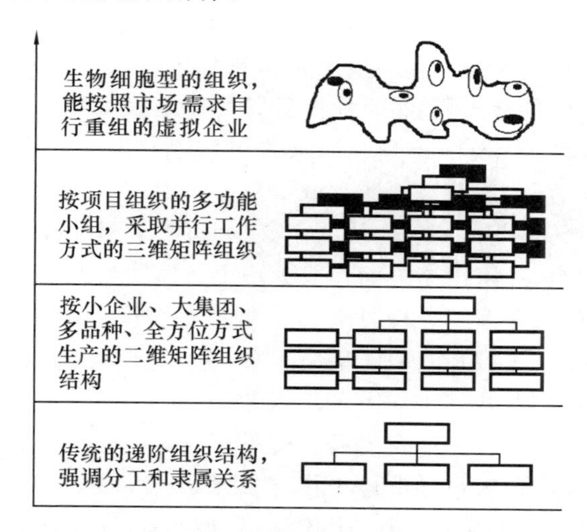

图 6-3　制造企业的组织结构变化

(4) 并行性　产品开发工作虽然是有序的，但并不一定按简单的串行方式相连接，而是在时间坐标上相互重叠与交叉，小组内的成员并行工作，协同完成产品设计、生产、销售等任务。如图 6-4 所示为基于并行工程的产品开发组织模式。

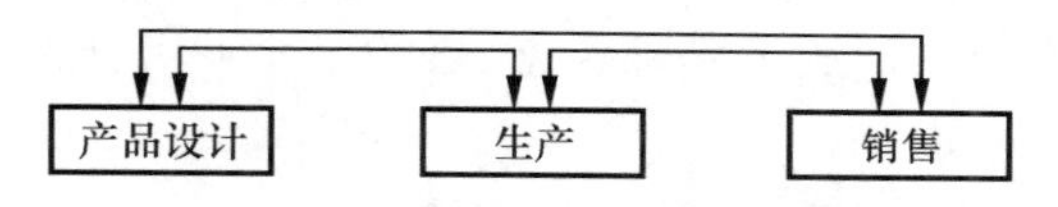

图 6-4　基于并行工程的产品开发组织模式

(5) 独立性　项目组在企业内是相对独立的，项目负责人有权做出关于项目内活动的决策。

(6) 简单性　在项目组内以简单的工艺流程来代替传统的整个工厂集中控制的复杂的流程。

6.2 计算机集成制造系统

20 世纪 70 年代以来,随着市场的全球化,市场竞争不断加剧,给企业带来了巨大的压力,迫使企业纷纷寻求有效方法,加速推出高性能、高可靠性、低成本的产品,以期更有力地参与市场竞争。与此同时,随着计算机在设计、制造、管理等领域的广泛应用,相继出现了许多单一目标的计算机辅助自动化技术,如 CAD、CAPP、CAM、CAPM、FMS、MRPⅡ技术等。由于缺少整体规划,这些单元技术的应用是相对独立的,彼此之间的数据不能共享,往往还会产生诸如数据不一致之类的矛盾和冲突,出现所谓的信息孤岛现象,从而降低了系统运行的整体效率,甚至造成资源浪费。显然,只有把这些单项应用通过计算机网络和系统集成技术连接成一个整体,才能消除企业内部信息和数据的矛盾和冗余,由此出现了计算机集成制造系统(CIMS)。

6.2.1 计算机集成制造与计算机集成制造系统的内涵

CIM 的概念最早由美国 Joseph Harrington 博士于 1973 年在《计算机集成制造》一书中首先提出。他强调了两个观点:系统观点——企业各个生产环节是不可分割的,需要统一安排与组织;信息化观点——产品制造过程实质上是信息采集、传递、加工处理的过程。CIM 是一种先进的哲理,其内涵是借助计算机,将企业中各种与制造有关的技术系统集成起来,进而提高企业适应市场竞争的能力。但由于受当时条件的限制,CIM 思想未能立即引起足够的重视,进入 20 世纪 80 年代后,才逐渐被制造领域重视并采用。

至今对 CIM 和 CIMS 还没有一个公认的定义。1992 年国际标准化组织认为:CIM 是将企业所有的人员、功能、信息和组织诸方面集成为一个整体的生产方式。不同的国家在不同时期对 CIMS 也有各自的认识和理解。1991 年日本能源协会认为:CIMS 是以信息为媒介,用计算机把企业活动中多种业务领域及其职能集成起来,追求整体效益的新型生产系统。1993 年美国制造工程师协会(SME)提出了 CIMS 的组成轮图,如图 6-5 所示,它由六个层次组成。第一层是驱动轮子的轴心——顾客。潜在的顾客就是市场,市场是企业获得利润和求得发展的基点。第二层是企业组织中的人员和群体工作方法。第三层是信息、知识共享系统。它以计算机网络为基础,使信息流动起来,形成一个连续信息流,以提高企业的运行效率。第四层是企业的活动层,共分为三个部门十五个功能区。第五层是企业管理层,它的功能是合理配置资源,承担企业经营的责任。第六层是企业的外部环境。企业是社会中的经济实体,受到用户、竞争者、合作者和其他市场因素的影响。企业管理人员不能孤立地只看到企业内部,必须置身于市场环境中做出适合本企业的发展决策。该轮图将顾客作为制造业一切活动的核心,强调了人、组织和协同工作,以及基于制造基础设施、资源和企业责任而对组织、管理生产的全面考虑。

6.2.2 计算机集成制造系统的基本组成

从系统功能考虑,CIMS 通常由四个功能子系统和两个支撑子系统组成,如图 6-6 所示。

每个子系统都有其特有的结构、功能和目标。

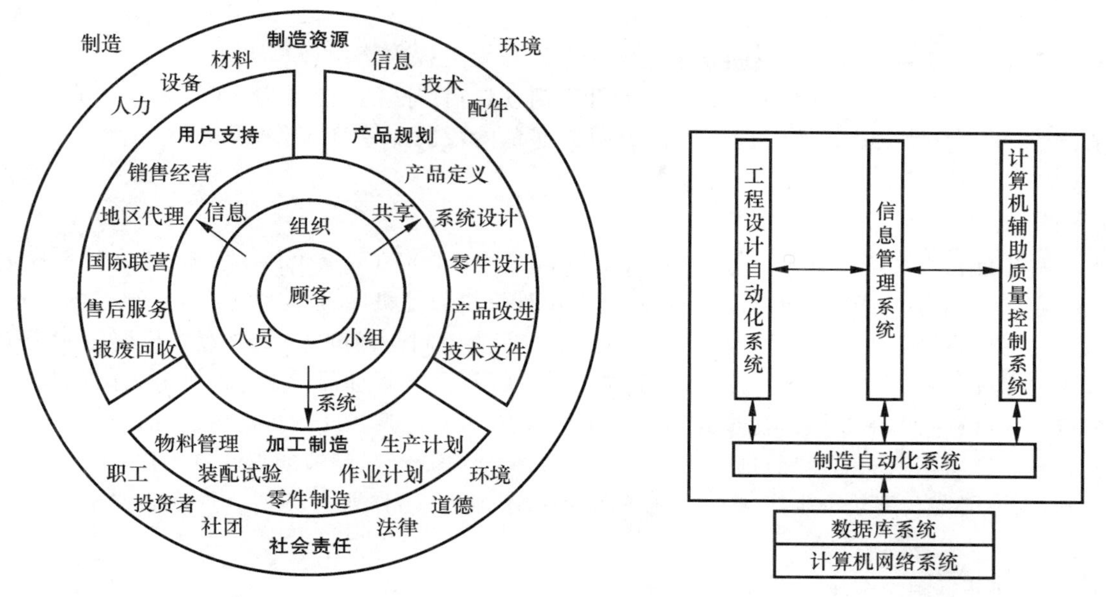

图 6-5　CIMS组成轮图

图 6-6　CIMS功能子系统

1. 信息管理系统

信息管理系统是CIMS的神经中枢，指挥与控制着其他各个部分有条不紊地工作。信息管理系统通常以制造资源规划为核心，包括预测、经营决策、各级生产计划、生产技术准备、销售、供应、财务、成本、设备、工具、人力资源等各项信息管理功能。图6-7所示为信息管理系统模型。它集生产经营与管理功能于一体，各个功能模块可在统一的数据环境下工作，以实现管理信息的集成，从而缩短产品生产周期、降低库存、减少流动资金、提高企业应变能力。

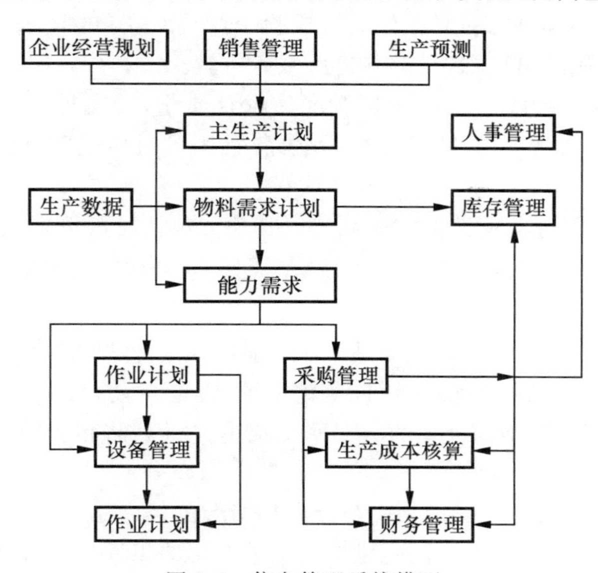

图 6-7　信息管理系统模型

2. 工程设计自动化系统

工程设计自动化系统(engineering design automation system,EDAS)是制造企业CIMS的关键部分。工程设计自动化实质上是指在产品开发过程中运用计算机技术,使产品开发活动更高效、更优质、更自动化地进行。产品开发活动包括产品的概念设计、工程与结构分析、详细设计、工艺设计以及数控编程等设计和制造准备阶段的一系列工作,即通常所说的CAD、CAPP、CAM三大部分。

3. 制造自动化系统

制造自动化系统(manufacturing automation system,MAS)是CIMS的信息流和物料流的结合点和最终产生经济效益的聚集地,通常由计算机数控机床、加工中心、柔性制造单元或/和柔性制造系统等组成。制造自动化系统在计算机的控制与调度下,按照数控代码将一个个毛坯加工成合格的零件并装配成部件乃至产品,完成设计和管理部门下达的任务,并将制造现场的各种信息实时地或经过初步处理后反馈到相应部门,以便及时地进行调度和控制。

制造自动化系统的目标可归纳为:实现多品种、小批量产品制造的柔性自动化;实现优质、低成本、短周期及高效率生产,提高企业的市场竞争能力;为作业人员创造舒适而安全的劳动环境。

4. 计算机辅助质量控制系统

在激烈的市场竞争中,质量是企业得以生存的关键。要赢得市场,企业必须在产品性能、价格、交货期、售后服务等方面满足顾客需求,因此需要一套完整的质量保证体系。计算机辅助质量控制系统(computer aided quality system,CAQS)覆盖产品寿命周期的各个阶段,其主要包括以下四个子系统。

(1) 质量计划子系统　用来确定改进质量目标,建立质量标准和技术标准,计划可能达到的途径和预计可能达到的改进效果,并根据生产计划及质量要求制订检测计划及检测规程。

(2) 质量检测管理子系统　其功能包括以下三项:管理进厂材料、外购件和外协件的质量检验数据;自动(也可用手动方式)对零件进行检验、对产品进行试验,采集各项质量数据并进行校验和预处理;建立成品出厂档案,改善售后服务质量。

(3) 质量分析评价子系统　其作用是对产品设计质量、外购件和外协件质量、供货商能力、工序控制点质量、质量成本等进行分析,评价各种因素对质量问题形成的影响,查明主要原因。

(4) 质量信息综合管理与反馈控制子系统　其功能包括质量报表生成、质量综合查询、产品使用过程质量综合管理,以及提供针对各类质量问题应采取的各种措施和反馈信息。

5. 数据库系统

数据库系统(database system,DBS)是一个支撑系统,它是CIMS信息集成的关键之一。CIMS环境下的信息管理系统、工程设计自动化系统、制造自动化系统、计算机辅助质量控制系统的信息数据都要在一个结构合理的数据库系统里进行存储和调用,以满足各系统信息的交换和共享需求。

CIMS的数据库系统通常是采用集中与分布相结合的体系结构,以保证数据的安全性、一致性和易维护性。此外,CIMS内往往还建立有一个专用的工程数据库系统,用来处理大量的工程数据。工程数据类型复杂,包括图形、加工工艺规程、数控代码等各种类型的数据。工程数据库系统中的数据与生产管理系统、经营管理系统等中的数据均按统一规范进行交换,从而实现整个 CIMS 数据的集成和共享。

6. 计算机网络系统

计算机网络系统(network system,NETS)也是 CIMS 的一个支撑系统,它通过计算机通信网络将物理上分布的 CIMS 各个功能子系统的信息联系起来,以达到共享的目的。依照企业覆盖地理范围的大小,有两种计算机网络可供 CIMS 采用,一种为局域网,另一种为广域网。目前,CIMS 一般以互联的局域网为主,如果工厂厂区的地理范围相当大,局域网可能要通过远程网进行互联,从而使 CIMS 同时兼有局域网和广域网的特点。

CIMS 在数据库和计算机网络的支持下,可方便地实现各个功能子系统之间的通信,从而有效地完成全系统的集成。CIMS 功能子系统之间的信息交换过程如图 6-8 所示。

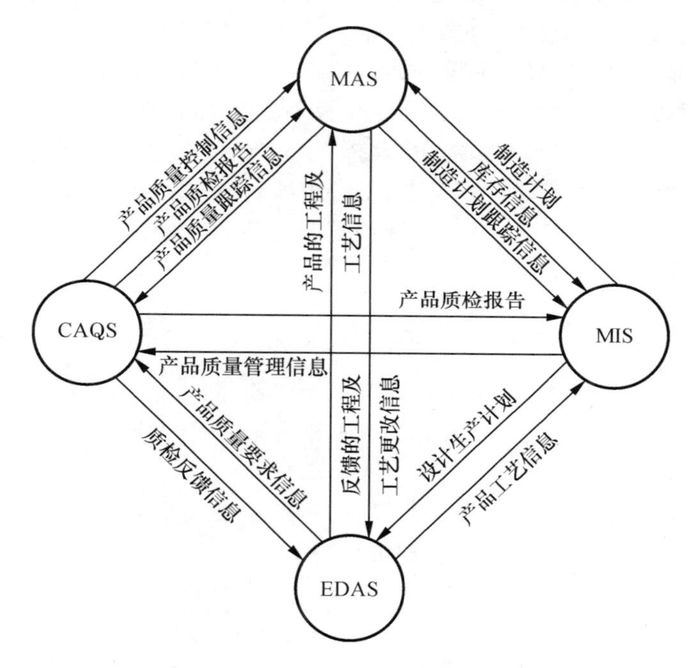

图 6-8　CIMS 功能子系统之间的信息交换

6.2.3　计算机集成制造系统的技术优势

从发展的角度看,CIMS 技术共经历了三个阶段,即信息集成(以早期计算机集成制造为代表)、过程集成(以并行工程为代表)和企业间集成(以敏捷制造为代表)阶段,其中信息集成是过程集成的基础,过程集成是企业间集成的基础,同时,这些集成技术也还处在不断发展之中。

1. 信息集成

信息集成技术主要解决企业中各个信息孤岛之间的信息交换与共享问题,其主要包括如下内容。

(1) 企业建模、系统设计方法、软件工具和规范。这是系统总体设计的基础。企业建模及设计方法用于建立一个制造企业的物流、信息流,乃至资金流、决策流之间的联系,它是信息集成的基础。

(2) 异构环境和子系统的信息集成。所谓异构是指系统中包含不同的操作系统、控制系统、数据库及应用软件。如果各个部分的信息不能自动地进行交换,则很难保证信息传送和交换的效率和质量。早期信息集成主要通过局域网和数据库来实现,近期采用企业网、外联网、产品数据管理、集成平台和框架技术来实现。值得指出的是,基于面向对象技术、软构件技术和 web 技术的集成框架,已成为系统信息集成的重要支撑工具。

2. 过程集成

传统的产品开发模式采用串行产品开发流程,设计部门与加工部门是两个独立的功能部门,缺乏数字化产品定义和产品数据管理,缺乏支持群组协同工作的计算机与网络环境,这无疑会使产品开发周期延长、成本增加,而采用并行工程技术可很好地解决这些问题。

3. 企业间集成

企业间集成优化是对企业内外部资源的优化利用,其目的是实现敏捷制造,适应知识经济、全球经济、全球制造的新形势。从管理的角度来看,企业间实现企业动态联盟,形成扁平式企业的组织管理结构和"哑铃型企业",有利于克服小而全、大而全的弊病,成就产品型企业,增强新产品的设计开发能力和市场开拓能力,发挥人在系统中的重要作用等。企业间集成的关键技术包括信息集成技术、并行工程的关键技术、虚拟制造技术、支持敏捷工程的使能技术、基于网络(如 Internet/Intranet/Extranet)的敏捷制造技术,以及资源优化技术(如物料需求计划、供应链、电子商务技术)。

6.2.4 现代集成制造技术的发展趋势

现代集成制造技术的发展趋势表现在以下几个方面。

(1) 集成化　从当前的企业内部的信息集成和功能集成,发展到过程集成,并正在步入实现企业间集成的阶段。

(2) 数字化/虚拟化　从产品的数字化设计开始,发展到产品寿命周期过程中各类活动、设备及实体的数字化。在数字化基础上,虚拟化技术正在迅速发展,主要包括虚拟现实应用、虚拟产品开发和虚拟制造。

(3) 网络化　从基于局域网的制造发展到基于 Intranet/Internet/Extranet 的分布网络制造,以支持全球制造策略的实施。

(4) 柔性化　目前人们正积极研究发展企业间动态联盟技术、敏捷设计生产技术、柔性可重组机器技术等,以实现敏捷制造。

(5) 智能化　智能化是制造系统在柔性化和集成化基础上进一步的发展与延伸,其是通过引入各类人工智能和智能控制技术,实现具有自律、分布智能、仿生、敏捷、分形等特点的新一代制造系统。

(6) 绿色化　包括绿色制造、具备环境意识的设计与制造、清洁化生产等。它是全球可持续发展战略在制造业中的体现,同时也是摆在现代制造业面前的一个崭新课题。

6.3 大批量定制

6.3.1 大批量定制的由来

随着现代科学技术的迅猛发展和人们生活水平的日益提高,用户需求日趋多样化、个性化，企业竞争也日趋激烈，这诸多原因使得原先传统的大批量生产方式不能满足快速多变市场的需要。在新的市场环境中，企业迫切需要一种新的大批量生产模式，大批量定制(mass customization, MC)生产模式由此应运而生。

大批量定制概念最初曾在未来学家阿尔文·托夫勒《未来的冲击》(1970 年出版)一书中被提出，后在斯坦·戴维斯《完美的未来》(1987 年出版)中也曾被提到，但直到 1993 年约瑟夫·派恩二世(Joseph Pine Ⅱ)在《大批量定制》中才对这个概念予以相对完整的描述，但对大批量定制至今仍没有形成一个公认的定义。

大批量定制是指对定制产品进行个别的大批量生产，它把大批量生产融入完全定制，将大批量生产和完全定制的优势有机地结合起来。其最终目标或理想目标是以大批量生产的效率和速度来设计和生产定制产品。对客户而言，所得到的产品是定制的、个性化的；对厂家而言，产品主要是以大批量生产方式生产的。大批量定制的基本思想是：通过产品结构和制造过程的重组，运用现代信息技术、柔性制造技术等手段，把定制生产问题转化为批量生产问题，以大批量生产的成本和速度，为单个客户或小批量多品种市场定制任意数量的产品。

大批量定制是一种集企业、客户、供应商和环境于一体，在系统思想指导下，用整体优化的思想，充分利用企业已有的各种资源，在标准化技术、现代设计方法学、信息技术和先进制造技术等的支持下，根据客户的个性化需求，以低成本、高质量和高效率的大批量生产方式来提供定制产品和服务。

6.3.2 大批量定制的分类

针对不同的定制市场需求，企业可以采取协同定制、装饰定制、调整定制和预测定制等四种不同的定制方式，也可以综合采用这四种方式来实现定制。

协同定制是客户参与的定制，通过企业与客户的协同共同确定定制的产品和服务，因此能够满足客户的特定需求。由于供应链被需求链所代替，“推”的生产方式被“拉”的生产方式所替代，从而消除了成品库存，减少了中间环节。对于那些客户必须进行大量选择才能确定功能和性能的产品定制，协同定制是一种正确的选择，如个人计算机、工业汽轮机的定制等。

装饰定制是在一种能够满足客户共同需求的标准产品的基础上，根据客户的不同需求，改变包装和表面装饰的定制，如个性画面的挂历、个人图案 T 恤衫、手机的个性化彩壳等。

调整定制也称适应定制，是指由企业提供一种可调节的标准定制产品，再由用户根据自己的需求进行适应性修改和重新配置。调整定制的实现通常需要嵌入式技术的支持，使得多种变化集成于一个产品，如可调亮度的灯具、可调汽车座椅等。

预测定制也称透明定制，是在深入研究客户需求的基础上，根据预测为客户分别提供所需的个性化产品，而客户并不参与定制过程，也不知道这些产品和服务就是专门为他们定制的，如为“左撇子”计算机用户配备“左撇子”鼠标，为不同兴趣和爱好的用户提供个性化界面等。

通常所指的大批量定制主要是协同定制。协同定制中用户参与的程度也是不同的，企业可采取按订单装配(assemble-to-order, ATO)、按订单制造(make-to-order, MTO)、按订单设计(engineer-to-order, ETO)等策略。有效实现大批量定制的关键在于客户订单分离点的后移，客户订单分离点指企业生产活动由基于预测的标准化生产转向响应客户需求的定制生产的转换点。

按订单装配是将根据预测生产的库存零部件装配成客户需要的定制产品。在这种方式下，装配和销售活动是由客户订单驱动的。模块化程度高的产品，如计算机、轿车等，比较适合采用按订单装配的方式。

按订单制造是指企业接到客户订单后，根据已有的零部件模型（必要时，根据客户的特殊要求，对少量零部件进行变型设计），对零部件进行制造和装配后向客户提供定制产品。其采购、部分零部件制造、装配和销售是由客户订单驱动的，如服装的定制。

按订单设计是指根据客户订单，必须重新设计某些新零部件才能满足客户的特殊需求，这样，在制造和装配后向客户提供的是定制产品。其全部或部分产品的设计、采购、零部件制造、装配和分销等都是由客户订单驱动的。一些大型设备（如飞机、工业汽轮机等）、特质纪念品等可以采用这种定制方式。

6.3.3　大批量定制的基本原理

1. 相似性原理

大批量定制的关键是识别和利用大量不同产品和过程中的相似性。通过充分识别和挖掘存在于产品和过程中的几何相似性、结构相似性、功能相似性和过程相似性，利用标准化、模块化和系列化等方法，减少产品的内部多样化，提高零部件和生产过程的可重用性。

在不同产品和过程中，存在大量相似的信息和活动，需要对这些相似的信息和活动进行归纳和统一处理。例如，通过采用标准化、模块化和系列化等方法，建立典型产品模型和典型工艺文件等。这样，在向客户提供个性化的产品和服务时，就可以方便地参考已有的相似信息和活动。

产品和过程中的相似性有各种不同的形式。例如：零件的几何形状之间的相似性，称为几何相似性；产品结构之间的相似性，称为结构相似性；部件或产品功能之间的相似性，称为功能相似性。

2. 重用性原理

在定制产品和服务中存在着大量可重新组合和可重复使用的单元（包括可重复使用的零部件和可重复使用的生产过程）。通过采用标准化、模块化和系列化等方法，充分挖掘和利用这些单元，将定制产品的生产问题通过产品重组和过程重组，全部或部分转化为批量生产问题，从而以较低的成本、较高的质量和较快的速度生产出个性化的产品。

3. 全局性原理

实施大批量定制，不仅与制造技术和管理技术有关，还与人们的思维方式和价值观念有关。除了从精益生产、敏捷制造、现代集成制造和成组技术等方式中汲取有益的思想以外，还要吸取一些特别重要的基本思想和方法，即定制点后移方法、总成本思想和产品生命周期管理思想等。

6.3.4　大批量定制的关键技术

1. 面向大批量定制的开发设计技术

为了获得全面实施大批量定制的综合经济效益，首先应该在开发设计阶段应用大批量定制的原理。面向大批量定制的开发设计技术包括产品的开发设计技术与过程（制造与装配过程）的开发设计技术。

完整的面向大批量定制的开发设计过程由面向大批量定制的开发过程和面向大批量定制

的设计过程组成,这两个过程的目的与任务虽不相同,但具有十分紧密的联系。

2. 面向大批量定制的管理技术

面向大批量定制的管理技术是实现大批量定制的关键技术。为此,应该针对大批量定制在管理方面的特点,采用相应的管理技术,包括各种客户需求获取技术、面向大批量定制的生产管理技术、企业协同技术、知识管理技术等。这些技术形成了一个完整的体系,分别在不同的阶段,从不同的层次,支持企业实现大批量定制。

3. 面向大批量定制的制造技术

大批量定制对制造技术及系统也提出了较高的要求。总的来说,面向大批量定制的制造技术应该具有足够的物理和逻辑上的灵活性,能够根据被加工对象的特点,方便、高效、低成本地改变系统的布局、控制结构、制造过程及生产批量等,有效地支持大批量定制。另外,为了有效地实现面向大批量定制的制造,在产品设计及工艺设计方面必须做到标准化、规范化及通用化,便于在制造过程中利用标准的制造方法和标准的制造工具(刀具和夹具等),优质、高效、快速地制造出客户定制的产品。

6.3.5 大批量定制的应用案例

针对不同的客户要求,存在两种不同的定制生产,即完全定制生产和大批量定制生产。当生产产品的流程及产品本身的变化较大时,宜采用完全定制生产。当产品生产流程相对稳定,而产品相对变化较大时,宜采用大批量定制生产。当客户提出定制化要求时,完全定制生产方法通过改变或修改设计以及工艺流程来满足定制化需求。通常是在企业中设置一个客户工程部来满足客户提出的不同的定制要求。其中修改或改变标准的设计和工艺流程将使标准件的份额下降,使定制的成本大为提高并大大延长研发制造周期。这种采用客户工程制的定制实际上是一种效率极低的生产方式,因为它是一种被动的反应方式。完全定制的主要缺陷是敏捷性差、成本高,这对采用成本领先策略的企业来说是无法接受的。大批量定制则可以避免这一问题。其基本思想是采取主动的反应策略。首先是大大压缩需修改或改变的设计与工艺的比例,即尽可能压缩非标准件和非标准工艺的比例。与此同时,最大限度地增加标准件和标准工艺的比重。

以一种家具——旋转座椅为例,不同的客户会有不同的需求。如酒吧椅要高一些,家用儿童电脑椅要低一些,此外对椅子的面料、颜色、有无扶手及扶手式样、是否带弹性靠背和是否带滚轮等均会有不同的要求。当然,用户可以向生产商要求专门定制一把款式、大小、颜色都很个性化的转椅,但这样一来生产商要重新进行设计,或重新制作模具、重新安排生产流程等,从而可能会导致座椅价格很高,供货期较长。

但是,若在设计之初,制造商通过大量、细致的调查,了解顾客的需求及其变化趋势,进行模块化设计(见表6-2),并尽可能将转椅的各部件设计成标准结构,使椅背、椅座、扶手和升降组件成为可选定制件,且使生产工艺标准化,就可以以较低的成本来满足客户需求。例如:椅背、椅座蒙皮可以有不同材质和颜色;扶手形状可为方形或弧形;升降组件可为螺旋杆式或气压缸式;其余部件均为标准件,可以分别由不同生产商进行大批量生产。然后,各个部件运至销售商处,在出售过程中由销售商按客户要求现场组装成不同材质、不同颜色、不同升降方式的转椅。假如某一客户要的是红色皮质椅背和椅座、弧形扶手、气压缸升降的转椅,并要求在扶手外侧加个挂钩以便在操作计算机时能挂放文具袋,销售商则可根据客户需求,利用经过模块化设计的部件拼装客户转椅。当然,椅子上的挂钩事先没有设计,只能现做。这种定制工作并不难。只需用一些简单工具如螺丝刀、电钻等,通过钻孔、攻螺纹等工序,很快就可以完成客户的定制任务,而客户只需付少量的因定制而发生的费用。这是一种典型的既能满足客户的定制要求又不会增加太多成本的大批量定制生产模式,部件大多是可大批量生产的易定制件和标准件,少量定制工作可在销售中完成。

表 6-2 旋转座椅部件分类

标准件	易定制件	定制部分
轮架	椅背	按客户的临时要求
椅轮	椅座	
紧固件	扶手	
	升降组件	

目前大批量定制生产方式还不是特别流行,但是有些大的公司,如戴尔(Dell)公司在这方面做得非常好。戴尔公司采用了订单定制和网上直销模式。顾客在向戴尔公司下订单的时候,可根据需要自由组合各种部件,如 CPU、内存、硬盘、光驱、显示器等,从而装配出完全符合自己需求的计算机系统。通常戴尔公司系统中的原材料和零部件库存量大概只能维持四天的生产,而其同行业竞争者的库存量大多在 30~40 天。在我国,大批量定制的代表当属海尔公司。作为一个世界级的品牌,海尔集团从 1999 年开始转变经营思路,将定制化的思想引入家电产品的生产中,始终根据订单实施大批量定制。海尔公司建立了一个可供顾客进行个性化定制的电子商务平台,把研制开发出的冰箱、洗衣机、空调等 58 个门类 9200 多种基本产品类型放到平台上,顾客可以在这些平台上进行模块化操作。在前端面向用户的电子商务平台和后端面向生产的柔性制造系统的紧密配合下,海尔公司不但能完成家电产品的按需生产,同时还能保证低成本和快速交货。

6.4 精益生产

6.4.1 精益生产产生的背景

20 世纪 50 年代初,制造技术的发展突飞猛进,数控、机器人、可编程序控制器、自动物料搬运器、工厂局域网、基于成组技术的柔性制造等相关先进制造技术迅速发展,但这些技术只是着眼于提高制造的效率、减少生产准备时间,却忽略了可能的库存增加带来的成本的增加。当时,日本丰田汽车公司副总裁大野耐一先生注意到制造过程中的浪费是造成生产率低下和成本高昂的症结,他从美国的超级市场受到启迪,形成看板系统的构想,提出了准时(just in time,JIT)制生产。

丰田汽车公司在 1953 年先在一个车间进行看板系统的试验,并不断对该系统加以改进,逐步进行推广,经过 10 年的努力,发展出准时生产制。同时,又在该公司早期发明的自动断丝检测装置的启示下研制出声动故障检报系统,从而形成了丰田生产系统。丰田生产系统先在该公司范围内实现,然后又全面推广到其协作厂、供应商、代理商以及汽车以外的各个行业。到 20 世纪 80 年代初,日本的小汽车、计算机、照相机、电视机以及各种机电产品迅速占领了英国等西方发达国家的市场，引起了以美国为首的西方发达国家的惊恐和思考。

1985年，美国麻省理工学院（MIT）启动了一个重要的国际汽车项目（international motor vehicle program，IMVP），整个项目耗资500万美元，历时五年，对美国、日本等国家以及西欧国家的共90多家汽车制造厂进行了全面、深刻的对比分析与研究。1990年，该项目的主要负责人詹姆斯等编著了《改变世界的机器》一书。该书深入系统地分析了造成日本和美国汽车工业差距的主要原因，将丰田生产方式定义为精益生产（lean production，LP），并对其管理思想的特点和内涵进行了详细的描述。IMVP项目的研究人员认为，大量生产（mass production，MP）是旧时代工业化的象征——高效率、低成本、高质量，而精益生产则是新时代工业化的标志，它只需要"一半人的努力，一半的生产空间，一半的投资，一半的设计、工艺编制时间，一半的新产品开发时间和少得多的库存"，即能够实现大量生产的目标。

6.4.2 精益生产的内涵与特征

1. 精益生产的基本概念

詹姆斯等人要在《改变世界的机器》一书中，并未给精益生产下一个确切定义，只是认为精益生产基于四条原则：① 消除一切浪费；② 完美质量和零缺陷；③ 柔性生产系统；④ 生产不断改进。

大量生产实行严格的劳动分工，主要利用机器精度保证产品质量，从而缩短了产品生产周期，降低了生产成本。但这种生产方式存在设备多、人员多、库存多、占用资金多等弊病，而且由于生产设备和生产组织都是刚性的，变化困难。而精益生产的精髓是没有冗余、精打细算。精益生产要求生产线上没有一个多余的人，没有一样多余的物品，没有一点多余的时间；岗位设置必须是增值的，不增值岗位一律撤除；工人应是多面手，可以互相顶替。精益生产将生产过程中一切不增值的东西（人、物、时间、空间、活动等）均视为"垃圾"，认为只有清除垃圾，才能实现完美生产。

由此可见，精益生产的"精"，即少而精，不投入多余的生产要素，只是在适当的时间生产出必要数量的市场急需产品；"益"指所有的生产活动都要有效益。为此，可把精益生产定义为：通过系统结构、人员组织、运行方式和市场供求关系等方面的变革使生产系统能快速适应用户需求的不断变化，并使生产过程中一切无用的、多余的或不增加附加值的环节被精简，以使在产品寿命周期内的各环节都达到最佳效果。

2. 精益生产的特征

在《改变世界的机器》一书中，作者从工厂组织、产品设计、供货环节、顾客和企业管理这五个方面论述了精益生产企业的特征。归纳起来，精益生产有如下几个主要特征。

(1) 以用户为"上帝"。产品面向用户，不仅要向用户提供周到的服务，而且要熟悉用户的思想和要求，生产出适销对路的产品。产品的适销性、适宜的价格、优良的质量、快的交货速度、优质的服务是面向用户的基本内容。

(2) 以人为中心。企业对职工进行"爱厂如家"的教育，并从制度上保证职工的利益与企业的利益挂钩。下放部分权力，使人人有权、有责任、有义务随时解决碰到的问题。此外，还能满足人们学习新知识和实现自我价值的愿望，形成独特的、具有竞争意识的企业文化。

(3) 以精简为手段。在组织机构方面实行精简化，去掉一切多余的环节和人员。在生产过程中，采用先进的柔性加工设备，减少非直接生产工人的数量，使每个工人都能真正实现产品增值。另外,采用准时制生产和看板方式管理物流,大幅度减少甚至实现零库存。

(4) 协同工作和并行设计。协同工作是指由企业各部门专业人员组成多功能设计组,该设计组对产品的开发和生产具有很强的指导和集成能力,并全面负责一个产品型号的开发和生产,包括产品设计、工艺设计、编制预算、材料购置、生产准备及投产等工作,同时根据实际情况调整原有的设计和计划。

(5) 准时制生产供货方式。采用准时制生产工作方式可以保证最小的库存和最少在制品数。为了实现这种供货方式,应与供货商建立起良好的合作关系,实现共赢。

(6) 零缺陷工作目标。精益生产所追求的目标不是"尽可能好一些",而是零缺陷。当然,这样的境界只是一种理想境界,但应尽一切努力地去追求这一目标,这样才会使企业永远保持进步,永远走在前头。

为进一步理解精益生产的本质特征,从各方面出发对精益生产与大量生产进行比较,如表6-3所示。

表 6-3 精益生产与大量生产的比较

比较项目	大量生产	精益生产
追求目标	高效率、高质量、低成本	完善生产、消除一切浪费
工作方式	专业分工、专门化、互相封闭	责、权、利统一的工作小组协同工作,团队精神
组织管理	宝塔式,组织机构庞大	权力下放,精简一切多余环节,扁平式组织结构
产品特征	标准化产品	面向用户的多样化产品
设计方式	串行模式	并行模式
生产特征	大批量,高效率	小批量,柔性化生产,生产周期短
供货方式	大库存缓冲	准时制生产方式,接近零库存
质量保证	主要靠机床设备,检验部门事后把关,返修率高	依靠生产人员保证,追求零缺陷,返修率接近零
雇员关系	合同关系,短期行为	终身雇用,风雨同舟
用户关系	用户满意,主要靠产品质量,成本取胜	用户满意,需求驱动,主动销售
供应商	合同关系,短期行为	长期合作伙伴关系,利益共享,风险共担

6.4.3 精益生产的体系结构

1. 准时制生产

准时制生产又称为准时生产或及时生产,它原本是物流管理中的一个概念,指的是把必要的零件,以必要的数量在必要的时间送到生产位置,并且只把所需要的零件、以所需要的数量、在正好需要的时间送到生产位置。

1) 准时制生产的管理方式

制造系统中的物流方向是从毛坯到零件,从零件到组装再到总装。要组织这样的生产,可以采用两种不同的生产组织与控制的方式。

一种是推动式的生产组织与控制方式。该方式从正方向看物流，即首先由一个计划部门按零部件展开，计算出每种零部件的需求量和各个生产阶段的提前期，确定每个零部件的生产计划，然后将生产计划同时下达给各个车间和工序，各个工序按生产计划开工生产，同时把生产出来的零部件推送到下一工序，直到零部件被装配成产品。这时，各工序的生产由生产计划推动，零部件由前工序推送到后工序。

另一种是拉动式的生产组织与控制方式。该方式则是从反方向看物流，即从总装到组装，再到零件，再到毛坯。当后一道工序需要运行时，才到前一道工序去拿取所需要的部件、零件或毛坯，同时传达下一段时间的需求量。整个系统的总装线由市场需求来适时、适量地控制，总装线根据自身需要给前一道工序下达生产指标，而前一道工序根据自身的需要给再前一道工序下达生产指标，依次类推。在这种方式下，各工序的生产由后工序的需要拉动，同时各工序的零部件由后工序领取，所以这种方式被称为拉动式生产组织与控制方式。

对于推进式生产系统，如果市场需求发生变化，企业需要对所有工序的生产计划（产品数量）进行修改，但是通过修改生产计划来做出反应很困难，因此，为了保证最终产品的交货日期，一般采用增加在制品储备量的方法，以应付生产中的失调和故障导致的需求变化。在这种生产方式下，各工序之间是孤立的，前工序只需按自己的计划生产即可，而不管后工序是否需要，即使后工序出现故障情况也如此。这样做的结果必然是过量生产，从而造成在制品的过剩和积压，使生产缺乏弹性和适应能力。

准时制生产采用了拉动式生产组织与控制方式。生产计划只下达给最后的工序，明确需要生产的产品种类、需要的数量以及时间。最后工序根据生产计划，在必要的时刻到前工序领取必要数量的必要零部件，按计划进行生产。在最后工序领走零部件后，其前工序即开始生产，生产的零部件种类及其数量与最后工序领走的一致。这样依次类推，直到最前工序。也就是说，各后工序在需要的时候到前工序领取需要的零部件，同时也就把生产计划的信息传递到前工序。各前工序根据后工序传递来的生产计划信息进行生产，而且只生产被后工序领走的零部件。这样，就保证各工序能在必要的时刻，按必要的数量，生产必要的零部件，实现准时生产。

准时制生产方式以消除生产过程中的一切浪费，包括过量生产、库存等，作为其根本目标。

2）准时生产管理方式的实现方法

丰田准时制生产的构造体系如图 6-9 所示，其中包括准时制生产的基本目标，实施手段、方法及其与看板管理之间的联系。为了消除或降低各种浪费，准时制生产采取的主要措施是适时适量地生产产品、最大限度地减少操作工人、全面及时地进行质量检测与控制。

（1）适时适量生产　准时制生产的具体方法包括以下几种：

① 均衡化生产。所谓均衡化生产，是指企业生产尽可能地减少投入批量的不均衡性，使生产线每日平均地生产各种产品。在实施过程中，可通过制订合理的生产计划来控制产品投产顺序；在专用设备上增加工夹具，使得专用设备通用化，以加工多种不同的零部件或产成品；通过制定标准作业、合理的操作顺序和操作规范等措施，实现均衡化生产。

② 生产过程同步化。生产过程同步化的理想状态是前一道工序的加工结束后，将在制品立即转入下一道工序，工序间不设置仓库，使工序间在制品储存量接近于零。为接近理想状

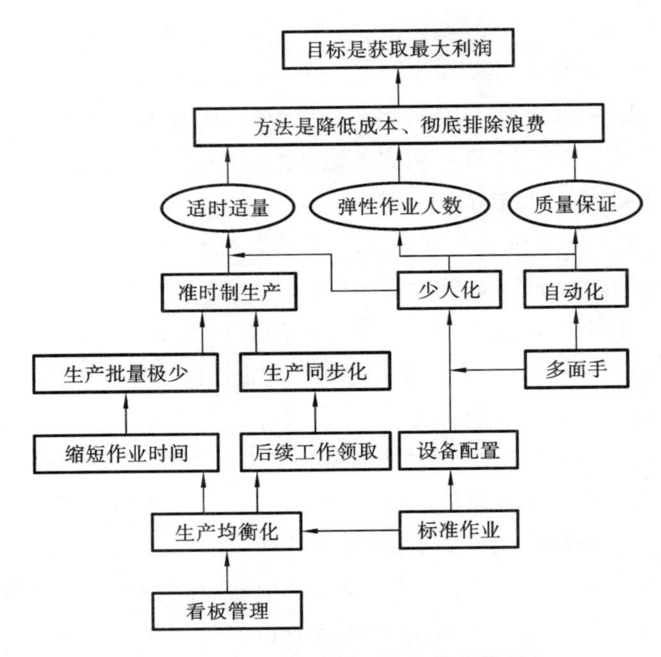

图 6-9　丰田准时制生产的构造体系

态,采取的措施包括:合理地布置设备、缩短作业更换时间、确定合理的生产节拍、采取后工序领取的控制流程。

(2) 最大限度地减少操作工人　员工实行弹性作业,采取的主要方法有:

① 进行适当的设备配置。把几条U形生产线作为一条统一的生产线连接起来,使原先各条生产线的非整数人工互相吸收或化零为整,使每个操作人员工作范围可简单地扩大或缩小,实施一人多机、多种操作。将特定的人工分配到尽量少的人员身上,从而将人数降下来。

② 培养训练有素、具有多种技能的操作人员。采取"职务定期轮换"的方法,主要内容有定期调动、班内定期轮换、岗位定期轮换、制定或改善标准作业组合。

(3) 全面及时地进行质量检测与控制　对产品质量进行及时的检测并及时处理质量问题,实现提高质量与降低成本两个目标的一致性。采取的措施:① 将造成产品质量差的原因消除在萌芽状态;② 生产一线操作人员发现产品或设备问题,可自行停止生产。

2. 精益生产的体系结构

精益生产的核心内容是准时制生产方式。如前文所述,该种方式可通过看板管理,成功地制止过量生产,实现"在必要的时刻生产必要数量的必要产品",从而彻底消除产品制造过程中的浪费,以及由之而产生的种种间接浪费,保证生产过程的合理性、高效性和灵活性。准时制生产方式是一个完整的技术综合体,是包括经营理念、生产组织、物流控制、质量管理、成本控制、库存管理、现场管理等在内的较为完整的生产管理技术与方法体系。图 6-10 所示为丰田准时制生产方式的技术体系结构。

精益生产是在准时制生产方式、成组技术以及全面质量管理的基础上逐步完善的,由此构成一幅以精益生产体系为"屋顶",以准时制生产、成组技术、全面质量管理为支柱,以计算机网

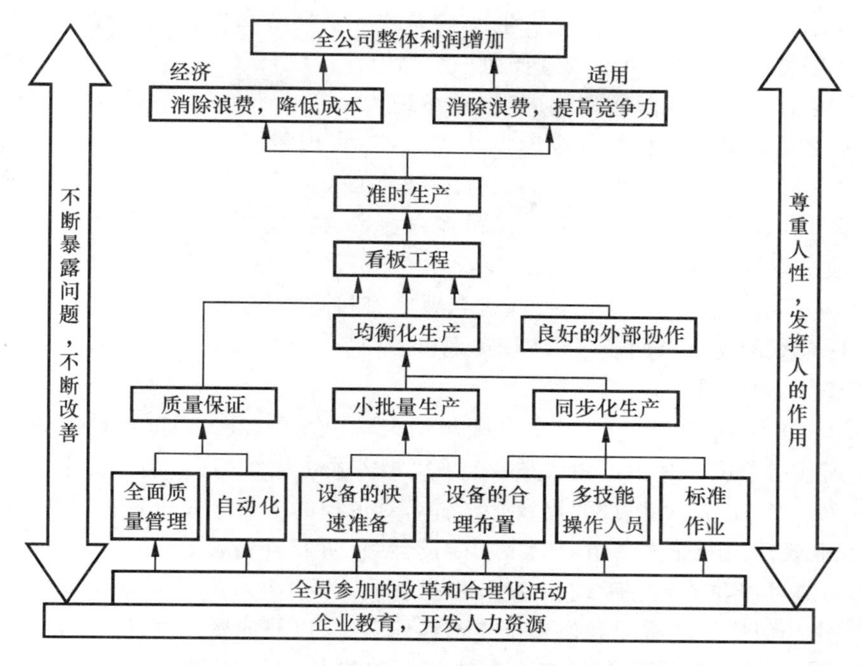

图 6-10 丰田准时制生产方式的技术体系结构

络支持下的并行工作方式和小组化工作方式为基础的“建筑”画面，如图 6-11 所示。它强调以社会需求为驱动，以人为中心，以简化为手段，以技术为支撑，以“尽善尽美”为目标，主张消除一切不产生附加价值的活动和资源，从系统观点出发将企业中所有的功能合理地加以组合，以利用最少的资源、最低的成本向顾客提供高质量的产品和服务，使企业获得最大利润和最佳应变能力。

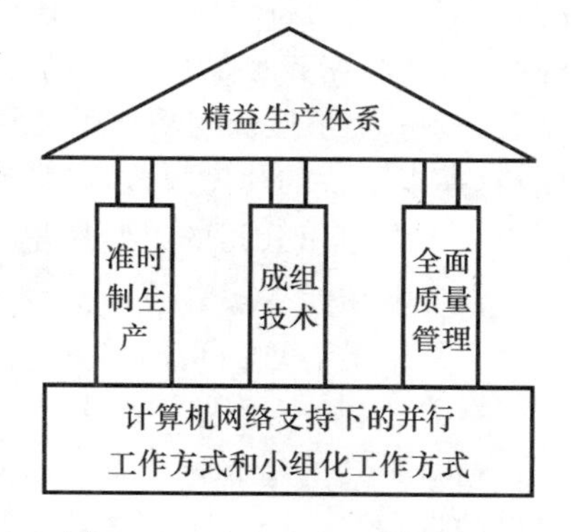

图 6-11 精益生产的体系结构

6.4.4 丰田汽车公司精益生产的要点

精益是一种全新的企业文化，而不是最新的管理时尚。精益生产方式只有在生产秩序良好、各道工序设置合理、产品质量稳定的企业才有可能推行和实施。传统企业向精益企业转变，不仅要具有良好的内部环境，也需要一定的外部条件，不能一蹴而就，而需要付出一定的代价。学习丰田汽车公司的经验，有必要掌握丰田精益生产的要点。

(1) 以人为本 丰田生产方式认为，生产活动的核心是人，而不是机器。要想完善生产过程，必须调动所有员工(特别是生产一线人员)的积极性和创造性。其主要措施有：① 将“使股东和员工一致满意”作为企业经营目标，采用终身聘用和工龄工资制度，将雇员的利益与公司的利益紧密结合起来，使雇员心甘情愿为公司拼命工作；② 责任和权利同时下放，将人员工作责任转移到生产一线人员身上，同时赋予他们相应的权利，使他们成为公司真正的主人；③ 任人唯贤，采用多种形式和奖励方法，鼓励生产一线人员揭露生产问题，为不断改进生产过程而献计献策。

(2) 精益求精 丰田生产方式追求生产活动的各个环节和生产全过程的不断完善，其主要做法是：① 宁肯停止生产，也不放过任何一个问题，一旦出现问题，就要追查到底，直至问题解决为止；② 通过不断查找问题和改进工作，最终建立起一个能够迅速追查出全部缺陷并找出其最终原因的检测系统；③ 贯彻准时制生产策略，实现零库存，为此要求每台设备完好无损、运转正常，每个工序工作正常，不出残次品，每个工人都是多面手，可以担负多种工作。

(3) 顾客完全满意 丰田生产方式视顾客为上帝，将"使顾客完全满意"作为企业的业务目标和不断改进业绩的保证。其主要工作包括：① 贯彻"需求驱动"原则，按顾客需求生产适销对路的产品；② 采用"主动销售"的策略，与顾客直接进行联系，同时注意发掘、引导和影响顾客的消费倾向；③ 实行全面质量管理，实现供货时间、产品质量、售价、服务、环保的综合优化，以最大限度地满足用户需求。

(4) 小组化工作方式 丰田生产方式要求消灭一切冗余，最大限度地精简管理机构，将管理权限转移到基层单位。其主要做法是：① 采用矩阵式组织结构、小组化工作方式，按任务和功能划分工作小组，工作小组集责、权、利为一体，对承担的工作全权负责；② 在进行产品开发时，建立由企业各部门专业人员组成的多功能设计组，进行并行设计，在产品设计时就充分考虑到下游的制造过程和支持过程；③ 在生产现场的工作小组对产品质量负有全面责任，一旦发现问题，每个小组成员均有权利使整个生产线停下来，以使问题得到及时解决。

(5) 与供应商的关系 ① 与供应商和协作厂建立长期、稳定的合作伙伴关系，实现利益共享、风险共担，有些协作厂与丰田公司互相拥有对方的股份，达到了互相依赖、共存共荣的程度；② 丰田公司将供应商和协作厂视为协同工作的一部分，与他们及时交流各种信息和充分沟通，必要时派自己的雇员协助对方工作，使双方在经营策略、管理方法、质量标准等方面达到完全一致；③ 供应商与协作厂密切关注并积极参与新产品开发，有利于保证新产品开发一次成功，并以最快的速度投放市场。

如今在丰田公司的组装厂里，实际上已经不设返修场地，几乎没有返修作业，且在组装线上不设专职质检人员。至于交到用户手中的汽车质量，据美国买主的报告，丰田汽车的缺陷是世界上最少的。理由很简单，因为不管专职质检人员如何努力，也不可能发现复杂产品组装中的所有差错，只有组装工人对问题最为清楚。

精益生产的最终目标是零缺陷。这一目标是支撑个人和企业生命的精神力量，实现这一目标的过程是一个追求完美和卓越的过程。在丰田汽车公司有这样一句名言："价格是可以商量的，但质量是没有商量余地的。"

6.5 敏捷制造

6.5.1 敏捷制造产生的背景

第二次世界大战以后，日本和西欧各国的经济遭受战争破坏，工业基础几乎被彻底摧毁，只有美国作为世界上唯一的工业国向世界各地提供工业产品，所以美国的制造商们在20世纪60年代以后的策略是扩大生产规模。到20世纪70年代，西欧发达国家和日本的制造业基本恢复，不仅可以满足本国对工业的需求，甚至可以依靠本国廉价的人力、物力生产廉价的产品打入美国市场，使美国的制造商们不得不将制造策略的重心由规模转向成本。20世纪

80年代，原西德和日本已经可以生产高质量的工业品和高档的消费品，与美国的产品竞争，并源源不断地推向美国市场，这又迫使美国的制造商们将制造策略的重心转向产品质量。进入20世纪90年代后，当丰田生产方式在美国产生了明显的效益之时，美国人认识到只降低成本、提高质量还不能保证赢得竞争，还必须缩短产品开发周期，加速产品的更新换代。当时美国汽车更新换代的速度已经比日本汽车慢了许多，因此速度问题成为美国制造商们关注的重心。

1991年，美国里海(Lehigh)大学在研究和总结美国制造业的现状和潜力后，发表了具有划时代意义的《21世纪制造企业发展战略》报告，提出了敏捷制造(agile manufacturing，AM)的概念，其核心观点是除了学习日本的成功经验外，更重要的是要利用美国信息技术的优势，夺回制造工业的世界领先地位。敏捷制造是在具有创新精神的组织和管理结构、先进制造技术、有技术有知识的管理人员这三大支柱的支撑下得以实施的，也就是将柔性生产技术、有技术有知识的劳动力与能够促进企业内部和企业之间合作的灵活管理集中在一起，通过所建立的共同基础结构，对迅速改变的市场需求做出快速响应。敏捷制造比其他制造方式具有更灵敏、更快捷的反应能力。这一新的制造哲理在全世界产生了巨大的反响，并且已经取得令人瞩目的实际效果。

6.5.2 敏捷制造的内涵及概念

1. 敏捷制造的内涵

敏捷性意指企业在不断变化、不可预测的经营环境中善于应变的能力，它是企业在市场中生存和领先能力的综合表现。敏捷制造就是以“竞争-合作(协同)”的方式，提高企业竞争能力，实现对市场需求的灵活快速响应的一种新的制造模式。它要求企业采用现代通信技术，以敏捷动态优化的形式组织新产品开发，通过动态联盟、先进柔性生产技术和高素质人员的全面集成，迅速响应客户需求，及时交付新产品并投入市场，从而赢得竞争优势。可从市场/用户、企业能力和合作伙伴三个方面理解敏捷制造的内涵，如图6-12所示。

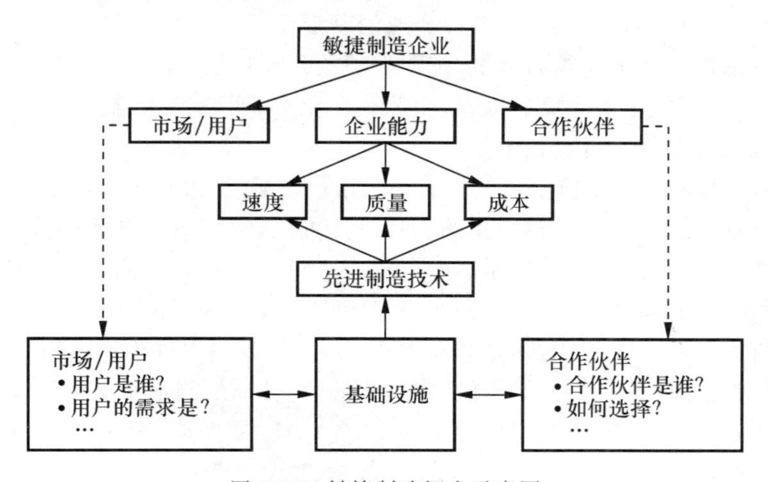

图6-12 敏捷制造概念示意图

(1) 敏捷制造的着眼点是快速响应市场/用户的需求。未来产品市场总的发展趋势是多样化和个性化，传统的大批量生产方式已不能满足瞬息万变的市场需求。敏捷制造思想的出发点是在对产品和市场进行综合分析时，首先明确用户是谁，用户的需求是什么，企业对市场做出快速响应是否值得。只有这样，企业才能对市场/用户的需求做出响应，迅速设计和制造出高质量的新产品，以满足用户的要求。

(2) 敏捷制造的关键因素是企业的应变能力。企业要在激烈的市场竞争中生存和发展，必须具有"敏捷性"，即能够适时抓住各种机遇，接受各种变化的挑战，以及不断通过技术创新来引领市场潮流。企业实施敏捷制造必须不断提高自身能力，其中最关键的因素是企业的应变能力。在纷繁复杂的商务环境中，敏捷企业能够以最快的速度、最好的质量和最低的成本，迅速、灵活地响应市场和用户需求，从而赢得竞争。

(3) 敏捷制造强调"竞争-合作（协同）"，采用灵活多变的动态组织结构。瞬息万变的竞争环境要求企业做出快速反应，为了赢得竞争优势，必须改变过去以固定的专业部门为基础的、静态不变的组织结构，以最快的速度从企业内部某些部门和企业外部不同公司中选出设计、制造该产品的优势部分，组成一个单一的经营实体。在这种竞争-合作（协同）的前提下，企业需要考虑的问题包括：① 有哪些企业能成为合作伙伴？② 怎样选择合作伙伴？③ 选择一家还是多家合作伙伴？④ 采取何种合作方式？⑤ 合作伙伴是否愿意共享数据和信息？⑥ 合作伙伴是否愿意持续不断地改进？

2. 敏捷制造的主要概念

(1) 全新的企业概念　将制造系统空间扩展到全国乃至全球，通过企业网络建立信息高速公路，建立"虚拟企业"，以竞争能力和信誉为依据选择合作伙伴，组成动态公司。虚拟企业不同于传统观念上的有围墙的有形空间构成的实体空间，它从策略上讲不强调企业全能，也不强调一个产品从头到尾都是由企业自己开发、制造的。

(2) 全新的组织管理概念　简化过程，不断改进过程；提倡以"人"为中心，用分散决策代替集中控制，用协商机制代替递阶控制机制；提高经营管理目标，精益求精、尽善尽美地满足用户的特殊需要；敏捷企业强调技术和管理的结合，在先进柔性制造技术的基础上，通过企业内部的多功能项目组与企业外部的多功能项目组——虚拟公司，把全球范围内的各种资源集成在一起，实现技术、管理和人的集成。敏捷企业的基层组织是多学科群体，是以任务为中心的一种动态组合。敏捷企业强调权力分散，把职权下放到项目组，提倡"基于统观全局的管理"模式，要求各个项目组都能了解全局的远景，胸怀企业全局，明确工作目标、任务和时间要求，而完成任务的中间过程则完全可以自主。

(3) 全新的产品概念　敏捷制造的产品进入市场以后，可以根据用户的需要改变设计，得到新的功能和性能，使用柔性的、模块化的产品设计方法，依靠极大丰富的通信资源和软件资源，进行性能和制造过程仿真。敏捷制造的产品要求保证用户对产品在整个寿命周期内的表现满意，企业对产品的质量跟踪将持续到产品报废为止，甚至包括产品的更新换代。

(4) 全新的生产概念　产品成本与批量无关，从产品看是单件生产，而从具体的实际和制造部门看，却是大批量生产。高度柔性的、模块化的、可伸缩的制造系统的规模是有限的，但在同一系统内可生产出产品的品种却是无限的。

6.5.3 敏捷制造的组成

敏捷制造主要由两个部分支持：敏捷制造的基础结构和敏捷的虚拟企业。基础结构为虚拟企业提供环境和条件，而敏捷的虚拟企业的作用是实现对市场不可预期变化的响应。

1. 敏捷制造的基础结构

敏捷制造需要有基础结构的支持。物理设施、法律保障、社会环境和信息支持技术，构成了敏捷制造的四个基础结构。

（1）物理基础结构　它是指虚拟企业运行所必需的厂房、设施、资源等必要的物理条件，是指一个国家乃至全球范围内的物理设施。这样考虑的目的是当一个机会出现时，为了抓住机会，尽快占领市场，只需要添置少量必需的设备，集中优势开发关键部分，而多数的物理设施可以通过选择合作伙伴得到，以实现敏捷制造。

（2）法律基础结构　它也称为规则基础结构，主要是指国家关于虚拟企业的法律、合同和政策。具体来说，它应给出关于如何组成一个法律上承认的虚拟企业的规定，涉及如何交易、利益如何分享、资本如何流动和获得、如何纳税、虚拟企业破产后如何还债、虚拟企业解散后如何保证产品的售后服务及人员如何流动等问题。由于虚拟企业是一种新的概念，它给法律界带来了许多新的研究课题。

（3）社会基础结构　虚拟企业要能生存和发展，还需要社会环境的支持。例如，虚拟企业经常会解散和重组，人员的流动是一件非常自然的事。人员需要不断地接受职业培训，不断地更换工作环境，因此需要社会提供职业培训、职业介绍的服务环境。

（4）信息基础结构　这是指敏捷制造的信息支持环境，包括能提供各种服务的网点、中介机构等一切为虚拟企业服务的信息手段。

敏捷制造的基本特征之一就是企业在信息集成基础上的合作与竞争。参加敏捷制造的企业可以分布在全国乃至世界各地。随着计算机技术在制造业中的应用，企业一般都建立了内部的局域网络，连接管理、设计和控制系统。要建设敏捷制造环境，必须将各企业内部局域网络通过 Internet（或 Intranet）连接起来，如图 6-13 所示。

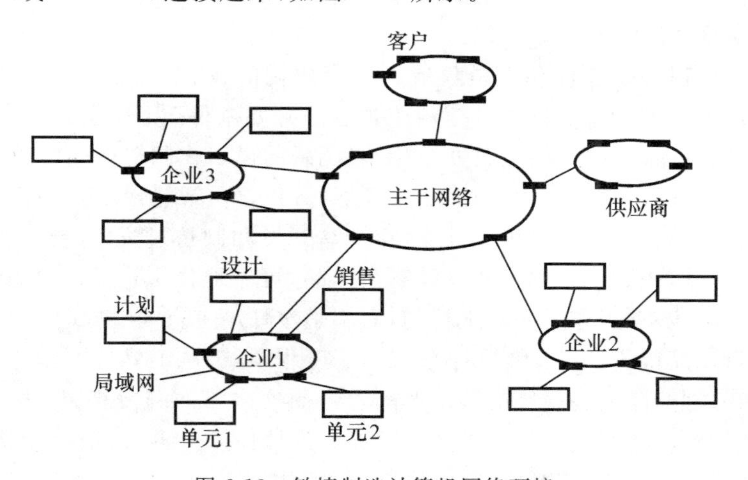

图 6-13　敏捷制造计算机网络环境

图 6-14 所示是一个典型的信息集成基础结构框架，其中有四个层次：① 网络通信层，连接异构设备和资源，进行结构和目标描述、定义节点在网络中的位置；② 数据服务层，向计算机网络节点发送和从计算机网络节点请求信息，进行数据格式转换，在计算机网络节点间进行信息交换；③ 信息管理层，提供通用软件包和程序库，具有信息导航功能，支持电子邮件和超文本文件的传送；④ 应用服务层，提供支持企业经营、电子化贸易和加工制造活动的标准、协

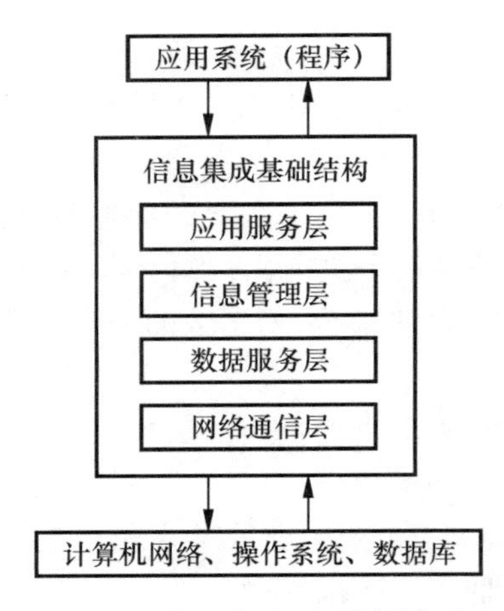

图 6-14　信息集成基础结构框架

议、系统模型和接口等。

2. 虚拟企业

虚拟企业是面向产品经营过程的一种动态组织结构和企业群体集成形式。它是依靠电子信息手段联系的一个动态的合作竞争组织结构，可将分布在不同地区的不同公司的人力资源和物质资源组织起来，以快速响应某一市场需求。只要市场机会存在，虚拟企业就会继续存在；市场机会消失，虚拟企业就将解体。参加虚拟制造的企业在通信网络上提供标准的、模块化的和柔性的设计与制造服务，各类服务经过资格认证就可以入网。另外，在虚拟制造环境中，若干企业可以提供相同或类似的服务，系统可以从最优的目标出发，在竞争的基础上择优录用。敏捷制造主要采用合作竞争的策略，分布在网络上的每个企业都缺乏足够的资源和能力来单独满足用户需求，各企业之间必须进行合作，各自求解一定的子问题，每个企业所得出的相应子问题的解的集合构成原问题的解。敏捷制造可以连接各种规模的生产资源，根据用户需求和虚拟制造环境中各企业现有的能力，在合作竞争的基础上组成面向任务的虚拟企业。

6.5.4　敏捷制造的关键要素

敏捷制造的目的可概括为："将柔性生产技术，有技术、有知识的劳动力与能够促进企业内部和企业之间合作的灵活管理集成在一起，通过所建立的共同基础结构，对迅速改变的市场需求做出快速响应。"由此可见，敏捷制造主要包括三个要素：生产技术、管理和人力资源。

1. 敏捷制造的生产技术

敏捷性是通过将技术、管理和人员集成到一个协调的、相互关联的系统中来实现的。首先，具有高度柔性的生产设备是创建敏捷制造企业的必要条件（但不是充分条件）。必需的生产技术在设备上的具体体现是：由可改变结构、可测量的模块化制造单元构成的可编程的柔性机床组；智能制造过程控制装置；用传感器、采样器、分析仪与智能诊断软件相配合而形成的对制造过程进行闭环监视的系统，等等。其次，在产品开发和制造过程中，能运用计算机能力和制造过程的知识基础，用数字计算方法设计复杂产品；可靠地模拟产品的特性和状态，精确地模拟产品制造过程。各项工作是同时进行的，而不是按顺序进行的。同时开发新产品，编制生产工艺规程，进行产品销售。设计工作不仅仅属于工程领域，也不只是工程与制造的结合。从用材料制造出产品到产品最终报废的整个产品寿命周期内，每个阶段的代表都要参加产品设计。技术在缩短新产品的开发与生产周期上可充分发挥作用。再次，敏捷制造企业是一种高度集成的组织。信息在制造、工程、市场研究、采购、财务、仓储、销售、研究等部门之间连续地流动，而且还要在敏捷制造企业与其供应厂家之间连续流动。在敏捷制造系统中，用户和供应厂家在产品设计和开发中都应起到积极作用。每一个产品都可能要使用具有高度交互性的网络。同一家公司的，在实际上分散、在组织上分离的人员可以彼此合作，并且可以与其他公司的人员合作。最后，把企业中分散的各个部门集中在一起，靠的是严格的通用数据交换标准、坚固的"组件"（许多人能够同时使用同一文件的软件）、宽带通信通道（传递需要交换的大量信息）。

2．敏捷制造的管理技术

首先，敏捷制造理论中关于管理的最具创新性的概念之一是“虚拟企业”。敏捷制造理论认为，迅捷的新产品投放市场的速度是当今最重要的竞争优势。推出新产品的最快办法是利用不同公司的资源，使分布在不同公司内的人力资源和物资资源能随意互换，然后把它们综合成单一的靠电子手段联系的经营实体——虚拟企业，以完成特定的任务。这也就是说，虚拟企业就像专门完成特定计划的一家企业一样，只要市场机会存在，虚拟企业就存在，该计划完成了，市场机会便消失了，虚拟企业就将解体。可经常形成虚拟企业的能力将成为企业一种强有力的竞争武器。

有些企业总觉得独立生产比合作要好，这种观念必须要破除。应当把克服与其他企业合作的组织障碍作为首要任务，而不是作为最后任务。此外，需要解决因为合作而产生的知识产权问题，需要开发管理企业、调动人员工作主动性的技术，寻找建立与管理项目组的方法，以及建立衡量项目组绩效的标准，这些任务都很艰巨。

其次，敏捷制造企业应具有组织上的柔性。因为，先进工业产品及服务的激烈竞争环境已经开始形成，越来越多的产品要投入瞬息万变的世界市场去参与竞争。产品的设计、制造、分配、服务将通过分布在世界各地的资源（企业、人才、设备、物料等）来完成。制造企业日益需要满足各个地区的客观条件。这些客观条件不仅反映社会、政治和经济价值，而且还反映人们对环境安全、能源供应能力等问题的关心。在这种环境中，采用传统的纵向集成形式，企图“关起门来”什么都自己做是注定要失败的，必须采用具有高度柔性的动态组织结构。根据工作任务的不同，有时可以采取内部多功能团队形式，请供应者和用户参加团队；有时可以采用与其他企业合作的形式；有时可以采取虚拟企业形式。总之，有效地运用这些手段，就能充分利用企业的资源。

3．敏捷制造的人力资源

敏捷制造关于人力资源的基本思想是：在动态竞争的环境中，关键的因素是人员。通过采用柔性生产技术和实施柔性管理，要使敏捷制造企业的人员能够实现他们自己提出的发明和合理化建议。没有一个一成不变的原则来指导此类企业的运行，唯一可行的长期指导原则，是提供必要的物质资源和组织资源，鼓励企业人员发挥其创造性和主动性。

在敏捷制造时代，产品和服务的不断创新和发展，制造过程的不断改进，是竞争优势的同义语。敏捷制造企业能够最大限度地发挥人的主动性。有知识的人员是敏捷制造企业中唯一最宝贵的财富。因此，企业管理层应该积极支持不断对人员进行教育，不断提高人员素质。每一个雇员消化和吸收信息、对信息做出创造性响应的能力越强，企业取得成功的可能性就越大。对于管理人员和生产线上具有技术专长的工人也是如此。科学家和工程师参加战略规划和业务活动，对敏捷制造企业来说具有决定性作用。在制造过程与产品研究开发的各个阶段，工程专家是一种重要资源。

敏捷制造企业中的每一个人都应该认识到柔性可以使企业转变为一种通用工具，这种工具的应用效果仅仅取决于人们对于使用这种工具进行工作的想象力。大规模生产企业的生产设施是专用的，因此，这类企业是一种专用工具。与此相反，敏捷制造企业是连续发展的制造系统，该系统的能力仅受人员的想象力、创造性和技能的限制，而不受设备的限制。敏捷制造企业的特性支配着它在人员管理上所特有的、完全不同于大规模生产企业的态度。管理者与雇员之间的敌对关系是敏捷制造企业不能容忍的，这种敌对关系限制了雇员接触有关企业运行状态的信息。信息必须完全公开,管理者与雇员之间必须建立相互信赖的关系。工作场所不仅要安全,而且对在企业的每一个层次上从事创造性脑力劳动的人员都要有一定的吸引力。

6.5.5 敏捷制造战略体系及敏捷制造系统的特性

敏捷制造战略体系所包含的内容如表 6-4 所示。

敏捷制造系统的特性可归纳为:① 充分发挥人的作用,将人作为企业一切活动的中心;② 良好的工作环境;③ 柔性的并行组织管理机构;④ 先进的技术系统;⑤ 基于信息网络的虚拟企业;⑥ 良好的用户参与度及与供应商的联系。

表 6-4 敏捷制造战略体系所包含的内容

项目	具体内容
特征	人的参与和智能化;快速反应;不断改进
三大支柱	人员;管理;柔性
机制	竞争合作;集成分散;宏观/微观强活化
组织	功能交叉工作小组;虚拟企业;动态联盟
管理	自组织模式;分形组织;放权与协调;经济可承受性;准时制生产逻辑;简洁化;激励;持续发展;分布式群决策;评价与优化;企业集成与柔性;非财务快速成本控制;财务保障;合作伙伴选择与评价
技术	快速开发与快速生产;分布式集成;高柔性制造;高新与极限制造技术;并行工程;全方位与动画仿真;虚拟现实制造;标准化与成组技术;模块成组与插件式兼容;计算机辅助技术与装备;敏捷化的装备与工具;敏捷软件;智能传感、控制与过程监控;非线性控制;自治控制;模糊控制;并行计划;全能制造;单元制造与计算机集成制造系统;质量工程;网络与通信技术
基础	社会支撑条件——法律(法规);技术推广与商品化;培训与教育;通信与信息;用户与供应厂商动态合作;宽带网络与用户交互及互联网络;零故障与污染的消除与处理;社区关系
灵捷竞争与市场环境	用户满意的产品与服务;灵活快速响应;合作共享,平等竞争;有序的市场环境;售前/售后服务

6.5.6 实施敏捷制造的技术

为了推进敏捷制造的实施,1994 年,美国能源部制定了"实现敏捷制造技术(technologies enabling agile manufacturing,TEAM)"的五年计划,该项目涉及联邦政府机构、著名公司、研究机构和大学等共一百多个单位。该项目将实现敏捷制造的技术分为产品设计和企业并行工程技术、虚拟制造技术、制造计划与控制技术、智能闭环加工技术和企业集成技术五大类。

(1) 产品设计和企业并行工程技术　产品设计和企业并行工程技术的使命就是按照客户需求进行产品设计、分析和优化,并在整个企业内实施并行工程。通过产品设计和企业并行工程技术,在产品设计的概念优化阶段就可考虑产品整个寿命周期内的所有重要因素,诸如质量、成本、性能,以及产品的可制造性、可装配性、可靠性与可维护性等。

(2) 虚拟制造技术　虚拟制造就是在计算机上模拟制造的全过程。具体地说,虚拟制造将提供一个功能强大的模型和仿真工具集,并在制造过程分析和企业模型建立中使用这些工具。过程分析模型和仿真包括产品设计及性能仿真、工艺设计及加工仿真、装配设计及装配仿真等,而企业模型则考虑影响企业作业的各种因素。虚拟制造的仿真结果可以用于制订制造计划、优化制造过程、支持企业高层进行生产决策或重新组织虚拟企业。由于产品设计和制造是在数字化虚拟环境下进行的,克服了传统试制样品投资大的缺点,这样就可避免失误,保证投入生产时一次成功。

(3) 制造计划与控制技术　制造计划与控制的任务就是描述一个集成的宏观计划(企业的高层计划)环境和微观计划环境(详细的信息生产系统,包括制造路径、详细的数据以及支持各种制造操作的信息等)。其中将使用基于特征的技术、与CAD数据库的有效连接方法、具有知识处理能力的决策支持系统等。

(4) 智能闭环加工技术　进行智能闭环加工,需应用先进的控制设备和计算机系统,以改进车间的控制过程。当各种重要的参数在加工过程中能够得到监视和控制时,产品质量就能够得到保证。智能闭环加工采用投资少、效益高、以微型计算机为基础的具有开放式结构的控制器,以达到改进车间生产的目的。

(5) 企业集成技术　企业集成就是开发和推广各种集成方法,在适应市场多变的环境下运行虚拟的、分布式的敏捷企业。通过团队计划建立一个信息基础框架——制造资源信息网络,使得在地理上分散的各种设计、制造工作小组能够依靠这个制造资源信息网络进行有效的合作,并能够依据市场变化而重组。

6.5.7　敏捷制造的应用

USM公司(美国汽车公司)是一家以美国国防部为主用户的汽车公司。它向用户承诺:① 每辆USM汽车都按用户要求制造;② 每辆USM汽车都从订货起3天内交货;③ 在USM汽车的整个寿命周期内,公司有责任使用户满意,车能够重新改装,使用寿命长。

在此以前,任何公司不管花费多大代价,都不可能做到这三点。如果USM公司的管理结构按传统方式构成,即由多级的机构和自动流水线构成,即使采用新技术,也无法实现上述承诺。但USM公司却可以做到这一点。

USM公司需要不断地成立产品设计小组来完成销售部门、工程部门或生产现场提出的项目任务。产品设计小组的成员包括生产一线的工人、工程师、销售人员以及供应厂商的代表。在USM公司,产品也可由用户根据自己的需要直接设计。潜在的用户可以通过家里或销售商店的计算机,利用USM软件设计自己的汽车。这种软件能够生成用户构思的逼真的汽车图像,并提供汽车售价,而且能估算在规定使用条件下的运行费用。如果需要订货,则可将所设计的车型传送到销售点,在那里用户可以借助多媒体模拟装置,对汽车进行非常接近于实际的、不同条件下的试验。试验时,驾驶人员坐在可编程的椅子上,戴上虚拟真实镜,在视野内可以看到他们选择的操纵板和坐椅的结构、颜色、控制装置的位置,通过窗口能够看到前、后盖板和挡泥板的形状、外面的景物,还可以听到在各种行驶速度下汽车发出的响声和风声。通过可编程坐椅、方向盘、模拟控制装置可以感觉到悬挂装置对不同路面和拐弯速度的反应。用户还可以进一步调整汽车的各种功能、美观和舒适程度,直到满意为止。此时,用户就可以办理订货的一切手续。

产品设计一旦被批准,就能立即投入生产,因为USM公司的产品设计与制造工艺设计是同时进行的,设计的结果能够立即转换为现实生产所需要的信息,并且可以借助于巨型计算机对全车的设计和制造工艺进行仿真。USM公司的生产线很短,汽车采用的是模块化设计,这样使每个用户都可得到一辆价格合理、专门定制的车,而且这种车不会轻易报废,很容易进行改造。如果需要,用户可以更换某些模块,加以更新换代,花的钱比重新买一辆新车合算得多。USM公司也可以把市场积压的过时汽车,返回工厂重新改装后再销售。USM公司的决策权力是分散的,这使得管理层次很少,再加上USM的产品结构灵活,可以方便地重构,汽车可以根据用户要求制造,交货期极短,所以USM公司具有极大的竞争优势。

6.6 虚拟制造

6.6.1 虚拟制造的定义与分类

1. 虚拟制造的定义

虚拟制造是20世纪80年代后期提出的一种先进制造技术,目前还没有统一的定义,比较有代表性的定义有如下几种。

(1) 佛罗里达大学Gloria J. Wiens的定义:虚拟制造在计算机上执行与实际情况一样的制造过程,其中虚拟模型用于在实际制造之前对产品的功能及可制造性方面的潜在问题进行预测。

(2) 美国空军Wright实验室的定义:虚拟制造是仿真、建模和分析技术及工具的综合应用,以增强各层制造设计和生产决策与控制。

(3) 大阪大学的Onosato教授认为,虚拟制造是一种核心概念,它综合了计算机化制造活动,通过模型和仿真来代替实际制造中的对象及其操作。

由上述的定义可以看出,虚拟制造涉及多个学科领域。虚拟制造是利用仿真与虚拟现实技术,在高性能计算机及高速网络的支持下,通过群组协同工作,实现包括产品的设计、工艺规划、加工制造、性能分析、质量检验,以及企业各级过程的管理与控制等各环节的产品制造过程,可以增强制造过程中各级部门的决策与控制能力。

2. 虚拟制造的分类

根据应用对象的不同,对虚拟制造的研究各有侧重。按照与生产各个阶段的关系,虚拟制造可划分为三类,如图6-15所示。

(1) 以设计为中心的虚拟制造。其核心是将制造信息加入产品设计与工艺设计过程,并在计算机中进行"制造",仿真多种制造方案,检验其可制造性或可装配性,预测产品性能和报价、成本。它的主要支持技术包括特征造型、面向数学的模型设计及加工过程的仿真技术,主要应用领域包括造型设计、热力学分析、运动学分析、动力学分析、容差分析和加工过程仿真。

(2) 以生产为中心的虚拟制造。其核心是将仿真能力加入生产过程,通过建立生产过程和生产计划模型来评估和优化生产过程,快捷地、低成本地评价不同的工艺方案、检验新工艺流程的可信度、产品的生产效率、资源需求计划、生产计划等,从而优化制造环境的配置和生产计划。它的主要支持技术包括虚拟现实技术和嵌入式仿真技术,其主要应用领域包括工厂或产品的物理布局及生产计划的编排。

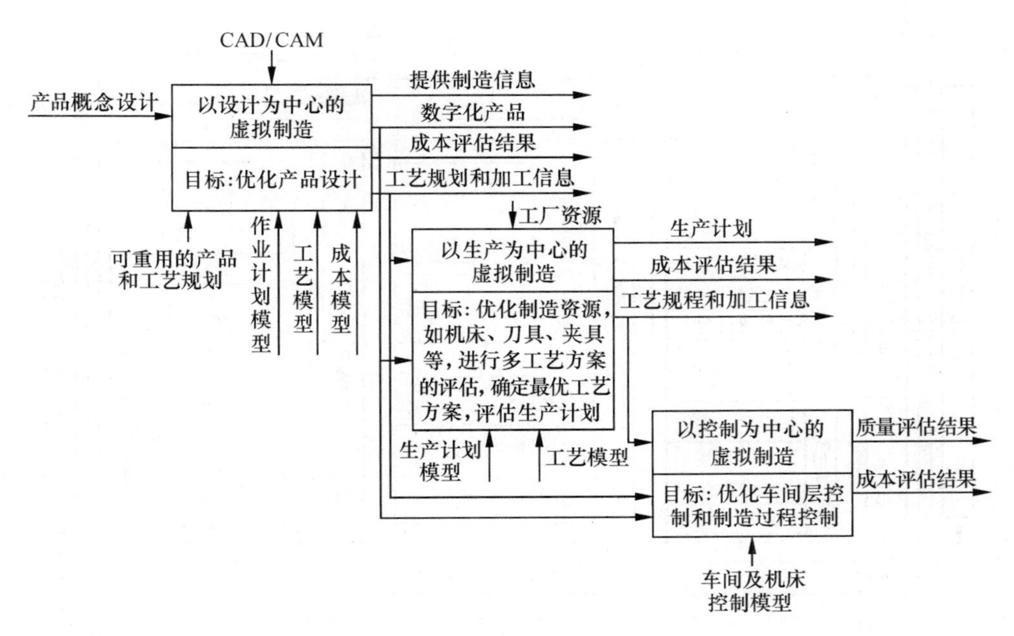

图 6-15　虚拟制造分类及关系

(3) 以控制为中心的虚拟制造。其核心是将仿真能力加入控制模型和实际生产过程,提供对实际生产过程仿真的环境。通过对制造设备和制造过程进行仿真,建立虚拟的制造单元,对各种制造单元的控制策略和制造设备的控制策略进行评估,从而实现车间级的基于仿真的最优控制。它的主要支持技术有:基于仿真的实时动态调度技术,用于离散制造;基于仿真的最优控制技术,用于连续制造。

6.6.2　虚拟制造系统的体系结构

由于虚拟制造的复杂性,人们尝试从不同的角度去建立虚拟制造系统的体系结构,如日本大阪大学 Kazuki Iwata 和 Masahiko Onosato 等人基于现实物理系统和现实信息系统提出了虚拟制造体系结构,美国佛罗里达州 FAMU-FSU 工程大学的研究小组提出了基于 Step/Internet 数据转换的虚拟制造系统体系结构等。我国国家计算机集成制造系统中心也提出了一种基于产品数据管理集成的虚拟制造系统体系结构,如图 6-16 所示。

由图 6-16 可见,基于产品数据管理集成的虚拟制造系统体系结构由虚拟开发平台、虚拟生产平台和虚拟企业平台所构成。虚拟开发平台支持产品的并行设计、工艺规划、加工、装配及维修等过程,可用于进行可加工性分析和可装配性分析等。它是以全信息模型为基础的众多仿真分析软件的集成。虚拟生产平台支持生产环境的布局设计及设备集成、产品远程虚拟测试、企业生产计划及调度的优化,可用于进行可生产性分析。敏捷制造以虚拟企业的形式实现劳动力、资源、资本、技术、管理和信息等的最优配置,从而给企业的运行提出了一系列新的技术要求。虚拟企业平台可为敏捷制造提供可合作性分析支持。

基于产品数据管理的虚拟制造集成平台具有以下特征:① 支持虚拟制造的产品数据模型,可提供虚拟制造环境下产品全局数据模型定义的规范及多种产品信息的一致组织方式的研究环境;② 基于产品数据管理的虚拟制造集成技术,可提供在产品数据管理环境下,虚拟加

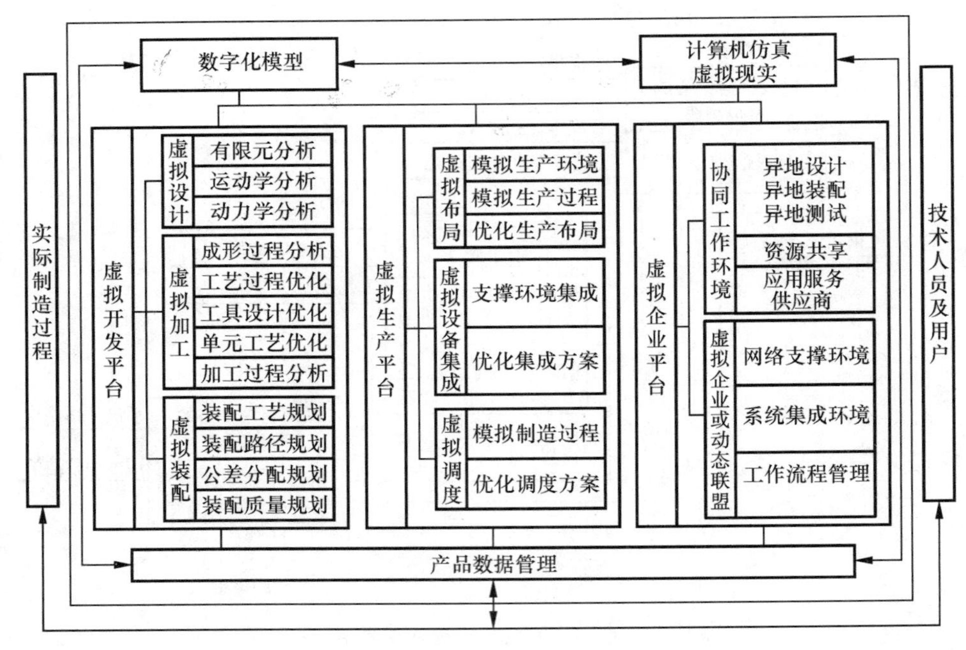

图 6-16 基于产品数据管理集成的虚拟制造系统体系结构

工平台、虚拟生产平台、虚拟企业平台的集成技术研究环境;③ 基于产品数据管理的产品开发过程集成,提供研究产品数据管理应用接口技术及过程管理技术,实现虚拟制造环境下的产品寿命周期过程集成。

6.6.3 虚拟制造的关键技术

虚拟制造涉及的技术领域极其广泛,一般可分为两大块:一块是偏重于计算机科学以及虚拟现实技术的共性技术;另一块则是偏重于制造应用的技术,主要包括制造系统建模、虚拟产品开发、虚拟产品制造,以及可制造性与可装配性评价等。

1. 制造系统建模

制造系统模型主要包括生产模型、产品模型、工艺模型,即 3P 模型。生产模型强调对系统生产能力和生产特性的静态描述及对系统动态行为和状态的描述。产品模型主要强调制造过程中产品和周围环境之间,以及产品的各个加工阶段之间的内在联系。工艺模型可将工艺参数与影响制造功能的产品设计属性联系起来,以反映生产模型与产品模型间的交互作用。

2. 制造过程仿真

制造过程仿真需要表达出制造系统的宏观和微观过程,用更为逼真的形式表现出制造系统和具体加工两个方面的特性,准确地再现真实的制造环境。在虚拟制造过程中,制造系统仿真主要用于确定生产车间层的设计,通过构造车间的静态模型,生成离散事件动态仿真模型,优化制造系统规划方案。制造工艺过程的仿真包括加工过程仿真、装配过程仿真和检测过程仿真等。加工过程仿真(虚拟加工)主要包括产品设计的合理性和可加工性、加工方法、机床和切削工艺参数的选择,以及刀具和工件之间的相对运动仿真和分析。虚拟装配过程仿真包括运动过程的干涉检验,静、动态碰撞检测和装配路径仿真。检测过程仿真是模拟真实产品的检测过程。虚拟仪器是目前虚拟检测技术的研究热点。

3. 可制造性评价

可制造性评价的内容十分丰富,需要评价的内容有结构合理性、加工合理性、装配合理性、成本和生产效率等。虚拟制造中可制造性评价的定义为:在给定的设计信息和制造资源等环境信息的计算机描述下,确定设计特性(如形状、尺寸、公差、表面粗糙度等)方案是否可制造的。如果设计特性方案是可制造的,要确定可制造性等级;如果设计特性方案是不可制造的,要判断引起制造问题的原因,可能的话要给出修改方案。可制造性的评价策略主要有基于规则和基于方案的方法。前者直接根据评判规则,通过对设计属性的评测为可制造性定级;后者是对一个或多个制造方案,借助于成本和时间等标准来检测是否可行或寻求最佳。通过引用工艺模型和生产系统动态模型,在虚拟的环境中较精确地预测技术可行性、加工成本、工艺质量和生产周期等。

4. 可装配性评价

虚拟制造系统通过人机协同的装配工艺规划,生成装配顺序与路径,以直观的可视化形式展示和验证装配工艺过程。通过装配规划验证,可以直接衡量并提升产品的可装配性。

(1) 装配序列的评价　它是指对多个可行的装配序列,为了降低装配成本,减少装配时间,选择最优的装配序列。其评价指标为装配序列的相对装配成本,如对于机器人装配,可以选择四个评价准则:装配过程中重定向的次数准则、子装配的稳定性准则、装配操作的并行性准则、聚合性准则。

(2) 装配仿真验证　数字装配过程仿真是指在虚拟装配环境中,直观展示装配过程中零部件的运动形态和空间位置关系,并进行运动过程的碰撞/干涉检测,包括:静态干涉检测(可装配性检测)和动态碰撞检测(可达性检测);检查产品的可装配性;通过人机交互调整和控制装配元件的位姿,改进产品的可装配性,确保装配路径的有效性。在装配规划模块中规划的结果能以直观化、可视化的方式展示在用户的面前,便于进一步验证并改进装配体的装配规划。

6.6.4 虚拟制造应用实例

1. 虚拟加工

虚拟加工技术是指利用计算机技术,以逼真的可视化形式直观地表示零件的数控加工过程,对干涉、碰撞、切削力变化、工件变形等进行预测和分析,减少或消除因刀位数据错误而导致的机床、夹具损坏,刀具折断以及因切削力和切削变形造成的零件报废,从而进一步优化切削用量,提高加工质量和加工效率。虚拟加工是实际加工在计算机上的本质实现,一般采用三维实体仿真技术,其基本流程如图 6-17 所示。在三维实体仿真软件的支持下,以 NC 代码为驱动,采用数控指令翻译器对输入的 NC 代码进行语法检查、翻译。根据指令生成相应的刀具扫描体,并在指令的驱动下,对刀具扫描体与被加工零件的几何体进行求交运算、碰撞/干涉检测、材料切除等,并生成指令执行后的中间结果,指令不断被执行,每一条指令的执行结果均可保存,以便查验,直到所有指令执行完毕,虚拟加工任务才算结束。

2. 虚拟装配

虚拟装配是虚拟产品开发过程中至关重要的一环,是一项涉及零部件构型与布局、材料选择、装配工艺规划、公差分析与综合等众多内容的复杂、综合性工作。虚拟装配是装配过程在计算机上的本质实现,是利用基于产品的数字化实体模型在计算机上分析与验证产品的装配

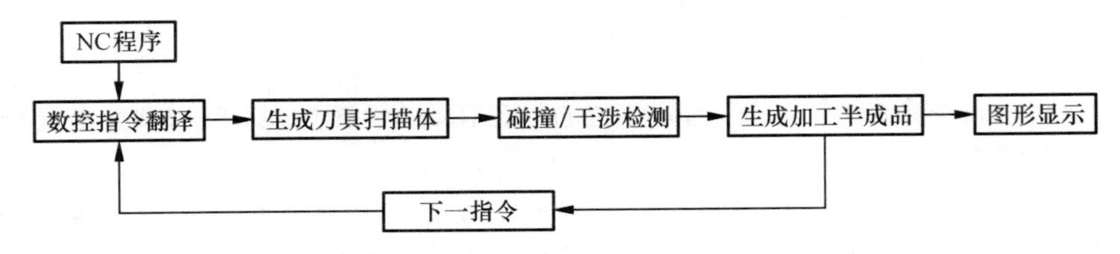

图 6-17　虚拟加工基本流程

性能及装配工艺的过程,其作用是提升产品的可装配性。虚拟装配以装配对象的三维实体模型为基础,通过虚拟的实体模型在计算机上仿真装配操作的全过程,进行装配操作及其相关特性的系统分析,实现产品的装配工艺规划,并得到能指导实际装配操作的工艺文件。它是实际装配过程在虚拟环境下的映射。因此,从本质上讲,虚拟装配就是要在产品设计阶段,利用计算机装配出虚拟产品,并以可视化方式验证、展示和完善产品及其零部件的可装配性。虚拟装配泛指在计算机上"装配",有无虚拟现实环境只是表现手段的不同而已。

3. 虚拟车间

对虚拟车间的研究内容包括虚拟车间的设计、分析及其支撑平台技术。

虚拟车间设计的主要任务是把生产设备、刀具、夹具、工件、生产计划、调度单等生产要素有机地组织起来,它与车间中设备的利用率、产品的生产效率等密切相关。虚拟车间技术用于帮助设计者评价、修改设计方案,以得到最佳结果,从而提高设计的成功率。虚拟车间分析的主要任务是研究虚拟车间的调度模型、投料策略与排序策略的协同机制、多目标的调度算法,以直观的形式显示调度方案的执行过程,并对制造单元内部各设备之间的协调控制进行设计和优化,实现信息、设计与控制的集成。虚拟车间支撑平台的主要任务在于研究和开发支持虚拟车间设计和分析的开放式的仿真平台,建立支持生产过程快速重组的生产线模型库、决策知识库和产品与设备资源数据库,为开展虚拟车间的设计与分析提供集成的仿真环境和针对仿真结果的分析评价机制。

6.7　网络化制造

6.7.1　网络化制造的概念

1. 网络化制造的产生与发展

网络技术,特别是 Internet 技术的出现和迅速发展,深刻地影响着人类社会的经济、科技、文化和生活等。同样,网络技术对制造业也产生了重大影响。在这种背景之下,网络技术与制造技术相结合而形成的网络化制造技术应运而生。

进入 21 世纪后,经济全球化已经成为当今世界经济发展的主流。这不仅影响了全球各个领域,还深刻影响到世界各国特别是发展中国家的经济发展。信息技术和网络技术向制造业的渗透早期是发生在设备层次,如数控机床。到了计算机集成制造阶段,信息技术和网络技术开始深入管理层,通过 Intranet 把企业中的各个部门紧密联系起来,以实现企业内部信息化。精益生产特别强调准时制生产,注重调动员工的积极性,增强员工的自主精神和责任感。敏捷制造则是指采用标准化、专业化的计算机网络和信息集成基础结构,以分布式结构连接各类企业，以竞争合作原则在虚拟制造环境下动态选择成员，组成面向任务的虚拟企业，进行快速生产。

网络化制造正是在上述生产模式的基础上，为了适应当前经济全球化、区域和行业经济发展而采用的一种先进制造模式，也是实现敏捷制造和虚拟企业的需要，以及企业加强国际合作、参与国际竞争、开拓市场、降低成本和实现定制化生产的需要。同时，网络化制造的产生也受到多方面因素的驱动。首先是网络技术的日趋成熟。其他的还有：企业生产经营的中心主题的不断变化；企业产品设计生产管理模式的创新；企业信息技术应用范围的扩大等。

2. 网络化制造的概念和内涵

网络化制造具有丰富的内涵。但网络化制造尚处在不断发展过程中，目前还没有统一的定义。以下给出网络化制造的几种定义。

定义一：网络化制造是指按照敏捷制造的思想，采用Internet技术，建立灵活有效、互惠互利的动态企业联盟，有效地实现研究、设计、生产和销售各种资源的重组，从而提高企业的快速响应和市场竞争能力。

定义二：网络化制造是指利用计算机网络，灵活而快速地组织社会资源，将分散在各地的生产设备资源、智力资源和技术资源等，按资源优势互补的原则，迅速地整合成一种跨地域的、靠网络联系和统一指挥的制造、运营实体——网络联盟，以实现网络化制造。

定义三：网络化制造是指在产品全生命周期中动态获取并有效传递信息和知识的过程，以使制造商能在尽可能短的时间内、以尽可能低的成本推出高质量的产品，满足顾客的个性化需求。

由以上定义可以看出，网络化制造是网络和制造的有机结合。这里的“制造”指的是大制造，包括产品全生命周期过程及其所涉及的制造技术和制造系统。而“网络”具有广义性，可以是Internet（因特网），也可以是Intranet（企业内联网）或Extranet（企业外联网）。

为此，网络化制造可以这样定义：网络化制造是基于网络的制造企业的各种制造活动及其所涉及的制造技术和制造系统的总称。其中，网络包括Internet、Intranet和Extranet等各种网络，制造企业包括单个企业、企业集团以及面向某一市场机遇而组建的虚拟企业等各种制造企业及企业联盟；制造活动包括市场运作、产品设计与开发、物料资源组织、生产加工过程、产品运输与销售和售后服务等企业所涉及的所有相关活动。

3. 网络化制造的重要特性

值得指出：网络制造与传统制造并不是对立的，网络制造不是对传统制造的替代，传统制造中的许多功能都不能被取代，如产品的创新设计需要人的创造性劳动，零件的加工和装配需要相应的设备和人员，产品的销售需要物流系统等。具体来讲，网络化制造应具有三种能力：① 快速地、并行地组织不同的部门或集团成员将新产品从设计转入生产；② 快速地将产品制造厂家和零部件供应厂家组合成虚拟企业，形成高效经济的供应链；③ 在产品实现过程中各参加单位能够就用户需求、计划、设计、模型、生产进度、质量以及其他数据进行实时交换和通信。

网络化制造具有以下重要特性：

（1）敏捷性　网络化制造既能以最快的速度响应市场和客户的需求，也能根据应用需求的变化，灵活、快捷地对系统的功能和运行方式进行快速重构。

（2）协同性　网络化制造正是通过协同来提高企业间合作的效率、缩短产品开发周期、降低制造成本、缩短整个供应链的交货周期的。

(3) 数字化　产品设计、制造、管理和控制等各种信息都是通过网络传递的,因此数字化是实施网络化制造的重要基础。

(4) 直接性　企业通过网络化制造的方式,不仅可以直接与用户建立连接,从而减少消息传递过程造成的信息失真和时间上的延误,还可直接与供应商建立连接,降低零部件采购成本。

(5) 远程化　企业利用网络化制造系统,可以对远程的资源和过程进行控制和管理,也可以与远方的合作伙伴、供应商进行协同工作。

(6) 多样性　可以针对企业的具体需求,设计各种基于网络化的制造系统。如网络化产品定制系统、网络化协同制造系统、网络化营销系统、网络化售后服务系统等。

4. 网络化制造的发展现状

1991 年,美国里海大学提出"美国企业网"计划,旨在利用高度发达的高速信息网络系统,把美国的制造业联系在一起。大量跨国公司可通过卫星通信技术进入这一网络。该计划已在由美国政府资助的"制造系统的敏捷基础设施"项目中得到实施。1994 年,美国能源部制订了"实现敏捷制造技术"的计划(涉及联邦政府机构、著名公司和大学等 100 多个单位),并于 1995 年 12 月发表了该项目的策略规划和技术规划。1995 年美国国防部和自然科学基金会资助 10 个面向美国工业的研究单位,共同制定了以敏捷制造和虚拟企业为核心内容的"下一代制造技术计划"。1996 年,美国通用电气公司开展了计算机辅助制造网的研究,旨在建立敏捷制造的支撑环境,使参加产品研发的合作伙伴可以在网络上协调工作,摆脱距离、时间、计算机平台和工具的影响,在网上获取重要的制造信息。1997 年美国国际制造企业研究所发表了《美国-俄罗斯虚拟企业网》研究报告。该研究项目的目的是开发一个跨国虚拟企业网的原型,使美国制造厂商能够利用俄罗斯制造业的能力,并起到全球制造的示范作用。1998 年 12 月,欧盟公布了"第五框架计划(1998—2002)",将虚拟企业列入研究主题,其目标是为联盟内各个国家的企业提供资源服务和共享的统一基础平台。在此基础上的"第六框架计划(2002—2006)"的一个主要目标是进一步研究利用 Internet 技术改善联盟内各个分散实体之间的集成和协作机制。日本也提出了社会信息化系统,目的在于使日本真正向 IT 社会转型,不再追求工业化制造时代局部的高效率,而是要使日本整个社会在未来保持最佳状态。

2001 年美国国家标准与技术研究院通过"先进技术计划(ATP)"项目资助研究单位 500 万美元,用于建立网络化制造的安全框架。该项目旨在建立一个柔性防火墙,以防护任何网络化制造体系所涉及的设备,大至一个企业的服务器,小至一个内嵌的传感器。

美国 e 制造网络有限公司 (e-manufacturing networks Inc.)是首家将机械设备与Internet 连接的公司。该公司开发的软硬件一体化 Internet 机械设备可实现异地实时设备资源利用、供应链自动化集成、生产过程在线实时监控、远程设备诊断与维护等功能。

我国在网络化制造方面也做了大量研究工作。浙江大学顾新建等学者对网络化制造范式和我国网络化制造战略进行了研究。同济大学张曙等人在 1997 年提出了分散网络化制造的构思。华中科技大学的杨叔子院士对网络化和企业集成的若干关键技术进行了研究,提出了网络环境下企业集成的基本思路和基于 Agent(代理)的网络化企业信息模型。重庆大学的刘飞等教授对网络化制造的内涵和发展趋势做了一定的研究,概括了网络化制造内涵的特征体系,总结了网络化制造的技术体系。清华大学范玉顺教授对网络化制造的内涵及其关键技术进行了研究探讨。分散网络化制造系统项目已于1998年列入了国家"九五"科技攻关项目。分散网络化制造系统是一种由多种异构、分布式的制造资源，以一定互联方式，利用计算机网络组成的多平台、相互协作、能及时灵活地响应客户需求变化的开放式制造系统。国家863/CIMS计划组织了关键技术攻关项目"基于CIMSNET的敏捷化工程"，其中包括九个面向企业的网络化制造的应用型项目。科技部于1999年3月将"网络化制造在精密成形与加工领域的应用研究及示范"课题列入了"九五"国家重点科技攻关计划。

6.7.2 网络化制造的技术体系与关键技术

1. 网络化制造的技术体系

网络化制造的主体技术群是一个处于不断发展的动态技术群，它涉及以下技术或技术群。

(1) 基础支持技术　包括网络技术和数据库技术等网络化制造的基础支持技术。

(2) 信息协议及分布式计算技术　包括网络化制造信息转换协议技术、网络化制造信息传输协议技术、分布式对象计算技术、Agent技术、Web Services技术及网络计算技术等。

(3) 基于网络的系统集成技术　主要包括基于网络的企业信息集成/功能集成/过程集成技术和企业间集成技术、面向敏捷制造和全球制造的资源优化集成技术、产品生命周期全过程信息集成和功能集成技术，以及异构数据库集成与共享技术等。

(4) 基于网络的管理技术群　主要包括企业资源计划/联盟资源计划(URP)、虚拟企业及企业动态联盟技术、敏捷供应链技术、大规模定制生产组织技术以及企业决策支持技术等。

(5) 基于网络的营销技术群　主要包括基于Internet的市场信息技术、网络化销售技术、基于Internet的用户定制技术、企业电子商务技术和客户关系管理技术等。

(6) 基于网络的产品开发技术群　主要包括基于网络的产品开发动态联盟模式及决策支持技术，产品开发并行工程与协同设计技术，基于网络的CAD/CAE/CAPP/CAM技术及PDM技术，面向用户的设计、用户参与的设计技术，虚拟产品及网络化虚拟使用与性能评价技术，设计资源异地共享技术和产品生命周期管理技术等。

(7) 基于网络的制造过程技术群　主要包括基于网络的制造执行系统技术、基于网络的制造过程仿真及虚拟制造技术、基于网络的快速原型与快速模具制造技术、设备资源的联网运行与异地共享技术、基于网络的制造过程监控技术和设备故障远程诊断技术等。

上述网络化制造的相关技术群有机结合，形成了网络化制造的技术体系，如图6-18所示。

2. 网络化制造的关键技术

网络化制造涉及的关键技术，大致可以分为总体技术、基础技术、集成技术与应用实施技术。图6-19给出了网络化制造涉及的关键技术分类，以及每个技术大类的含义与主要内容。

(1) 总体技术　总体技术主要是指从系统的角度，研究网络化制造系统的结构、组织与运行等方面的技术，涉及网络化制造的模式、网络化制造系统的体系结构、网络化制造系统的构建与组织实施方法、网络化制造系统的运行管理技术、产品生命周期管理技术和协同产品商务技术等。

(2) 基础技术　基础技术是指网络化制造中应用的共性与基础性技术，这些技术不完全是网络化制造所特有的技术，涉及网络化制造的基础理论与方法、网络化制造系统的协议与规范技术、网络化制造系统标准化技术、产品建模和企业建模技术、工作流技术、虚拟企业与动态联盟技术、知识管理与知识集成技术、多代理系统技术等。

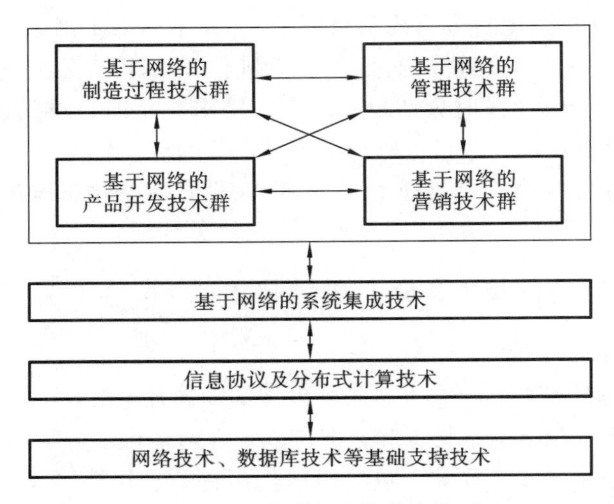

图 6-18　网络化制造的技术体系

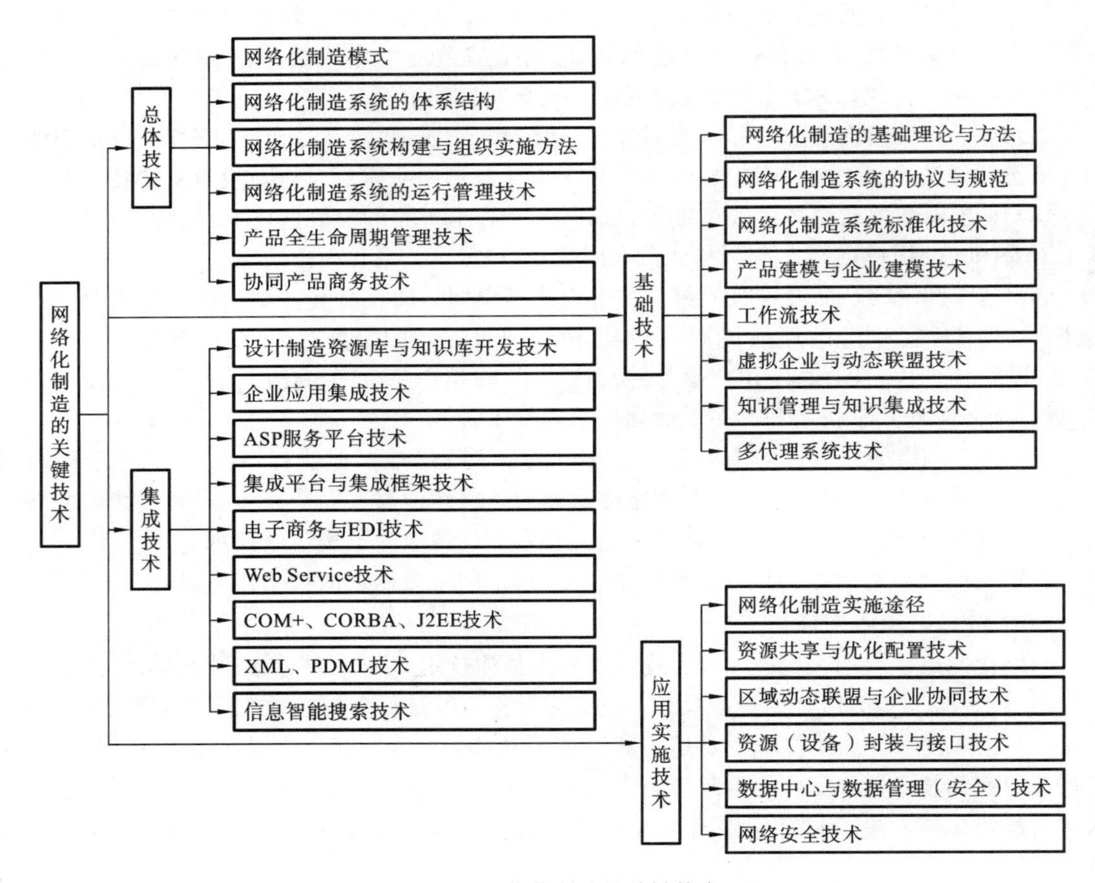

图 6-19　网络化制造的关键技术

（3）集成技术　集成技术主要是指网络化制造系统设计、开发与实施中需要的系统集成与使能技术，涉及设计制造资源库与知识库开发技术，企业应用集成技术，ASP 服务平台技术，集成平台与集成框架技术，电子商务与 EDI 技术，Web Service 技术，COM＋、CORBA、

J2EE 技术，XML、PDML 技术，以及信息智能搜索技术等。

(4) 应用实施技术　应用实施技术是支持网络化制造系统应用的技术，涉及网络化制造实施途径、资源共享与优化配置技术、区域动态联盟与企业协同技术、资源(设备)封装与接口技术、数据中心与数据管理(安全)技术和网络安全技术等。

6.7.3　网络化制造系统的结构

网络化制造系统是一个运行在异构分布环境下的制造系统。在网络化制造集成平台的支持下，帮助企业在网络环境下开展业务活动和实现不同企业之间的协作，包括协同设计制造、协同商务、网上采购与销售、资源共享和供应链管理等。图 6-20 给出了网络化制造系统的结构。

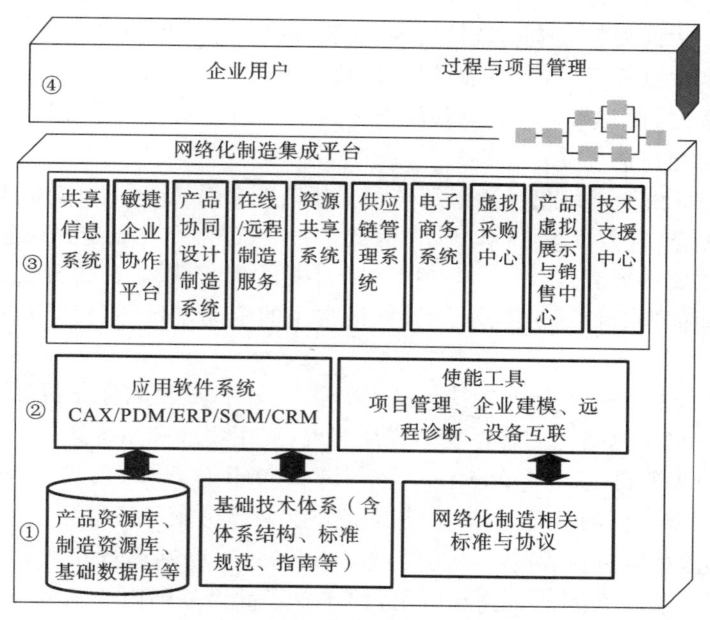

图 6-20　网络化制造系统的结构

由图 6-20 可见，网络化制造系统分为四个层次：① 基础层，主要为实施区域网络化制造提供基础性的支持，包括数据库(如产品资源库、制造资源库、基础数据库等)、相关的技术基础(如标准、规范、系统体系结构和网络化制造系统实施指南等)、网络化制造相关标准与协议等；② 应用与使能工具层，它主要包括实施网络化制造所需要的各种应用软件系统(如 CAD、CAPP、CAM、PDM 系统等)和使能工具(如项目管理、企业建模、远程诊断、设备互联工具等)，这些应用软件和使能工具为企业实施网络化制造提供技术支持；③ 应用系统层，它是企业实施网络化制造最主要的功能支持层；④ 企业用户层，它通过互联网实现企业互联，在过程与项目管理系统的支持下开展企业网络化制造的实际应用。

6.7.4　网络化制造系统项目的实施

1. 网络化制造系统项目的实施过程

(1) 需求分析　需求分析工作是网络化制造系统设计的出发点和依据。概括地说，网络化制造系统的需求分析就是要根据企业的具体情况，明确企业需要什么样的网络化制造系统，需要什么样的功能和性能，为什么需要，以及各种需求的紧迫程度如何。只有需求明确了，按需求建立起来的网络化制造系统才能达到预期的目标，取得预定的经济效益。哪些需求最紧迫，哪些需求是企业生存发展的关键或瓶颈，哪些就应该是网络化制造系统要重点突破的目标。

（2）总体设计　总体设计的主要任务是确定企业实施网络化制造系统项目的需求、建立目标系统的功能模型、确定信息模型的实体和实体间的联系（信息模型建立的初期阶段）、提出网络化制造系统项目实施的主要技术方案。总体设计是对可行性论证的进一步深化和具体化，在系统需求分析和主要技术方案设计方面，应深入研究各子系统内部的功能需求，并产生相应的系统需求说明。

（3）网络化制造系统的开发、运行和维护　主要任务是物理实现总体设计的内容，产生一个可运行的系统。为此要完成应用软件编码、安装、调试，计算机硬件和生产设备的安装调试，全局数据库和局部数据库、网络的安装调试，以及组织机构落实和人员定岗等。各项工作最终都要达到可行的程度，而对实施阶段发现的很多设计中的错误与漏洞，必须及时予以修正，其最后衡量标准就是用户能接受。

（4）项目管理　由于网络化制造系统是一个复杂的大系统，项目实施过程复杂，实施周期长、费用高、结构复杂、涉及面宽、风险大等，因此，需要引进网络化制造系统应用工程的项目管理。项目管理的主要内容有：项目计划、项目组织、项目调度、项目资源分配、项目监控等。高效率的项目管理还需要有计算机辅助工具，如最常用的辅助制定项目计划、报表生成与打印、信息查询等。

（5）搭建软件支持平台　软件支持包括工具软件支持、应用软件支持和集成平台支持等，以支持复杂信息环境下网络化制造系统的应用开发、应用集成和系统运行。

（6）采用应用服务提供商（application service provider，ASP）模式　ASP 模式是指在共同签署的外包协议或合同的基础上，客户将其部分或全部与业务流程相关的应用委托给服务商，服务商将保证这些业务流程的平滑运转，客户则通过互联网远程获取这些服务。美国、日本对 ASP 模式开展了一系列的研究和应用，并建立了世界范围内的 ASP 企业联盟。我国广大制造企业普遍存在资金、技术和人才等资源短缺的不足，基于 ASP 的网络化制造系统项目实施模式应是我国广大制造企业实施网络化制造系统项目的一种重要策略。

2．实现网络化制造要解决的问题

（1）互联网基础设施建设　互联网是网络化制造的基础。网络化制造已从基于 Intranet 走向了基于 Intranet/Internet 或 Intranet/Extranet/Internet 的集成，已从企业内部走向了企业外部，并正在迅速走向全球。

（2）建设网络化制造技术平台　由于网络化制造涉及多种高技术的集成，涉及企业内部与外部、产品全生命周期过程、大量硬件和软件以及技术和管理的集成，因此能综合多方面资源，具有多种功能的网络化制造技术平台将成为网络化制造的技术支持工具，能有效地支持企业、区域和行业实施网络化制造。

（3）网络安全性　网络化制造的数据对企业十分重要。由于使用了 ASP 技术在网上传递信息，必须高度重视网络安全性问题。要加大数据传输安全技术的研究与应用，尽快建立起认证、编码等安全传输体系。

（4）网络化制造的可持续性　除了技术上的因素外，网络化制造服务提供商的运营和盈利模式也是值得研究的。另外，还需建立健全的道德和信用体系。否则，即使技术方面再先进，如果存在欺诈行为，网络化制造也难以生存。应针对信息平台开发产品的知识产权保护制定明晰的法规，以保证网络化制造系统的健康运行。

6.8　智能制造

6.8.1　智能制造技术的兴起及其内涵

智能制造(intelligent manufacturing，IM)思想起源于20世纪80年代的美国。它的提出基于以下几方面的原因：① 制造信息的爆炸性增长使得处理信息的工作量猛增，传统的处理方法已无法完成这样大的工作量，这就要求制造系统表现出更多的智能；② 专门人才的缺乏和专门知识的短缺，严重制约了制造业的发展；③ 动态变化的市场和激烈的市场竞争，要求制造企业在生产活动中表现出更好的机敏性和更高的智能；④ 计算机集成制造系统的实施和制造全球化的发展遇到了目前已形成的“信息孤岛”的连接和全局优化问题，以及各国(地区)的标准、数据和人机接口统一的问题，这就需要使制造系统智能化。

目前，关于智能制造在国际上尚无公认的定义。1988年，美国Wright和Bourno两位教授在其所著的《智能制造》一书中这样表述：“智能制造的目的是通过集成知识工程、制造软件系统、机器人视觉和机器控制技术，对制造领域的技能和专家知识进行建模，以使机器人在没有人工干预的情况下进行小批量生产。”目前比较通行的一种定义是：智能制造技术是指利用计算机模拟制造业人类专家的分析、判断、推理、构思和决策等智能活动，并将这些智能活动与智能机器有机地融合起来，将其贯穿、应用于整个制造企业的各个子系统(经营决策、采购、产品设计、生产计划、制造装配、质量保证和市场销售等相关系统)，以实现整个制造企业经营运作的高度柔性化和高度集成化，从而以计算机智能活动取代或延伸制造环境中人类专家的部分脑力劳动，并对制造业人类专家的智能信息进行搜集、存储、完善、共享、继承与发展。

智能制造技术(intelligent manufacturing technology，IMT)是制造技术、自动化技术、系统工程与人工智能等学科互相渗透、互相交织而形成的一门综合性技术。自20世纪80年代美国提出智能制造概念以来，智能制造系统一直受到众多国家的重视和关注。从20世纪90年代开始，美国国家科学基金会就着重资助有关智能制造的诸项研究。2005年，美国国家标准与技术研究所提出了“智能加工系统(smart machining system，SMS)”研究计划。2009年，美国提出和实施了“再工业化”计划，其目标是：重振实体经济，增强国内企业竞争力，增加就业机会；发展先进制造业，实现制造业的智能化；保持美国制造业在全球价值链上的高端位置和控制者地位。

日本于1990年首先提出了为期10年的智能制造系统(intelligent manufacturing system，IMS)的国际合作计划，并与美国、加拿大、澳大利亚、瑞士和欧洲自由贸易协定国在1991年开展了联合研究，其目的是把日本工厂和车间的专业技术、欧盟的精密工程技术和美国的系统技术组合起来，开发出能使人和智能设备都不受生产操作和国界限制而彼此合作的高技术生产系统。2006年10月日本提出了“创新25战略”计划，该计划的目标是在全球大竞争时代，通过科技和服务创造新价值，提高生产力，促进日本经济的持续增长。“智能制造系统”是该计划中的核心理念之一。

欧盟于2010年启动了第七框架计划（FP7）的制造云项目，特别是作为制造业强国的德国，继实施"智能工厂"（smart factory）项目之后，2013年4月又在汉诺威工业博览会上正式推出了投入达2亿欧元的"工业4.0"项目，旨在奠定德国在关键工业技术上的国际领先地位。

另外，以英国为代表的老牌工业国家以及以韩国为代表的后发工业化国家在其最新的经济发展计划中都对"智能制造"概念尤为重视。世界主要工业化国家的智能制造政策如表6-5所示。

表6-5 世界主要工业化国家的智能制造政策

国家	计划名称	提出时间	实施目标
日本	"创新25战略"计划	2006年	通过科技和服务创造新价值，以"智能制造系统"作为该计划核心理念，促进日本经济的持续增长，应对全球大竞争时代
美国	"再工业化"计划	2009年	发展先进制造业，实现制造业的智能化，保持美国制造业在全球价值链上的高端位置和控制者地位
韩国	"新增长动力规划及发展战略"	2009年	确定三大领域十七个产业为发展重点，推进数字化工业设计和制造业数字化协作建设，加强对智能制造基础开发的政策支持
德国	"工业4.0"计划	2013年	由分布式、组合式的工业制造单元模块，组建多组合、智能化的工业制造系统，应对以智能制造为主导的第四次工业革命
英国	"高价值制造"战略	2014年	应用智能化技术和专业知识，以创造力带来持续增长和高经济价值潜力的产品、生产过程和相关服务，达到重振英国制造业的目标

6.8.2 智能制造的技术体系

智能制造技术涉及产品全生命周期过程中的设计、生产、管理和服务等环节中的制造活动。其技术体系主要由制造智能技术、智能制造装备技术、智能制造系统技术和智能制造服务技术构成。

1. 制造智能技术

制造智能主要涉及制造活动中的知识、知识发现和推理能力、智能系统结构和结构演化能力。制造智能技术主要包括感知与测控网络技术、知识工程技术、计算智能技术、感知-行为智能技术、人机交互技术等。智能传感器、智能仪器仪表及测控网络是智能制造的基石，知识是智能制造的核心，推理是智能制造的灵魂，是系统智慧的直接体现。

2. 智能制造装备技术

智能制造装备是先进制造技术、数控技术、现代传感技术以及智能技术深度融合的结果，是实现高效、高品质、节能环保和安全可靠生产的下一代制造装备。其主要技术特征是：具有对装备运行状态和环境的实时感知、处理和分析能力；具有根据装备运行状态变化的自主规划、控制和决策能力；具有故障自诊断和自修复能力；具有参与网络集成和网络协同的能力。

在智能制造装备技术研究方面，要重点推进高档数控机床与基础制造装备、自动化成套生产线、智能控制系统、精密和智能仪器仪表与试验设备、关键基础零部件/元器件及通用部件、智能专用装备的发展，实现生产过程自动化、智能化、精密化、绿色化，带动工业整体技术水平提升。智能机床是最重要的智能制造装备，具有感知环境和适应环境的能力及智能编程的功能，具备宜人的人机交互模式、网络集成和协同能力，将成为未来20年高端数控机床的发展趋势。

3. 智能制造系统技术

如前所述，智能制造系统是一种由智能机器和人类专家共同组成的人机一体化智能系统。其最终要从以人为决策核心的人机和谐系统向以机器为主题的自主运行系统转变。要实现其目标，就必须攻克一系列关键技术堡垒，如制造系统建模与自组织技术、智能制造执行系统技术、智能企业管控技术、智能供应链管理技术以及智能控制技术等。

4. 智能制造服务技术

当前制造业正经历从生产型制造向服务型制造的转型。制造服务包含产品服务和生产服务。智能制造服务强调知识性、系统性和集成性，强调以人为本的精神，为客户提供主动、在线、全球化服务，它采用智能技术来提高服务、环境感知能力与服务规划、决策、控制水平，提升服务质量，扩展服务内容。

6.8.3 智能制造技术的支撑技术

智能制造技术是以知识信息处理技术为核心的面向21世纪的制造技术，其主要支撑技术如下。

(1) 人工智能技术　采用智能制造技术的目的是利用计算机模拟制造业人类专家的智能活动，以取代或延伸人的部分脑力劳动，而这正是人工智能技术学科的研究内容。人工智能技术学科研究的是利用机器来模拟人类的某些智能活动的有关理论和技术，由此可见，智能制造技术离不开人工智能技术。

(2) 并行工程技术　并行工程是集成地、并行地设计产品及相关过程的系统化方法。通过组织多学科产品开发小组、改进产品开发流程和利用各种计算机辅助工具等手段，可使多学科小组在产品开发初始阶段就能及早考虑下游的可制造性、可装配性、质量保证等因素，从而达到缩短产品开发周期、提高产品质量、降低产品成本、增强企业竞争力的目标。

(3) 虚拟制造技术　虚拟制造技术是建立在利用计算机完成产品整个开发过程这一构想基础之上的产品开发技术，它综合应用建模、仿真和虚拟现实等技术，可提供三维可视交互环境，对产品从概念到制造的全过程进行统一建模，并实时、并行地模拟出产品未来制造的全过程，以期在进行真实制造之前，预测产品的性能、可制造性等。

(4) 计算机网络与数据库技术　计算机网络与数据库的主要任务是采集智能制造系统中的各种数据，以合理的结构存储它们，并以最佳的方式、最少的冗余、最快的存取响应为多种应用服务，同时为应用、共享这些数据创造良好的条件，从而实现整个制造系统中的各个子系统的智能集成。

6.8.4 “工业4.0”与制造业的未来

近年来，随着信息网络技术、大数据、云计算运用威力初显，一种更为强大的工具——互联网技术正在融入制造过程。随着信息化和工业化的不断融合，以智能制造为主要特征的新一轮工业革命——“工业4.0”浪潮席卷而来。可以预见，在这一进程中，无数传统行业将发生颠覆性重构，产业链和社会分工将重新组织，世界工业版图将重新描绘。

1．“工业 4.0”的诞生

德国学术界和产业界经过研究认为，当前产品性能日益完善，其结构也更复杂、更精细，功能更多样化，产品所包含的设计和工艺信息量猛增，由此带来生产线和生产设备内部的信息流量增加，制造和管理工作的信息量剧增，自动化制造系统在信息处理能力、效率和规模上都已经难以满足当前工业制造的需求。

因受到美国、英国等发达国家“再工业化”的刺激，以及以中国为首的新兴国家崛起带来的挑战，已具有高技术水平和高效创新体系的德国，为保持并增强其在全球的优势，于 2010 年发布了《高技术战略 2020》报告，并于 2013 年 4 月在该国举办的汉诺威工业博览会上发布了《实施“工业 4.0”战略倡议书》。同年 12 月，德国又发布了“工业 4.0”标准化路线图。自此，“工业 4.0”成为德国政府确定的面向 2020 年的国家战略，引领该国制造业朝高度信息化、自动化、智能化方向发展。

2．“工业 4.0”的内涵

“工业 4.0”究竟是什么，从目前来看还不是十分清楚，因为它仍然是理念、愿景和发展战略，还不是现实。

“工业 4.0”的第一个内涵就是智能化、绿色化和人性化。由于每个客户的需求不同，个性化或定制化的产品不可能大批量生产。“工业 4.0”必须解决的第一个问题就是单件小批量生产要能够达到与大批量生产相同的效率和成本，并构建能生产高品质、个性化智能产品的“智能工厂”。绿色化贯穿产品全生命周期，以实现可持续制造。正是由于生产的绿色化，工厂可以建在城市里，甚至靠近员工的住处，从而可大大改善生产与环境和人的关系。如图 6-21 所示。

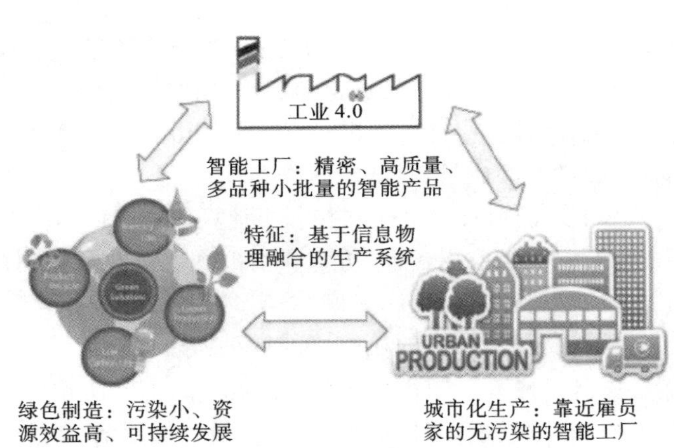

图 6-21　智能化、绿色化和人性化的工厂

“工业 4.0”的第二个内涵是实现资源、信息、物品和人相互关联的“虚拟网络-实体物理系统”，也称为信息物理系统（CPS）。借助移动终端和无线通信，虚拟世界和现实世界能够无障碍沟通，设备和人在空间和时间上可以分离，机器与机器相互之间可以通信，处于不同地点的生产设施可以集成。可以设想，在统一的生产计划系统指挥调度下实行柔性工作制，由若干相对独立的 CPS 制造岛实现的分散网络化制造必将成为一种高效率、省资源、宜人化的先进制造模式，如图 6-22 所示。

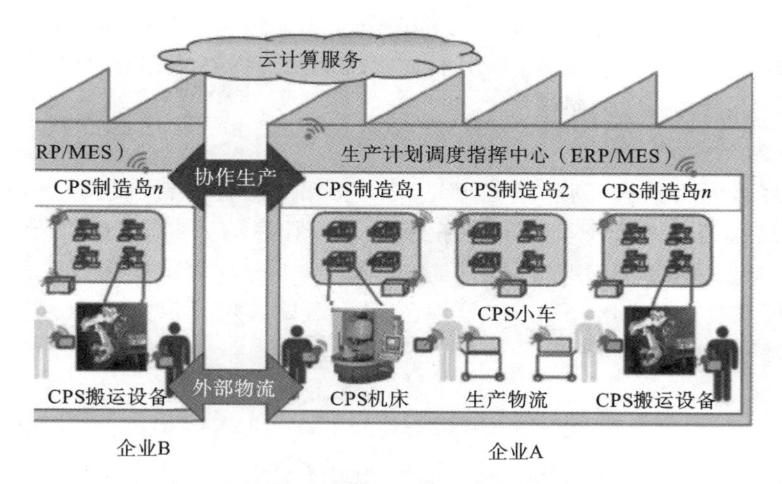

图 6-22 信息物理融合的分散网络化制造

3. 自动化制造业的未来：智能工厂

“工业 4.0”战略提出的智能制造是面向产品全生命周期、泛在感知条件下的信息化制造。智能制造是可持续发展的制造模式，它借助计算机建模仿真和信息通信技术的巨大潜力，可优化产品的设计和制造过程，大幅度减少物质资源和能源的消耗以及各种废弃物的产生，同时实现循环再用，减少污染物排放，保护环境。

基于“工业 4.0”构思的智能工厂代表自动化制造业的未来，它是由物理系统和虚拟的信息系统组成的信息物理系统，其框架结构如图 6-23 所示。

图 6-23 信息物理系统

智能工厂是通过在生产系统中配备信息物理系统来实现的。相对于传统生产系统，智能工厂的产品、资源及处理过程因信息物理系统的存在，将具有非常高水平的实时性，同时在资源、成本节约方面也颇具优势。

从图 6-23 可见，对应于物理系统有一个虚拟的信息系统，它是物理系统的“灵魂”，控制和管理物理系统的生产和运作。物理系统与信息系统通过移动互联网和物联网协同交互。因此,这种工厂未必是一个有围墙的实体车间,而很可能是借助网络、利用分散在各地的设备而形成的"全球本地化"的工厂。

4. 未来制造:云制造

制造业已经进入大数据时代,智能制造需要高性能的计算机和网络基础设施,传统的设备控制和信息处理方式已经不能满足需要,基于云计算的云制造指日可待。云计算提供计算资源的共享池(网络、服务器、应用程序和存储),本地计算机安装数据采集和监控系统(SCADA)后,可将数据发送给云端进行处理、存储和分配,并在需要时从云端接收指令。一群机器人的云制造如图 6-24 所示。

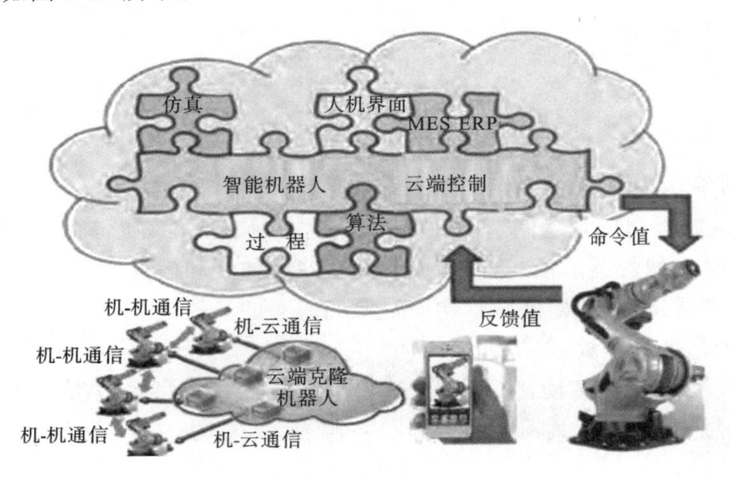

图 6-24　云制造

6.8.5　智能制造的现状与发展

工业化、信息化深度融合已成为未来全球制造业发展的趋势,智能制造已成为新型工业应用的标志性概念,国外一些工业发达工业国家将发展智能制造作为打造国际竞争新优势的核心内容,我国也将智能制造作为当前和今后一段时期内推进两化深度融合的主攻方向和抢占新一轮产业竞争制高点的重要手段。2016 年是我国"十三五"开局之年,也是我国系统推进智能制造发展元年。智能制造将成为实施《中国制造 2025》的重要抓手,必将对我国经济发展保持中高速、产业迈向中高端起到关键推动作用。智能制造的发展状况及趋势可归纳如下。

1. 以智能制造为核心的新工业革命再度引发国际社会高度关注

金融危机以来,在寻求危机解决方案的过程中,美、德、日、英等国政府以及学术界、产业界相关人士纷纷提出通过发展智能制造来重振本国制造业,如:美国 2011 年 6 月正式启动包括工业机器人在内的"先进制造伙伴关系计划",日本提出通过加快发展协同式机器人、无人化工厂提升制造业的国际竞争力,德国 2013 年正式实施以智能制造为主体的"工业 4.0"战略,英国 2014 年提出"高价值制造"战略等。

2016 年,以智能制造为核心的新工业革命再度成为国际社会关注的焦点。1 月 19 日,第 46 届达沃斯世界经济论坛的主题为"第四次工业革命"。2016 年 9 月在中国杭州举办的 G20 峰会上,"新工业革命"成为会议议题的重要组成部分,旨在"推动新工业革命,充分发挥新技术、新要素和新工业组织模式在促进生产和创造就业中的作用。”

2. 信息网络化生产方式进一步推动智能制造向更深和更广处进军

信息网络技术给传统制造业带来了颠覆性、革命性的影响，直接推动了智能制造的发展。当前，“互联网＋制造业”正成为一种大趋势。网络化生产方式首先体现在全球制造资源的智能化配置上，由集中生产向网络化异地协同生产转变。信息网络技术使不同环节的企业间实现信息共享，能够在全球范围内迅速发现和动态调整合作对象，整合企业间的优势资源，在研发、制造、物流等各产业链环节实现全球分散化生产。其次，大规模定制生产模式的兴起也催生了如众包设计、个性化定制等新模式，从需求端推动生产性企业采用信息网络技术集成度更高的智能制造方式。

3. 国际社会竞相打造智能制造系统平台

近年来，国际社会竞相打造智能制造系统平台，如图6-25所示。以物联网技术、移动互联网技术、大数据技术、云计算技术为代表的新一代信息技术，以3D打印技术、机器人技术、人机协作技术为代表的新型制造技术，与新能源、新材料与生物科技呈现交叉融合之势，智能制造技术创新不断取得新突破。

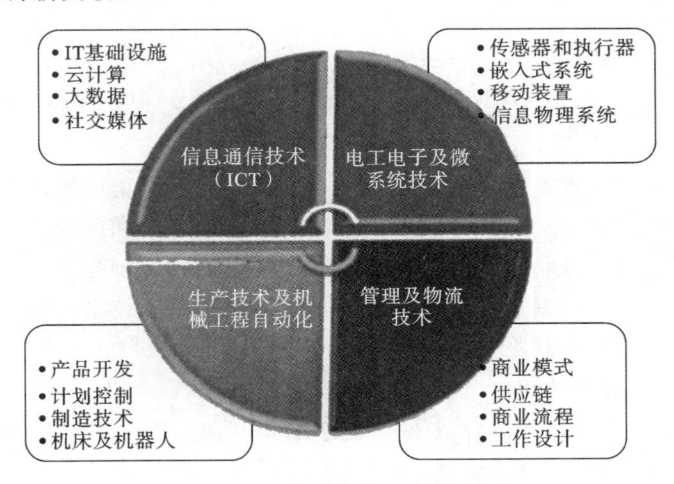

图6-25 智能制造系统平台模型

围绕智能制造系统平台建设，美国借助实施“先进制造业伙伴计划”来加强信息物理系统软件开发和工业互联网平台建设，德国通过推行“工业4.0”战略搭建了以信息物理系统为核心的智能制造系统架构。我国也在结合《中国制造2025》的实施，探索建立智能制造创新中心，引导科研机构、制造企业与信息通信企业加强深度合作，联合搭建符合中国制造业发展实际的智能制造系统平台。

4. 基础性标准化再造推动智能制造的系统化

智能制造的基础性标准化体系是智能制造的根基。标准化流程再造使得工业智能制造的大规模应用得以实现，特别是关键智能部件、装备和系统的规格统一，产品、生产过程、管理、服务等流程统一，将大大促进智能制造的总体水平。智能制造标准化体系的建立也表明本轮智能制造是从本质上对传统制造方式的重新架构与升级。

我国制造在核心技术、产品附加值、产品质量、生产效率、资源利用和环境保护等方面，与发达国家先进水平尚有较大差距，必须采取积极有效的措施，打造新的竞争优势，加快制造业转型升级。

5. 物联网理念促进智能制造全局面貌的系统性改造

随着工业物联网、工业云等一大批新理念的产生，智能制造呈现出系统性推进的整体特征。近年来，物联网技术取得了一批创新成果，特别是物联网技术带来的“机器换人”、物联网工厂，推动着“绿色、安全”制造方式对传统“污染、危险”制造方式的颠覆性替代。物联网制造是现代方式的制造，将逐步颠覆人工制造、半机械化制造与纯机械化制造等现有的制造方式。

当前，智能制造已成为我国建设制造强国的主攻方向，加快发展智能制造产业是推动中国制造高质量发展、形成国际竞争新优势的必由之路。中国制造企业必须通过数字化转型提升产品创新与管理能力，提质增效，从而赢得竞争优势。

思考题与习题

6-1　先进制造模式的战略目标是什么？

6-2　制造模式的发展大致经历了哪几个主要阶段？

6-3　Joseph Harrington 博士关于计算机集成制造的基本观点与内涵是什么？

6-4　计算机集成制造系统的定义与内涵是什么？

6-5　计算机集成制造系统由哪几个系统组成？简述计算机集成制造系统的体系结构。

6-6　何谓大批量定制？大批量定制和大批量生产有何联系和区别？

6-7　大批量定制有哪几种方式？企业通常采用的是何种定制方式？

6-8　简述大批量定制的基本原理。实现大批量定制的关键技术有哪些？

6-9　什么是精益生产？什么是准时制生产？

6-10　精益生产有哪些特点？

6-11　敏捷制造是在什么样的背景下产生的？

6-12　敏捷制造的主要概念有哪些？

6-13　敏捷制造企业的特点有哪些？

6-14　虚拟制造的基本定义与特征是什么？简述虚拟制造的分类。

6-15　实现虚拟制造的关键技术是什么？

6-16　何谓网络化制造？网络化制造有哪些重要特性？

6-17　网络化制造的关键技术体现在哪几方面？

6-18　实现网络化制造需要解决的问题有哪些？

6-19　什么是智能制造？智能制造的支撑技术有哪些？

6-20　“工业 4.0”的内涵是什么？

参考文献

[1] 宾鸿赞. 先进制造技术[M]. 武汉:华中科技大学出版社,2010.
[2] 宾鸿赞，王润孝. 先进制造技术[M]. 北京:高等教育出版社,2006.
[3] 张世昌. 先进制造技术[M]. 天津:天津大学出版社,2004.
[4] 任小中. 先进制造技术[M]. 2 版. 武汉:华中科技大学出版社,2013.
[5] 王隆太. 先进制造技术[M]. 北京:机械工业出版社,2005.
[6] 李蓓智. 先进制造技术[M]. 北京:高等教育出版社,2007.
[7] 何涛，杨竞，范云. 先进制造技术[M]. 北京:北京大学出版社,2006.
[8] 李伟. 先进制造技术[M]. 北京:机械工业出版社,2005.
[9] 蒋志强，施进发，王金凤. 先进制造系统导论[M]. 北京:科学出版社,2006.
[10] 朱晓春. 先进制造技术[M]. 北京:机械工业出版社,2004.
[11] WRIGHT P K. 21 Century manufacturing[M]. 北京:清华大学出版社,2002.
[12] 李伟光,王卫平. 现代制造技术[M]. 北京:机械工业出版社,2002.
[13] TURNER W C,MIZE J H,CASE K E,et al. Introduction to industrial and systems engineering[M]. 3rd ed. 北京:清华大学出版社,2002.
[14] 唐一平. 先进制造技术(英文版)[M]. 北京:机械工业出版社,2004.
[15] 施平. 先进制造技术(英文版)[M]. 哈尔滨:哈尔滨工业大学出版社,2006.
[16] 袁哲俊. 精密超精密加工技术[M]. 北京:机械工业出版社,2002.
[17] 庞滔,郭大春,庞楠. 超精密加工技术[M]. 北京:国防工业出版社,2000.
[18] 刘飞. 先进制造系统[M]. 北京:中国科学技术出版社,2005.
[19] 艾兴. 高速切削加工技术[M]. 北京:国防工业出版社,2003.
[20] 张伯森，杨庆东，陈长年. 高速切削技术与应用[M]. 北京:机械工业出版社,2002.
[21] 姚福生. 先进制造技术[M]. 北京:清华大学出版社,2002.
[22] 刘志峰,张崇高,任家隆. 干切削加工技术及应用[M]. 北京:机械工业出版社,2005.
[23] 童时中. 模块化原理、设计方法及应用[M]. 北京:中国标准出版社,2000.
[24] 刘延林. 柔性制造自动化概论[M]. 武汉:华中科技大学出版社,2001.
[25] 叶元烈. 机械现代设计方法学[M]. 北京:中国计量出版社,2000.
[26] 苑伟政. 微机械与微细加工技术[M]. 西安:西北工业大学出版社,2002.
[27] 高晓平. 先进制造管理技术及其应用[M]. 北京:机械工业出版社,2005.
[28] 熊光楞. 并行工程的理论与实践[M]. 北京:清华大学出版社,2001.
[29] 张申生. 敏捷制造的理论、技术与实践[M]. 上海:上海交通大学出版社,2000.
[30] 童秉枢,李建明. 产品数据管理(PDM)技术[M]. 北京:清华大学出版社,2000.
[31] 柴跃廷. 敏捷供需链管理[M]. 北京:清华大学出版社,2001.
[32] KALPAKJIAN S,SCHMID S R. Manufacturing engineering and technology[M]. Upper Saddle River:Prentice Hall,2001.
[33] REGH J A,KRAEBBER H W. Computer-integrated manufacturing[M]. 2nd ed. Upper

Saddle River:Prentice Hall,2001.

[34] AYRES R U. Computer integrated manufacturing [M]. London: Chapman and Hall, 1991.

[35] 中国工程院《新世纪如何提高和发展我国制造业》课题组. 新世纪的中国制造业[J]. 中国机械工程学会会讯,2002(10):1-7.

[36] 杨叔子,吴波. 先进制造技术及其发展趋势[J]. 机械工程学报,2003, 39(10):77-78.

[37] 梁福军,宁汝新. 可重构制造系统理论研究[J]. 机械工程学报,2003, 39(6):36-43.

[38] 孙林岩,汪建. 先进制造模式的分类研究[J]. 中国机械工程,2002(1):84-88.

[39] 任小中,邓效忠,苏建新,等. 数控成形磨齿机计算机辅助模块化设计[J]. 农业机械学报,2008,39(2):144-146.

[40] 张绍国, 任小中,段明德. 拖拉机发动机气道自由曲面的反求技术[J]. 拖拉机与农用运输车,2007(4): 52-53.

[41] 刘飞, 雷琦, 宋豫川. 网络化制造的内涵及研究发展趋势[J]. 机械工程学报,2003, 39(8):1-6.

[42] 祁国宁, 顾新建, 杨青海, 等. 大批量定制原理及关键技术研究[J]. 计算机集成制造系统-CIMS,2003, 9(9):776-782.

[43] 张曙. 五轴加工机床:现状和趋势[J]. 金属加工(冷加工), 2015, (15): 1-5.

[44] 张曙. 工业 4.0 和智能制造[J]. 机械设计与制造工程, 2014, 43(8):1-5.

二维码资源使用说明

本书数字资源以二维码形式提供。读者可使用智能手机在微信端下扫描书中二维码,扫码成功时手机界面会出现登录提示。确认授权,进入注册页面。填写注册信息后,按照提示输入手机号,点击获取手机验证码。在提示位置输入 4 位验证码成功后,重复输入两遍设置密码,选择相应专业,点击“立即注册”,注册成功。(若手机已经注册,则在“注册”页面底部选择“已有账号? 立即注册”,进入“账号绑定”页面,直接输入手机号和密码,系统提示登录成功。)接着刮开教材封底所贴学习码(正版图书拥有的一次性学习码)标签防伪涂层,按照提示输入 13 位学习码,输入正确后系统提示绑定成功,即可查看二维码数字资源。手机第一次登录查看资源成功,以后便可直接在微信端扫码登录,重复查看资源。

若遗忘密码,读者可以在 PC 端浏览器中输入地址 http://jixie. hustp. com/index. php? m=Login,然后在打开的页面中单击“忘记密码”,通过短信验证码重新设置密码。